■建筑工程常用公式与数据速查手册系列丛书

砌体结构常用公式与数据速查手册

QITI JIEGOU CHANGYONG GONGSHI YU
SHUJU SUCHA SHOUCE

李守巨　主编

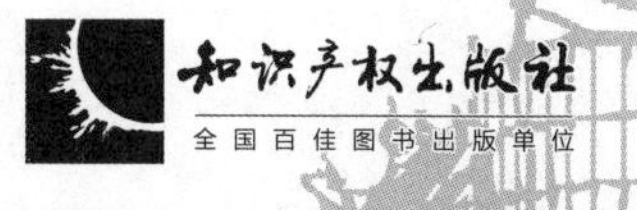

本书编写组

主　编　李守巨

参　编　于　涛　王丽娟　成育芳　刘艳君
孙丽娜　何　影　李春娜　张立国
张　军　赵　慧　陶红梅　夏　欣

前　　言

砌体结构是用砖砌体、石砌体或砌块砌体建造的结构，又称砖石结构。由于砌体的抗压强度较高而抗拉强度很低，因此，砌体结构构件主要承受轴心或小偏心压力，而很少受拉或受弯，一般民用和工业建筑的墙、柱和基础都可采用砌体结构。在采用钢筋混凝土框架和其他结构的建筑中，常用砖墙做围护结构，如框架结构的填充墙。

砌体结构设计人员，除了要有先进的设计理念之外，还应该有丰富的设计、技术、安全等工作经验，掌握大量砌体结构常用的计算公式及数据，但由于资料来源庞杂繁复，使人们经常难以寻找到所需要的资料。在这种情况下，广大从事砌体结构设计的人员迫切需要一本系统、全面、有效地囊括砌体结构常用计算公式与数据的参考书作为指导。鉴于此，我们组织相关技术人员，依据国家最新颁布的《砌体结构设计规范》（GB 50003—2011）等标准规范，组织编写了此书。

本书共分为六章，包括材料及基本设计规定、无筋砌体构件承载力计算、配筋砖砌体构件承载力计算、配筋砌块砌体构件承载力计算、砌体中的构件承载力计算、砌体结构房屋的抗震设计及验算。本书对规范公式的重新编排，主要包括参数的含义、上下限表识、公式相关性等。重新编排后计算公式的相关内容一目了然，既方便设计人员查阅，亦可用于相关专业师生参考。

本书在编写过程中参阅和借鉴了有关文献，并得到了有关领导和专家的指导帮助，在此一并致谢。由于编者的学识和经验所限，虽尽心尽力，但书中仍难免存在疏漏或未尽之处，欢迎广大读者批评指正。

编　者

2014.04

目　录

1

材料及基本设计规定

1.1 公式速查

1.1.1 灌孔混凝土砌块砌体抗压强度设计值的计算

灌孔混凝土砌块砌体的抗压强度设计值 f_g，应按式（1-1）计算，即

$$f_g = f + 0.6\alpha f_c \tag{1-1}$$

$$\alpha = \delta\rho$$

式中 f_g——灌孔混凝土砌块砌体的抗压强度设计值，该值不应大于未灌孔砌体抗压强度设计值的 2 倍；

f——未灌孔混凝土砌块砌体的抗压强度设计值，应按表 1-5 采用；

f_c——灌孔混凝土的轴心抗压强度设计值；

α——混凝土砌块砌体中灌孔混凝土面积与砌体毛面积的比值；

δ——混凝土砌块的孔洞率；

ρ——混凝土砌块砌体的灌孔率，系截面灌孔混凝土面积与截面孔洞面积的比值，灌孔率应根据受力或施工条件确定，且不应小于 33%。

1.1.2 灌孔砌体抗剪强度设计值的计算

单排孔混凝土砌块对孔砌筑时，灌孔砌体的抗剪强度设计值 f_{vg}，应按式(1-2)计算，即

$$f_{vg} = 0.2 f_g^{0.55} \tag{1-2}$$

式中 f_g——灌孔砌体的抗压强度设计值（MPa）。

1.1.3 灌孔砌体弹性模量的计算

单排孔且对孔砌筑的混凝土砌块灌孔砌体的弹性模量 E，应按式（1-3）计算：

$$E = 2000 f_g \tag{1-3}$$

式中 f_g——灌孔砌体的抗压强度设计值（MPa）。

1.1.4 砌体结构按承载能力极限状态设计的最不利组合计算

砌体结构按承载能力极限状态设计时，应按式（1-4）和式（1-5）中最不利组合进行计算，即

$$\gamma_0 (1.2 S_{Gk} + 1.4 \gamma_L S_{Q1k} + \gamma_L \sum_{i=2}^{n} \gamma_{Qi} \psi_{ci} S_{Qik}) \leqslant R(f, a_k, \cdots) \tag{1-4}$$

$$\gamma_0 (1.35 S_{Gk} + 1.4 \gamma_L \sum_{i=1}^{n} \psi_{ci} S_{Qik}) \leqslant R(f, a_k, \cdots) \tag{1-5}$$

式中 γ_0——结构重要性系数，对安全等级为一级或设计使用年限为 50a 以上的结构构件，不应小于 1.1；对安全等级为二级或设计使用年限为 50a 的结构构件，不应小于 1.0；对安全等级为三级或设计使用年限为 1a～5a

的结构构件，不应小于0.9；

γ_L——结构构件的抗力模型不定性系数，对静力设计，考虑结构设计使用年限的荷载调整系数，设计使用年限为50a，取1.0；设计使用年限为100a，取1.1；

S_{Gk}——永久荷载标准值的效应；

S_{Q1k}——在基本组合中起控制作用的一个可变荷载标准值的效应；

S_{Qik}——第i个可变荷载标准值的效应；

$R(\cdot)$——结构构件的抗力函数；

γ_{Qi}——第i个可变荷载的分项系数；

ψ_{ci}——第i个可变荷载的组合值系数，一般情况下应取0.7；对书库、档案库、储藏室或通风机房、电梯机房应取0.9；

f——砌体的强度设计值，$f=\dfrac{f_k}{\gamma_f}$；

f_k——砌体的强度标准值，$f_k=f_m-1.645\sigma_f$；

γ_f——砌体结构的材料性能分项系数，一般情况下，宜按施工质量控制等级为B级考虑，取$\gamma_f=1.6$；当为C级时，取$\gamma_f=1.8$；当为A级时，取$\gamma_f=1.5$；

f_m——砌体的强度平均值，可按表1-14、表1-15的方法确定；

σ_f——砌体强度的标准差；

a_k——几何参数标准值。

1.1.5 砌体结构需验算整体稳定性的最不利组合计算

当砌体结构作为一个刚体，需验算整体稳定性时，应按式（1-6）和式（1-7）中最不利组合进行验算，即

$$\gamma_0(1.2S_{G2k}+1.4\gamma_L S_{Q1k}+\gamma_L\sum_{i=2}^{n}S_{Qik})\leqslant 0.8S_{G1k} \tag{1-6}$$

$$\gamma_0\left(1.35S_{G2k}+1.4\gamma_L\sum_{i=2}^{n}\psi_{ci}S_{Qik}\right)\leqslant 0.8S_{G1k} \tag{1-7}$$

式中 γ_0——结构重要性系数，对安全等级为一级或设计使用年限为50a以上的结构构件，不应小于1.1；对安全等级为二级或设计使用年限为50a的结构构件，不应小于1.0；对安全等级为三级或设计使用年限为1a～5a的结构构件，不应小于0.9；

S_{G1k}——起有利作用的永久荷载标准值的效应；

S_{G2k}——起不利作用的永久荷载标准值的效应；

γ_L——结构构件的抗力模型不定性系数，对静力设计，考虑结构设计使用年限的荷载调整系数，设计使用年限为50a，取1.0；设计使用年限为100a，取1.1；

S_{Q1k}——在基本组合中起控制作用的一个可变荷载标准值的效应；

S_{Qik}——第 i 个可变荷载标准值的效应；

ψ_{ci}——第 i 个可变荷载的组合值系数，一般情况下应取 0.7；对书库、档案库、储藏室或通风机房、电梯机房应取 0.9。

1.1.6 梁端约束弯矩修正系数的计算

计算梁端约束弯矩时，可按梁两端固结计算梁端弯矩，再将其乘以修正系数 γ 后，按墙体线性刚度分到上层墙底部和下层墙顶部，修正系数 γ 可按式（1-8）计算，即

$$\gamma=0.2\sqrt{\frac{a}{h}} \tag{1-8}$$

式中 a——梁端实际支承长度；

h——支承墙体的墙厚，当上下墙厚不同时取下部墙厚，当有壁柱时取 h_T。

1.1.7 外墙风荷载弯矩的计算

刚性方案多层房屋的外墙，计算风荷载引起的弯矩，可按式（1-9）计算，即

$$M=\frac{\omega H_i^2}{12} \tag{1-9}$$

式中 ω——沿楼层高均布风荷载设计值（kN/m）；

H_i——层高（m）。

1.2 数据速查

1.2.1 石材强度等级的换算系数

表 1-1　石材强度等级的换算系数

立方体边长/mm	200	150	100	70	50
换算系数	1.43	1.28	1.14	1	0.86

1.2.2 烧结普通砖和烧结多孔砖砌体的抗压强度设计值

表 1-2　烧结普通砖和烧结多孔砖砌体的抗压强度（MPa）设计值

砖强度等级	砂浆强度等级					砂浆强度
	M15	M10	M7.5	M5	M2.5	0
MU30	3.94	3.27	2.93	2.59	2.26	1.15
MU25	3.60	2.98	2.68	2.37	2.06	1.05
MU20	3.22	2.67	2.39	2.12	1.84	0.94
MU15	2.79	2.31	2.07	1.83	1.60	0.82
MU10	—	1.89	1.69	1.50	1.30	0.67

注：当烧结多孔砖的孔洞率大于 30%时，表中数值应乘以 0.9。

1.2.3 混凝土普通砖和混凝土多孔砖砌体的抗压强度设计值

表 1-3 混凝土普通砖和混凝土多孔砖砌体的抗压强度（MPa）设计值

砖强度等级	砂浆强度等级					砂浆强度
	Mb20	Mb15	Mb10	Mb7.5	Mb5	0
MU30	4.61	3.94	3.27	2.93	2.59	1.15
MU25	4.21	3.60	2.98	2.68	2.37	1.05
MU20	3.77	3.22	2.67	2.30	2.12	0.94
MU15	—	2.79	2.31	2.07	1.83	0.82

1.2.4 蒸压灰砂普通砖和蒸压粉煤灰普通孔砖砌体的抗压强度设计值

表 1-4 蒸压灰砂普通砖和蒸压粉煤灰普通砖砌体的抗压强度（MPa）设计值

砖强度等级	砂浆强度等级				砂浆强度
	M15	M10	M7.5	M5	0
MU25	3.60	2.98	2.68	2.37	1.05
MU20	3.22	2.67	2.39	2.12	0.94
MU15	2.79	2.31	2.07	1.83	0.82

注：当采用专用砂浆砌筑时，其抗压强度设计值按表中数值采用。

1.2.5 单排孔混凝土砌块和轻集料混凝土砌块对孔砌筑砌体的抗压强度设计值

表 1-5 单排孔混凝土砌块和轻集料混凝土砌块对孔砌筑砌体的抗压强度（MPa）设计值

砌块强度等级	砂浆强度等级					砂浆强度
	Mb20	Mb15	Mb10	Mb7.5	Mb5	0
MU20	6.30	5.68	4.95	4.44	3.94	2.33
MU15	—	4.61	4.02	3.61	3.20	1.89
MU10	—	—	2.79	2.50	2.22	1.31
MU7.5	—	—	—	1.93	1.71	1.01
MU5	—	—	—	—	1.19	0.70

注：1. 对独立柱或厚度为双排组砌的砌块砌体，应按表中数值乘以0.7。

2. 对T形截面墙体、柱，应按表中数值乘以0.85。

1.2.6 双排孔或多排孔轻集料混凝土砌块砌体的抗压强度设计值

表 1-6　双排孔或多排孔轻集料混凝土砌块砌体的抗压强度（MPa）设计值

砌块强度等级	砂浆强度等级			砂浆强度
	Mb10	Mb7.5	Mb5	0
MU10	3.08	2.76	2.45	1.44
MU7.5	—	2.13	1.88	1.12
MU5	—	—	1.31	0.78
MU3.5	—	—	0.95	0.56

注：1. 表中的砌块为火山渣、浮石和陶粒轻集料混凝土砌块。

2. 对厚度方向为双排组砌的轻集料混凝土砌块砌体的抗压强度设计值，应按表中数值乘以0.8。

1.2.7 毛料石砌体的抗压强度设计值

表 1-7　毛料石砌体的抗压强度（MPa）设计值

毛料石强度等级	砂浆强度等级			砂浆强度
	M7.5	M5	M2.5	0
MU100	5.42	4.80	4.18	2.13
MU80	4.85	4.29	3.73	1.91
MU60	4.20	3.71	3.23	1.65
MU50	3.83	3.39	2.95	1.51
MU40	3.43	3.04	2.64	1.35
MU30	2.97	2.63	2.29	1.17
MU20	2.42	2.15	1.87	0.95

注：1. 表中数据适用于块体高度为180～350mm的毛料石砌体。

2. 对细料石砌体、粗料石砌体和干砌勾缝石砌体，表中数值应分别乘以调整系数1.4、1.2和0.8。

1.2.8 毛石砌体的抗压强度设计值

表 1-8　毛石砌体的抗压强度（MPa）设计值

毛石强度等级	砂浆强度等级			砂浆强度
	M7.5	M5	M2.5	0
MU100	1.27	1.12	0.98	0.34
MU80	1.13	1.00	0.87	0.30
MU60	0.98	0.87	0.76	0.26
MU50	0.90	0.80	0.69	0.23
MU40	0.80	0.71	0.62	0.21
MU30	0.69	0.61	0.53	0.18
MU20	0.56	0.51	0.44	0.15

1.2.9 沿砌体灰缝截面破坏时砌体的轴心抗拉强度设计值、弯曲抗拉强度设计值和抗剪强度设计值

表 1－9 沿砌体灰缝截面破坏时砌体的轴心抗拉强度设计值、弯曲抗拉强度设计值和抗剪强度（MPa）设计值

强度类别	破坏特征及砌体种类		砂浆强度等级			
			≥M10	M7.5	M5	M2.5
轴心抗拉	沿齿缝	烧结普通砖、烧结多孔砖	0.19	0.16	0.13	0.09
		混凝土普通砖、混凝土多孔砖	0.19	0.16	0.13	—
		蒸压灰砂普通砖、蒸压粉煤灰普通砖	0.12	0.10	0.08	—
		混凝土和轻集料混凝土砌块	0.09	0.08	0.07	—
		毛石	—	0.07	0.06	0.04
弯曲抗拉	沿齿缝	烧结普通砖、烧结多孔砖	0.33	0.29	0.23	0.17
		混凝土普通砖、混凝土多孔砖	0.33	0.29	0.23	—
		蒸压灰砂普通砖、蒸压粉煤灰普通砖	0.24	0.20	0.16	—
		混凝土和轻集料混凝土砌块	0.11	0.09	0.08	—
		毛石	—	0.11	0.09	0.07
	沿通缝	烧结普通砖、烧结多孔砖	0.17	0.14	0.11	0.08
		混凝土普通砖、混凝土多孔砖	0.17	0.14	0.11	—
		蒸压灰砂普通砖、蒸压粉煤灰普通砖	0.12	0.10	0.08	—
		混凝土和轻集料混凝土砌块	0.08	0.06	0.05	—
抗剪	烧结普通砖、烧结多孔砖		0.17	0.14	0.11	0.08
	混凝土普通砖、混凝土多孔砖		0.17	0.14	0.11	—
	蒸压灰砂普通砖、蒸压粉煤灰普通砖		0.12	0.10	0.08	—
	混凝土和轻集料混凝土砌块		0.09	0.08	0.06	—
	毛石		—	0.19	0.16	0.11

注：1. 对于用形状规则的块体砌筑的砌体，当搭接长度与块体高度的比值小于1时，其轴心抗拉强度设计值 f_t 和弯曲抗拉强度设计值 f_{tm} 应按表中数值乘以搭接长度与块体高度比值后采用。

2. 表中数值是依据普通砂浆砌筑的砌体确定，采用经研究性试验且通过技术鉴定的专用砂浆砌筑的蒸压灰砂普通砖、蒸压粉煤灰普通砖砌体，其抗剪强度设计值按相应普通砂浆强度等级砌筑的烧结普通砖砌体采用。

3. 对混凝土普通砖、混凝土多孔砖、混凝土和轻集料混凝土砌块砌体，表中的砂浆强度等级分别为Mb10（及以上）、Mb7.5及Mb5。

1.2.10 砌体的弹性模量

表 1-10　　砌体的弹性模量(MPa)

砌体种类	砂浆强度等级			
	≥M10	M7.5	M5	M2.5
烧结普通砖、烧结多孔砖砌体	1600f	1600f	1600f	1390f
混凝土普通砖、混凝土多孔砖砌体	1600f	1600f	1600f	—
蒸压灰砂普通砖、蒸压粉煤灰普通砖砌体	1060f	1060f	1060f	—
非灌孔混凝土砌块砌体	1700f	1600f	1500f	—
粗料石、毛料石、毛石砌体	—	5650	4000	2250
细料石砌体	—	17000	12000	6750

注：1. 轻集料混凝土砌块砌体的弹性模量，可按表中混凝土砌块砌体的弹性模量采用。

2. 表中砌体抗压强度设计值不按《砌体结构设计规范》(GB 50003—2011) 第 3.2.3 条进行调整。

3. 表中砂浆为普通砂浆，采用专用砂浆砌筑的砌体弹性模量也按此表取值。

4. 对混凝土普通砖、混凝土多孔砖、混凝土和轻集料混凝土砌块砌体，表中的砂浆强度等级分别为 Mb10 (及以上)、Mb7.5 及 Mb5。

5. 对蒸压灰砂普通砖和蒸压粉煤灰普通砖砌体，当采用专用砂浆砌筑时，其强度设计值按表中数值采用。

1.2.11 砌体的线膨胀系数和收缩率

表 1-11　　砌体的线膨胀系数和收缩率

砌体类别	线膨胀系数/(10^{-6}/℃)	收缩率/(mm/m)
烧结普通砖、煤结多孔砖砌体	5	−0.1
蒸压灰砂普通砖、蒸压粉煤灰普通砖砌体	8	−0.2
混凝土普通砖、混凝土多孔砖、混凝土砌块砌体	10	−0.2
轻集料混凝土砌块砌体	10	−0.3
料石和毛石砌体	8	—

注：表中的收缩率系由达到收缩允许标准的块体砌筑 28d 的砌体收缩系数。当地方有可靠的砌体收缩试验数据时，亦可采用当地的试验数据。

1.2.12 砌体的摩擦系数

表 1-12　　砌体的摩擦系数

材料类别	摩擦面情况	
	干燥	潮湿
砌体沿砌体或混凝土滑动	0.70	0.60
砌体沿木材滑动	0.60	0.50
砌体沿钢滑动	0.45	0.35
砌体沿砂或卵石滑动	0.60	0.50
砌体沿粉土滑动	0.55	0.40
砌体沿黏性土滑动	0.50	0.30

1.2.13 建筑结构的安全等级

表 1-13　　建筑结构的安全等级

安全等级	破坏后果	建筑物类型
一级	很严重	重要的房屋
二级	严重	一般的房屋
三级	不严重	次要的房屋

注： 1. 对于特殊的建筑物，其安全等级可根据具体情况另行确定。

2. 对抗震设防区的砌体结构设计，应按现行国家标准《建筑抗震设防分类标准》（GB 50223—2008）根据建筑物重要性区分建筑物类别。

1.2.14 各类砌体的轴心抗压强度平均值 f_m

表 1-14　　各类砌体的轴心抗压强度（MPa）平均值 f_m

砌体种类	$f_m=k_1f_1^{\alpha}(1+0.07f_2)k_2$		
	k_1	α	k_2
烧结普通砖、烧结多孔砖、蒸压灰砂普通砖、蒸压粉煤灰普通砖、混凝土普通砖、混凝土多孔砖	0.78	0.5	当 $f_2<1$ 时，$k_2=0.6+0.4f_2$
混凝土砌块、轻集料混凝土砌块	0.46	0.9	当 $f_2=0$ 时，$k_2=0.8$
毛料石	0.79	0.5	当 $f_2<1$ 时，$k_2=0.6+0.4f_2$
毛石	0.22	0.5	当 $f_2<2.5$ 时，$k_2=0.4+0.24f_2$

注： 1. k_2 在表列条件以外时均等于 1。

2. 式中 f_1 为块体（砖、石、砌块）的强度等级值；f_2 为砂浆抗压强度平均值。单位均以 MPa 计。

3. 混凝土砌块砌体的轴心抗压强度平均值，当 $f_2>10$MPa 时，应乘系数 $1.1-0.01f_2$，MU20 的砌体应乘系数 0.95，且满足 $f_1\geqslant f_2$，$f_1\leqslant 20$MPa。

1.2.15 各类砌体的轴心抗拉强度平均值 $f_{t,m}$、弯曲抗拉强度平均值 $f_{tm,m}$ 和抗剪强度平均值 $f_{v,m}$

表 1-15　　各类砌体的轴心抗拉强度平均值 $f_{t,m}$、弯曲抗拉强度平均值 $f_{tm,m}$ 和抗剪强度（MPa）平均值 $f_{v,m}$

砌体种类	$f_{t,m}=k_3\sqrt{f_2}$	$f_{tm,m}=k_4\sqrt{f_2}$		$f_{v,m}=k_5\sqrt{f_2}$
	k_3	k_4		k_5
		沿齿缝	沿通缝	
烧结普通砖、烧结多孔砖、混凝土普通砖、混凝土多孔砖	0.141	0.250	0.125	0.125
蒸压灰砂普通砖、蒸压粉煤灰普通砖	0.09	0.18	0.09	0.09
混凝土砌块	0.069	0.081	0.056	0.069
毛料石	0.075	0.113	—	0.188

1.2.16 烧结普通砖和烧结多孔砖砌体的抗压强度标准值 f_k

表 1-16 烧结普通砖和烧结多孔砖砌体的抗压强度（MPa）标准值 f_k

砖强度等级	砂浆强度等级					砂浆强度
	M15	M10	M7.5	M5	M2.5	0
MU30	6.30	5.23	4.69	4.15	3.61	1.84
MU25	5.75	4.77	4.28	3.79	3.30	1.68
MU20	5.15	4.27	3.83	3.39	2.95	1.50
MU15	4.46	3.70	3.32	2.94	2.56	1.30
MU10	—	3.02	2.71	2.40	2.09	1.07

1.2.17 混凝土砌块砌体的抗压强度标准值 f_k

表 1-17 混凝土砌块砌体的抗压强度（MPa）标准值 f_k

砌块强度等级	砂浆强度等级					砂浆强度
	Mb20	Mb15	Mb10	Mb7.5	Mb5	0
MU20	10.08	9.08	7.93	7.11	6.30	3.73
MU15	—	7.38	6.44	5.78	5.12	3.03
MU10	—	—	4.47	4.01	3.55	2.10
MU7.5	—	—	—	3.10	2.74	1.62
MU5	—	—	—	—	1.90	1.13

1.2.18 毛料石砌体的抗压强度标准值 f_k

表 1-18 毛料石砌体的抗压强度（MPa）标准值 f_k

料石强度等级	砂浆强度等级			砂浆强度
	M7.5	M5	M2.5	0
MU100	8.67	7.68	6.68	3.41
MU80	7.76	6.87	5.98	3.05
MU60	6.72	5.95	5.18	2.64
MU50	6.13	5.43	4.72	2.41
MU40	5.49	4.86	4.23	2.16
MU30	4.75	4.20	3.66	1.87
MU20	3.88	3.43	2.99	1.53

1.2.19 毛石砌体的抗压强度标准值 f_k

表 1－19　　毛石砌体的抗压强度（MPa）标准值 f_k

毛石强度等级	砂浆强度等级			砂浆强度
	M7.5	M5	M2.5	0
MU100	2.03	1.80	1.56	0.53
MU80	1.82	1.61	1.40	0.48
MU60	1.57	1.39	1.21	0.41
MU50	1.44	1.27	1.11	0.38
MU40	1.28	1.14	0.99	0.34
MU30	1.11	0.98	0.86	0.29
MU20	0.91	0.80	0.70	0.24

1.2.20 沿砌体灰缝截面破坏时砌体的轴心抗拉强度标准值 $f_{t,k}$、弯曲抗拉强度标准值 $f_{tm,k}$和抗剪强度标准值 $f_{r,k}$

表 1－20　　沿砌体灰缝截面破坏时砌体的轴心抗拉强度标准值 $f_{t,k}$、弯曲抗拉强度标准值 $f_{tm,k}$和抗剪强度（MPa）标准值 $f_{v,k}$

强度类别	破坏特征及砌体种类		砂浆强度等级			
			≥M10	M7.5	M5	M2.5
轴心抗拉	沿齿缝	烧结普通砖、烧结多孔砖、混凝土普通砖、混凝土多孔砖	0.30	0.26	0.21	0.15
		蒸压灰砂普通砖、蒸压粉煤灰普通砖	0.19	0.16	0.13	—
		混凝土砌块	0.15	0.13	0.10	—
		毛石	—	0.12	0.10	0.07
弯曲抗拉	沿齿缝	烧结普通砖、烧结多孔砖、混凝土普通砖、混凝土多孔砖	0.53	0.27	0.46	0.23
		蒸压灰砂普通砖、蒸压粉煤灰普通砖	0.38	0.32	0.26	—
		混凝土砌块	0.17	0.15	0.12	—
		毛石	—	0.18	0.14	0.10
	沿通缝	烧结普通砖、烧结多孔砖、混凝土普通砖、混凝土多孔砖	0.27	0.23	0.19	0.13
		蒸压灰砂普通砖、蒸压粉煤灰普通砖	0.19	0.16	0.13	—
		混凝土砌块	—	0.10	0.08	—
抗剪	烧结普通砖、烧结多孔砖、混凝土普通砖、混凝土多孔砖		0.27	0.23	0.19	0.13
	蒸压灰砂普通砖、蒸压粉煤灰普通砖		0.19	0.16	0.13	—
	混凝土砌块		0.15	0.13	0.10	—
	毛石		—	0.29	0.24	0.17

1.2.21 房屋的静力计算方案

表 1-21　房屋的静力计算方案

屋盖或楼盖类别		刚性方案	刚弹性方案	弹性方案
1	整体式、装配整体和装配式无檩体系钢筋混凝土屋盖或钢筋混凝土楼盖	$s<32$	$32\leqslant s\leqslant 72$	$s>72$
2	装配式有檩体系钢筋混凝土屋盖、轻钢屋盖和有密铺望板的木屋盖或木楼盖	$s<20$	$20\leqslant s\leqslant 48$	$s>48$
3	瓦材屋面的木屋盖和轻钢屋盖	$s<16$	$16\leqslant s\leqslant 36$	$s>36$

注：1. 表中 s 为房屋横墙间距，其长度单位为“m”。
2. 当屋盖、楼盖类别不同或横墙间距不同时，可按《砌体结构设计规范》（GB 50003—2011）第 4.2.7 条的规定确定房屋的静力计算方案。
3. 对无山墙或伸缩缝处无横墙的房屋，应按弹性方案考虑。

1.2.22 房屋各层的空间性能影响系数 η_i

表 1-22　房屋各层的空间性能影响系数 η_i

屋盖或楼盖类别	横墙间距 s/m														
	16	20	24	28	32	36	40	44	48	52	56	60	64	68	72
1	—	—	—	—	0.33	0.39	0.45	0.50	0.55	0.60	0.64	0.68	0.71	0.74	0.77
2	—	0.35	0.45	0.54	0.61	0.68	0.73	0.78	0.82	—	—	—	—	—	—
3	0.37	0.49	0.60	0.68	0.75	0.81	—	—	—	—	—	—	—	—	—

注：i 取 $1\sim n$，n 为房屋的层数。

1.2.23 外墙不考虑风荷载影响时的最大高度

表 1-23　外墙不考虑风荷载影响时的最大高度

基本风压值/(kN/m^2)	层高/m	总高/m
0.4	4.0	28
0.5	4.0	24
0.6	4.0	18
0.7	3.5	18

注：对于多层混凝土砌块房屋，当外墙厚度不小于 190mm、层高不大于 2.8m、总高不大于 19.6m、基本风压不大于 $0.7kN/m^2$ 时，可不考虑风荷载的影响。

1.2.24 砌体结构的环境类别

表 1-24　砌体结构的环境类别

环境类别	条　件
1	正常居住及办公建筑的内部干燥环境
2	潮湿的室内或室外环境，包括与无侵蚀性土和水接触的环境
3	严寒和使用化冰盐的潮湿环境（室内或室外）
4	与海水直接接触的环境，或处于滨海地区的盐饱和的气体环境
5	有化学侵蚀的气体、液体或固态形式的环境，包括有侵蚀性土壤的环境

1.2.25 砌体中钢筋耐久性选择

表 1-25　砌体中钢筋耐久性选择

环境类别	钢筋种类和最低保护要求	
	位于砂浆中的钢筋	位于灌孔混凝土中的钢筋
1	普通钢筋	普通钢筋
2	重镀锌或有等效保护的钢筋	当采用混凝土灌孔时，可为普通钢筋；当采用砂浆灌孔时应为重镀锌或有等效保护的钢筋
3	不锈钢或有等效保护的钢筋	重镀锌或有等效保护的钢筋
4 和 5	不锈钢或等效保护的钢筋	不锈钢或等效保护的钢筋

注：1. 对夹心墙的外叶墙，应采用重镀锌或有等效保护的钢筋。
2. 表中的钢筋即为国家现行标准《混凝土结构设计规范》（GB 50010—2010）和《冷轧带肋钢筋混凝土结构技术规程》（JGJ 95—2011）等标准规定的普通钢筋或非预应力钢筋。

1.2.26 钢筋的最小保护层厚度

表 1-26　钢筋的最小保护层厚度（mm）

环境类别	混凝土强度等级			
	C20	C25	C30	C35
	最低水泥含量/(kg/m^3)			
	260	280	300	320
1	20	20	20	20
2	—	25	25	25
3	—	40	40	30
4	—	—	40	40
5	—	—	—	40

注：1. 材料中最大氯离子含量和最大碱含量应符合现行国家标准《混凝土结构设计规范》（GB 50010—2010）的规定。
2. 当采用防渗砌体块体和防渗砂浆时，可以考虑部分砌体（含抹灰层）的厚度作为保护层，但对环境类别 1、2、3，其混凝土保护层的厚度相应不应小于 10mm、15mm 和 20mm。
3. 钢筋砂浆面层的组合砌体构件的钢筋保护层厚度宜比本表规定的混凝土保护层厚度数值增加 5～10mm。
4. 对安全等级为一级或设计使用年限为 50a 以上的砌体结构，钢筋保护层的厚度应至少增加 10mm。

1.2.27 地面以下或防潮层以下的砌体、潮湿房间的墙所用材料的最低强度等级

表 1-27 地面以下或防潮层以下的砌体、潮湿房间的墙所用材料的最低强度等级

潮湿程度	烧结普通砖	混凝土普通砖、蒸压普通砖	混凝土砌块	石材	水泥砂浆
稍潮湿的	MU15	MU20	MU7.5	MU30	M5
很潮湿的	MU20	MU20	MU10	MU30	M7.5
含水饱和的	MU20	MU25	MU15	MU40	M10

注：1. 在冻胀地区，地面以下或防潮层以下的砌体，不宜采用多孔砖，如采用时，其孔洞应用不低于 M10 的水泥砂浆预先灌实。当采用混凝土空心砌块时，其孔洞应采用强度等级不低于 Cb20 的混凝土预先灌实。

2. 对安全等级为一级或设计使用年限大于 50a 的房屋，表中材料强度等级应至少提高一级。

2

无筋砌体构件承载力计算

2.1 公式速查

2.1.1 受压构件承载力的计算

受压构件的承载力，应符合式（2－1）的要求，即

$$N \leqslant \varphi f A \tag{2-1}$$

式中 N——轴向力设计值；

f——砌体的抗压强度设计值；

A——截面面积；

φ——高厚比 β 和轴向力的偏心距 e 对受压构件承载力的影响系数

▲无筋砌体矩形截面单向偏心受压构件承载力的影响系数

■无筋砌体矩形截面双向偏心受压构件承载力的影响系数

▲当无筋砌体矩形截面单向偏心受压（图 2－1）时：

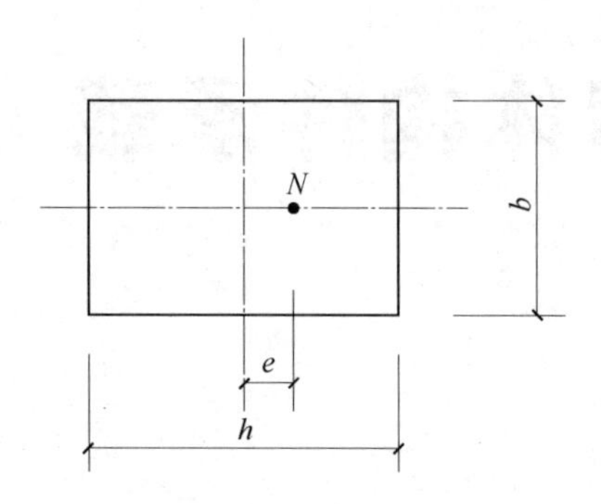

图 2－1 单向偏心受压

若 $\beta \leqslant 3$，则

$$\varphi = \frac{1}{1+12\left(\frac{e}{h}\right)^2}$$

式中 e——无筋砌体矩形截面单向偏心受压构件轴向力的偏心距；

h——无筋砌体矩形截面单向偏心受压构件轴向力偏心方向的边长。

若 $\beta > 3$，则

$$\varphi = \frac{1}{1+12\left[\frac{e}{h}+\sqrt{\frac{1}{12}\left(\frac{1}{\varphi_0}-1\right)}\right]^2}$$

$$\varphi_0 = \frac{1}{1+\alpha\beta^2}$$

式中 α——与砂浆强度等级有关的系数，当砂浆强度等级大于或等于 M5 时，$\alpha=0.0015$；当砂浆强度等级等于 M2.5 时，$\alpha=0.002$；当砂浆强度等级 f_2

等于 0 时，α=0.009；

β——构件的高厚比；

φ_0——轴心受压构件的稳定系数。

■ 当无筋砌体矩形截面双向偏心受压（图 2-2）时：

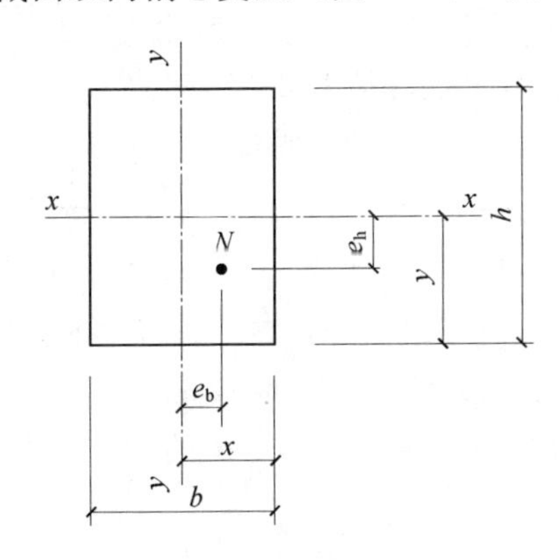

图 2-2 双向偏心受压

$$\varphi=\frac{1}{1+12\left[\left(\frac{e_b+e_{ib}}{b}\right)^2+\left(\frac{e_h+e_{ih}}{h}\right)^2\right]}$$

$$e_{ih}=\frac{h}{\sqrt{12}}\sqrt{\frac{1}{\varphi_0}-1}\left(\frac{\frac{e_h}{h}}{\frac{e_b}{b}+\frac{e_h}{h}}\right)$$

$$e_{ib}=\frac{b}{\sqrt{12}}\sqrt{\frac{1}{\varphi_0}-1}\left(\frac{\frac{e_b}{b}}{\frac{e_b}{b}+\frac{e_h}{h}}\right)$$

式中 e_b、e_h——轴向力在截面重心 x 轴、y 轴方向的偏心距，e_b、e_h 不大于 $0.5x$、$0.5y$；

x、y——自截面重心沿 x 轴、y 轴至轴向力所在偏心方向截面边缘的距离；

e_{ib}、e_{ih}——轴向力在截面重心 x 轴、y 轴方向的附加偏心距。

2.1.2 确定影响系数时构件高厚比的计算

确定影响系数 φ 时，构件高厚比 β 应按公式（2-2）计算，即

对矩形截面

$$\beta=\gamma_\beta\frac{H_0}{h} \tag{2-2}$$

式中 γ_β——不同材料砌体构件的高厚比修正系数，按表 2-5 采用；

H_0——受压构件的计算高度，按表 2-6 确定；

h——矩形截面轴向力偏心方向的边长，当轴心受压时为截面较小边长。

对T形截面

$$\beta=\gamma_\beta\frac{H_0}{h_T}$$

式中 γ_β——不同材料砌体构件的高厚比修正系数，按表2-5采用；

H_0——受压构件的计算高度，按表2-6确定；

h_T——T形截面的折算厚度，可近似按$3.5i$计算，i为截面回转半径。

2.1.3 吊车房屋不考虑吊车作用时变截面柱高度的计算

对有吊车的房屋，当荷载组合不考虑吊车作用时，变截面柱上段的计算高度可按表2-6规定采用；变截面柱下段的计算高度，可按下列规定采用：

1）当$H_u/H\leqslant1/3$时，取无吊车房屋的H_0；

2）当$1/3<H_u/H<1/2$时，取无吊车房屋的H_0乘以修正系数，修正系数μ可按式（2-3）计算，即

$$\mu=1.3-0.3\frac{I_u}{I_l} \tag{2-3}$$

式中 I_u——变截面柱上段的惯性矩；

I_l——变截面柱下段的惯性矩。

3）当$H_u/H\geqslant1/2$时，取无吊车房屋的H_0。但在确定β值时，应采用上柱截面。

2.1.4 T形截面砖柱特性表的计算

T形截面砖柱特性表的计算公式（2-4）如下

$$A=b_fh_f+(h-h_f)b \tag{2-4}$$

$$y_1=\left[\frac{bh^2}{2}+(b_f-b)\frac{h_f^2}{2}\right]\div A$$

$$y_2=h-y_1$$

$$I=\frac{b_fh_f^3}{12}+b_fh_f\left(y_1-\frac{h_f}{2}\right)^2+\frac{[b(h-h_f)^3]}{12}+b(h-h_f)\left(y_2-\frac{h-h_f}{2}\right)^2$$

$$i=\sqrt{\frac{I}{A}}$$

$$h_T=3.5i$$

式中 A——T形截面面积；

b_f——带壁柱墙的计算截面翼缘宽度、翼墙计算宽度；

h_f——砖墙的厚度；

h——截面高度；

b——截面宽度；

y_1、y_2——截面重心轴；

I——截面惯性矩；

i——截面的回转半径；

h_T——截面折算厚度。

2.1.5 局部受压构件承载力的计算

砌体截面中受局部均匀压力时的承载力，应满足式（2-5）的要求，即

$$N_l \leqslant \gamma f A_l \tag{2-5}$$

$$\gamma = 1 + 0.35\sqrt{\frac{A_0}{A_l} - 1}$$

式中 N_l——局部受压面积上的轴向力设计值；

γ——砌体局部抗压强度提高系数，见表2-70；

f——砌体的抗压强度设计值，局部受压面积小于0.3m^2，可不考虑强度调整系数γ_a的影响；

A_l——局部受压面积；

A_0——影响砌体局部抗压强度的计算面积。

2.1.6 梁端支承处砌体局部受压构件承载力的计算

梁端支承处砌体的局部受压构件承载力，应按下列式（2-6）计算，即

$$\psi N_0 + N_l \leqslant \eta \gamma f A_l \tag{2-6}$$

$$\psi = 1.5 - 0.5\frac{A_0}{A_l}$$

$$N_0 = \sigma_0 A_l$$

$$A_l = a_0 b$$

$$a_0 = 10\sqrt{\frac{h_c}{f}}$$

式中 ψ——上部荷载的折减系数，当A_0/A_l大于或等于3时，应取ψ等于0；

$_0$——局部受压面积内上部轴向力设计值（N）；

N_l——梁端支承压力设计值（N）；

σ_0——上部平均压应力设计值（MPa）；

η——梁端底面压应力图形的完整系数，应取0.7，对于过梁和墙梁应取1.0；

γ——砌体局部抗压强度提高系数，见表2-70；

a_0——梁端有效支承长度（mm）；当a_0大于a时，应取a_0等于a，a为梁端实际支承长度（mm）；

b——梁的截面宽度（mm）；

h_c——梁的截面高度（mm）；

f——砌体的抗压强度设计值（MPa）；

A_l——局部受压面积；

A_0——影响砌体局部抗压强度的计算面积。

2.1.7 梁端设有刚性垫块时砌体局部受压构件承载力的计算

刚性垫块下的砌体局部受压构件承载力，应按公式（2－7）计算，即

$$N_0+N_l\leqslant\varphi\gamma_1 fA_b \tag{2-7}$$

$$N_0=\sigma_0 A_b$$

$$A_b=a_b b_b$$

$$\varphi=\frac{1}{1+12\left(\frac{e}{h}\right)^2}$$

$$\gamma=1+0.35\sqrt{\frac{A_0}{A_b}-1}$$

式中 N_0——垫块面积 A_b 内上部轴向力设计值（N）；

N_l——梁端支承压力设计值（N）；

φ——垫块上 N_0 与 N_l 合力的影响系数，应取 β 小于或等于 3；

γ_1——垫块外砌体面积的有利影响系数，γ_1 应为 0.8γ，但不小于 1.0。γ 为砌体局部抗压强度提高系数；

f——砌体的抗压强度设计值（MPa）；

A_b——垫块面积（mm^2）；

σ_0——上部平均压应力设计值（N/mm^2）；

a_b——垫块伸入墙内的长度（mm）；

b_b——垫块的宽度（mm）；

e——轴向力的偏心距；

h——矩形截面的轴向力偏心方向的边长；

A_0——影响砌体局部抗压强度的计算面积。

2.1.8 梁端设有刚性垫块时梁端有效支承长度的计算

梁端设有刚性垫块时，垫块上 N_l 作用点的位置可取梁端有效支承长度 a_0 的 0.4 倍。a_0 应按式（2－8）确定，即

$$a_0=\delta_1\sqrt{\frac{h_c}{f}} \tag{2-8}$$

式中 δ_1——刚性垫块的影响系数，可按表 2－71 采用；

h_c——梁的截面高度（mm）；

f——砌体的抗压强度设计值（MPa）。

2.1.9 垫梁下砌体局部受压承载力的计算

垫梁下的砌体局部受压（图 2-3）承载力，应按下列式（2-9）计算，即

$$N_0+N_l\leqslant 2.4\delta_2 f b_b h_0 \tag{2-9}$$

$$N_0=\frac{\pi b_b h_0 \sigma_0}{2}$$

$$h_0=2\sqrt[3]{\frac{E_c I_c}{Eh}}$$

式中 N_0——垫梁上部轴向力设计值（N）；

N_i——梁端支承压力设计值（N）；

b_b——垫梁在墙厚方向的宽度（mm）；

δ_2——垫梁底面压应力分布系数，当荷载沿墙厚方向均匀分布时可取 1.0，不均匀分布时可取 0.8；

f——砌体的抗压强度设计值（MPa）；

h_0——垫梁折算高度（mm）；

σ_0——上部平均压应力设计值（MPa）；

E_c、I_c——垫梁的混凝土弹性模量和截面惯性矩；

E——砌体的弹性模量；

h——墙厚（mm）。

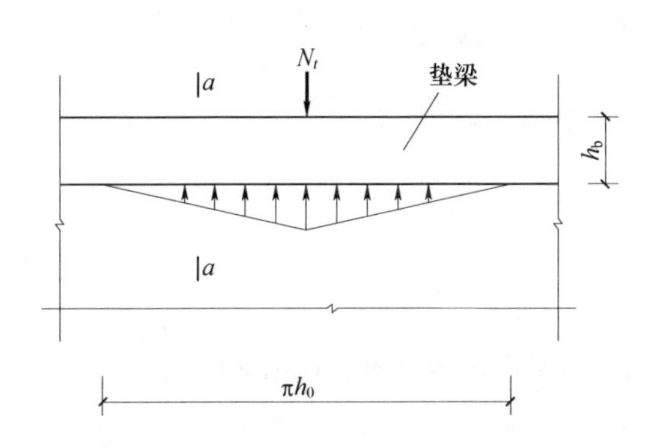

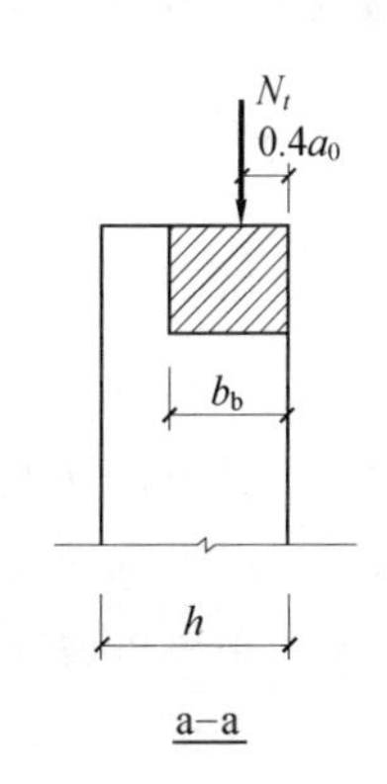

图 2-3 垫梁局部受压

2.1.10 轴心受拉构件承载力的计算

轴心受拉构件的承载力，应满足式（2-10）的要求，即

$$N_t\leqslant f_t A \tag{2-10}$$

式中　N_t——轴心拉力设计值；

f_t——砌体的轴心抗拉强度设计值，应按表 1－9 采用。

2.1.11　受弯构件承载力的计算

受弯构件的承载力，应满足式（2－11）的要求，即

$$M \leqslant f_{tm} W \tag{2-11}$$

式中　M——弯矩设计值；

f_{tm}——砌体弯曲抗拉强度设计值，应按表 1－9 采用；

W——截面抵抗矩。

2.1.12　受弯构件的受剪承载力计算

受弯构件的受剪承载力，应按公式（2－12）计算，即

$$V \leqslant f_v b z \tag{2-12}$$

$$z = I/S$$

式中　V——剪力设计值；

f_v——砌体的抗剪强度设计值，应按表 1－9 采用；

b——截面宽度；

z——内力臂，当截面为矩形时取 z 等于 $2h/3$（h 为截面高度）；

I——截面惯性矩；

S——截面面积矩。

2.1.13　沿通缝或沿阶梯形截面破坏时受剪构件承载力的计算

沿通缝或沿阶梯形截面破坏时受剪构件的承载力，应按公式（2－13）计算，即

$$V \leqslant (f_v + \alpha\mu\sigma_0)A \tag{2-13}$$

$$\text{当 } \gamma_G = 1.2 \text{ 时}, \mu = 0.26 - 0.082\frac{\sigma_0}{f}$$

$$\text{当 } \gamma_G = 1.35 \text{ 时}, \mu = 0.23 - 0.065\frac{\sigma_0}{f}$$

式中　V——剪力设计值；

A——水平截面面积；

f_v——砌体抗剪强度设计值，对灌孔的混凝土砌块砌体取 f_{vg}；

α——修正系数，当 $\gamma_G = 1.2$ 时，砖（含多孔砖）砌体取 0.60，混凝土砌块砌体取 0.64；当 $\gamma_G = 1.35$ 时，砖（含多孔砖）砌体取 0.64，混凝土砌块砌体取 0.66；

μ——剪压复合受力影响系数；

f——砌体的抗压强度设计值；

σ_0——永久荷载设计值产生的水平截面平均压应力，其值不应大于 $0.8f$。

2.2 数据速查

2.2.1 无筋砌体矩形截面单向偏心受压构件承载力的影响系数 φ（砂浆强度等级≥M5）

表 2-1 无筋砌体矩形截面单向偏心受压构件承载力的影响系数 φ（砂浆强度等级≥M5）

β	$\frac{e}{h}$ 或 $\frac{e}{h_T}$						
	0	0.025	0.05	0.075	0.1	0.125	0.15
≤3	1	0.99	0.97	0.94	0.89	0.84	0.79
4	0.98	0.95	0.90	0.85	0.80	0.74	0.69
6	0.95	0.91	0.86	0.81	0.75	0.69	0.64
8	0.91	0.86	0.81	0.76	0.70	0.64	0.59
10	0.87	0.82	0.76	0.71	0.65	0.60	0.55
12	0.82	0.77	0.71	0.66	0.60	0.55	0.51
14	0.77	0.72	0.66	0.61	0.56	0.51	0.47
16	0.72	0.67	0.61	0.56	0.52	0.47	0.44
18	0.67	0.62	0.57	0.52	0.48	0.44	0.40
20	0.62	0.57	0.53	0.48	0.44	0.40	0.37
22	0.58	0.53	0.49	0.45	0.41	0.38	0.35
24	0.54	0.49	0.45	0.41	0.38	0.35	0.32
26	0.50	0.46	0.42	0.38	0.35	0.33	0.30
28	0.46	0.42	0.39	0.36	0.33	0.30	0.28
30	0.42	0.39	0.36	0.33	0.31	0.28	0.26

β	$\frac{e}{h}$ 或 $\frac{e}{h_T}$					
	0.175	0.2	0.225	0.25	0.275	0.3
≤3	0.73	0.68	0.62	0.57	0.52	0.48
4	0.64	0.58	0.53	0.49	0.45	0.41
6	0.59	0.54	0.49	0.45	0.42	0.38
8	0.54	0.50	0.46	0.42	0.39	0.36
10	0.50	0.46	0.42	0.39	0.36	0.33
12	0.47	0.43	0.39	0.36	0.33	0.31
14	0.43	0.40	0.36	0.34	0.31	0.29
16	0.40	0.37	0.34	0.31	0.29	0.27
18	0.37	0.34	0.31	0.29	0.27	0.25
20	0.34	0.32	0.29	0.27	0.25	0.23
22	0.32	0.30	0.27	0.25	0.24	0.22
24	0.30	0.28	0.26	0.24	0.22	0.21
26	0.28	0.26	0.24	0.22	0.21	0.19
28	0.26	0.24	0.22	0.21	0.19	0.18
30	0.24	0.22	0.21	0.20	0.18	0.17

2.2.2 无筋砌体矩形截面单向偏心受压构件承载力的影响系数 φ（砂浆强度等级 M2.5）

表 2-2　　无筋砌体矩形截面单向偏心受压构件承载力的影响系数 φ（砂浆强度等级 M2.5）

β	$\frac{e}{h}$或$\frac{e}{h_T}$						
	0	0.025	0.05	0.075	0.1	0.125	0.15
≤3	1	0.99	0.97	0.94	0.89	0.84	0.79
4	0.97	0.94	0.89	0.84	0.78	0.73	0.67
6	0.93	0.89	0.84	0.78	0.73	0.67	0.62
8	0.89	0.84	0.78	0.72	0.67	0.62	0.57
10	0.83	0.78	0.72	0.67	0.61	0.56	0.52
12	0.78	0.72	0.67	0.61	0.56	0.52	0.47
14	0.72	0.66	0.61	0.56	0.51	0.47	0.43
16	0.66	0.61	0.56	0.51	0.47	0.43	0.40
18	0.61	0.56	0.51	0.47	0.43	0.40	0.36
20	0.56	0.51	0.47	0.43	0.39	0.36	0.33
22	0.51	0.47	0.43	0.39	0.36	0.33	0.31
24	0.46	0.43	0.39	0.36	0.33	0.31	0.28
26	0.42	0.39	0.36	0.33	0.31	0.28	0.26
28	0.39	0.36	0.33	0.30	0.28	0.26	0.24
30	0.36	0.33	0.30	0.28	0.26	0.24	0.22

β	$\frac{e}{h}$或$\frac{e}{h_T}$					
	0.175	0.2	0.225	0.25	0.275	0.3
≤3	0.73	0.68	0.62	0.57	0.52	0.48
4	0.62	0.57	0.52	0.48	0.44	0.40
6	0.57	0.52	0.48	0.44	0.40	0.37
8	0.52	0.48	0.44	0.40	0.37	0.34
10	0.47	0.43	0.40	0.37	0.34	0.31
12	0.43	0.40	0.37	0.34	0.31	0.29
14	0.40	0.36	0.34	0.31	0.29	0.27
16	0.36	0.34	0.31	0.29	0.26	0.25
18	0.33	0.31	0.29	0.26	0.24	0.23
20	0.31	0.28	0.26	0.24	0.23	0.21
22	0.28	0.26	0.24	0.23	0.21	0.20
24	0.26	0.24	0.23	0.21	0.20	0.18
26	0.24	0.22	0.21	0.20	0.18	0.17
28	0.22	0.21	0.20	0.18	0.17	0.16
30	0.21	0.20	0.18	0.17	0.16	0.15

2.2.3 无筋砌体矩形截面单向偏心受压构件承载力的影响系数 φ（砂浆强度0）

表2-3　无筋砌体矩形截面单向偏心受压构件承载力的影响系数 φ（砂浆强度0）

β	$\frac{e}{h}$或$\frac{e}{h_T}$						
	0	0.025	0.05	0.075	0.1	0.125	0.15
≤3	1	0.99	0.97	0.94	0.89	0.84	0.79
4	0.87	0.82	0.77	0.71	0.66	0.60	0.55
6	0.76	0.70	0.65	0.59	0.54	0.50	0.46
8	0.63	0.58	0.54	0.49	0.45	0.41	0.38
10	0.53	0.48	0.44	0.41	0.37	0.34	0.32
12	0.44	0.40	0.37	0.34	0.31	0.29	0.27
14	0.36	0.33	0.31	0.28	0.26	0.24	0.23
16	0.30	0.28	0.26	0.24	0.22	0.21	0.19
18	0.26	0.24	0.22	0.21	0.19	0.18	0.17
20	0.22	0.20	0.19	0.18	0.17	0.16	0.15
22	0.19	0.18	0.16	0.15	0.14	0.14	0.13
24	0.16	0.15	0.14	0.13	0.13	0.12	0.11
26	0.14	0.13	0.13	0.12	0.11	0.11	0.10
28	0.12	0.12	0.11	0.11	0.10	0.10	0.09
30	0.11	0.10	0.10	0.09	0.09	0.09	0.08

β	$\frac{e}{h}$或$\frac{e}{h_T}$					
	0.175	0.2	0.225	0.25	0.275	0.3
≤3	0.73	0.68	0.62	0.57	0.52	0.48
4	0.51	0.46	0.43	0.39	0.36	0.33
6	0.42	0.39	0.36	0.33	0.30	0.28
8	0.35	0.32	0.30	0.28	0.25	0.24
10	0.29	0.27	0.25	0.23	0.22	0.20
12	0.25	0.23	0.21	0.20	0.19	0.17
14	0.21	0.20	0.18	0.17	0.16	0.15
16	0.18	0.17	0.16	0.15	0.14	0.13
18	0.16	0.15	0.14	0.13	0.12	0.12
20	0.14	0.13	0.12	0.12	0.11	0.10
22	0.12	0.12	0.11	0.10	0.10	0.09
24	0.11	0.10	0.10	0.09	0.09	0.08
26	0.10	0.09	0.09	0.08	0.08	0.07
28	0.09	0.08	0.08	0.08	0.07	0.07
30	0.08	0.07	0.07	0.07	0.07	0.06

2.2.4 网状配筋砖砌体矩形截面单向偏心受压构件承载力的影响系数 φ_n

表 2-4 网状配筋砖砌体矩形截面单向偏心受压构件承载力的影响系数 φ_n

ρ (%)	β \ e/h	0	0.05	0.10	0.15	0.17
0.1	4	0.97	0.89	0.78	0.67	0.63
	6	0.93	0.84	0.73	0.62	0.58
	8	0.89	0.78	0.67	0.57	0.53
	10	0.84	0.72	0.62	0.52	0.48
	12	0.78	0.67	0.56	0.48	0.44
	14	0.72	0.61	0.52	0.44	0.41
	16	0.67	0.56	0.47	0.40	0.37
0.3	4	0.96	0.87	0.76	0.65	0.61
	6	0.91	0.80	0.69	0.59	0.55
	8	0.84	0.74	0.62	0.53	0.49
	10	0.78	0.67	0.56	0.47	0.44
	12	0.71	0.60	0.51	0.43	0.40
	14	0.64	0.54	0.46	0.38	0.36
	16	0.58	0.49	0.41	0.35	0.32
0.5	4	0.94	0.85	0.74	0.63	0.59
	6	0.88	0.77	0.66	0.56	0.52
	8	0.81	0.69	0.59	0.50	0.46
	10	0.73	0.62	0.52	0.44	0.41
	12	0.65	0.55	0.46	0.39	0.36
	14	0.58	0.49	0.41	0.35	0.32
	16	0.51	0.43	0.36	0.31	0.29
0.7	4	0.93	0.83	0.72	0.61	0.57
	6	0.86	0.75	0.63	0.53	0.50
	8	0.77	0.66	0.56	0.47	0.43
	10	0.68	0.58	0.49	0.41	0.38
	12	0.60	0.50	0.42	0.36	0.33
	14	0.52	0.44	0.37	0.31	0.30
	16	0.46	0.38	0.33	0.28	0.26
0.9	4	0.92	0.82	0.71	0.60	0.56
	6	0.83	0.72	0.61	0.52	0.48
	8	0.73	0.63	0.53	0.45	0.42
	10	0.64	0.54	0.46	0.38	0.36
	12	0.55	0.47	0.39	0.33	0.31
	14	0.48	0.40	0.34	0.29	0.27
	16	0.41	0.35	0.30	0.25	0.24
1.0	4	0.91	0.81	0.70	0.59	0.55
	6	0.82	0.71	0.60	0.51	0.47
	8	0.72	0.61	0.52	0.43	0.41
	10	0.62	0.53	0.44	0.37	0.35
	12	0.54	0.45	0.38	0.32	0.30
	14	0.46	0.39	0.33	0.28	0.26
	16	0.39	0.34	0.28	0.24	0.23

2.2.5 不同材料砌体构件的高厚比修正系数 γ_β

表 2－5　不同材料砌体构件的高厚比修正系数 γ_β

砌 体 材 料 类 别	γ_β
烧结普通砖、烧结多孔砖	1.0
混凝土普通砖、混凝土多孔砖、混凝土及轻集料混凝砌块	1.1
蒸压灰砂普通砖、蒸压粉煤灰普通砖、细料石	1.2
粗料石、毛石	1.5

注：对灌筑混凝土砌块砌体，γ_β 取 1.0。

2.2.6 受压构件的计算高度 H_0

表 2－6　受压构件的计算高度 H_0

房屋类别			柱		带壁柱的墙或周边拉结的墙		
			排架方向	垂直排架方向	$s>2H$	$2H\geqslant s>H$	$s\leqslant H$
有吊车的单层房屋	变截面柱上段	弹性方案	$2.5H_u$	$1.25H_u$	$2.5H_u$		
		刚性、刚弹性方案	$2.0H_u$	$1.25H_u$	$2.0H_u$		
	变截面柱下段		$1.0H_l$	$0.8H_l$	$1.0H_l$		
无吊车的单层和多层房屋	单跨	弹性方案	$1.5H$	$1.0H$	$1.5H$		
		刚弹性方案	$1.2H$	$1.0H$	$1.2H$		
	多跨	弹性方案	$1.25H$	$1.0H$	$1.25H$		
		刚弹性方案	$1.1H$	$1.0H$	$1.1H$		
	刚性方案		$1.0H$	$1.0H$	$1.0H$	$0.4s+0.2H$	$0.6s$

注：1. 表中 H_u 为变截面柱上段高度；H_l 为变截面柱下段高度；
2. 对于上端为自由端的构件，$H_0=2H$；
3. 独立砖柱当无柱间支撑时，柱在垂直排架方向的 H_0，应按表中数值乘于 1.25 后采用；
4. s 为房屋横墙间距；
5. 有承重墙的计算高度，应根据周边支承或拉接条件确定。

2.2.7 T 形截面砖柱特性表

表 2－7　T 形截面砖柱特性表

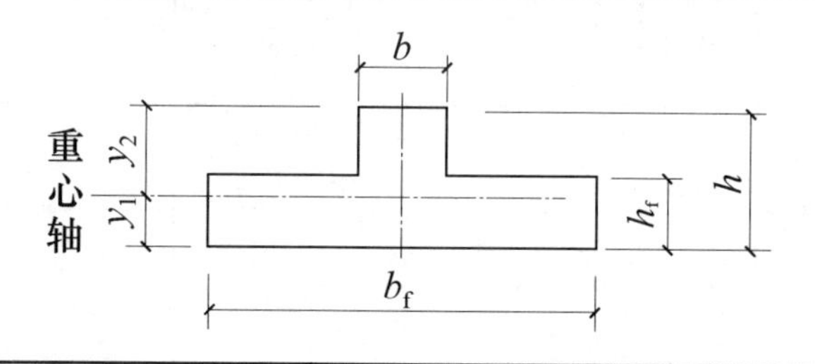

续表

b_f/mm	h_f/mm	h/mm	b/mm	$A/(\times10^3 mm^2)$	$I/(\times10^6 mm^4)$	i/mm	y_1/mm	y_2/mm	h_T/mm
1000	240	370	240	271	2130	89	141	229	312
			370	288	2590	95	151	219	333
			490	304	2964	99	159	211	347
		490	240	300	4350	120	169	321	420
			370	333	5640	130	188	302	455
			490	363	6660	136	203	287	474
			620	395	7612	139	216	274	487
		620	370	381	11 360	173	235	385	606
			490	426	13 470	178	255	365	620
	370	490	370	414	6654	126	211	279	444
			490	428.8	7337	130.8	219	271	458
		620	370	462.5	11 814	160	247	373	559
			490	492.5	13 703	167	262	358	584
			620	525.0	15 526	172	277	343	602
1200	240	370	240	319	2390	87	138	232	305
			370	336	2860	92	146	224	322
			490	352	3260	96	154	216	336
		490	240	348	4680	116	162	328	406
			370	381	6070	126	1800	310	441
			490	411	7180	132	193	297	462
			620	443	8240	136	206	284	476
		620	370	429	12 150	168	222	398	588
			490	473	14 490	175	242	378	613
	370	490	370	488	7504	124	207	283	435
			490	502.8	8252	128	214	276	448
		620	370	536.5	12 903	155	238	382	543
			490	566.5	14 930	162	252	368	568
			620	599.0	16 914	168	265	355	588
1400	240	370	240	367	2630	87	136	234	298
			370	384	3120	90	143	227	315
			490	400	3540	94	149	221	329
		490	240	396	4980	112	157	333	392
			370	429	4650	123	173	317	431
			490	459	7640	129	185	305	452
			620	491	8790	134	197	293	469
		620	370	477	12 830	164	211	409	574
			490	522	15 370	172	231	389	602
			620	572	17 760	176	248	372	616
	370	490	370	562.4	8417	122	204	286	428
			490	576.8	9150	126	210	280	441
		620	370	610.5	13 934	151	232	388	529
			490	640.5	16 068	158	244	376	554
			620	673.0	18 182	164	256	364	575

续表

b_f/mm	h_f/mm	h/mm	b/mm	A/(×10^3mm^2)	I/(×10^6mm^4)	i/mm	y_1/mm	y_2/mm	h_T/mm
1600	240	370	240	415	2880	83	135	235	291
			370	432	3370	88	141	229	308
			490	448	3800	92	146	224	322
		490	240	444	5270	109	153	337	382
			370	477	6800	119	168	322	417
			490	507	8060	126	179	311	441
			620	539	9280	131	190	300	459
		620	370	525	13 430	160	203	417	560
			490	570	16 130	168	221	399	588
			620	620	18 710	174	238	382	609
	370	490	370	636.4	9286	121	202	288	423
			490	650.8	10 035	124	207	283	435
		620	370	684.5	14 924	148	227	393	517
			490	714.5	17 146	155	238	382	542
			620	747.0	19 366	161	249	371	564
1800	240	370	240	463	3110	82	132	238	287
			370	480	3620	87	139	231	305
			490	496	4060	91	144	226	319
		490	240	492	5550	106	150	340	371
			370	525	7130	117	163	327	410
			490	555	8440	123	174	316	431
			620	587	9730	129	185	305	452
		620	370	573	13 960	156	196	424	546
			490	615	16 820	165	213	407	578
			620	665	19 560	171	229	391	599
		740	490	677	28 580	205	254	486	718
	370	490	370	710.4	10 150	120	200	290	418
			490	724.8	10 912	123	205	285	429
		620	370	758.5	15 947	145	223	397	507
			490	788.5	18 179	152	233	387	531
			620	821.0	20 489	158	244	376	553

续表

b_f/mm	h_f/mm	h/mm	b/mm	$A/(\times10^3 mm^2)$	$I/(\times10^6 mm^4)$	i/mm	y_1/mm	y_2/mm	h_T/mm
2000	240	370	240	511	3350	81	131	239	284
			370	528	3870	86	137	233	301
			490	544	4320	89	142	228	312
		490	240	540	5820	104	147	343	364
			370	573	7440	114	160	330	399
			490	603	8800	121	170	320	424
			620	635	10 140	126	180	310	441
		620	370	621	14 450	153	190	430	536
			490	666	17 440	162	207	413	567
			620	716	20 330	169	222	398	592
		740	490	725	29 610	202	245	495	707
			620	790	34 550	209	265	475	732
	370	490	370	784.4	11 010	118	199	291	415
			490	798.8	11 782	121	203	287	425
		620	370	832.5	16 825	142	219	401	498
			490	862.5	19 180	149	229	391	522
			620	895.0	21 565	155	239	381	543
			750	927.5	23 794	160	248	372	561
2200	240	370	240	559	3590	80	130	240	280
			370	576	4110	84	135	235	294
			490	592	4570	88	140	230	308
		490	240	588	6080	102	145	245	357
			370	621	7740	112	157	333	392
			490	651	9140	119	166	324	417
			620	683	10 530	124	176	314	434
		620	370	669	14 900	149	185	435	522
			490	714	18 000	159	201	419	557
			620	764	21 030	166	216	404	581
		740	490	773	30 550	199	237	503	697
			620	838	35 730	206	257	483	721
	370	490	370	858.4	11 867	118	198	292	412
			490	872.8	12 649	120	202	288	421
		620	370	906.5	17 750	140	217	403	490
			490	936.5	20 157	146	226	394	513
			620	969	22 607	153	235	385	535
			750	1001.5	24 908	158	243	377	552

续表

b_f/mm	h_f/mm	h/mm	b/mm	A/(×10^3 mm^2)	I/(×10^6 mm^4)	i/mm	y_1/mm	y_2/mm	h_T/mm
2400	240	370	240	607	3820	79	130	240	277
			370	624	4350	84	134	237	294
			490	640	4820	87	138	232	305
		490	240	636	6340	100	143	347	350
			370	669	8030	110	154	336	385
			490	699	9470	116	163	327	406
			620	731	10 900	122	172	318	427
		620	370	717	15 320	146	181	439	511
			490	762	18 530	156	196	424	546
			620	812	21 670	163	210	410	571
		740	490	821	31 400	196	230	510	686
			620	886	36 810	204	249	491	714
	370	490	370	932.4	12 722	117	197	293	409
			490	946.8	13 511	119	200	290	418
		620	370	980.5	18 663	138	214	406	483
			490	1010.5	21 114	145	223	397	506
			620	1043	23 620	150	231	389	527
			750	1075.5	25 985	155	239	381	544
2600	240	370	240	655	4060	79	129	241	277
			370	672	4590	83	135	237	291
			490	688	5060	86	137	233	301
		490	240	684	6590	98	141	349	343
			370	717	8310	108	152	338	378
			490	747	9780	114	160	330	399
			620	779	11 260	120	169	321	420
		620	370	765	15 710	143	177	443	501
			490	810	19 020	153	191	429	534
			620	860	22 270	161	205	415	564
		740	490	869	32 180	192	224	516	672
			620	934	37 810	201	243	497	704
	370	490	370	1006.4	13 576	116	196	294	407
			490	1021	14 371	119	199	291	415
		620	370	1055	19 566	136	212	408	477
			490	1085	22 055	143	220	400	499
			620	1117	24 611	148	228	392	520
			750	1150	27 031	153	236	384	537

续表

b_f/mm	h_f/mm	h/mm	b/mm	$A/(\times 10^3 mm^2)$	$I/(\times 10^6 mm^4)$	i/mm	y_1/mm	y_2/mm	h_T/mm
2800	240	370	240	703	4290	78	128	242	273
			370	720	4830	82	132	238	287
			490	736	5310	85	136	234	298
		490	240	732	6840	97	140	350	340
			370	765	8590	106	150	340	371
			490	795	10 080	113	158	332	396
			620	827	11 590	118	166	324	413
		620	370	813	16 090	141	174	446	494
			490	858	19 480	151	187	433	529
			620	908	22 820	159	200	420	557
		740	490	917	32 910	186	219	521	651
			620	982	38 730	199	237	503	697
	370	490	370	1080	14 428	116	195	295	404
			490	1094.8	15 230	117	198	292	413
		620	370	1128.5	20 461	135	210	409	471
			490	1158.5	22 985	141	218	402	493
			620	1191	25 583	147	225	395	513
			750	1223.5	28 053	151	233	387	530
3000	240	370	240	751	4520	78	128	242	273
			370	768	5070	81	132	238	284
			490	784	5550	84	135	235	294
		490	240	780	7090	95	139	351	333
			370	813	8860	104	148	342	364
			490	843	10 360	111	156	334	389
			620	875	11 920	117	163	327	410
		620	370	861	16 450	138	171	449	483
			490	906	19 910	148	184	436	518
			620	956	23 350	156	196	424	546
		740	490	965	33 590	187	214	526	655
			620	1030	39 580	196	231	509	686
	370	490	370	1154.4	15 279	115	194	296	403
			490	1169	16 086	117	197	293	411
		620	370	1202	21 350	133	209	411	466
			490	1232.5	23 903	139	216	404	487
			620	1265	26 541	145	223	397	507
			750	1297.5	29 055	150	230	390	524

续表

b_f/mm	h_f/mm	h/mm	b/mm	$A/(\times 10^3 mm^2)$	$I/(\times 10^6 mm^4)$	i/mm	y_1/mm	y_2/mm	h_T/mm
3200	240	370	240	799	4760	77	127	243	270
			370	816	5300	81	131	239	284
			490	832	9790	83	134	236	291
		490	240	828	7340	94	138	352	329
			370	861	9120	103	146	344	361
			490	891	10 670	109	154	336	382
			620	923	12 240	115	161	329	403
		620	370	909	16 800	136	168	452	476
			490	954	20 330	146	180	440	511
			620	1004	23 850	154	193	427	539
		740	490	1013	34 220	184	209	531	644
			620	1078	40 380	194	226	511	679
	370	490	370	1228	16 130	114	194	296	401
			490	1243	16 941	117	197	293	409
		620	370	1277	22 234	132	207	413	462
			490	1307	24 814	138	214	406	482
			620	1339	27 486	143	221	399	501
			750	1372	30 039	148	227	393	518
		750	490	1370	38 374	167	236	514	586
			620	1420	43 975	176	247	503	616
			750	1469	49 240	183	258	492	641
			870	1515	53 829	188	267	483	660
3400	240	370	240	847	4990	77	127	243	270
			370	864	5540	80	130	240	280
			490	880	6303	83	133	237	291
		490	240	876	7580	93	137	353	326
			370	909	9390	102	145	345	357
			490	939	10 950	108	152	338	378
			620	971	12 540	114	159	331	399
		620	370	957	17 130	134	166	454	469
			490	1002	20 730	144	178	442	504
			620	1052	24 320	152	189	431	532
		740	490	1061	34 820	181	205	535	634
			620	1126	41 120	191	222	518	669
	370	490	370	1302	16 979	114	193	297	400
			490	1317	17 794	116	196	294	407
		620	370	1351	23 114	131	206	414	458
			490	1381	15 717	136	213	407	478
			620	1413	28 421	142	219	401	496
			750	1446	31 010	146	225	395	513
		750	490	1444	39 401	165	233	517	578
			620	1494	45 092	174	244	506	608
			750	1543	50 457	181	254	496	633
			870	1589	55 145	186	263	487	652

续表

b_f/mm	h_f/mm	h/mm	b/mm	$A/(\times10^3 mm^2)$	$I/(\times10^6 mm^4)$	i/mm	y_1/mm	y_2/mm	h_T/mm
3600	240	370	240	895	5220	76	126	244	266
			370	912	5770	80	130	240	280
			490	928	6270	82	133	237	287
		490	240	924	7820	92	136	354	322
			370	957	9640	100	144	346	350
			490	987	11 230	107	150	340	375
			620	1019	12 840	112	157	333	392
		620	370	1005	17 460	132	163	457	462
			490	1050	21 110	142	175	445	497
			620	1100	24 770	150	186	434	525
		740	490	1109	35 360	179	202	538	627
			620	1174	41 840	189	218	522	662
	370	490	370	1376	17 828	114	193	297	398
			490	1391	18 647	116	195	295	405
		620	370	1425	23 990	129	205	415	454
			490	1455	26 615	135	211	409	473
			620	1487	29 346	140	217	403	492
			750	1520	31 968	145	223	397	508
		750	490	1518	40 409	163	231	519	571
			620	1568	46 183	172	241	509	601
			750	1617	51 640	179	251	499	625
			870	1663	56 420	184	260	490	645
3800	240	370	240	943	5550	76	126	244	266
			370	960	6010	79	129	241	277
			490	976	6510	82	132	238	287
		490	240	972	8070	91	135	355	319
			370	1005	9900	99	143	347	347
			490	1035	11 500	105	149	341	368
			620	1067	13 140	111	156	334	389
		620	370	1053	17 780	130	161	459	455
			490	1098	21 480	139	173	447	486
			620	1148	25 210	148	184	436	518
		740	490	1157	35 920	176	198	542	616
			620	1222	42 510	187	214	526	655
	370	490	370	1450	18 677	113	193	297	397
			490	1465	19 498	115	195	295	404
		620	370	1499	24 862	129	204	416	451
			490	1529	27 507	134	210	410	470
			620	1561	30 264	139	216	404	487
			750	1593	32 915	143	221	399	503
		750	490	1592	41 403	161	229	521	564
			620	1642	47 251	170	239	511	594
			750	1691	52 793	177	248	502	618
			870	1736	57 658	182	256	494	638

续表

b_f/mm	h_f/mm	h/mm	b/mm	A/(×10^3mm^2)	I/(×10^6mm^4)	i/mm	y_1/mm	y_2/mm	h_T/mm
4000	240	370	240	991	5690	76	126	244	266
			370	1008	6240	79	129	241	277
			490	1024	6800	82	132	238	287
		490	240	1020	8310	90	134	356	315
			370	1053	10 150	98	142	348	343
			490	1083	11 770	104	148	342	364
			620	1115	13 430	110	154	336	385
		620	370	1101	18 090	128	160	460	448
			490	1146	21 840	138	170	450	483
			620	1196	25 620	146	181	437	511
		740	490	1205	36 430	174	195	545	609
			620	1270	43 150	184	210	530	644
	370	490	370	1524	19525	113	192	298	396
			490	1539	20 349	115	194	296	402
		620	370	1573	25 732	128	203	417	448
			490	1605	28 395	133	209	411	466
			620	1635	31 175	138	214	406	483
			750	1667	33 854	142	220	400	499
		750	490	1666	42 383	159	227	523	558
			620	1716	48 301	168	236	514	587
			750	1765	53 920	175	246	504	612
			870	1813	59 066	181	254	496	632
4200	240	370	240	1039	5920	76	126	244	266
			370	1056	6480	78	128	242	273
			490	1072	6980	81	131	239	284
		490	240	1068	8550	90	134	356	315
			370	1101	10 410	97	141	349	340
			490	1131	12 020	103	147	343	361
			620	1163	13 710	109	153	337	382
		620	370	1149	17 830	125	158	462	438
			490	1194	22 080	136	168	452	476
			620	1244	26 030	145	179	441	508
		740	490	1253	36 930	172	192	548	602
			620	1318	43 750	182	207	533	637
	370	490	370	1598	20 373	113	192	298	395
			490	1612	21 200	115	194	296	401
		620	370	1647	26 600	127	202	418	445
			490	1676	29 279	132	208	412	463
			620	1709	32 080	137	213	407	480
			750	1742	34 784	141	218	402	495
		750	490	1740	43 352	158	225	525	552
			620	1790	49 333	166	234	516	581
			750	1839	55 025	173	243	506	605
			870	1885	60 042	178	251	499	625

续表

b_f/mm	h_f/mm	h/mm	b/mm	$A/(\times10^3mm^2)$	$I/(\times10^6mm^4)$	i/mm	y_1/mm	y_2/mm	h_T/mm
4400	240	370	240	1087	6150	75	125	245	263
4400	240	370	370	1104	6710	78	128	242	273
4400	240	370	490	1120	7210	80	131	239	280
4400	240	490	240	1116	6790	89	133	357	312
4400	240	490	370	1149	10 660	96	140	350	336
4400	240	490	490	1179	12 300	102	145	345	357
4400	240	490	620	1211	13 990	108	151	339	378
4400	240	620	370	1197	19 170	127	156	464	445
4400	240	620	490	1242	22 520	135	166	454	473
4400	240	620	620	1292	26 420	143	177	443	501
4400	240	740	490	1301	37 400	169	190	550	592
4400	240	740	620	1366	44 340	180	204	536	630
4400	370	490	370	1672	21 220	113	192	298	394
4400	370	490	490	1687	22 050	114	194	296	400
4400	370	620	370	1721	27 466	126	202	418	442
4400	370	620	490	1751	30 159	131	207	413	459
4400	370	620	620	1783	32981	136	212	408	476
4400	370	620	750	1816	35 707	140	217	403	491
4400	370	750	490	1814	44 310	156	223	527	547
4400	370	750	620	1864	50 351	164	232	518	575
4400	370	750	750	1913	56 110	171	241	509	599
4400	370	750	870	1959	61 194	177	248	501	619
4600	240	370	240	1135	6380	75	125	245	263
4600	240	370	370	1152	6940	78	128	242	273
4600	240	370	490	1168	7450	80	130	240	280
4600	240	490	240	1164	9030	88	133	357	308
4600	240	490	370	1197	10 100	96	139	351	336
4600	240	490	490	1227	12 560	101	144	346	354
4600	240	490	620	1259	14 260	106	150	340	371
4600	240	620	370	1245	18 980	124	155	465	434
4600	240	620	490	1290	22 520	132	165	455	462
4600	240	620	620	1340	26 790	142	175	445	497
4600	240	740	490	1349	37 850	168	187	553	588
4600	240	740	620	1414	44 890	178	201	539	632
4600	370	490	370	1746	22 068	112	191	299	393
4600	370	490	490	1761	22 899	114	193	297	399
4600	370	620	370	1795	28 330	126	201	419	440
4600	370	620	490	1825	31 037	130	205	415	456
4600	370	620	620	1857	33 876	135	211	409	473
4600	370	620	750	1890	36 624	139	216	404	487
4600	370	750	490	1888	45 260	155	222	528	542
4600	370	750	620	1938	51 355	163	231	519	570
4600	370	750	750	1987	57 176	170	239	511	594
4600	370	750	870	2033	62 324	175	246	504	613

续表

b_f/mm	h_f/mm	h/mm	b/mm	$A/(\times10^3 mm^2)$	$I/(\times10^6 mm^4)$	i/mm	y_1/mm	y_2/mm	h_T/mm
4800	240	370	240	1183	6610	75	125	245	263
			370	1200	7180	77	127	243	270
			490	1216	7690	80	130	240	280
		490	240	1212	9270	87	132	358	305
			370	1245	11 150	95	138	352	333
			490	1275	12 810	100	144	346	350
			620	1307	14 530	106	149	341	370
		620	370	1293	19 260	122	154	466	427
			490	1338	23 170	132	163	457	462
			620	1388	27 160	140	173	447	490
		740	490	1397	38 290	166	185	555	581
			620	1462	45 430	171	198	542	599
	370	490	370	1820	22 915	112	191	299	393
			490	1835	23 748	114	193	297	398
		620	370	1869	29 192	125	200	420	437
			490	1898.5	31 911	130	205	415	454
			620	1931	34 768	134	209	411	470
			750	1964	37 536	138	215	405	484
		750	490	1062	46 201	153	221	529	537
			620	2012	52 347	161	229	521	565
			750	2061	58 227	168	236	514	588
			870	2107	63 434	174	234	506	607
5000	240	370	240	1231	6850	75	125	345	263
			370	1248	7410	77	127	243	270
			490	1264	7920	79	129	241	277
		490	240	1260	9500	87	132	358	305
			370	1293	11 400	94	138	352	329
			490	1323	13 070	99	143	347	347
			620	1355	14 810	105	148	342	368
		620	370	1341	19 550	121	153	467	424
			490	1386	23 490	130	162	458	455
			620	1436	27 520	139	171	449	487
		740	490	1445	38 720	164	183	557	574
			620	1510	45 950	174	196	544	609
	370	490	370	1894	23 761	112	191	299	392
			490	1909	24 597	114	193	297	397
		620	370	1943	30 053	124	200	420	435
			490	1973	32 785	129	204	416	451
			620	2005	35 657	133	209	411	467
			750	2038	38 443	137	214	406	481
		750	490	2036	47 136	152	219	531	533
			620	2086	53 329	160	227	523	560
			750	2135	59 263	167	235	515	583
			870	2181	64 526	172	242	508	602

续表

b_f/mm	h_f/mm	h/mm	b/mm	A/(×10^3mm^2)	I/(×10^6mm^4)	i/mm	y_1/mm	y_2/mm	h_T/mm
5200	240	370	240	1279	7080	74	125	245	259
			370	1296	7650	77	127	243	270
			490	1312	8150	79	129	241	277
		490	240	1308	9740	86	131	359	301
			370	1341	11 640	93	137	353	326
			490	1271	13 320	99	142	348	347
			620	1403	15 070	108	147	343	378
		620	370	1389	19 830	120	151	469	420
			490	1434	23 800	129	160	460	452
			620	1484	27 870	137	169	451	480
		740	490	1493	39 130	162	181	559	567
			620	1558	46 440	173	194	546	606
	370	490	370	1968	24 608	112	191	299	391
			490	1983	25 445	113	192	297	396
		620	370	2017	30 912	123	199	421	433
			490	2047	33 655	128	204	416	449
			620	2079	36 542	133	208	412	464
			750	2112	39 345	137	213	407	478
		750	490	2110	48 064	151	218	532	528
			620	2160	54 302	159	226	524	557
			750	2209	60 286	165	233	517	578
			870	2255	65 601	171	240	510	597
5400	240	370	240	1327	7310	74	124	246	259
			370	1344	7880	77	127	243	270
			490	1360	8390	79	129	241	277
		490	240	1356	9980	86	131	359	301
			370	1389	11 890	93	136	354	326
			490	1419	13 580	98	141	349	343
			620	1451	15 340	103	146	344	361
		620	370	1437	20 100	119	150	470	417
			490	1482	24 110	128	159	461	448
			620	1532	28 210	136	168	452	476
		740	490	1541	39 530	160	179	561	560
			620	1606	46 930	171	191	549	599
	370	490	370	2042	25 454	112	190	300	391
			490	2057	26 293	113	192	298	396
		620	370	2091	31 772	123	199	421	431
			490	2121	34 524	128	203	417	447
			620	2153	37 424	132	207	413	461
			750	2186	40 243	136	212	408	475
		750	490	2184	48 987	150	217	533	524
			620	2234	55 265	157	225	525	551
			750	2283	61 298	164	232	518	574
			870	2329	66 662	169	238	512	592

续表

b_f/mm	h_f/mm	h/mm	b/mm	$A/(\times10^3\mathrm{mm}^2)$	$I/(\times10^6\mathrm{mm}^4)$	i/mm	y_1/mm	y_2/mm	h_T/mm
5600	240	370	240	1375	7340	74	124	246	259
			370	1392	8110	76	126	244	266
			490	1408	8620	78	128	242	273
		490	240	1404	10 210	85	130	360	298
			370	1439	12 130	92	136	354	322
			490	1467	13 830	97	140	350	340
			620	1499	15 600	102	145	345	357
		620	370	1485	20 380	117	149	471	410
			490	1560	24 410	126	158	462	441
			620	1580	28 550	134	166	454	469
		740	490	1589	39 920	159	177	563	557
			620	1654	47 390	169	189	551	592
	370	490	370	2116	26 301	111	190	300	390
			490	2131	27 141	112	192	298	395
		620	370	2165	32 629	123	198	422	430
			490	2195	35 391	127	202	418	444
			620	2227	38 304	131	207	413	459
			750	2260	41 138	134	211	409	472
		750	490	2258	49 904	149	216	534	520
			620	2308	56 222	156	223	527	546
			750	2357	62 300	163	230	520	569
			870	2403	67 710	168	237	513	588
5800	240	370	240	1423	7770	74	124	246	259
			370	1440	8340	76	126	244	266
			490	1456	8860	78	128	242	273
		490	240	1452	10 450	85	130	360	298
			370	1485	12 370	91	135	355	319
			490	1515	14 080	96	140	350	336
			620	1547	15 860	101	145	345	354
		620	370	1533	20 650	116	148	472	406
			490	1578	24 710	125	157	463	438
			620	1628	28 880	133	165	455	466
		740	490	1637	40 310	157	175	565	550
			620	1702	47 850	168	187	553	588
	370	490	370	2190	27 147	111	190	300	390
			490	2205	27 988	112	192	298	394
		620	370	2239	33 486	122	198	422	428
			490	2269	36 257	126	202	418	442
			620	2301	39 182	130	206	414	457
			750	2334	42 030	134	230	410	470
		750	490	2332	50 817	148	215	535	517
			620	2382	57 171	155	222	528	542
			750	2431	63 291	161	229	521	565
			870	2476	68 745	167	235	515	583

续表

b_f/mm	h_f/mm	h/mm	b/mm	$A/(\times 10^3 mm^2)$	$I/(\times 10^6 mm^4)$	i/mm	y_1/mm	y_2/mm	h_T/mm
6000	240	370	240	1470	8000	74	124	246	259
			370	1488	8570	76	126	244	266
			490	1504	9090	78	128	242	273
		490	240	1500	10 680	84	130	360	294
			370	1533	12 610	91	135	355	315
			490	1563	14 320	96	139	351	336
			620	1595	16 120	101	144	346	354
		620	370	1581	20 910	115	148	472	403
			490	1626	25 000	124	155	465	434
			620	1676	29 210	132	164	456	462
		740	490	1685	40 680	155	174	566	543
			620	1750	48 290	166	186	554	581
	370	490	370	2264	27 993	111	190	300	389
			490	2279	28 835	112	191	299	394
		620	370	2313	34 342	121	197	423	427
			490	2343	37 121	126	201	419	441
			620	2375	40 057	130	205	415	455
			750	2408	42 918	134	209	411	467
		750	490	2406	51 725	147	214	536	513
			620	2456	58 114	154	221	529	538
			750	2505	64 274	160	228	522	561
			870	2551	69 769	165	234	516	579
		870	490	2465	72 183	171	228	642	599
			620	2530	83 257	181	238	632	635
			750	2595	93 844	190	248	622	666
			870	2655	103 216	197	256	614	690
		990	620	2604	117 926	213	258	731	745
			750	2685	134 427	224	271	719	783
			870	2759	14 850	232	282	708	813
			990	2834	162 809	239	292	698	839
		1120	620	2685	167 693	250	282	838	875
			750	2783	192 433	263	298	822	920
			870	2873	214 055	273	312	808	955
			990	2962	234 620	281	325	795	985

2.2.8 矩形截面墙、柱砌体受压构件（$e=0$ 时）影响系数 φ

表 2-8　　矩形截面墙、柱砌体受压构件（$e=0$ 时）影响系数 φ

墙柱短边 h/mm	240		370		490		620		740	
砂浆 / H_0/m	≥M5	M2.5	≥M5	M2.5	≥M5	M2.5	≥M5	M2.5	≥M5	M2.5
2.0	0.91	0.88	0.96	0.94	0.98	0.97	0.98	0.98	0.99	0.99
2.25	0.885	0.85	0.945	0.925	0.97	0.96	0.98	0.975	0.985	0.985
2.5	0.86	0.82	0.93	0.91	0.96	0.95	0.98	0.97	0.98	0.98
2.75	0.835	0.79	0.92	0.895	0.955	0.94	0.975	0.965	0.98	0.975
3.0	0.81	0.76	0.91	0.88	0.95	0.93	0.97	0.96	0.98	0.97
3.25	0.785	0.73	0.895	0.86	0.94	0.92	0.96	0.95	0.975	0.965
3.5	0.76	0.70	0.88	0.84	0.93	0.91	0.95	0.94	0.97	0.96
3.75	0.73	0.67	0.865	0.825	0.92	0.895	0.945	0.93	0.965	0.95
4.0	0.71	0.64	0.85	0.81	0.91	0.88	0.94	0.92	0.96	0.94
4.25	0.68	0.65	0.83	0.79	0.90	0.87	0.935	0.91	0.955	0.935
4.5	0.65	0.59	0.81	0.77	0.89	0.86	0.93	0.90	0.95	0.93
4.75	0.63	0.565	0.795	0.95	0.875	0.845	0.92	0.89	0.945	0.925
5.0	0.61	0.54	0.78	0.75	0.86	0.83	0.91	0.88	0.94	0.92
5.25	0.582		0.765	0.71	0.85	0.815	0.90	0.87	0.93	0.91
5.5	0.56		0.75	0.69	0.84	0.80	0.89	0.86	0.92	0.90
5.75			0.73	0.67	0.83	0.885	0.885	0.85	0.915	0.89
6.0			0.71	0.65	0.82	0.77	0.88	0.84	0.91	0.88
6.25			0.695	0.63	0.805	0.755	0.87	0.83	0.905	0.875
6.5			0.68	0.61	0.79	0.74	0.86	0.82	0.90	0.87
6.75			0.66	0.60	0.78	0.725	0.85	0.81	0.89	0.86
7.0			0.64	0.58	0.77	0.71	0.84	0.80	0.88	0.85
7.25			0.625	0.56	0.755	0.695	0.83	0.985	0.875	0.84
7.5			0.61	0.54	0.74	0.68	0.82	0.77	0.87	0.83
7.75			0.595	0.525	0.725	0.665	0.81	0.76	0.86	0.82
8.0			0.58	0.51	0.71	0.65	0.8	0.75	0.85	0.81
8.25			0.565		0.70	0.635	0.79	0.74	0.84	0.80
8.5			0.55		0.69	0.62	0.78	0.73	0.83	0.79
8.75					0.675	0.61	0.77	0.715	0.825	0.78
9.0					0.66	0.60	0.76	0.70	0.82	0.77
9.25					0.65	0.585	0.75	0.69	0.81	0.76
9.5					0.64	0.57	0.74	0.68	0.80	0.75
9.75					0.63	0.56	0.73	0.67	0.89	0.74
10					0.62	0.55	0.72	0.66	0.78	0.73

续表

墙柱短边 h/mm	240		370		490		620		740	
砂浆 / H_0/m	≥M5	M2.5	≥M5	M2.5	≥M5	M2.5	≥M5	M2.5	≥M5	M2.5
10.25					0.605	0.535	0.71	0.65	0.775	0.72
10.5					0.59	0.52	0.70	0.64	0.77	0.71
10.75					0.58		0.69	0.625	0.76	0.70
11					0.57		0.68	0.61	0.75	0.69
11.25					0.56		0.67	0.60	0.74	0.68
11.5					0.55		0.66	0.59	0.730	0.67
11.75							0.65	0.58	0.725	0.665
12.0							0.64	0.57	0.72	0.66
12.25							0.63	0.56	0.71	0.65
12.5							0.62	0.55	0.70	0.647
12.75							0.61	0.54	0.69	0.63
13.0							0.60	0.53	0.68	0.62
13.25							0.59	0.52	0.675	0.61
13.5							0.58	0.51	0.67	0.60
13.75							0.575		0.66.	0.59
14							0.57		0.65	0.58
14.25							0.56		0.64	0.575
14.5							0.55		0.63	0.57
14.75									0.625	0.56
15.0									0.62	0.55

2.2.9 方形截面普通砖柱轴心受压承载力 *N* 值的选用表（砖强度 MU10）

表 2-9　　方形截面普通砖柱轴心受压承载力 *N* 值（kN）的选用表

（砖强度 MU10）

图

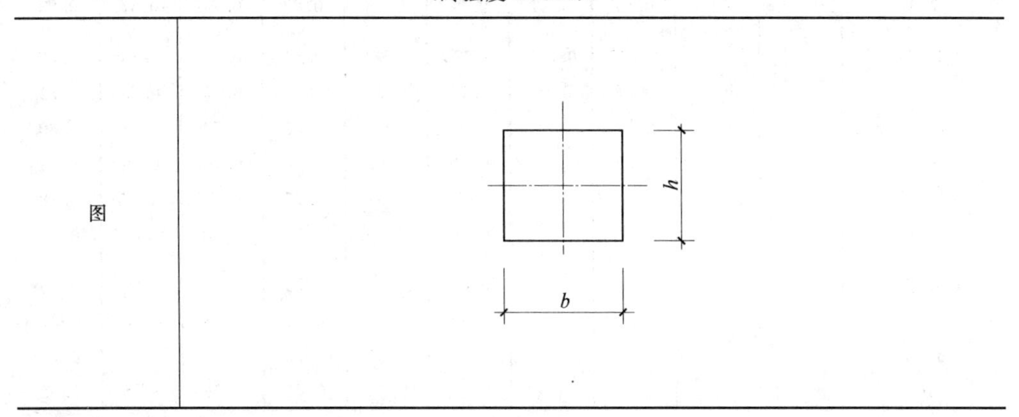

续表

$b \times h$/mm²	240×240		370×370		490×490		620×620		740×740	
砂浆强度 计算高度 H_0/m	M5	M2.5	M5	M2.5	M5	M2.5	M5	M2.5	M5	M2.5
2.0	59	49	164	140	330	283	567	489	812	701
2.25	57	48	162	138	328	281	565	486	809	698
2.5	56	46	160	136	325	278	562	483	807	695
2.75	54	44	158	134	323	275	559	480	804	692
3.0	53	43	156	131	320	272	556	477	800	689
3.25	51	41	153	128	317	269	553	473	797	684
3.5	49		151	126	314	266	550	469	794	681
3.75			148	123	311	262	546	465	790	676
4.0			146	120	307	258	542	461	786	672
4.25			143	117	304	254	538	456	781	667
4.5			140	114	300	250	533	451	777	662
4.75			137	112	296	246	529	446	772	657
5.0			134	109	292	242	525	441	768	652
5.25			131	106	288	238	520	436	763	646
5.5			129	103	284	234	515	431	758	640
5.75			126	100	280	230	510	426	752	634
6.0			123		276	225	505	420	747	628
6.25			120		271	221	499	415	741	622
6.5					267	216	494	409	735	616
6.75					263	212	489	403	730	610
7.0					259	208	483	397	723	603
7.25					254	203	478	392	717	596
7.5					250		472	386	711	590
7.75					246		467	380	704	583
8.0							461	374	698	576
8.25							455	368	619	569
8.5							449	362	685	563
8.75							443	357	678	555
9.0							437	351	671	548
9.25							331	345	665	541
9.5							426		657	535
9.75							420		651	528
10.0									643	521

续表

$b\times h$/mm²	240×240		370×370		490×490		620×620		740×740	
计算高度 H_0/m ＼ 砂浆强度	M5	M2.5	M5	M2.5	M5	M2.5	M5	M2.5	M5	M2.5
10.25									637	513
10.5									630	506
10.75									623	500
11.0									616	493
11.25									609	
11.5									602	
11.75									595	
12.0										
12.25										
12.5										

2.2.10 方形截面普通砖柱轴心受压承载力 *N* 值的选用表（砖强度 MU15）

表 2-10　　方形截面普通砖柱轴心受压承载力 *N* 值（kN）的选用表

（砖强度 MU15）

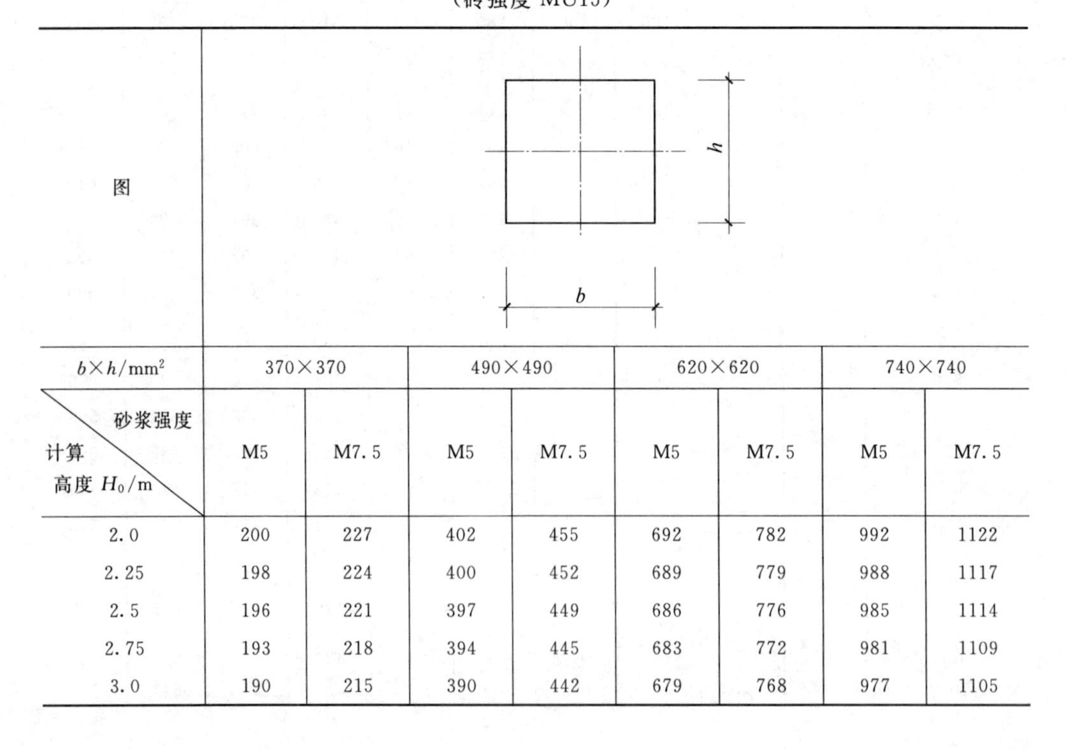

图								
$b\times h$/mm²	370×370		490×490		620×620		740×740	
计算高度 H_0/m ＼ 砂浆强度	M5	M7.5	M5	M7.5	M5	M7.5	M5	M7.5
2.0	200	227	402	455	692	782	992	1122
2.25	198	224	400	452	689	779	988	1117
2.5	196	221	397	449	686	776	985	1114
2.75	193	218	394	445	683	772	981	1109
3.0	190	215	390	442	679	768	977	1105

续表

$b \times h$/mm²	370×370		490×490		620×620		740×740	
计算高度 H_0/m \ 砂浆强度	M5	M7.5	M5	M7.5	M5	M7.5	M5	M7.5
3.25	187	212	387	438	675	763	973	1100
3.5	184	208	383	433	671	759	969	1096
3.75	181	205	379	429	666	753	964	1090
4.0	178	201	375	424	661	748	960	1085
4.25	174	197	370	419	657	743	954	1079
4.5	171	193	366	414	651	736	948	1073
4.75	167	189	361	409	646	731	942	1066
5.0	164	185	356	403	640	724	936	1059
5.25	161	182	352	398	634	717	930	1053
5.5	157	178	347	392	628	711	924	1046
5.75	153	174	342	386	622	704	917	1038
6.0		170	337	381	616	697	911	1031
6.25		166	331	375	609	689	904	1023
6.5			326	369	603	682	897	1015
6.75			321	363	597	675	890	1007
7.0			315	357	590	667	882	998
7.25			310	351	583	659	875	990
7.5			305	345	576	652	867	981
7.75			300	339	569	644	859	972
8.0				333	562	636	851	763
8.25				327	555	628	843	954
8.5					548	620	835	945
8.75					540	611	827	936
9.0					533	603	819	927
9.25					526	595	811	918
9.5					519	588	802	907
9.75					512	580	794	898
10.0						572	785	888
10.25						564	777	879
10.5						556	769	870
10.75							760	860
11.0							752	851
11.25							743	841
11.5							735	832
11.75							726	821
12.0								812
12.25								802
12.5								793
12.75								

2.2.11 矩形截面普通砖柱轴心受压承载力 N 值的选用表（砖强度 MU10）

表 2-11　矩形截面普通砖柱轴心受压承载力 N 值（kN）选用表

（砖强度 MU10）

图														
$b\times h/\mathrm{mm}^2$	240×370		240×490		370×490		370×620		490×620		490×740		620×740	
砂浆强度 计算高度 H_0/m	M5	M2.5	M5	M2.5	M5	M2.5	M5	M2.5	M5	M2.5	M5	M2.5	M5	M2.5
2.00	95	82	130	113	229	198	306	261	445	383	530	455	677	583
2.25	92	80	127	110	226	196	302	258	443	380	527	452	674	580
2.50	90	78	124	107	224	194	299	253	440	376	523	447	671	577
2.75	87	76	120	104	221	191	295	249	436	372	518	443	668	573
3.0	85	73	116	101	218	189	291	244	432	368	514	438	664	569
3.25	82	71	113	98	214	186	286	240	429	364	510	433	660	564
3.5	79	69	109	94	211	182	281	235	424	359	504	427	656	560
3.75	76		105		207	179	276	229	420	354	499	421	651	555
4.0					203	176	271	224	415	349	494	415	647	550
4.25					199	173	266	219	410	344	488	409	642	545
4.5					196	169	261	213	405	338	482	403	637	531
4.75					191	166	256	208	400	333	476	396	632	533
5.0					187	162	250	202	395	327	469	389	626	527
5.25					184	159	245	197	390	322	463	383	620	521
5.5					179	155	240	192	384	316	457	376	615	515
5.75					175		234		378	310	450	369	609	508
6.0									373	304	443	362	602	502
6.25									367	298	436	355	596	495
6.5									361	292	430	348	590	488
6.75									355	287	423	341	584	81
7.0									349	281	416	334	577	474
7.25									343	275	409	327	570	468
7.5									338		401		564	461
7.75									332		395		557	453
8.0													550	447
8.25													543	440

续表

$b \times h/\text{mm}^2$	240×370		240×490		370×490		370×620		490×620		490×740		620×740	
砂浆强度 / 计算高度 H_0/m	M5	M2.5	M5	M2.5	M5	M2.5	M5	M2.5	M5	M2.5	M5	M2.5	M5	M2.5
8.5													536	433
8.75													529	426
9.0													522	419
9.25													515	412
9.5													508	405
9.75													501	399
10.0														391
10.25														385
10.5														378

2.2.12 矩形截面普通砖柱轴心受压承载力 N 值的选用表（砖强度 MU15）

表 2-12　　矩形截面普通砖柱轴心受压承载力 N 值（kN）选用表

（砖强度 MU15）

图														
$b \times h/\text{mm}^2$	240×370		240×490		370×490		370×620		490×620		490×740		620×740	
砂浆强度 / 计算高度 H_0/m	M5	M7.5	M5	M7.5	M5	M7.5	M5	M7.5	M5	M7.5	M5	M7.5	M5	M7.5
2.0	116	131	159	180	280	316	373	422	542	613	646	731	826	934
2.25	113	128	155	175	276	313	369	417	538	609	642	727	822	930
2.5	110	124	151	171	273	309	364	412	534	604	638	722	819	826
2.75	107	121	146	166	269	305	360	407	530	599	633	716	815	922
3.0	103	117	142	161	266	300	355	401	525	594	627	710	811	917
3.25	100	113	137	156	261	296	349	395	521	589	622	704	806	911
3.5	97	109	133	150	257	291	343	388	515	583	615	696	800	906
3.75	93	105	128	145	253	286	337	382	510	577	609	689	795	899
4.0		102		140	248	281	331	375	505	571	603	682	790	893

续表

$b \times h/mm^2$	240×370		240×490		370×490		370×620		490×620		490×740		620×740	
计算高度 H_0/m \ 砂浆强度	M5	M7.5	M5	M7.5	M5	M7.5	M5	M7.5	M5	M7.5	M5	M7.5	M5	M7.5
4.25					243	275	325	368	499	564	595	674	784	887
4.5					239	270	319	361	493	557	588	665	777	879
4.75					234	264	321	353	487	550	581	657	771	872
5.0					229	259	305	346	480	543	573	648	764	865
5.25					224	254	299	338	474	536	566	640	757	856
5.5					219	248	293	331	467	528	558	631	750	849
5.75						242		323	460	520	549	621	743	840
6.0					209	237	279	316	453	513	541	612	735	831
6.25					204	231	273	308	446	504	532	602	727	823
6.5					199		266		439	497	524	593	720	814
6.75									432	489	516	583	712	806
7.0									425	481	507	574	704	796
7.25									418	472	498	564	696	787
7.5										464		554	688	778
7.75										457		545	680	769
8.0										449		535	671	759
8.25										440		526	663	750
8.5													654	740
8.75													645	730
9.0													637	720
9.25													628	711
9.5														701
9.75														692
10.0														682
10.25														673
10.5														663

2.2.13 矩形截面普通砖柱轴心受压承载力 N 值的选用表（砖强度 MU10 砂浆强度 M2.5）

表 2-13　　矩形截面普通砖柱偏心受压承载力 N 值（kN）选用表

（砖强度 MU10　砂浆强度 M2.5）

柱截面 $b \times h$ /mm²	计算高度 H_0 /m	e/h（梁或屋架的反应力）												
		0	0.025	0.05	0.075	0.10	0.125	0.15	0.175	0.20	0.225	0.25	0.275	0.30
240×370	2.0	86	82	77	72	67	62	57	52	48	44	40	37	34
	2.3	84	80	75	70	65	60	55	51	46	43	39	36	33
	2.6	82	78	73	68	63	58	53	49	45	41	38	34	31
	2.9	81	76	71	66	61	56	51	47	43	40	36	33	30
	3.2	79	74	69	64	59	54	49	45	41	38	35	32	28
	3.5	77	72	67	62	57	52	48	44	40	37	34	31	27
240×490	3.0	116	110	104	97	90	83	76	70	64	59	54	49	45
	3.3	114	108	101	94	88	81	74	68	62	57	52	48	44
	3.6	112	106	99	92	85	78	72	66	61	55	51	47	43
	3.9	110	104	97	90	83	76	70	64	59	54	50	45	42
370×490	3.0	193	183	173	161	149	138	127	116	107	98	90	82	76
	3.3	190	180	169	157	146	134	124	113	104	95	87	80	74
	3.6	187	176	165	154	142	131	120	110	101	93	85	78	72
	3.9	184	173	162	150	138	127	117	107	98	90	83	76	70
	4.2	180	170	158	146	135	124	114	104	96	88	81	74	68
	4.5	177	166	154	143	131	121	111	101	93	85	78	72	66
	4.8	174	162	151	139	128	117	108	99	90	83	76	70	65
	5.1	170	159	147	136	125	114	105	96	88	81	74	68	63
	5.4	167	155	143	132	121	111	102	93	86	79	72	67	61
370×620	4.0	255	242	228	212	197	182	167	153	141	129	118	108	100
	4.3	252	239	224	208	193	178	164	150	138	126	116	106	98
	4.6	249	235	220	205	189	174	160	147	134	123	113	104	96
	4.9	246	231	216	201	185	171	157	144	132	121	111	102	94
	5.2	242	228	212	197	182	167	153	141	129	118	108	100	92
	5.5	239	224	208	193	178	164	150	138	126	116	106	98	96

续表

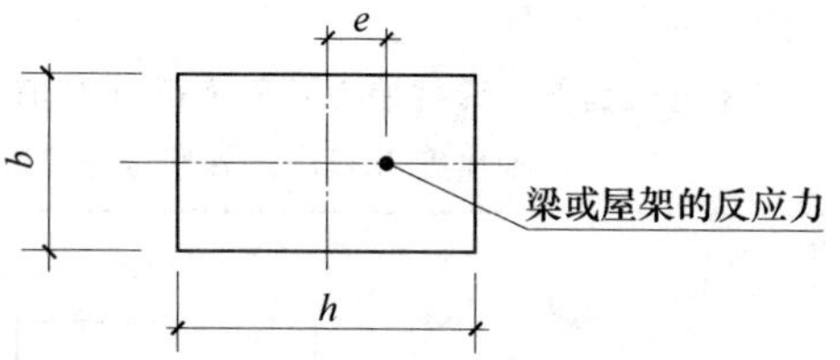

柱截面 $b\times h$ /mm²	计算高度 H_0 /m	e/h												
		0	0.025	0.05	0.075	0.10	0.125	0.15	0.175	0.20	0.225	0.25	0.275	0.30
370×740	4.0	327	312	295	276	257	238	219	201	184	169	155	142	131
	4.3	324	309	291	272	253	233	215	197	181	166	152	140	128
	4.6	321	305	287	268	249	230	211	194	178	163	150	137	126
	4.9	318	302	283	264	245	225	207	190	175	160	147	135	124
	5.2	315	298	280	260	241	222	204	187	171	157	144	132	122
	5.5	311	294	275	256	237	218	200	184	168	154	142	130	120
490×620	4.0	364	345	325	303	281	259	238	219	201	184	169	155	142
	4.3	360	340	319	297	275	254	233	214	196	180	165	152	139
	4.6	355	336	314	292	270	248	228	209	192	176	161	148	137
	4.9	350	330	308	286	265	243	223	205	188	172	158	145	134
	5.2	345	325	303	281	259	238	219	201	184	169	155	142	131
	5.5	341	319	297	275	254	233	214	196	180	165	152	139	128
	5.8	336	314	292	270	248	228	209	192	176	161	148	137	126
	6.1	330	308	286	265	243	223	205	188	172	158	145	134	123
	6.4	325	303	281	259	238	219	201	184	169	155	142	131	121
	6.7	319	297	275	254	233	214	196	180	165	152	139	128	118
	7.0	314	292	270	248	228	209	192	176	161	148	137	126	116
490×740	5.0	431	409	384	357	331	305	280	257	236	216	198	182	168
	5.3	427	403	278	352	326	300	276	253	232	213	195	179	165
	5.6	422	398	373	346	320	295	271	248	228	209	192	176	162
	5.9	418	393	367	341	315	289	266	244	223	205	188	173	159
	6.2	412	388	362	335	309	285	261	239	220	201	185	170	156
	6.5	408	383	356	330	304	279	256	235	216	198	181	167	154
	6.8	403	377	351	324	299	275	252	231	212	194	179	164	151
	7.1	397	371	345	319	294	270	247	227	208	191	175	161	148
	7.4	392	366	340	313	288	265	243	222	204	188	172	158	146
	7.7	387	361	334	308	283	260	238	219	201	184	169	156	144
	8.0	381	355	329	303	279	255	234	215	197	181	166	153	141

续表

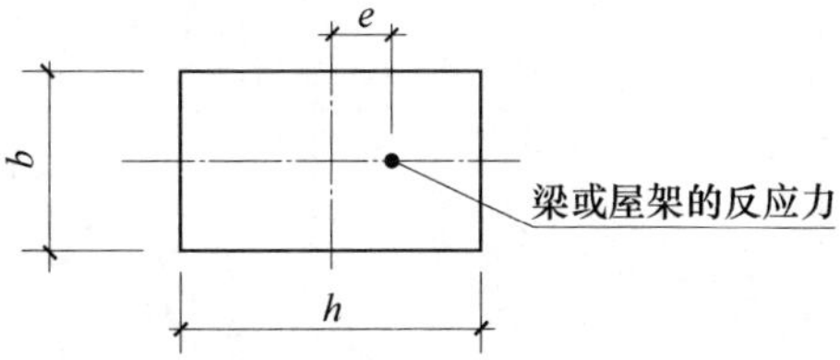

柱截面 $b\times h$ /mm²	计算高度 H_0 /m	e/h												
		0	0.025	0.05	0.075	0.10	0.125	0.15	0.175	0.20	0.225	0.25	0.275	0.30
490×870	5.0	519	495	467	437	406	375	345	317	290	267	244	224	206
	5.3	515	490	462	431	400	369	340	312	286	262	241	221	203
	5.6	511	486	456	426	395	364	335	307	282	258	237	217	200
	5.9	507	481	451	420	389	359	330	303	277	254	233	215	197
	6.2	502	475	446	415	384	353	325	298	273	251	2301	211	194
	6.5	498	470	440	409	378	348	320	293	269	247	226	208	191
	6.8	493	465	435	404	372	343	315	289	265	243	223	205	188
	7.1	488	459	429	398	367	338	310	284	261	239	220	202	186
	7.4	483	454	426	392	362	333	305	280	257	236	216	199	183
	7.7	478	449	418	387	356	328	301	275	253	232	213	196	180
	8.0	473	443	412	381	351	323	296	272	249	228	210	193	178
620×740	5.0	546	517	486	452	419	387	355	326	299	274	251	231	212
	5.3	540	511	479	446	412	379	349	320	294	269	247	227	209
	5.6	535	504	472	438	405	373	342	314	288	264	243	223	205
	5.9	529	498	564	431	399	366	336	308	283	260	238	219	202
	6.2	522	491	458	424	391	360	331	303	278	255	234	215	198
	6.5	516	484	451	418	385	354	325	298	273	251	230	211	195
	6.8	509	477	444	410	378	348	319	292	268	246	226	208	192
	7.1	503	470	437	404	372	341	313	287	263	242	222	204	188
	7.4	496	464	430	397	365	335	307	282	258	237	218	201	185
	7.7	490	456	423	390	359	329	302	277	254	233	214	198	182
	8.0	483	449	416	384	353	323	297	272	249	229	211	194	179
620×870	5.0	657	626	591	553	513	474	436	401	368	337	309	283	261
	5.3	652	620	584	546	506	467	430	395	362	332	305	279	257
	5.6	647	614	577	539	499	461	424	389	356	327	300	275	253
	5.9	641	608	570	532	492	454	417	383	351	322	295	272	249
	6.2	636	601	564	525	485	447	411	377	346	317	291	267	246
	6.5	630	595	557	518	478	441	405	371	340	312	286	263	242
	6.8	624	589	550	511	471	434	398	366	335	307	282	259	239
	7.1	618	582	543	504	464	427	393	360	330	302	278	255	235
	7.4	612	575	536	497	458	421	387	354	325	298	274	252	232
	7.7	605	568	529	490	451	415	381	349	320	293	269	248	228
	8.8	599	561	522	483	445	408	375	344	315	289	266	244	225

续表

柱截面 $b\times h$ /mm^2	计算高度 H_0 /m	e b h 梁或屋架的反应力 e/h												
		0	0.025	0.05	0.075	0.10	0.125	0.15	0.175	0.20	0.225	0.25	0.275	0.30
620×990	6.0	742	706	666	622	576	533	490	450	413	379	347	319	293
	6.3	738	700	659	615	570	526	484	444	407	374	343	315	289
	6.6	732	695	652	608	563	519	477	438	402	368	338	310	285
	6.9	726	688	645	600	556	513	471	432	396	363	333	306	281
	7.2	721	681	638	593	549	505	465	426	391	359	329	302	278
	7.5	715	675	631	587	542	499	458	421	386	354	324	298	274
	7.8	709	668	624	580	535	493	453	415	380	349	320	294	271
	8.1	702	662	617	572	529	486	446	410	375	344	3146	291	268
	8.4	697	655	611	565	521	480	440	404	371	339	311	287	264
	8.7	691	647	604	559	515	473	434	398	365	335	308	283	260
	9.0	684	641	596	552	509	467	429	393	360	311	304	280	257
740×1120	6.0	1018	972	920	861	801	741	683	627	575	527	483	443	408
	6.3	1012	966	912	853	793	732	675	620	568	521	478	439	404
	6.6	1007	958	903	844	784	725	666	613	562	515	472	434	398
	6.9	1000	952	896	837	776	716	659	605	555	509	467	428	394
	7.2	994	944	887	828	768	708	651	597	548	503	462	424	390
	7.5	988	937	880	819	759	700	644	591	541	497	456	419	385
	7.8	981	929	871	811	750	692	636	583	535	491	451	413	381
	8.1	975	922	864	803	743	685	629	577	529	485	446	409	377
	8.4	967	913	855	795	734	676	621	571	523	479	440	405	372
	8.7	961	906	846	786	727	669	614	563	517	474	435	399	368
	9.0	853	898	839	777	718	661	607	557	510	468	429	395	364

2.2.14 矩形截面普通砖柱轴心受压承载力 N 值的选用表（砖强度 MU10 砂浆强度 M5）

表 2-14　矩形截面普通砖柱偏心受压承载力 N 值（kN）选用表

（砖强度 MU10 砂浆强度 M5）

e　b　h　梁或屋架的反应力

柱截面 $b\times h$ /mm^2	计算高度 H_0 /m	e/h												
		0	0.025	0.05	0.075	0.10	0.125	0.15	0.175	0.20	0.225	0.25	0.275	0.30
240×370	2.0	100	96	91	86	80	74	68	63	58	53	48	44	40
	2.3	99	94	89	83	78	72	66	61	56	51	47	43	39
	2.6	97	92	87	81	75	70	64	59	54	49	45	41	38
	2.9	96	91	85	79	73	68	62	57	52	48	44	40	37
	3.2	94	89	83	77	71	66	60	55	51	46	42	39	36
	3.5	92	87	81	75	69	64	58	53	49	45	41	38	35
	3.8	90	85	79	73	67	62	57	52	47	44	40	7	34
240×490	3.0	136	130	123	115	107	99	91	84	77	70	65	59	54
	3.3	134	128	121	113	105	97	89	82	75	69	63	58	53
	3.6	133	126	119	111	103	95	87	80	73	67	62	57.6	52
	3.9	131	124	116	109	100	93	85	78	71	66	60	55	51
370×490	3.0	226	216	204	191	178	165	152	139	128	117	108	99	91
	3.3	224	213	201	188	174	161	148	136	125	115	105	96	89
	3.6	221	210	197	184	171	158	145	133	122	112	103	94	87
	3.9	218	207	194	181	167	154	142	130	119	109	100	92	85
	4.2	215	203	190	177	163	150	138	127	116	107	98	90	83
	4.5	212	200	187	173	160	147	135	124	114	104	96	88	81
	4.8	209	196	183	169	156	144	132	121	111	102	93	86	79
	5.1	206	193	179	166	153	140	129	118	108	99	91	84	77
	5.4	202	189	176	162	149	137	126	115	106	97	89	82	76
	5.7	199	185	172	159	146	134	123	113	103	95	87	80	74
370×620	4.0	300	287	271	253	235	217	200	184	169	155	142	130	119
	4.3	298	283	267	249	231	214	197	181	165	152	139	128	117
	4.6	295	280	263	245	228	210	193	177	163	149	137	126	115
	4.9	292	276	260	242	224	206	198	174	159	146	134	123	113
	5.2	289	273	256	238	220	203	186	171	157	143	132	121	111
	5.5	285	269	252	234	216	199	183	167	154	141	129	119	109
	5.8	282	266	248	230	212	195	179	164	151	138	127	117	107

续表

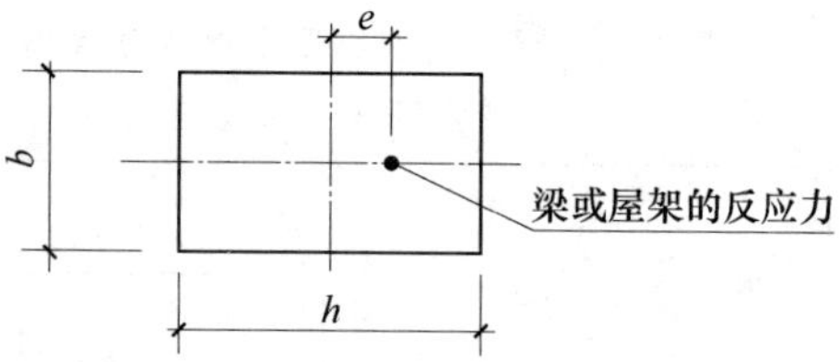

柱截面 $b \times h$ /mm²	计算高度 H_0 /m	e/h（梁或屋架的反应力）												
		0	0.025	0.05	0.075	0.10	0.125	0.15	0.175	0.20	0.225	0.25	0.275	0.30
370×740	4.0	383	367	348	327	305	282	261	239	220	201	185	169	155
	4.3	380	364	345	323	301	278	257	236	216	198	182	167	153
	4.6	377	361	341	319	297	274	253	232	213	195	179	164	151
	4.9	375	357	337	315	293	270	249	229	210	192	176	162	149
	5.2	372	353	333	311	289	266	245	225	206	189	173	159	146
	5.5	369	350	329	307	285	263	241	221	203	186	171	157	144
	5.7	365	346	325	303	281	259	238	218	200	183	168	154	142
490×620	4.0	428	409	386	361	335	310	286	262	241	221	202	185	170
	4.3	424	404	380	355	330	305	280	257	236	216	199	182	167
	4.6	420	399	375	350	324	299	275	253	232	212	195	179	164
	4.9	416	394	370	344	319	294	270	248	227	209	191	175	161
	5.2	411	389	365	339	313	289	265	243	223	205	188	172	159
	5.5	407	384	359	334	308	283	261	239	219	201	184	169	156
	5.8	402	379	354	328	303	278	256	234	215	197	181	166	153
	6.1	397	373	348	322	297	273	251	230	211	194	178	163	150
	6.4	392	368	342	317	292	268	246	226	207	190	174	160	148
	6.7	387	362	337	311	287	263	241	221	203	186	171	158	145
	7.0	382	357	331	306	282	259	237	217	200	183	168	155	143
490×740	5.0	508	484	456	427	397	366	337	310	284	260	239	219	201
	5.3	504	480	451	422	391	361	332	305	280	256	235	215	198
	5.6	500	474	446	416	385	355	327	300	275	252	231	212	195
	5.9	496	469	441	410	380	350	322	295	271	248	228	209	192
	6.2	491	465	435	405	374	345	317	290	267	244	224	206	189
	6.5	487	459	430	399	369	339	312	286	262	240	221	203	187
	6.8	482	454	424	394	363	335	307	282	258	237	218	200	184
	7.1	477	449	419	388	358	330	302	277	254	233	214	197	181
	7.4	472	443	413	382	353	324	298	273	250	230	211	194	178
	7.7	467	438	407	377	348	319	293	269	246	226	208	191	176
	8.0	462	432	402	372	342	314	288	264	243	222	205	188	173

柱截面 $b\times h$ /mm^2	计算高度 H_0 /m	e/h（梁或屋架的反应力）												
		0	0.025	0.05	0.075	0.10	0.125	0.15	0.175	0.20	0.225	0.25	0.275	0.30
490×870	5.0	608	583	552	518	482	446	411	378	347	318	292	267	246
	5.3	605	578	547	512	477	441	406	374	342	314	288	264	242
	5.6	601	574	542	507	471	436	401	368	338	310	284	261	239
	5.9	597	569	537	501	466	430	396	363	333	306	280	257	237
	6.2	594	564	532	496	460	425	391	359	329	302	276	254	234
	6.5	589	560	526	491	455	420	386	354	324	297	273	251	230
	6.8	585	555	521	485	449	414	381	349	321	294	269	248	228
	7.1	581	549	515	479	443	409	375	345	316	290	266	244	225
	7.4	576	544	510	474	438	404	371	340	312	286	262	241	222
	7.7	571	539	504	468	432	399	366	336	308	282	259	238	219
	8.0	567	534	499	462	427	393	361	331	304	278	256	235	216
620×740	5.0	643	613	578	540	502	463	426	392	359	329	302	278	255
	5.3	638	607	571	534	494	456	420	386	354	324	297	273	251
	5.6	633	600	565	526	487	450	414	379	348	320	293	269	247
	5.9	627	594	558	519	481	443	408	374	343	314	289	264	243
	6.2	622	588	551	512	474	437	401	368	337	309	284	261	240
	6.5	616	581	544	505	467	430	395	362	330	304	280	257	236
	6.8	610	575	537	498	460	423	389	357	327	300	275	253	233
	7.1	604	568	530	491	453	417	383	351	322	295	271	249	229
	7.4	598	561	523	484	447	410	377	346	317	291	267	245	226
	7.7	591	554	516	477	440	404	371	340	312	286	263	242	222
	8.0	584	547	509	470	433	398	365	335	307	282	259	238	219
620×870	5.0	770	737	699	656	610	565	521	478	440	402	369	339	331
	5.3	766	732	692	648	603	558	514	473	433	398	364	334	307
	5.6	761	726	686	642	597	551	508	466	428	392	360	330	303
	5.9	756	720	679	635	589	544	501	460	422	387	355	326	300
	6.2	751	714	673	627	582	538	495	454	416	382	350	322	296
	6.5	745	708	665	621	576	531	488	448	411	377	346	317	292
	6.8	741	702	659	614	568	524	482	442	406	372	341	313	288

续表

柱截面 $b\times h$ /mm^2	计算高度 H_0 /m	梁或屋架的反应力 e/h												
		0	0.025	0.05	0.075	0.10	0.125	0.15	0.175	0.20	0.225	0.25	0.275	0.30
620×870	7.1	735	695	652	606	561	517	475	436	400	367	337	309	284
	7.4	729	689	645	600	555	511	470	431	395	362	332	305	281
	7.7	723	682	638	593	547	504	463	425	389	357	328	301	277
	8.0	717	676	631	585	541	498	457	419	385	352	324	297	274
620×990	6.0	871	834	789	739	687	636	586	538	494	452	416	381	350
	6.3	867	828	782	731	680	629	580	533	488	448	410	377	346
	6.6	862	822	776	725	673	622	573	526	483	442	406	372	342
	6.9	858	816	768	718	666	615	566	520	476	437	401	368	338
	7.2	852	810	762	711	660	608	559	514	470	432	396	364	335
	7.5	847	803	755	704	652	602	554	508	465	427	392	359	331
	7.8	841	797	748	697	645	595	547	502	461	422	387	359	327
	8.1	835	790	742	690	638	589	541	496	455	417	383	351	324
	8.4	830	784	734	683	631	581	534	490	450	412	379	348	320
	8.7	824	777	728	676	625	575	528	485	444	407	374	344	316
	9.0	818	771	720	669	618	568	522	479	438	403	370	340	313
740×1120	6.0	1190	1143	1085	1019	951	881	813	747	686	629	576	529	486
	6.3	1186	1137	1077	1011	942	872	804	739	678	622	570	523	481
	6.6	1181	1130	1070	1003	933	864	796	732	672	616	565	518	476
	6.9	1176	1123	1062	995	926	856	788	724	665	610	559	513	471
	7.2	1169	1116	1054	987	917	847	780	717	657	604	553	508	467
	7.5	1163	1110	1046	978	908	839	773	709	651	596	548	503	462
	7.8	1158	1102	1038	970	900	831	765	702	645	591	542	497	457
	8.1	1152	1095	1030	962	892	822	757	696	637	585	537	492	452
	8.4	1146	1087	1023	953	883	815	749	688	631	579	530	487	448
	8.7	1140	1080	1014	944	875	806	742	681	625	573	525	482	443
	9.0	1132	1072	1005	937	867	799	734	673	617	566	520	478	440

2.2.15 矩形截面普通砖柱轴心受压承载力 *N* 值的选用表（砖强度 MU15 砂浆强度 M5）

表 2-15　　矩形截面普通砖柱偏心受压承载力 *N* 值（kN）选用表

（砖强度 MU15　砂浆强度 M5）

柱截面 $b\times h$ /mm²	计算高度 H_0 /m	*e*/*h*（梁或屋架的反应力）												
		0	0.025	0.05	0.075	0.10	0.125	0.15	0.175	0.20	0.225	0.25	0.275	0.3
240×370	2.0	122	117	111	104	97	90	83	77	70	64	59	54	49
	2.3	121	115	109	102	95	88	81	74	68	62	57	52	48
	2.6	119	113	106	99	92	85	78	72	66	60	55	51	47
	2.9	117	111	104	97	90	83	76	70	64	58	54	49	45
	3.2	115	108	101	94	87	80	76	67	62	57	52	48	44
	3.5	112	106	99	92	87	78	71	65	60	55	50	46	43
	3.8	110	103	86	89	82	75	69	63	58	53	49	45	41
	4.1	108	101	93	86	79	73	67	61	56	52	47	43	40
	4.4	105	98	91	84	77	71	65	59	54	50	46	42	39
	4.7	103	96	88	81	75	68	63	58	53	48	44	41	38
	5.0	100	93	86	79	72	67	61	56	51	47	43	40	37
240×490	3.0	166	159	150	140	131	121	111	102	94	86	79	72	66
	3.3	164	156	147	138	128	118	109	100	92	84	77	71	65
	3.6	162	154	145	135	125	116	106	98	89	82	75	69	63
	3.9	160	152	142	133	122	113	104	95	87	80	73	67	62
	4.2	158	149	140	130	120	110	101	93	85	78	72	66	61
	4.5	156	147	137	127	117	108	99	91	83	76	70	64	59
	4.8	153	144	134	124	115	105	97	89	81	74	68	63	58
	5.1	151	141	131	122	112	103	95	87	79	73	67	61	57
	5.4	148	139	129	119	109	100	92	84	77	71	65	60	55
	5.7	146	136	126	116	107	98	90	83	76	69	64	59	54
	6.0	143	133	123	114	105	96	88	81	74	68	62	57	53
370×490	3.0	276	264	249	234	217	201	185	170	156	143	131	120	111
	3.3	273	260	245	229	213	197	181	166	152	140	128	118	108
	3.6	270	256	241	225	209	192	177	162	149	137	125	115	106
	3.9	266	252	237	221	204	188	173	159	145	133	122	112	103
	4.2	263	248	232	216	199	184	169	155	142	130	119	110	101

柱截面 $b\times h$ /mm^2	计算高度 H_0 /m	e/h（梁或屋架的反应力）												
		0	0.025	0.05	0.075	0.10	0.125	0.15	0.175	0.20	0.225	0.25	0.275	0.3
370×490	4.5	259	244	228	211	195	180	165	151	139	127	117	107	99
	4.8	255	240	223	207	191	176	161	148	135	124	114	105	96
	5.1	251	235	219	202	187	171	157	144	132	121	111	102	94
	5.4	247	231	214	198	182	167	154	141	129	119	109	100	92
	5.7	242	226	210	194	178	164	150	138	126	116	106	98	90
	6.0	238	222	205	189	174	160	147	134	123	113	104	96	88
370×620	4.0	367	350	330	309	287	265	245	225	206	189	173	159	146
	4.3	363	346	326	304	282	261	240	220	202	185	170	156	143
	4.6	360	342	321	300	278	256	236	216	198	182	167	153	141
	4.9	356	337	317	295	273	252	231	212	195	179	164	150	138
	5.2	352	333	312	290	268	247	227	208	191	175	161	147	136
	5.5	348	328	307	285	264	243	223	204	188	172	158	145	133
	5.8	344	324	303	280	259	238	219	200	184	169	155	142	131
	6.1	340	319	298	276	254	234	215	197	181	166	152	140	129
	6.4	336	315	293	271	250	230	211	193	177	163	149	137	126
	6.7	331	310	288	266	245	225	207	190	174	159	147	135	124
	7.0	327	305	284	262	241	222	203	186	171	157	144	133	122
370×740	4.0	467	448	425	399	372	344	318	292	268	246	225	207	190
	4.3	464	444	421	394	367	340	313	288	264	242	222	203	187
	4.6	461	440	416	389	362	335	308	283	260	239	219	201	184
	4.9	457	436	411	384	357	330	304	279	256	235	215	198	181
	5.2	454	431	406	380	352	325	299	275	252	231	212	194	179
	5.5	450	427	402	375	347	321	295	270	248	227	208	191	176
	5.8	446	423	397	370	343	316	290	266	244	224	205	188	173
	6.1	442	418	392	364	337	311	285	262	240	221	202	186	171
	6.4	438	414	387	360	332	306	281	258	237	217	199	183	168
	6.7	434	409	382	355	327	302	277	254	233	214	196	180	166
	7.0	429	404	377	350	323	297	273	250	229	210	193	177	163

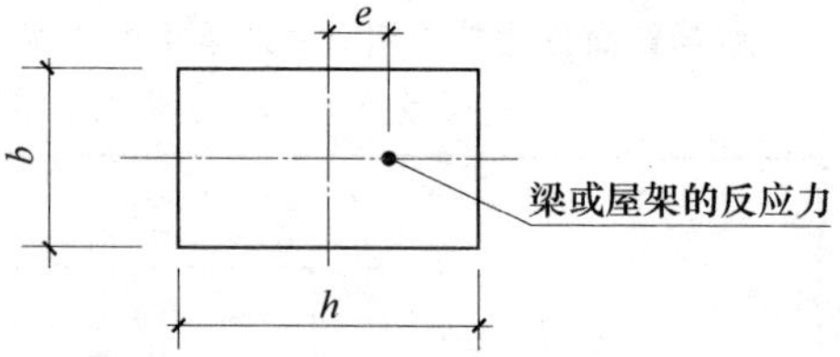

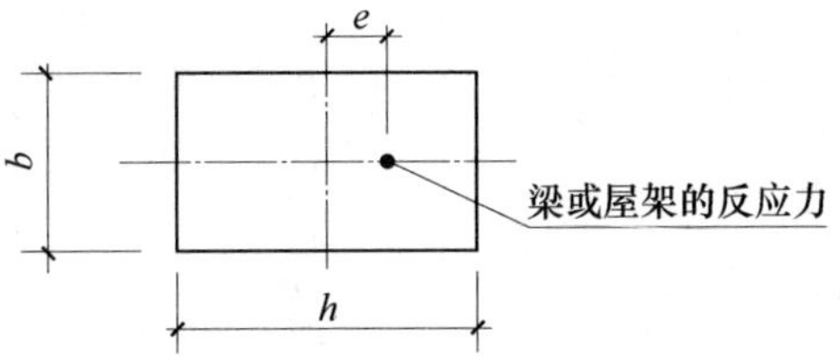

续表

柱截面 $b\times h$ /mm^2	计算高度 H_0 /m	e/h												
		0	0.025	0.05	0.075	0.10	0.125	0.15	0.175	0.20	0.225	0.25	0.275	0.3
490×620	4.0	523	499	471	440	409	378	349	320	294	269	247	226	208
	4.3	518	493	464	434	403	372	342	314	288	264	242	222	204
	4.6	513	487	458	427	396	365	336	309	283	259	238	219	201
	4.9	508	481	451	420	389	359	330	302	277	255	234	214	197
	5.2	502	475	445	414	383	353	324	297	272	250	229	210	194
	5.5	497	468	438	407	376	346	318	291	267	245	225	207	190
	5.8	490	462	431	400	369	340	312	286	262	241	221	203	187
	6.1	485	455	424	393	363	334	306	281	257	236	217	199	184
	6.4	479	449	418	386	356	328	300	276	252	232	213	196	180
	6.7	472	442	411	380	350	321	295	270	248	227	209	192	177
	7.0	466	435	404	373	344	316	290	265	244	224	205	189	174
490×740	5.0	620	591	557	521	484	447	411	378	347	317	291	268	246
	5.3	615	585	551	514	477	440	405	372	341	313	287	263	242
	5.6	610	579	544	507	470	433	399	366	336	308	282	259	238
	5.9	605	573	538	500	463	427	393	360	331	303	278	255	234
	6.2	599	567	531	494	457	421	386	355	325	298	274	252	231
	6.5	594	560	524	487	450	414	380	349	320	293	270	248	228
	6.8	588	554	518	481	443	408	375	344	315	289	266	244	224
	7.1	582	548	511	473	437	402	369	339	310	285	261	240	221
	7.4	576	541	504	467	431	396	363	333	305	280	257	236	218
	7.7	570	534	497	460	424	390	358	328	301	276	254	233	214
	8.0	564	528	491	453	418	384	352	323	296	272	250	230	211
490×870	5.0	742	711	674	632	588	545	502	461	424	388	356	326	300
	5.3	738	706	667	625	581	538	496	456	418	383	351	322	296
	5.6	734	700	661	619	575	532	489	450	412	378	347	319	292
	5.9	729	695	655	612	568	525	483	443	407	373	342	314	289
	6.2	724	688	649	605	561	518	477	438	401	369	337	310	285
	6.5	719	683	642	599	555	512	471	432	396	363	333	306	281
	6.8	714	677	635	592	548	505	464	426	391	358	329	302	278

续表

柱截面 $b\times h$ /mm^2	计算高度 H_0 /m	e/h (梁或屋架的反应力)												
		0	0.025	0.05	0.075	0.10	0.125	0.15	0.175	0.20	0.225	0.25	0.275	0.3
490×870	7.1	709	670	628	585	541	499	458	421	386	354	325	298	274
	7.4	703	664	622	578	535	493	453	415	381	349	320	294	271
	7.7	697	658	615	571	528	486	447	410	376	344	316	290	267
	8.0	691	652	609	564	521	480	440	404	371	340	312	287	264
620×740	5.0	785	748	705	659	612	565	520	478	439	402	369	339	311
	5.3	779	741	697	651	603	557	512	471	432	396	363	333	306
	5.6	772	732	689	642	595	549	505	463	425	390	357	328	302
	5.9	765	725	680	633	586	541	497	456	418	383	352	323	297
	6.2	759	717	672	625	578	533	489	449	412	377	346	319	293
	6.5	752	709	664	617	570	524	481	442	405	371	341	314	288
	6.8	744	701	655	608	561	517	475	435	399	366	336	308	284
	7.1	737	693	647	599	553	509	467	429	392	361	330	304	280
	7.4	729	685	638	591	545	501	460	422	387	355	325	299	276
	7.7	722	676	629	582	537	493	453	415	381	349	321	295	272
	8.0	713	668	621	574	528	486	445	408	375	344	316	291	267
620×870	5.0	939	900	852	800	745	689	635	584	536	491	451	413	380
	5.3	933	893	844	791	736	681	627	577	529	485	445	408	375
	5.6	928	886	837	783	728	673	619	569	522	478	439	403	370
	5.9	922	879	829	774	719	664	612	561	515	472	433	397	366
	6.2	917	871	821	765	710	656	604	554	508	466	427	392	361
	6.5	910	864	812	758	702	648	596	546	501	459	422	387	356
	6.8	904	856	804	749	693	639	588	539	495	454	416	382	352
	7.1	897	848	795	740	685	631	580	533	488	448	411	378	347
	7.4	890	841	787	732	677	623	573	526	482	442	405	373	343
	7.7	882	833	778	723	668	615	565	519	475	436	400	368	338
	8.8	875	825	770	714	660	608	557	512	469	430	395	363	334

续表

柱截面 $b\times h$ /mm^2	计算高度 H_0 /m	e/h (梁或屋架的反应力)												
		0	0.025	0.05	0.075	0.10	0.125	0.15	0.175	0.20	0.225	0.25	0.275	0.3
620×990	6.0	1063	1017	962	901	839	776	715	657	603	552	507	465	427
	6.3	1058	1010	954	892	830	768	707	650	596	547	500	460	422
	6.6	1052	1003	946	885	822	759	699	642	597	540	495	454	417
	6.9	1046	996	937	876	813	751	690	634	581	533	489	449	413
	7.2	1040	988	930	868	805	742	682	627	575	527	484	444	408
	7.5	1033	980	922	859	796	734	676	620	568	521	478	439	404
	7.8	1026	972	913	851	787	726	668	613	562	515	472	434	399
	8.1	1019	964	905	842	779	718	660	605	556	509	467	429	395
	8.4	1013	957	896	833	770	709	652	598	549	503	462	424	390
	8.7	1006	949	888	825	762	722	644	591	542	497	457	420	386
	9.0	998	941	879	816	754	694	638	585	536	491	452	415	381
740×1120	6.0	1453	1395	1324	1243	1160	1075	991	911	837	767	703	646	593
	6.3	1446	1387	1314	1234	1149	1064	981	902	828	759	696	638	586
	6.6	1440	1378	1305	1223	1139	1054	972	893	820	752	690	632	580
	6.9	1434	1371	1296	1214	1129	1045	961	884	811	744	682	626	574
	7.2	1427	1362	1286	1204	1119	1034	952	875	802	737	674	620	570
	7.5	1419	1354	1277	1193	1108	1023	943	866	794	728	668	614	564
	7.8	1413	1345	1266	1184	1098	1014	934	856	787	721	661	606	558
	8.1	1405	1336	1257	1173	1088	1004	923	849	778	714	655	600	552
	8.4	1398	1327	1240	1163	1078	994	914	840	770	706	647	594	547
	8.7	1390	1318	1237	1152	1067	984	905	831	762	699	641	588	541
	9.0	1381	1308	1227	1143	1058	975	896	822	753	691	635	583	536

2.2.16 矩形截面普通砖柱轴心受压承载力 *N* 值的选用表（砖强度 MU15 砂浆强度 M7.5）

表 2-16　　矩形截面普通砖柱偏心受压承载力 *N* 值（kN）选用表

（砖强度 MU15　砂浆强度 M7.5）

e　b　h　梁或屋架的反应力

柱截面 $b\times h$ /mm²	计算高度 H_0 /m	e/h												
		0	0.025	0.05	0.075	0.10	0.125	0.15	0.175	0.20	0.225	0.25	0.275	0.3
240×370	2.0	138	133	126	118	110	102	94	86	79	73	67	61	56
	2.3	137	130	123	115	107	99	91	84	77	71	65	59	54
	2.6	134	128	120	112	104	96	89	81	74	68	63	57	53
	2.9	132	125	118	110	101	93	86	79	72	66	61	56	51
	3.2	130	123	115	107	98	91	83	76	70	64	59	54	50
	3.5	127	120	112	104	96	88	81	74	68	62	57	52	48
	3.8	125	117	109	101	93	85	78	72	66	60	55	51	47
	4.1	122	114	106	98	90	83	76	69	64	58	54	49	45
	4.4	119	111	103	95	87	80	73	67	62	57	52	48	44
	4.7	116	108	100	92	85	78	71	65	60	55	50	46	43
	5.0	114	105	97	89	82	75	69	63	58	53	49	45	42
240×490	3.0	188	180	170	159	148	137	26	116	106	97	89	82	75
	3.3	186	177	167	156	145	134	123	113	104	95	87	80	73
	3.6	184	174	164	153	142	131	120	110	101	93	85	78	72
	3.9	191	172	161	150	139	128	118	108	99	91	83	76	70
	4.2	179	169	158	147	136	125	115	105	96	88	81	75	69
	4.5	176	166	155	144	133	122	112	103	94	86	79	73	67
	4.8	173	163	152	141	130	119	110	100	92	84	77	71	65
	5.1	171	160	149	138	127	117	107	98	90	82	76	70	64
	5.4	168	157	146	135	124	114	104	96	88	81	74	68	63
	5.7	165	154	143	132	121	111	102	93	86	79	72	66	61
	6.0	162	151	140	129	118	109	100	91	84	77	71	65	60
370×490	3.0	312	299	282	264	246	228	210	193	177	162	149	136	125
	3.3	309	295	278	259	241	223	205	188	172	158	145	133	122
	3.6	305	290	273	255	236	218	200	184	169	155	142	130	120
	3.9	301	286	268	250	231	213	196	179	165	151	138	127	117

续表

柱截面 $b\times h$ /mm^2	计算高度 H_0 /m	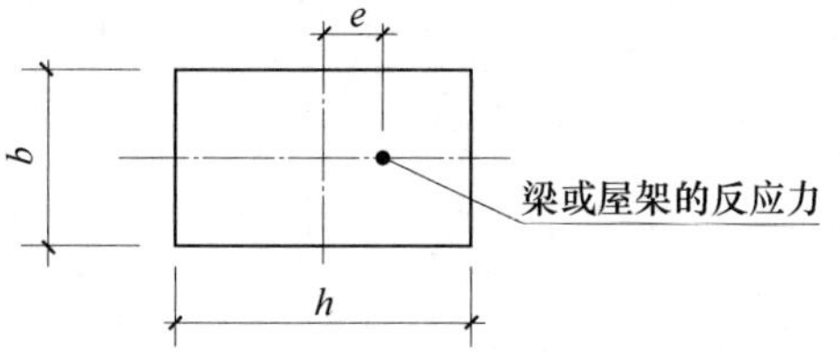 e/h (梁或屋架的反应力)												
		0	0.025	0.05	0.075	0.10	0.125	0.15	0.175	0.20	0.225	0.25	0.275	0.3
370×490	4.2	297	281	263	244	226	208	191	175	161	147	135	124	114
	4.5	293	276	258	239	221	203	187	171	157	144	132	121	112
	4.8	289	271	253	234	216	199	182	167	153	140	129	119	109
	5.1	284	266	248	229	211	194	178	163	150	137	126	116	107
	5.4	279	261	243	224	206	189	174	159	146	134	123	113	104
	5.7	274	256	237	219	202	185	170	156	143	131	120	111	102
	6.0	269	251	232	214	197	181	166	152	139	128	118	108	100
370×620	4.0	415	396	374	349	325	300	277	254	233	214	196	180	165
	4.3	411	391	368	344	319	295	271	249	229	210	192	176	162
	4.6	407	387	364	339	314	290	267	245	225	206	189	173	159
	4.9	403	382	358	334	309	285	262	240	220	202	185	170	156
	5.2	398	377	353	328	304	280	257	236	216	198	182	167	154
	5.5	394	372	348	323	298	274	252	231	212	195	178	164	151
	5.8	389	367	342	317	293	270	248	227	208	191	175	161	148
	6.1	385	361	337	312	288	265	243	223	204	188	172	158	146
	6.4	380	256	331	307	283	260	238	219	200	184	169	155	143
	6.7	375	351	326	301	278	255	234	214	197	180	166	153	140
	7.0	370	346	321	296	273	251	230	210	193	177	163	150	138
370×740	4.0	528	507	481	452	421	390	360	331	304	278	255	234	215
	4.3	524	502	476	446	415	384	354	326	299	274	251	230	211
	4.6	521	498	470	440	410	379	349	321	294	270	247	227	209
	4.9	517	493	465	435	404	373	344	316	290	266	243	224	205
	5.2	513	488	460	429	399	368	338	311	285	261	240	220	202
	5.5	509	484	454	424	393	363	333	306	280	257	236	216	199
	5.8	505	478	449	418	387	357	328	301	276	253	232	213	196
	6.1	500	473	443	412	381	352	323	296	272	250	229	210	193
	6.4	496	468	438	407	376	347	318	292	268	246	225	207	190
	6.7	491	463	432	401	370	341	314	288	263	242	222	204	188
	7.0	486	457	427	396	365	336	309	283	259	238	219	200	185

续表

柱截面 $b\times h$ /mm^2	计算高度 H_0 /m	梁或屋架的反应力 e/h												
		0	0.025	0.05	0.075	0.10	0.125	0.15	0.175	0.20	0.225	0.25	0.275	0.3
490×620	4.0	591	564	533	498	463	428	394	362	332	305	279	256	235
	4.3	586	557	525	491	455	421	387	355	326	299	274	252	231
	4.6	580	551	518	483	448	413	380	349	320	293	269	247	227
	4.9	574	544	511	476	440	406	373	342	314	288	264	242	223
	5.2	568	537	503	468	433	399	366	336	308	282	259	238	219
	5.5	562	530	496	460	425	391	360	330	303	277	254	224	215
	5.8	555	523	488	452	418	384	353	323	297	272	250	230	211
	6.1	549	515	480	445	410	377	347	318	291	267	245	225	208
	6.4	542	508	472	437	403	271	340	312	286	262	241	221	204
	6.7	534	500	465	430	396	364	333	306	281	257	237	218	200
	7.0	527	493	457	422	389	357	328	300	276	253	232	214	197
490×740	5.0	701	668	630	589	547	505	465	427	392	359	330	303	278
	5.3	696	662	623	582	539	498	458	421	386	354	325	297	273
	5.6	690	655	616	574	532	490	451	414	380	349	319	293	270
	5.9	684	648	608	566	524	484	445	408	374	343	315	288	265
	6.2	678	641	601	559	517	476	437	401	368	337	309	285	261
	6.5	672	634	593	551	509	469	430	395	362	332	305	280	258
	6.8	665	627	586	544	502	462	424	389	357	327	300	276	254
	7.1	659	619	578	535	494	455	418	383	351	322	295	272	250
	7.4	652	612	570	528	487	448	411	377	346	317	291	267	246
	7.7	645	604	562	520	480	441	405	371	340	312	287	264	243
	8.0	637	597	555	513	472	434	398	365	335	307	282	260	239
490×870	5.0	840	804	762	715	666	616	568	522	480	439	403	369	339
	5.3	835	798	755	707	658	608	561	516	472	434	397	365	335
	5.6	830	792	748	700	651	601	554	509	466	427	392	360	330
	5.9	825	786	741	692	643	593	547	502	460	422	387	355	327
	6.2	819	779	734	684	635	586	540	495	454	417	382	351	322
	6.5	813	773	726	677	628	579	532	488	448	411	377	346	318
	6.8	808	765	719	669	620	571	525	482	442	405	372	342	315
	7.1	802	758	711	661	612	564	518	476	436	400	367	337	310
	7.4	795	751	704	654	605	557	512	470	431	395	362	333	307
	7.7	788	744	696	646	597	550	505	464	425	390	358	329	302
	8.0	382	737	689	638	590	543	498	457	420	384	353	324	299

续表

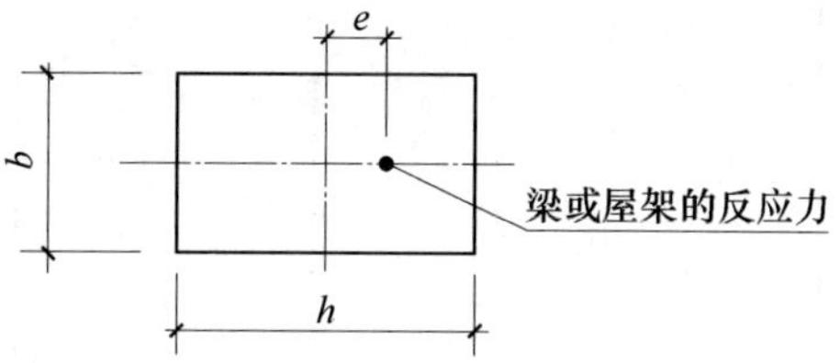

柱截面 $b\times h$ /mm²	计算高度 H_0 /m	e/h												
		0	0.025	0.05	0.075	0.10	0.125	0.15	0.175	0.20	0.225	0.25	0.275	0.3
620×740	5.0	887	846	797	746	693	640	588	541	496	454	417	383	352
	5.3	881	838	789	736	682	630	580	532	489	448	411	377	346
	5.6	873	829	779	726	673	621	571	524	481	441	404	371	341
	5.9	866	820	770	717	663	612	563	516	473	434	398	365	336
	6.2	858	812	760	707	654	603	553	508	466	427	392	360	331
	6.5	850	802	751	698	644	593	545	500	458	420	386	355	326
	6.8	842	793	741	688	635	585	537	492	452	414	380	349	321
	7.1	833	784	732	678	625	576	528	485	444	408	374	344	317
	7.4	825	774	721	668	617	566	520	477	437	401	368	339	312
	7.7	816	765	712	659	607	558	512	470	431	395	363	334	307
	8.0	807	755	702	649	598	549	504	462	424	389	358	329	302
620×870	5.0	1062	1018	964	905	943	780	719	661	607	556	510	467	429
	5.3	1057	1010	955	895	832	770	710	653	598	549	503	462	424
	5.6	1050	1002	946	886	824	761	701	644	590	541	496	456	418
	5.9	1043	994	937	876	813	751	692	635	582	534	490	449	414
	6.2	1037	985	928	866	803	742	683	627	575	528	483	444	408
	6.5	1029	978	918	857	794	733	674	618	567	520	477	438	403
	6.8	1022	969	909	847	784	723	665	610	560	513	471	433	398
	7.1	1014	960	899	837	774	714	656	602	552	506	465	427	393
	7.4	1007	951	891	828	765	705	648	595	545	500	458	422	388
	7.7	998	942	880	818	755	696	639	587	538	493	453	416	382
	8.0	990	933	872	808	746	687	630	579	531	486	447	410	378
620×990	6.0	1203	1151	1088	1020	949	877	809	843	682	625	574	526	484
	6.3	1196	1143	1079	1010	938	869	800	735	674	618	566	520	477
	6.6	1190	1134	1071	1101	930	858	791	726	667	611	560	514	472
	6.9	1184	1126	1060	991	919	850	781	717	658	603	553	508	467
	7.2	1176	1118	1052	982	910	839	772	710	650	597	547	503	462
	7.5	1168	1109	1043	971	900	830	764	701	642	589	541	496	457
	7.8	1161	1100	1032	963	890	822	755	693	636	583	534	491	452
	8.1	1153	1091	1024	952	881	813	747	684	628	576	528	485	447
	8.4	1146	1082	1013	942	871	802	738	677	6214	569	523	480	442
	8.7	1138	1073	1005	933	862	794	729	669	613	562	517	475	437
	9.0	1129	1064	994	923	853	785	721	661	607	556	510	470	431

续表

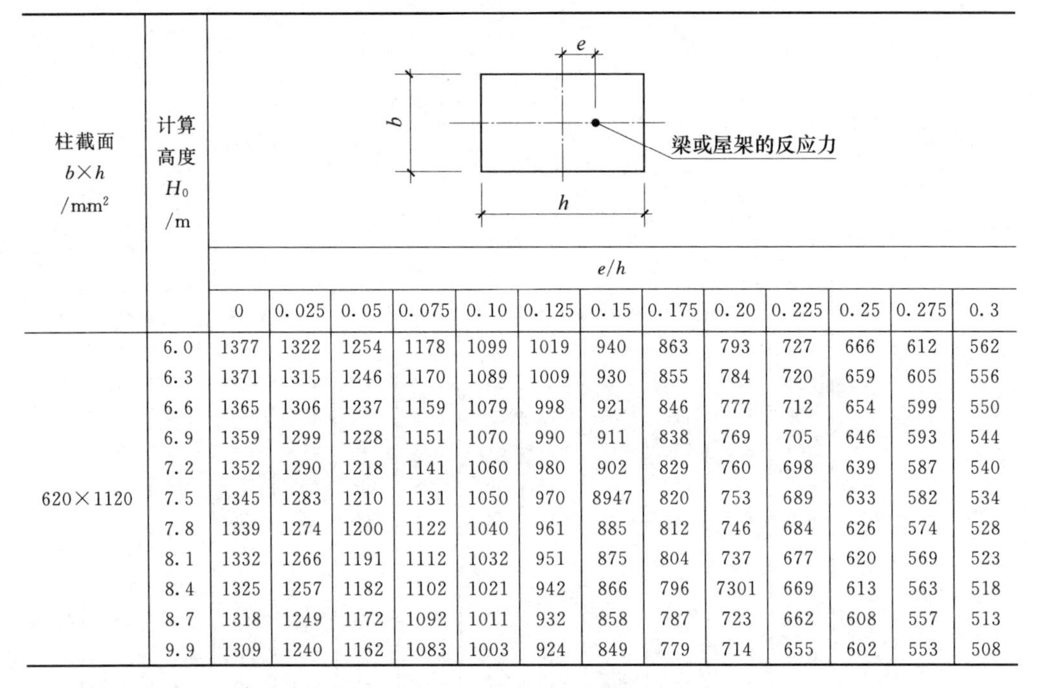

柱截面 $b\times h$ /mm^2	计算高度 H_0 /m	e/h												
		0	0.025	0.05	0.075	0.10	0.125	0.15	0.175	0.20	0.225	0.25	0.275	0.3
620×1120	6.0	1377	1322	1254	1178	1099	1019	940	863	793	727	666	612	562
	6.3	1371	1315	1246	1170	1089	1009	930	855	784	720	659	605	556
	6.6	1365	1306	1237	1159	1079	998	921	846	777	712	654	599	550
	6.9	1359	1299	1228	1151	1070	990	911	838	769	705	646	593	544
	7.2	1352	1290	1218	1141	1060	980	902	829	760	698	639	587	540
	7.5	1345	1283	1210	1131	1050	970	8947	820	753	689	633	582	534
	7.8	1339	1274	1200	1122	1040	961	885	812	746	684	626	574	528
	8.1	1332	1266	1191	1112	1032	951	875	804	737	677	620	569	523
	8.4	1325	1257	1182	1102	1021	942	866	796	7301	669	613	563	518
	8.7	1318	1249	1172	1092	1011	932	858	787	723	662	608	557	513
	9.9	1309	1240	1162	1083	1003	924	849	779	714	655	602	553	508

2.2.17 每1m长普通砖墙厚240mm轴心受压承载力 N 值（kN）选用表

表 2-17　　每1m长普通砖墙厚240mm轴心受压承载力 N 值选用表

图		240 1000											
墙厚/mm		240mm											
砂浆强度		M2.5			M5			M7.5			M10		
砖强度		MU10	MU15	MU20	MU10	MU15	MU20	MU10	MU15	MU20	MU10	MU15	MU20
计算高度 H_0 /m	2.4	244	300	345	294	358	415	331	406	468	370	453	523
	2.7	234	288	331	284	346	401	320	392	453	358	437	506
	3.0	223	275	316	274	334	387	308	378	436	345	422	487
	3.3	212	261	301	263	321	372	297	363	420	332	405	469
	3.6	202	248	286	253	308	357	285	349	403	318	389	450
	3.9	191	236	271	242	295	342	273	334	386	305	373	431
	4.2	181	223	257	231	282	327	261	319	369	292	357	412
	4.5	172	211	243	221	270	313	249	305	353	279	341	394
	4.8	162	200	230	211	258	298	238	291	336	266	325	376
	5.1	154	188	218	201	246	285	227	278	321	254	310	359
	5.4				192	234	271	216	265	306	242	296	342
	5.7				183	223	259	206	252	292	230	282	326
	6.0							196	241	278	220	268	310
极限计算高度 H_0/m		5.28			5.76			6.24			6.24		

2.2.18 每1m长普通砖墙厚370mm轴心受压承载力 *N* 值（kN）选用表

表2-18　　每1m长普通砖墙厚370mm轴心受压承载力 *N* 值选用表

图		1000；370										
墙厚/mm		370										
砂浆强度		M2.5			5			7.5			10	
砖强度		MU10	MU15	MU20	MU10	MU15	MU20	MU10	MU15	MU20	MU10	MU15	MU20
计算高度 H_0 /m	2.4	443	546	624	511	624	723	576	706	815	645	788	911
	2.7	434	535	611	501	611	708	565	692	799	631	772	892
	3.0	425	523	598	490	598	693	552	676	781	618	755	873
	3.3	414	510	584	478	584	676	539	660	762	603	737	852
	3.6	404	497	569	466	569	659	525	643	743	587	718	830
	3.9	393	484	553	454	553	641	511	626	723	572	699	808
	4.2	382	470	538	441	538	623	497	608	703	556	679	785
	4.5	371	456	522	428	522	605	482	591	682	539	569	762
	4.8	359	442	506	415	506	586	467	573	661	523	639	739
	5.1	348	428	490	402	490	568	453	555	640	506	619	715
	5.4				389	474	550	438	537	620	490	599	692
	5.7				376	459	531	424	519	599	474	579	669
	6.0							410	501	578	459	559	647
极限计算高度 H_0/m		8.14			8.88			9.62			9.62		

2.2.19 每1m长普通砖墙厚490mm轴心受压承载力 *N* 值（kN）选用表

表2-19　　每1m长普通砖墙厚490mm轴心受压承载力 *N* 值选用表

图		1000；490										
墙厚/mm		490										
砂浆强度		M2.5			M5			M7.5			M10	
砖强度		MU10	MU15	MU20	MU10	MU15	MU20	MU10	MU15	MU20	MU10	MU15	MU20
计算高度 H_0 /m	2.4	607	748	860	709	865	1002	799	979	1130	893	1092	1262
	2.7	600	739	849	702	857	993	792	970	1120	885	1082	1251
	3.0	592	729	838	695	848	983	784	960	1108	876	1071	1238
	3.3	584	718	826	688	839	972	775	949	1096	867	1059	1224
	3.6	574	707	813	679	829	960	766	938	1083	856	1047	1210

图		1000；490											
墙厚/mm		490											
砂浆强度		M2.5			M5			M7.5			M10		
砖强度		MU10	MU15	MU20	MU10	MU15	MU20	MU10	MU15	MU20	MU10	MU15	MU20
计算高度 H_0 /m	3.9	565	695	800	671	818	948	756	926	1069	845	1033	1194
	4.2	555	683	786	662	807	935	745	913	1054	834	1019	1178
	4.5	545	670	771	652	795	922	735	900	1039	822	1004	1161
	4.8	534	657	756	642	783	908	723	886	1023	809	989	1143
	5.1	523	644	741	632	771	893	712	872	1007	796	973	1125
	5.4				620	758	878	700	857	990	783	957	1106
	5.7				610	745	863	688	843	973	769	940	1087
	6.0				600	732	848	676	828	956	756	924	1068
	6.3				588	718	832	663	812	938	742	907	1048
	6.6				577	704	816	650	797	920	727	889	1028
	6.9				566	691	800	638	781	902	713	872	1008
	7.2				555	677	784	625	766	884	699	854	988
极限计算高度 H_0/mm		10.78			11.76			12.74			12.74		

2.2.20 每 1m 长普通砖墙厚 620mm 轴心受压承载力 *N* 值（kN）选用表

表 2-20　　每 1m 长普通砖墙厚 620mm 轴心受压承载力 *N* 值选用表

图		1000；620											
墙厚/mm		620											
砂浆强度		M2.5			M5			M7.5			M10		
砖强度		MU10	MU15	MU20	MU10	MU15	MU20	MU10	MU15	MU20	MU10	MU15	MU20
计算高度 H_0 /m	2.4	782	963	1107	909	1109	1285	1024	1255	1449	1146	1400	1619
	2.7	776	955	1099	904	1103	1278	1018	1247	1440	1139	1392	1609
	3.0	769	947	1089	898	1096	1269	1012	1239	1431	1132	1383	1599
	3.3	762	938	1079	892	1088	1260	1005	1231	1421	1124	1373	1587
	3.6	755	929	1068	885	1079	1251	977	1221	1410	1115	1363	1575
	3.9	746	919	1057	877	1071	1240	989	1211	1398	1106	1351	1562
	4.2	738	908	1044	870	1061	1229	980	1200	1386	1096	1339	1548
	4.5	729	897	1032	861	1051	1218	971	1189	1373	1085	1327	1534
	4.8	719	885	1018	853	1041	1205	961	1177	1359	1075	1314	1518
	5.1	709	873	1004	844	1030	1193	951	1165	1345	1063	1300	1502
	5.4	699	861	990	834	1018	1180	940	1152	1330	1052	1285	1486
	5.7	689	848	975	825	1006	1166	929	1138	1315	1039	1271	1469
	6.0	678	835	960	815	994	1152	918	1125	1299	1027	1255	1451
	6.3	668	822	945	805	982	1138	907	1111	1283	1014	1240	1433
	6.6	657	808	930	794	969	1123	895	1096	1266	1001	1224	1414
	6.9	645	795	914	784	956	1108	883	1082	1249	988	1207	1396
	7.2	634	781	898	773	943	1093	871	1067	1232	974	1191	1376
极限计算高度 H_0/m		13.64			14.88			16.1			16.1		

2.2.21 影响系数 φ 扩展表（砂浆强度等级 M0）

表 2-21　　影响系数 φ 扩展表（砂浆强度等级 M0）

β	$\frac{e}{h}$ 或 $\frac{e}{h_T}$												
	0	0.025	0.05	0.075	0.10	0.125	0.15	0.175	0.20	0.225	0.25	0.275	0.30
≤3	1	0.99	0.97	0.94	0.89	0.84	0.79	0.73	0.68	0.62	0.57	0.52	0.48
3.25	0.968	0.948	0.92	0.883	0.833	0.78	0.73	0.675	0.625	0.573	0.525	0.48	0.443
3.5	0.935	0.905	0.87	0.825	0.775	0.72	0.67	0.62	0.57	0.525	0.48	0.44	0.405
3.75	0.903	0.863	0.82	0.768	0.71	0.66	0.61	0.565	0.515	0.478	0.435	0.40	0.368
4.0	0.87	0.82	0.77	0.71	0.66	0.60	0.55	0.51	0.46	0.43	0.39	0.36	0.33
4.25	0.856	0.805	0.755	0.695	0.645	0.588	0.539	0.499	0.451	0.421	0.383	0.353	0.324
4.5	0.843	0.79	0.74	0.68	0.63	0.575	0.528	0.488	0.453	0.412	0.375	0.345	0.318
4.75	0.829	0.775	0.725	0.665	0.615	0.563	0.516	0.476	0.434	0.404	0.368	0.338	0.311
5.0	0.815	0.76	0.71	0.65	0.60	0.55	0.505	0.465	0.425	0.395	0.36	0.33	0.305
5.25	0.801	0.745	0.695	0.635	0.585	0.538	0.494	0.453	0.416	0.386	0.353	0.323	0.299
5.5	0.778	0.73	0.68	0.62	0.57	0.525	0.483	0.442	0.408	0.378	0.345	0.315	0.293
5.75	0.774	0.715	0.665	0.605	0.555	0.513	0.471	0.431	0.399	0.369	0.338	0.308	0.286
6.0	0.76	0.70	0.65	0.59	0.54	0.50	0.46	0.42	0.39	0.36	0.33	0.30	0.28
6.25	0.744	0.685	0.636	0.578	0.529	0.489	0.45	0.411	0.381	0.353	0.324	0.294	0.275
6.5	0.728	0.67	0.623	0.565	0.518	0.478	0.44	0.403	0.373	0.345	0.318	0.288	0.27
6.75	0.711	0.655	0.609	0.553	0.506	0.466	0.43	0.394	0.364	0.338	0.311	0.281	0.265
7.0	0.695	0.64	0.595	0.54	0.495	0.455	0.42	0.385	0.355	0.33	0.305	0.275	0.26
7.25	0.679	0.625	0.581	0.528	0.484	0.444	0.41	0.376	0.346	0.323	0.299	0.269	0.255
7.5	0.663	0.61	0.568	0.515	0.473	0.433	0.40	0.368	0.338	0.315	0.293	0.263	0.25
7.75	0.646	0.595	0.554	0.503	0.461	0.421	0.39	0.359	0.329	0.308	0.286	0.256	0.245
8.0	0.63	0.58	0.54	0.49	0.45	0.41	0.38	0.35	0.32	0.30	0.28	0.25	0.24
8.25	0.618	0.568	0.528	0.48	0.44	0.401	0.373	0.343	0.314	0.294	0.274	0.246	0.235
8.5	0.605	0.555	0.515	0.47	0.43	0.393	0.365	0.335	0.308	0.288	0.268	0.243	0.23
8.75	0.593	0.543	0.503	0.46	0.42	0.384	0.358	0.328	0.301	0.281	0.261	0.239	0.225
9.0	0.58	0.530	0.490	0.45	0.41	0.375	0.35	0.320	0.295	0.275	0.255	0.235	0.22
9.25	0.568	0.518	0.478	0.44	0.40	0.366	0.343	0.313	0.289	0.269	0.249	0.231	0.215
9.5	0.555	0.505	0.465	0.43	0.49	0.358	0.335	0.305	0.283	0.263	0.243	0.228	0.21
9.75	0.543	0.493	0.453	0.42	0.48	0.349	0.328	0.298	0.276	0.256	0.236	0.224	0.205
10.0	0.53	0.48	0.44	0.41	0.37	0.34	0.32	0.29	0.27	0.25	0.23	0.22	0.20
10.25	0.519	0.47	0.431	0.401	0.363	0.334	0.314	0.285	0.265	0.245	0.226	0.216	0.196
10.5	0.508	0.46	0.423	0.392	0.355	0.328	0.308	0.280	0.260	0.24	0.223	0.213	0.193
10.75	0.496	0.45	0.414	0.383	0.347	0.321	0.301	0.275	0.255	0.235	0.219	0.209	0.189
11.0	0.485	0.44	0.405	0.375	0.34	0.315	0.295	0.270	0.25	0.23	0.215	0.205	0.185

续表

β	$\frac{e}{h}$或$\frac{e}{h_T}$												
	0	0.025	0.05	0.075	0.10	0.125	0.15	0.175	0.20	0.225	0.25	0.275	0.30
11.25	0.474	0.43	0.396	0.366	0.333	0.309	0.289	0.265	0.245	0.225	0.211	0.201	0.181
11.5	0.463	0.42	0.388	0.358	0.323	0.303	0.283	0.26	0.24	0.22	0.208	0.198	0.178
11.75	0.451	0.41	0.379	0.349	0.318	0.296	0.276	0.255	0.235	0.215	0.204	0.193	0.174
12.0	0.44	0.40	0.37	0.34	0.31	0.29	0.27	0.25	0.23	0.21	0.20	0.19	0.17
12.25	0.43	0.391	0.363	0.333	0.304	0.284	0.265	0.245	0.226	0.206	0.196	0.186	0.168
12.5	0.42	0.383	0.355	0.325	0.298	0.278	0.260	0.24	0.223	0.203	0.193	0.183	0.165
12.75	0.41	0.374	0.348	0.318	0.291	0.271	0.255	0.235	0.219	0.199	0.189	0.179	0.163
13.0	0.40	0.365	0.34	0.31	0.285	0.265	0.25	0.230	0.215	0.195	0.185	0.175	0.16
13.25	0.39	0.356	0.333	0.303	0.279	0.259	0.245	0.225	0.211	0.191	0.181	0.171	0.156
13.5	0.38	0.48	0.325	0.395	0.273	0.253	0.240	0.22	0.208	0.188	0.178	0.168	0.155
13.75	0.37	0.339	0.318	0.388	0.266	0.246	0.235	0.215	0.204	0.184	0.174	0.164	0.153
14.0	0.36	0.33	0.31	0.28	0.26	0.24	0.23	0.21	0.20	0.18	0.17	0.16	0.15
14.25	0.353	0.324	0.304	0.275	0.255	0.236	0.225	0.206	0.196	0.178	0.168	0.158	0.48
14.5	0.345	0.318	0.298	0.27	0.25	0.233	0.22	0.203	0.193	0.175	0.165	0.155	0.145
14.75	0.338	0.311	0.291	0.265	0.245	0.229	0.215	0.199	0.189	0.173	0.163	0.153	0.143
15.0	0.33	0.305	0.285	0.26	0.24	0.225	0.21	0.195	0.185	0.17	0.16	0.15	0.14
15.25	0.323	0.299	0.279	0.255	0.235	0.221	0.205	0.191	0.181	0.168	0.158	0.148	0.138
15.5	0.315	0.293	0.273	0.25	0.230	0.228	0.20	0.188	0.178	0.165	0.155	0.145	0.135
15.75	0.308	0.286	0.266	0.245	0.225	0.214	0.195	0.184	0.174	0.163	0.153	0.143	0.133
16.0	0.30	0.28	0.26	0.24	0.22	0.21	0.19	0.18	0.17	0.16	0.15	0.14	0.13
16.25	0.295	0.275	0.255	0.236	0.216	0.206	0.188	0.178	0.168	0.158	0.148	0.138	0.128
16.5	0.29	0.27	0.25	0.233	0.213	0.203	0.185	0.175	0.165	0.155	0.145	0.135	0.125
16.75	0.285	0.265	0.245	0.229	0.209	0.199	0.183	0.173	0.163	0.153	0.143	0.133	0.123
17.0	0.28	0.26	0.24	0.225	0.205	0.195	0.18	0.17	0.16	0.15	0.14	0.13	0.12
17.25	0.275	0.255	0.235	0.221	0.201	0.191	0.178	0.168	0.158	0.148	0.138	0.128	0.118
17.5	0.27	0.25	0.23	0.218	0.198	0.188	0.175	0.165	0.155	0.145	0.135	0.125	0.115
17.75	0.265	0.245	0.225	0.214	0.194	0.184	0.173	0.163	0.153	0.143	0.133	0.123	0.113
18.0	0.26	0.24	0.22	0.21	0.19	0.18	0.17	0.16	0.15	0.14	0.13	0.12	0.11
18.25	0.255	0.235	0.216	0.206	0.188	0.178	0.168	0.158	0.148	0.138	0.129	0.119	0.109
18.5	0.25	0.23	0.213	0.202	0.185	0.175	0.165	0.155	0.145	0.135	0.128	0.118	0.108
18.75	0.245	0.225	0.209	0.199	0.183	0.173	0.163	0.153	0.143	0.133	0.126	0.116	0.106
19.0	0.24	0.22	0.205	0.195	0.180	0.17	0.16	0.150	0.14	0.13	0.125	0.115	0.105
19.25	0.235	0.215	0.201	0.191	0.178	0.168	0.158	0.148	0.138	0.128	0.124	0.114	0.104
19.5	0.23	0.21	0.198	0.188	0.175	0.165	0.155	0.145	0.135	0.125	0.123	0.113	0.103
19.75	0.225	0.205	0.194	0.184	0.173	0.163	0.153	0.143	0.133	0.123	0.121	0.111	0.101

续表

β	$\frac{e}{h}$或$\frac{e}{h_T}$												
	0	0.025	0.05	0.075	0.10	0.125	0.15	0.175	0.20	0.225	0.25	0.275	0.30
20.0	0.22	0.20	0.19	0.18	0.17	0.16	0.15	0.14	0.13	0.12	0.12	0.11	0.10
20.25	0.216	0.198	0.186	0.176	0.166	0.158	0.148	0.138	0.129	0.119	0.118	0.109	0.099
20.5	0.213	0.195	0.183	0.173	0.163	0.155	0.145	0.135	0.128	0.118	0.115	0.108	0.098
20.75	0.209	0.193	0.179	0.169	0.158	0.153	0.143	0.133	0.126	0.116	0.113	0.106	0.096
21.0	0.205	0.19	0.175	0.165	0.155	0.15	0.14	0.13	0.125	0.115	0.110	0.105	0.095
21.25	0.201	0.188	0.171	0.161	0.151	0.148	0.138	0.128	0.124	0.114	0.108	0.104	0.094
21.5	0.198	0.185	0.168	0.158	0.148	0.145	0.135	0.125	0.123	0.113	0.105	0.103	0.093
21.75	0.194	0.183	0.164	0.154	0.144	0.143	0.133	0.123	0.121	0.111	0.103	0.101	0.091
22.0	0.19	0.18	0.16	0.15	0.14	0.14	0.13	0.12	0.12	0.11	0.10	0.10	0.09
22.25	0.186	0.176	0.158	0.148	0.139	0.138	0.128	0.119	0.118	0.109	0.099	0.099	0.089
22.5	0.183	0.173	0.155	0.145	0.138	0.135	0.125	0.118	0.115	0.108	0.098	0.098	0.088
22.75	0.179	0.169	0.153	0.143	0.136	0.133	0.123	0.116	0.113	0.106	0.096	0.096	0.086
23.0	0.175	0.165	0.15	0.14	0.135	0.13	0.12	0.115	0.11	0.105	0.095	0.095	0.085
23.25	0.171	0.161	0.148	0.138	0.134	0.128	0.118	0.114	0.108	0.104	0.094	0.094	0.084
23.5	0.168	0.158	0.145	0.135	0.133	0.125	0.115	0.113	0.105	0.101	0.093	0.093	0.083
23.75	0.164	0.154	0.143	0.133	0.131	0.123	0.113	0.111	0.103	0.101	0.091	0.090	0.081
24.0	0.16	0.15	0.14	0.13	0.13	0.12	0.11	0.11	0.10	0.10	0.09	0.09	0.08
24.25	0.158	0.148	0.139	0.129	0.128	0.119	0.109	0.109	0.099	0.099	0.089	0.089	0.079
24.5	0.155	0.145	0.138	0.28	0.25	0.118	0.108	0.108	0.098	0.098	0.088	0.088	0.078
24.75	0.153	0.143	0.136	0.126	0.123	0.116	0.106	0.106	0.096	0.096	0.086	0.086	0.076
25.0	0.15	0.14	0.135	0.125	0.12	0.115	0.105	0.105	0.095	0.095	0.085	0.085	0.075
25.25	0.148	0.138	0.134	0.124	0.118	0.114	0.104	0.104	0.094	0.094	0.084	0.084	0.074
25.5	0.145	0.135	0.133	0.123	0.115	0.113	0.103	0.103	0.093	0.093	0.083	0.083	0.073
25.75	0.143	0.133	0.131	0.121	0.113	0.111	0.101	0.101	0.091	0.091	0.081	0.081	0.071
26.0	0.14	0.13	0.13	0.12	0.11	0.11	0.10	0.10	0.09	0.09	0.08	0.08	0.07
26.25	0.138	0.129	0.128	0.119	0.109	0.109	0.099	0.099	0.089	0.089	0.08	0.079	0.07
26.5	0.135	0.128	0.125	0.118	0.108	0.108	0.098	0.098	0.088	0.088	0.08	0.078	0.07
26.75	0.133	0.126	0.123	0.116	0.106	0.107	0.096	0.096	0.086	0.086	0.08	0.076	0.07
27.0	0.13	0.125	0.12	0.115	0.185	0.105	0.095	0.095	0.085	0.085	0.08	0.075	0.07
27.25	0.128	0.124	0.118	0.114	0.104	0.104	0.094	0.094	0.084	0.084	0.08	0.074	0.07
27.5	0.125	0.123	0.115	0.113	0.103	0.103	0.093	0.093	0.083	0.083	0.08	0.073	0.07
27.75	0.123	0.121	0.113	0.111	0.101	0.101	0.091	0.091	0.081	0.081	0.08	0.071	0.07
28.0	0.12	0.12	0.11	0.11	0.10	0.10	0.09	0.09	0.08	0.08	0.08	0.07	0.07
28.25	0.119	0.118	0.109	0.108	0.099	0.099	0.089	0.089	0.079	0.079	0.079	0.07	0.069
28.5	0.118	0.115	0.108	0.105	0.098	0.098	0.088	0.088	0.078	0.078	0.078	0.07	0.068

续表

β	$\frac{e}{h}$或$\frac{e}{h_T}$												
	0	0.025	0.05	0.075	0.10	0.125	0.15	0.175	0.20	0.225	0.25	0.275	0.30
28.75	0.116	0.113	0.106	0.103	0.096	0.096	0.086	0.086	0.076	0.076	0.076	0.07	0.066
29.0	0.115	0.11	0.105	0.100	0.095	0.095	0.085	0.085	0.075	0.075	0.075	0.07	0.065
29.25	0.114	0.108	0.104	0.098	0.094	0.094	0.084	0.084	0.074	0.074	0.074	0.07	0.064
29.5	0.113	0.105	0.103	0.095	0.093	0.093	0.083	0.083	0.073	0.073	0.073	0.07	0.063
29.75	0.111	0.103	0.101	0.093	0.091	0.091	0.081	0.081	0.071	0.071	0.071	0.07	0.061
30.0	0.11	0.10	0.10	0.09	0.09	0.09	0.08	0.08	0.07	0.07	0.07	0.07	0.06

2.2.22 影响系数φ扩展表（砂浆强度等级M2.5）

表2-22　　影响系数φ扩展表（砂浆强度等级M2.5）

β	$\frac{e}{h}$或$\frac{e}{h_T}$												
	0	0.025	0.05	0.075	0.10	0.125	0.15	0.175	0.20	0.225	0.25	0.275	0.30
≤3	1	0.99	0.97	0.94	0.89	0.84	0.79	0.73	0.68	0.62	0.57	0.52	0.48
3.25	0.993	0.978	0.95	0.915	0.863	0.813	0.76	0.703	0.653	0.595	0.548	0.50	0.46
3.5	0.985	0.965	0.93	0.89	0.835	0.785	0.73	0.675	0.625	0.57	0.525	0.48	0.44
3.75	0.978	0.953	0.91	0.865	0.808	0.758	0.70	0.648	0.598	0.545	0.503	0.46	0.42
4.0	0.97	0.94	0.89	0.84	0.78	0.73	0.67	0.62	0.57	0.52	0.48	0.44	0.40
4.25	0.965	0.934	0.884	0.833	0.774	0.723	0.664	0.614	0.564	0.515	0.475	0.435	0.396
4.5	0.96	0.928	0.878	0.825	0.768	0.715	0.658	0.608	0.558	0.51	0.47	0.43	0.393
4.75	0.955	0.921	0.871	0.818	0.761	0.708	0.651	0.601	0.551	0.505	0.465	0.425	0.389
5.0	0.95	0.915	0.865	0.81	0.755	0.70	0.645	0.595	0.545	0.50	0.46	0.42	0.385
5.25	0.945	0.909	0.859	0.803	0.749	0.693	0.639	0.589	0.539	0.495	0.455	0.415	0.381
5.5	0.94	0.903	0.853	0.795	0.843	0.685	0.633	0.583	0.533	0.49	0.45	0.41	0.378
5.75	0.935	0.896	0.846	0.788	0.736	0.68	0.626	0.576	0.526	0.485	0.445	0.405	0.374
6.0	0.93	0.89	0.84	0.78	0.73	0.67	0.62	0.57	0.52	0.48	0.44	0.40	0.37
6.25	0.925	0.884	0.833	0.773	0.723	0.664	0.614	0.564	0.515	0.475	0.435	0.396	0.366
6.5	0.92	0.878	0.825	0.765	0.715	0.658	0.608	0.558	0.51	0.47	0.43	0.392	0.363
6.75	0.915	0.871	0.818	0.758	0.708	0.651	0.601	0.551	0.505	0.465	0.425	0.389	0.359
7.0	0.91	0.865	0.81	0.75	0.70	0.645	0.595	0.545	0.50	0.46	0.42	0.385	0.355
7.25	0.905	0.859	0.803	0.743	0.693	0.639	0.589	0.539	0.595	0.455	0.415	0.381	0.351
7.5	0.9	0.853	0.795	0.735	0.685	0.633	0.583	0.533	0.59	0.45	0.41	0.378	0.348
7.75	0.895	0.746	0.788	0.728	0.678	0.626	0.576	0.526	0.585	0.445	0.405	0.374	0.344
8.0	0.89	0.84	0.78	0.72	0.67	0.62	0.57	0.52	0.48	0.44	0.40	0.37	0.34
8.25	0.883	0.833	0.773	0.714	0.663	0.613	0.564	0.514	0.474	0.435	0.396	0.366	0.336

续表

β	$\frac{e}{h}$或$\frac{e}{h_T}$												
	0	0.025	0.05	0.075	0.10	0.125	0.15	0.175	0.20	0.225	0.25	0.275	0.30
8.5	0.875	0.825	0.765	0.708	0.655	0.605	0.558	0.508	0.468	0.43	0.393	0.363	0.333
8.75	0.868	0.818	0.758	0.701	0.648	0.598	0.5514	0.501	0.461	0.425	0.389	0.359	0.329
9.0	0.86	0.81	0.75	0.695	0.64	0.59	0.545	0.495	0.455	0.42	0.385	0.355	0.325
9.25	0.853	0.803	0.43	0.689	0.633	0.583	0.539	0.489	0.449	0.415	0.381	0.351	0.321
9.5	0.845	0.795	0.735	0.683	0.625	0.575	0.533	0.483	0.443	0.41	0.378	0.348	0.318
9.75	0.838	0.788	0.728	0.676	0.618	0.568	0.526	0.476	0.436	0.405	0.374	0.344	0.314
10.0	0.83	0.78	0.72	0.67	0.61	0.56	0.52	0.47	0.43	0.40	0.37	0.34	0.31
10.25	0.824	0.773	0.714	0.663	0.604	0.555	0.514	0.465	0.426	0.396	0.366	0.336	0.308
10.5	0.818	0.765	0.708	0.655	0.598	0.55	0.508	0.46	0.423	0.393	0.363	0.333	0.305
10.75	0.811	0.758	0.701	0.648	0.591	0.545	0.501	0.455	0.419	0.389	0.359	0.329	0.303
11.0	0.805	0.750	0.695	0.64	0.585	0.54	0.495	0.45	0.415	0.385	0.355	0.325	0.300
11.25	0.799	0.743	0.689	0.633	0.579	0.535	0.489	0.445	0.411	0.381	0.351	0.321	0.298
11.5	0.793	0.735	0.683	0.625	0.573	0.53	0.483	0.44	0.408	0.378	0.348	0.318	0.295
11.75	0.786	0.728	0.676	0.618	0.567	0.525	0.476	0.435	0.404	0.374	0.344	0.314	0.293
12.0	0.78	0.72	0.67	0.61	0.56	0.52	0.47	0.43	0.40	0.37	0.34	0.31	0.29
12.25	0.773	0.713	0.663	0.604	0.554	0.514	0.465	0.426	0.395	0.366	0.336	0.308	0.288
12.5	0.765	0.705	0.655	0.598	0.548	0.508	0.46	0.423	0.39	0.363	0.333	0.305	0.285
12.75	0.758	0.698	0.648	0.591	0.541	0.501	0.455	0.419	0.385	0.359	0.329	0.303	0.283
13.0	0.75	0.69	0.64	0.585	0.535	0.495	0.45	0.415	0.38	0.355	0.325	0.30	0.28
13.25	0.743	0.683	0.633	0.579	0.529	0.489	0.445	0.411	0.375	0.351	0.321	0.298	0.278
13.5	0.735	0.675	0.625	0.573	0.523	0.483	0.44	0.408	0.37	0.348	0.318	0.295	0.275
13.75	0.728	0.668	0.618	0.566	0.516	0.476	0.435	0.404	0.365	0.344	0.314	0.293	0.273
14.0	0.72	0.66	0.61	0.56	0.51	0.47	0.43	0.40	0.36	0.34	0.31	0.29	0.27
14.25	0.713	0.654	0.604	0.554	0.505	0.465	0.426	0.395	0.358	0.336	0.308	0.286	0.268
14.5	0.705	0.648	0.598	0.548	0.50	0.46	0.423	0.39	0.355	0.333	0.305	0.283	0.265
14.75	0.698	0.641	0.591	0.541	0.495	0.455	0.419	0.385	0.353	0.329	0.303	0.279	0.263
15.0	0.69	0.635	0.585	0.535	0.49	0.45	0.415	0.38	0.35	0.325	0.30	0.275	0.26
15.25	0.683	0.629	0.579	0.529	0.485	0.445	0.411	0.375	0.348	0.321	0.298	0.271	0.258
15.5	0.675	0.623	0.573	0.523	0.48	0.440	0.408	0.37	0.345	0.318	0.295	0.268	0.255
15.75	0.668	0.616	0.566	0.516	0.475	0.435	0.404	0.365	0.343	0.314	0.293	0.264	0.253
16.0	0.66	0.61	0.56	0.51	0.47	0.43	0.40	0.36	0.34	0.31	0.29	0.26	0.25
16.25	0.654	0.604	0.554	0.505	0.465	0.426	0.395	0.356	0.336	0.308	0.286	0.258	0.248
16.5	0.648	0.598	0.548	0.50	0.46	0.423	0.39	0.353	0.333	0.305	0.283	0.255	0.245
16.75	0.641	0.591	0.541	0.495	0.455	0.419	0.385	0.349	0.329	0.303	0.279	0.523	0.243
17.0	0.635	0.585	0.535	0.49	0.45	0.415	0.38	0.345	0.325	0.30	0.275	0.25	0.24

续表

β	$\frac{e}{h}$或$\frac{e}{h_T}$												
	0	0.025	0.05	0.075	0.10	0.125	0.15	0.175	0.20	0.225	0.25	0.275	0.30
17.25	0.629	0.579	0.529	0.485	0.445	0.411	0.375	0.341	0.321	0.298	0.271	0.248	0.238
17.5	0.623	0.573	0.523	0.48	0.44	0.408	0.37	0.338	0.318	0.295	0.268	0.245	0.235
17.75	0.616	0.566	0.516	0.475	0.435	0.404	0.365	0.334	0.314	0.293	0.264	0.243	0.233
18.0	0.61	0.56	0.51	0.47	0.43	0.40	0.36	0.33	0.31	0.29	0.26	0.24	0.23
18.25	0.604	0.553	0.505	0.465	0.425	0.395	0.356	0.328	0.306	0.286	0.258	0.239	0.228
18.5	0.598	0.548	0.50	0.46	0.42	0.390	0.353	0.325	0.303	0.283	0.255	0.238	0.225
18.75	0.591	0.541	0.495	0.455	0.415	0.385	0.349	0.323	0.299	0.279	0.253	0.236	0.223
19.0	0.585	0.535	0.49	0.45	0.41	0.38	0.345	0.32	0.295	0.275	0.25	0.235	0.22
19.25	0.579	0.529	0.485	0.445	0.405	0.375	0.341	0.318	0.291	0.271	0.248	0.234	0.218
19.5	0.573	0.523	0.48	0.44	0.40	0.37	0.338	0.315	0.288	0.268	0.245	0.233	0.215
19.75	0.566	0.516	0.475	0.435	0.395	0.365	0.334	0.313	0.284	0.264	0.243	0.231	0.213
20.0	0.56	0.51	0.47	0.43	0.39	0.36	0.33	0.31	0.28	0.26	0.24	0.23	0.21
20.25	0.554	0.505	0.465	0.425	0.386	0.356	0.328	0.306	0.278	0.258	0.239	0.228	0.209
20.5	0.548	0.50	0.46	0.42	0.383	0.353	0.325	0.303	0.275	0.255	0.238	0.225	0.208
20.75	0.541	0.495	0.455	0.415	0.379	0.349	0.323	0.29	0.275	0.253	0.236	0.223	0.206
21.0	0.535	0.49	0.45	0.41	0.375	0.345	0.32	0.295	0.27	0.25	0.235	0.22	0.205
21.25	0.529	0.485	0.445	0.405	0.371	0.341	0.318	0.291	0.268	0.248	0.234	0.218	0.204
21.5	0.523	0.48	0.44	0.40	0.368	0.338	0.315	0.288	0.265	0.245	0.233	0.215	0.203
21.75	0.516	0.475	0.435	0.395	0.364	0.334	0.313	0.248	0.263	0.243	0.231	0.213	0.201
22.0	0.51	0.47	0.43	0.39	0.36	0.33	0.31	0.28	0.26	0.24	0.23	0.21	0.20
22.25	0.504	0.465	0.425	0.386	0.356	0.328	0.306	0.278	0.258	0.2339	0.228	0.209	0.198
22.5	0.498	0.46	0.42	0.383	0.353	0.325	0.303	0.275	0.255	0.238	0.225	0.208	0.195
22.75	0.491	0.455	0.415	0.379	0.349	0.323	0.299	0.273	0.253	0.236	0.223	0.206	0.193
23.0	0.485	0.45	0.41	0.375	0.345	0.32	0.295	0.27	0.25	0.235	0.22	0.205	0.19
23.25	0.479	0.445	0.405	0.371	0.341	0.318	0.291	0.268	0.248	0.234	0.218	0.204	0.188
23.5	0.473	0.44	0.40	0.368	0.338	0.315	0.288	0.265	0.245	0.233	0.215	0.203	0.185
23.75	0.466	0.435	0.395	0.364	0.334	0.313	0.284	0.263	0.243	0.231	0.213	0.201	0.183
24.0	0.46	0.43	0.39	0.36	0.33	0.31	0.28	0.26	0.24	0.23	0.21	0.20	0.18
24.25	0.455	0.425	0.386	0.356	0.328	0.306	0.278	0.258	0.238	0.228	0.209	0.198	0.179
24.5	0.45	0.42	0.383	0.353	0.325	0.303	0.275	0.255	0.235	0.225	0.208	0.195	0.178
24.75	0.445	0.415	0.379	0.349	0.323	0.299	0.273	0.253	0.233	0.223	0.206	0.193	0.176
25.0	0.44	0.41	0.375	0.345	0.32	0.295	0.27	0.25	0.23	0.22	0.205	0.190	0.175
25.25	0.435	0.405	0.371	0.341	0.318	0.291	0.268	0.248	0.228	0.218	0.204	0.188	0.174
25.5	0.43	0.40	0.368	0.338	0.315	0.288	0.265	0.245	0.225	0.215	0.203	0.185	0.73
25.75	0.425	0.395	0.364	0.334	0.313	0.284	0.263	0.243	0.223	0.213	0.201	0.183	0.171

β	$\frac{e}{h}$或$\frac{e}{h_T}$												
	0	0.025	0.05	0.075	0.10	0.125	0.15	0.175	0.20	0.225	0.25	0.275	0.30
26.0	0.42	0.39	0.36	0.33	0.31	0.28	0.26	0.24	0.22	0.21	0.20	0.18	0.17
26.25	0.416	0.386	0.356	0.326	0.306	0.278	0.258	0.238	0.219	0.209	0.198	0.179	0.169
26.5	0.413	0.383	0.353	0.323	0.303	0.275	0.255	0.235	0.218	0.208	0.195	0.178	0.168
26.75	0.419	0.378	0.349	0.319	0.299	0.273	0.253	0.233	0.216	0.206	0.193	0.176	0.166
27.0	0.405	0.375	0.345	0.315	0.295	0.27	0.25	0.23	0.215	0.205	0.19	0.175	0.165
27.25	0.401	0.371	0.341	0.311	0.291	0.268	0.248	0.228	0.214	0.204	0.188	0.174	0.164
27.5	0.398	0.368	0.338	0.308	0.288	0.265	0.245	0.225	0.213	0.203	0.185	0.173	0.163
27.75	0.394	0.364	0.334	0.304	0.284	0.263	0.243	0.223	0.211	0.201	0.183	0.171	0.161
28.0	0.39	0.36	0.33	0.30	0.28	0.26	0.24	0.22	0.21	0.20	0.18	0.17	0.16
28.25	0.386	0.356	0.326	0.298	0.278	0.258	0.238	0.219	0.209	0.198	0.179	0.169	0.159
28.5	0.383	0.353	0.323	0.295	0.275	0.255	0.235	0.218	0.208	0.195	0.178	0.168	0.158
28.75	0.379	0.349	0.19	0.293	0.273	0.253	0.233	0.216	0.206	0.193	0.176	0.166	0.156
29.0	0.375	0.345	0.315	0.29	0.27	0.25	0.23	0.215	0.205	0.19	0.175	0.165	0.155
29.25	0.371	0.341	0.311	0.288	0.268	0.248	0.228	0.214	0.204	0.188	0.174	0.164	0.154
29.5	0.368	0.338	0.308	0.285	0.265	0.245	0.225	0.213	0.203	0.185	0.173	0.163	0.153
29.75	0.364	0.333	0.304	0.283	0.263	0.243	0.223	0.212	0.201	0.183	0.171	0.161	0.151
30.0	0.36	0.33	0.30	0.28	0.26	0.24	0.22	0.21	0.20	0.18	0.17	0.16	0.15

2.2.23 影响系数 φ 扩展表（砂浆强度等级≥M5）

表 2-23　　影响系数 φ 扩展表（砂浆强度等级≥M5）

β	$\frac{e}{h}$或$\frac{e}{h_T}$												
	0	0.025	0.05	0.075	0.10	0.125	0.15	0.175	0.20	0.225	0.25	0.275	0.30
≤3	1	0.99	0.97	0.94	0.89	0.94	0.79	0.73	0.68	0.62	0.57	0.52	0.48
3.25	0.995	0.98	0.953	0.918	0.868	0.815	0.765	0.708	0.655	0.598	0.55	0.503	0.463
3.5	0.99	0.97	0.935	0.895	0.845	0.79	0.74	0.685	0.63	0.575	0.53	0.485	0.445
3.75	0.985	0.96	0.918	0.873	0.823	0.765	0.715	0.663	0.605	0.553	0.51	0.468	0.428
4	0.98	0.95	0.0	0.85	0.80	0.74	0.69	0.64	0.58	0.53	0.49	0.45	0.41
4.25	0.976	0.945	0.895	0.845	0.794	0.734	0.684	0.634	0.575	0.525	0.485	0.446	0.406
4.5	0.973	0.94	0.890	0.84	0.788	0.728	0.678	0.628	0.57	0.52	0.480	0.443	0.403
4.75	0.969	0.935	0.885	0.835	0.781	0.721	0.671	0.621	0.565	0.515	0.475	0.439	0.399
5	0.965	0.93	0.88	0.83	0.775	0.715	0.665	0.615	0.56	0.510	0.47	0.435	0.395
5.25	0.961	0.925	0.875	0.825	0.769	0.709	0.659	0.609	0.555	0.505	0.465	0.431	0.391
5.5	0.958	0.92	0.87	0.82	0.763	0.703	0.653	0.603	0.55	0.50	0.46	0.428	0.388
5.75	0.954	0.915	0.865	0.815	0.756	0.696	0.646	0.596	0.545	0.495	0.455	0.424	0.384

续表

β	$\frac{e}{h}$或$\frac{e}{h_T}$												
	0	0.025	0.05	0.075	0.10	0.125	0.15	0.175	0.20	0.225	0.25	0.275	0.30
6	0.95	0.91	0.86	0.81	0.75	0.69	0.64	0.59	0.54	0.49	0.45	0.42	0.38
6.25	0.945	0.904	0.854	0.804	0.744	0.684	0.634	0.584	0.535	0.486	0.446	0.416	0.378
6.5	0.94	0.898	0.848	0.798	0.738	0.678	0.628	0.578	0.53	0.483	0.443	0.413	0.375
6.75	0.935	0.891	0.841	0.791	0.731	0.671	0.621	0.571	0.525	0.479	0.439	0.409	0.373
7	0.93	0.885	0.835	0.785	0.725	0.665	0.615	0.565	0.52	0.475	0.435	0.405	0.37
7.25	0.925	0.879	0.829	0.779	0.719	0.659	0.609	0.559	0.515	0.471	0.431	0.401	0.368
7.5	0.92	0.873	0.823	0.773	0.713	0.653	0.603	0.553	0.51	0.468	0.428	0.398	0.365
7.75	0.915	0.866	0.816	0.766	0.706	0.646	0.596	0.546	0.505	0.464	0.424	0.394	0.363
8	0.91	0.86	0.81	0.76	0.70	0.64	0.59	0.54	0.50	0.46	0.42	0.39	0.36
8.25	0.905	0.855	0.804	0.754	0.694	0.635	0.585	0.535	0.495	0.455	0.416	0.386	0.356
8.5	0.90	0.85	0.798	0.748	0.688	0.63	0.58	0.53	0.49	0.45	0.413	0.383	0.353
8.75	0.895	0.845	0.791	0.741	0.681	0.625	0.575	0.525	0.485	0.445	0.409	0.379	0.349
9	0.89	0.84	0.785	0.735	0.675	0.62	0.57	0.52	0.48	0.44	0.405	0.375	0.345
9.25	0.885	0.835	0.779	0.729	0.669	0.615	0.565	0.515	0.475	0.435	0.401	0.371	0.41
9.5	0.88	0.83	0.773	0.722	0.663	0.61	0.56	0.51	0.47	0.43	0.398	0.368	0.338
9.75	0.875	0.825	0.766	0.716	0.656	0.605	0.555	0.05	0.465	0.425	0.394	0.364	0.334
10.0	0.87	0.82	0.76	0.71	0.65	0.60	0.55	0.50	0.46	0.42	0.39	0.36	0.33
10.25	0.864	0.814	0.754	0.704	0.644	0.594	0.545	0.496	0.456	0.416	0.386	0.356	0.328
10.5	0.858	0.808	0.748	0.698	0.638	0.588	0.54	0.493	0.453	0.413	0.383	0.353	0.325
10.75	0.851	0.801	0.741	0.391	0.631	0.581	0.535	0.489	0.449	0.409	0.379	0.349	0.323
11.0	0.845	0.795	0.735	0.685	0.625	0.575	0.53	0.485	0.445	0.405	0.375	0.345	0.32
11.25	0.839	0.789	0.729	0.679	0.619	0.569	0.525	0.481	0.441	0.401	0.371	0.341	0.318
11.5	0.833	0.783	0.722	0.673	0.613	0.563	0.52	0.478	0.438	0.398	0.368	0.338	0.315
11.75	0.826	0.776	0.716	0.666	0.606	0.556	0.515	0.474	0.433	0.394	0.364	0.334	0.313
12	0.82	0.77	0.71	0.66	0.60	0.55	0.51	0.47	0.43	0.39	0.36	0.33	0.31
12.25	0.814	0.764	0.704	0.654	0.595	0.545	0.505	0.465	0.426	0.386	0.358	0.328	0.308
12.5	0.808	0.758	0.698	0.648	0.59	0.540	0.50	0.46	0.423	0.383	0.355	0.325	0.305
12.75	0.801	0.751	0.691	0.641	0.585	0.535	0.495	0.455	0.419	0.379	0.353	0.323	0.303
13	0.795	0.745	0.685	0.635	0.58	0.530	0.49	0.45	0.415	0.375	0.35	0.32	0.30
13.25	0.789	0.739	0.679	0.629	0.575	0.525	0.485	0.445	0.411	0.371	0.348	0.318	0.298
13.5	0.783	0.733	0.673	0.623	0.57	0.52	0.48	0.44	0.408	0.368	0.345	0.315	0.295
13.75	0.776	0.726	0.666	0.616	0.565	0.515	0.475	0.435	0.404	0.364	0.343	0.313	0.293
14	0.77	0.72	0.66	0.61	0.56	0.51	0.47	0.43	0.40	0.36	0.34	0.31	0.29
14.25	0.764	0.714	0.654	0.604	0.555	0.505	0.466	0.426	0.396	0.358	0.336	0.308	0.288
14.5	0.758	0.708	0.648	0.598	0.55	0.50	0.463	0.423	0.393	0.355	0.333	0.305	0.285

续表

β	$\frac{e}{h}$或$\frac{e}{h_T}$												
	0	0.025	0.05	0.075	0.10	0.125	0.15	0.175	0.20	0.225	0.25	0.275	0.30
14.75	0.751	0.701	0.641	0.591	0.545	0.495	0.459	0.419	0.389	0.353	0.329	0.303	0.283
15	0.745	0.695	0.635	0.585	0.54	0.49	0.455	0.415	0.385	0.35	0.325	0.30	0.28
15.25	0.739	0.689	0.629	0.579	0.535	0.485	0.451	0.411	0.381	0.348	0.321	0.298	0.278
15.5	0.733	0.683	0.623	0.573	0.53	0.48	0.448	0.408	0.377	0.345	0.318	0.295	0.275
15.75	0.726	0.676	0.616	0.566	0.525	0.475	0.444	0.404	0.374	0.343	0.314	0.293	0.273
16	0.72	0.67	0.61	0.56	0.52	0.47	0.44	0.40	0.37	0.34	0.31	0.29	0.27
16.25	0.714	0.664	0.605	0.555	0.515	0.466	0.435	0.396	0.366	0.336	0.308	0.288	0.268
16.5	0.708	0.658	0.6	0.55	0.51	0.463	0.43	0.393	0.363	0.333	0.305	0.285	0.265
16.75	0.701	0.651	0.595	0.545	0.505	0.459	0.425	0.389	0.359	0.329	0.303	0.283	0.263
17	0.695	0.645	0.59	0.54	0.50	0.455	0.42	0.385	0.355	0.325	0.30	0.28	0.26
17.25	0.389	0.639	0.585	0.535	0.495	0.451	0.415	0.381	0.351	0.321	0.298	0.278	0.258
17.5	0.683	0.633	0.58	0.53	0.49	0.448	0.41	0.378	0.348	0.318	0.295	0.275	0.255
17.75	0.676	0.626	0.575	0.525	0.485	0.444	0.405	0.374	0.344	0.314	0.293	0.273	0.253
18	0.67	0.62	0.57	0.52	0.48	0.44	0.40	0.37	0.34	0.31	0.29	0.27	0.25
18.25	0.664	0.614	0.565	0.515	0.475	0.435	0.396	0.366	0.338	0.308	0.288	0.268	0.248
18.5	0.658	0.608	0.56	0.51	0.47	0.43	0.393	0.363	0.335	0.305	0.285	0.265	0.245
18.75	0.651	0.601	0.555	0.505	0.465	0.425	0.389	0.359	0.333	0.303	0.283	0.263	0.243
19	0.645	0.595	0.55	0.50	0.46	0.42	0.385	0.355	0.33	0.30	0.28	0.26	0.24
19.25	0.639	0.589	0.545	0.495	0.455	0.415	0.381	0.351	0.328	0.298	0.278	0.258	0.238
19.5	0.633	0.583	0.54	0.49	0.450	0.41	0.378	0.348	0.325	0.295	0.275	0.255	0.235
19.75	0.626	0.576	0.535	0.485	0.445	0.405	0.374	0.344	0.323	0.293	0.273	0.253	0.233
20	0.62	0.57	0.53	0.48	0.44	0.40	0.37	0.34	0.32	0.29	0.27	0.25	0.23
20.25	0.615	0.565	0.525	0.476	0.436	0.398	0.368	0.338	0.318	0.288	0.268	0.249	0.229
20.5	0.61	0.56	0.52	0.473	0.433	0.395	0.365	0.335	0.315	0.285	0.265	0.248	0.228
20.75	0.605	0.555	0.515	0.469	0.429	0.393	0.363	0.333	0.313	0.283	0.263	0.246	0.226
21	0.60	0.55	0.51	0.465	0.425	0.390	0.36	0.33	0.31	0.28	0.26	0.245	0.225
21.25	0.595	0.545	0.505	0.461	0.421	0.388	0.358	0.328	0.308	0.278	0.258	0.244	0.224
21.5	0.59	0.54	0.50	0.458	0.418	0.385	0.355	0.325	0.305	0.275	0.255	0.243	0.223
21.75	0.585	0.535	0.495	0.454	0.414	0.383	0.353	0.323	0.303	0.273	0.253	0.241	0.221
22	0.58	0.53	0.49	0.45	0.41	0.38	0.35	0.32	0.30	0.27	0.25	0.24	0.22
22.25	0.575	0.525	0.485	0.445	0.406	0.376	0.346	0.318	0.298	0.269	0.249	0.238	0.219
22.5	0.57	0.52	0.48	0.44	0.403	0.373	0.343	0.315	0.295	0.268	0.248	0.235	0.218
22.75	0.565	0.515	0.475	0.435	0.399	0.369	0.339	0.313	0.293	0.266	0.246	0.233	0.216
23	0.56	0.51	0.47	0.43	0.395	0.365	0.335	0.31	0.29	0.265	0.245	0.23	0.215
23.25	0.555	0.505	0.465	0.425	0.391	0.361	0.331	0.308	0.288	0.264	0.244	0.228	0.214

续表

β	$\frac{e}{h}$或$\frac{e}{h_T}$												
	0	0.025	0.05	0.075	0.10	0.125	0.15	0.175	0.20	0.225	0.25	0.275	0.30
23.5	0.55	0.50	0.46	0.42	0.388	0.358	0.328	0.305	0.285	0.263	0.243	0.225	0.213
23.75	0.545	0.495	0.455	0.415	0.384	0.354	0.324	0.303	0.283	0.261	0.241	0.223	0.211
24	0.54	0.49	0.45	0.41	0.38	0.35	0.32	0.30	0.28	0.26	0.24	0.22	0.21
24.25	0.535	0.486	0.446	0.406	0.376	0.348	0.318	0.298	0.278	0.258	0.238	0.219	0.208
24.5	0.53	0.483	0.443	0.403	0.373	0.345	0.315	0.295	0.275	0.255	0.235	0.218	0.205
24.75	0.525	0.479	0.439	0.399	0.369	0.343	0.313	0.293	0.273	0.253	0.233	0.216	0.203
25	0.52	0.479	0.435	0.395	0.365	0.34	0.31	0.29	0.27	0.25	0.23	0.215	0.20
25.25	0.515	0.471	0.431	0.391	0.361	0.338	0.308	0.288	0.268	0.248	0.228	0.214	0.198
25.5	0.51	0.468	0.428	0.388	0.358	0.335	0.305	0.285	0.265	0.245	0.225	0.213	0.195
25.75	0.505	0.464	0.424	0.384	0.354	0.333	0.303	0.283	0.263	0.243	0.223	0.211	0.193
26	0.50	0.46	0.42	0.38	0.35	0.33	0.30	0.28	0.26	0.24	0.22	0.21	0.19
26.25	0.495	0.455	0.416	0.378	0.348	0.326	0.298	0.278	0.258	0.238	0.219	0.208	0.189
26.5	0.49	0.45	0.413	0.375	0.345	0.323	0.295	0.275	0.255	0.235	0.218	0.205	0.188
26.75	0.485	0.445	0.409	0.372	0.343	0.319	0.293	0.273	0.253	0.233	0.216	0.203	0.186
27	0.48	0.44	0.405	0.37	0.34	0.315	0.29	0.27	0.25	0.23	0.215	0.20	0.185
27.25	0.475	0.435	0.401	0.368	0.338	0.311	0.288	0.268	0.248	0.228	0.214	0.198	0.184
27.5	0.47	0.43	0.398	0.365	0.335	0.308	0.285	0.265	0.245	0.225	0.213	0.195	0.183
27.25	0.465	0.425	0.394	0.363	0.333	0.304	0.283	0.263	0.243	0.223	0.211	0.193	0.181
28.0	0.46	0.42	0.39	0.36	0.33	0.30	0.28	0.26	0.24	0.22	0.21	0.19	0.18
28.25	0.455	0.416	0.386	0.356	0.328	0.298	0.278	0.258	0.238	0.219	0.209	0.189	0.179
28.5	0.45	0.413	0.383	0.353	0.325	0.295	0.275	0.255	0.235	0.218	0.208	0.188	0.178
28.75	0.445	0.409	0.379	0.349	0.323	0.293	0.273	0.253	0.233	0.216	0.206	0.186	0.176
29.0	0.44	0.405	0.375	0.345	0.32	0.29	0.27	0.25	0.23	0.215	0.205	0.185	0.175
29.25	0.435	0.401	0.371	0.341	0.318	0.288	0.268	0.248	0.228	0.214	0.204	0.184	0.174
29.5	0.43	0.398	0.368	0.338	0.315	0.285	0.265	0.245	0.225	0.213	0.203	0.183	0.173
29.75	0.425	0.394	0.364	0.334	0.313	0.283	0.263	0.243	0.223	0.211	0.201	0.181	0.171
30.0	0.42	0.39	0.36	0.33	0.31	0.28	0.26	0.24	0.22	0.21	0.20	0.18	0.17

2.2.24 T形截面普通砖墙柱承载力 N 值选用表（b_f=1000mm 砖强度 MU10 砂浆强度 M2.5）

表 2-24　　T形截面普通砖墙柱承载力 N 值（kN）选用表

（b_f=1000mm　砖强度 MU10　砂浆强度 M2.5）

柱厚 h/mm	折算厚度 h_t/mm	柱宽 b/mm	计算高度 H_0/m	e/h_T												
				0	0.025	0.05	0.075	0.10	0.125	0.15	0.175	0.20	0.225	0.25	0.275	0.30
490	444	370	3.0	493	467	439	408	378	349	321	294	270	247	227	209	192
			3.3	484	457	428	398	368	339	311	286	262	240	220	203	186
			3.6	475	448	418	387	358	329	302	277	254	233	214	197	181
			3.9	466	437	407	377	348	319	293	269	247	226	207	191	176
			4.2	456	427	397	366	338	310	284	261	239	219	202	185	171
			4.5	446	416	386	356	328	301	276	253	232	213	196	180	166
			4.8	436	406	376	346	318	292	268	246	225	207	190	175	162
			5.1	426	395	365	336	309	283	260	238	219	201	185	170	157
			5.4	415	385	355	327	300	275	252	231	212	195	176	165	153
			5.7	405	374	345	17	291	267	245	224	206	190	175	161	149
			6.0	394	364	335	308	282	259	237	218	200	184	170	157	145
490	458	490	3.0	512	487	457	426	395	364	335	307	82	259	237	217	200
			3.3	504	477	447	415	385	354	326	299	274	251	231	211	195
			3.6	496	467	437	405	374	345	316	290	266	244	224	206	189
			3.9	486	457	426	395	364	335	307	282	258	237	217	200	184
			4.2	477	447	415	384	354	325	298	273	251	230	211	195	179
			4.5	467	436	405	374	344	316	289	265	244	224	205	189	174
			4.8	456	425	394	364	334	307	281	258	236	217	200	184	170
			5.1	446	415	384	353	324	298	273	250	230	211	194	179	165
			5.4	435	404	373	343	316	289	265	243	223	205	188	174	161
			5.7	425	394	363	334	306	281	258	236	217	200	183	170	156
			6.0	414	383	353	324	298	273	250	230	211	194	178	165	152

柱厚 h/mm	折算厚度 h_t/mm	柱宽 b/mm	计算高度 H_0/m	e/h_T												
				0	0.025	0.05	0.075	0.10	0.125	0.15	0.175	0.20	0.225	0.25	0.275	0.30
620	559	370	3.0	568	42	513	481	447	413	381	349	321	294	269	247	227
			3.3	561	535	504	471	437	404	372	342	313	287	263	242	222
			3.6	554	526	495	462	428	395	363	333	306	280	257	236	217
			3.9	547	518	486	452	419	386	355	325	298	274	251	230	212
			4.2	539	509	477	443	410	377	346	318	291	267	245	225	207
			4.5	532	500	467	434	401	368	338	310	284	261	239	220	203
			4.8	523	491	458	424	392	360	330	303	278	254	234	215	198
			5.1	515	482	449	415	382	351	322	295	271	248	229	210	194
			5.4	506	473	439	406	373	343	315	289	265	243	223	205	189
			5.7	497	464	430	397	365	335	307	281	259	237	218	201	185
			6.0	488	454	420	388	357	327	300	275	252	232	213	196	181
620	584	490	3.0	607	581	550	516	480	444	409	376	345	316	290	266	245
			3.3	601	573	541	506	470	435	400	368	337	309	284	260	239
			3.6	594	565	532	497	460	425	391	359	329	302	277	254	234
			3.9	587	557	523	487	452	416	382	351	322	295	271	249	229
			4.2	580	548	514	478	442	407	375	343	315	289	265	243	224
			4.5	571	539	504	468	432	398	366	336	307	282	259	238	219
			4.8	563	530	494	459	423	389	357	328	300	275	253	233	214
			5.1	555	521	485	449	414	380	349	320	294	270	247	227	210
			5.4	546	511	475	440	405	372	341	313	287	263	242	222	205
			5.7	537	502	466	430	396	364	334	306	281	258	236	218	201
			6.0	528	492	457	421	387	355	326	299	274	252	231	213	197
620	602	620	3.0	649	622	589	553	515	477	439	4047	370	339	311	285	262
			3.3	643	614	580	543	505	466	429	395	362	332	305	279	257
			3.6	636	606	571	533	495	457	421	386	354	325	298	273	251
			3.9	629	597	561	524	485	447	412	378	346	318	292	268	246
			4.2	621	588	552	513	475	438	403	369	339	311	285	262	240
			4.5	613	579	542	504	466	429	394	361	331	304	279	256	236
			4.8	605	569	532	494	456	419	385	353	324	297	273	251	231
			5.1	596	560	522	484	447	410	377	346	317	291	267	245	226
			5.4	587	550	512	474	437	401	369	338	310	284	261	240	221
			5.7	578	541	503	464	427	393	361	331	303	278	255	235	217
			6.0	569	531	493	455	419	384	352	323	296	272	250	230	212

2.2.25 T 形截面普通砖墙柱承载力 N 值选用表（一）（b_f＝1200mm 砖强度 MU10 砂浆强度 M2.5）

表 2-25　　T 形截面普通砖墙柱承载力 N 值（kN）选用表（一）

（b_f＝1200mm　砖强度 MU10　砂浆强度 M2.5）

柱厚 h /mm	折算厚度 h_t /mm	柱宽 b /mm	计算高度 H_0 /m	e/h_T												
				0	0.025	0.05	0.075	0.10	0.125	0.15	0.175	0.20	0.225	0.25	0.275	0.30
370	305	240	3.0	347	324	301	278	256	235	215	197	181	166	153	141	129
			3.3	336	312	289	266	245	225	206	189	173	159	146	135	124
			3.6	324	300	278	256	234	215	197	181	166	153	140	129	119
			3.9	312	289	266	245	224	206	189	173	159	146	135	124	115
			4.2	300	277	255	234	215	197	180	166	152	140	129	119	110
			4.5	288	266	244	224	205	188	173	159	146	134	124	114	106
			4.8	277	255	234	214	197	180	165	152	140	129	119	110	102
			5.1	265	244	224	205	188	173	158	146	134	124	114	106	98
			5.4	254	234	214	196	180	165	152	140	129	119	110	102	95
			5.7	243	224	205	188	173	158	146	134	124	114	106	98	91
			6.0	233	214	196	180	165	152	140	129	119	110	102	95	88
370	322	370	3.0	372	348	323	299	276	253	232	213	195	179	165	151	139
			3.3	360	336	311	287	264	243	223	204	187	172	158	145	134
			3.6	349	324	300	276	254	233	214	196	180	165	152	140	129
			3.9	337	312	288	265	244	223	205	188	173	159	146	135	124
			4.2	325	301	277	255	234	214	197	180	166	152	140	129	120
			4.5	314	289	266	244	224	205	188	173	159	146	135	124	115
			4.8	302	278	256	235	215	197	181	166	153	141	130	120	111
			5.1	290	267	245	225	206	189	173	159	147	135	125	116	107
			5.4	279	256	235	216	198	181	166	153	141	130	120	111	103
			5.7	268	246	225	207	190	174	160	147	136	125	116	107	100
			6.0	257	236	216	198	182	167	154	142	131	121	112	103	96

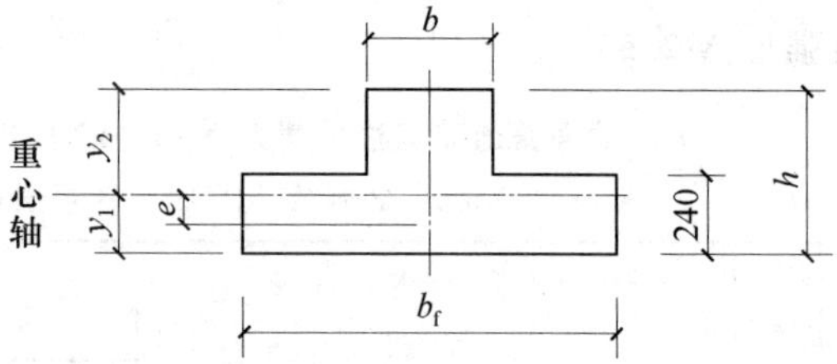

柱厚 h /mm	折算厚度 h_t /mm	柱宽 b /mm	计算高度 H_0 /m	e/h_T												
				0	0.025	0.05	0.075	0.10	0.125	0.15	0.175	0.20	0.225	0.25	0.275	0.30
370	336	490	3.0	394	369	344	318	293	269	247	227	208	191	175	161	148
			3.3	383	357	332	306	382	359	238	218	200	183	168	155	143
			3.6	71	346	320	295	271	249	228	209	192	176	162	149	138
			3.9	359	334	309	284	261	239	219	201	185	170	156	144	133
			4.2	347	322	297	273	251	230	211	193	177	163	150	138	128
			4.5	336	310	286	262	241	221	203	186	170	157	144	133	123
			4.8	324	299	275	252	231	212	194	179	164	151	139	129	119
			5.1	312	288	264	242	222	204	187	172	158	145	134	125	115
			5.4	01	277	254	233	213	196	180	165	152	140	129	120	111
			5.7	289	266	244	224	205	188	173	159	146	135	125	116	107
			6.0	278	256	235	215	197	181	166	153	141	130	121	112	104
490	406	240	3.0	407	384	360	335	309	285	262	240	220	202	185	170	156
			3.3	399	375	351	325	300	276	253	232	213	195	180	165	152
			3.6	390	366	341	315	291	267	245	225	206	189	174	160	147
			3.9	381	356	331	306	282	259	237	218	199	183	168	155	142
			4.2	372	347	322	297	273	250	229	210	193	177	163	150	138
			4.5	362	337	312	287	264	242	222	204	187	171	158	145	134
			4.8	353	327	302	278	256	234	215	197	181	16	153	141	130
			5.1	343	318	293	270	247	227	208	190	175	161	148	137	126
			5.4	333	308	284	261	239	219	201	185	170	156	144	133	123
			5.7	324	299	275	252	232	212	194	179	164	151	139	128	119
			6.0	314	289	266	244	224	205	188	173	159	147	135	125	116
490	441	370	3.0	452	428	402	374	347	320	294	270	247	227	208	191	176
			3.3	444	419	392	365	337	311	285	262	240	220	202	185	171
			3.6	436	410	383	355	327	301	277	254	232	213	196	180	166
			3.9	427	401	373	345	318	292	269	246	226	207	190	175	161
			4.2	418	391	363	336	309	284	260	239	219	201	184	170	156
			4.5	409	381	354	326	300	276	253	231	212	195	179	165	152
			4.8	399	371	344	317	291	267	245	225	206	189	174	160	148
			5.1	389	362	334	308	282	259	237	218	200	184	169	156	144
			5.4	380	352	325	299	274	251	231	211	194	179	164	151	140
			5.7	370	342	316	290	266	244	224	205	188	173	160	147	136
			6.0	360	333	306	281	258	236	217	199	183	168	155	143	133

续表

柱厚 h /mm	折算厚度 h_t /mm	柱宽 b /mm	计算高度 H_0 /m	e/h_T												
				0	0.025	0.05	0.075	0.10	0.125	0.15	0.175	0.20	0.225	0.25	0.275	0.30
490	462	490	3.0	492	466	439	409	379	350	321	295	271	248	227	209	192
			3.3	484	457	429	399	369	340	312	287	263	241	221	203	187
			3.6	475	448	419	389	359	330	304	279	255	234	215	197	181
			3.9	466	438	409	379	350	321	295	271	248	227	209	192	177
			4.2	457	429	399	369	340	312	287	263	241	221	203	187	172
			4.5	448	418	389	359	330	303	278	255	234	215	197	181	167
			4.8	438	408	378	349	321	295	270	248	227	209	192	177	163
			5.1	429	399	369	339	312	286	263	241	221	203	187	172	159
			5.4	418	389	359	330	303	278	255	234	215	197	181	167	154
			5.7	408	378	349	321	295	270	248	227	209	192	177	163	151
			6.0	398	368	339	312	286	263	241	221	203	186	172	159	146
490	476	620	3.0	533	506	476	445	412	380	350	321	294	270	248	228	209
			3.3	525	497	466	434	401	370	340	312	286	263	241	221	203
			3.6	516	487	456	423	391	361	331	304	278	255	234	215	198
			3.9	507	477	445	413	381	351	322	295	271	248	228	209	193
			4.2	498	467	435	403	371	341	313	287	263	241	222	04	188
			4.5	488	456	424	392	361	332	304	279	256	234	215	198	183
			4.8	477	446	414	382	351	323	296	271	249	228	210	193	178
			5.1	468	435	403	372	342	313	287	264	242	222	204	188	173
			5.4	457	425	393	362	332	305	279	256	235	216	199	183	169
			5.7	447	414	382	352	323	296	272	249	229	210	194	179	165
			6.0	436	404	373	342	314	288	264	243	222	205	188	174	161
620	588	370	3.0	529	506	479	449	418	387	357	328	301	276	253	232	213
			3.3	523	499	471	441	410	379	349	320	294	270	247	227	208
			3.6	518	493	464	433	402	371	341	313	287	264	241	222	204
			3.9	512	485	456	425	393	363	334	306	281	257	236	217	200
			4.2	505	478	447	416	385	355	326	299	274	252	231	212	195
			4.5	498	470	440	408	377	347	319	293	268	246	226	207	191
			4.8	491	462	431	400	369	339	312	286	262	240	221	203	187
			5.1	484	454	423	392	361	332	305	279	256	235	216	198	183
			5.4	476	446	415	383	353	325	298	273	250	230	211	194	179
			5.7	468	438	406	376	346	318	291	267	245	225	206	190	175
			6.0	460	430	398	367	338	310	285	261	239	220	202	186	171

续表

柱厚 h /mm	折算厚度 h_t /mm	柱宽 b /mm	计算高度 H_0 /m	e/h_T												
				0	0.025	0.05	0.075	0.10	0.125	0.15	0.175	0.20	0.225	0.25	0.275	0.30
			3.0	588	563	533	501	466	432	398	366	336	308	282	259	238
			3.3	582	556	525	492	458	423	390	358	329	302	276	253	233
			3.6	576	549	517	483	449	414	382	350	321	295	270	248	228
			3.9	570	541	509	475	440	406	374	343	315	289	265	243	223
			4.2	563	533	500	466	432	398	366	335	308	282	259	237	218
620	613	490	4.5	556	525	492	458	423	390	358	328	301	276	253	233	214
			4.8	548	517	483	448	414	381	350	321	294	270	248	228	210
			5.1	541	509	474	440	406	373	343	314	288	264	242	223	205
			5.4	533	500	466	431	397	365	335	307	282	258	237	218	210
			5.7	525	491	457	422	389	358	328	301	276	253	233	214	197
			6.0	517	483	448	414	381	350	321	294	270	247	228	209	193

2.2.26 T形截面普通砖墙柱承载力N值选用表（二）（b_f=1200mm 砖强度MU10 砂浆强度M2.5）

表2-26 T形截面普通砖墙柱承载力N值（kN）选用表（二）

（b_f=1200mm 砖强度MU10 砂浆强度M2.5）

柱厚 h /mm	折算厚度 h_t /mm	柱宽 b /mm	计算高度 H_0 /m	e/h_T												
				0	0.025	0.05	0.075	0.10	0.125	0.15	0.175	0.20	0.225	0.25	0.275	0.30
			3.0	579	549	514	479	443	409	376	345	316	290	26	245	225
			3.3	568	537	502	466	431	397	365	335	307	281	258	237	218
			3.6	558	525	490	453	419	385	354	324	297	273	250	230	212
			3.9	546	512	477	441	406	373	343	314	288	264	243	224	206
			4.2	534	500	464	429	394	363	332	305	279	257	236	217	200
490	435	370	4.5	522	487	452	417	383	352	322	295	271	249	229	211	194
			4.8	510	474	439	404	372	341	313	286	263	241	222	205	189
			5.1	497	462	426	393	360	330	303	278	255	234	215	199	184
			5.4	485	449	414	380	349	320	294	269	248	227	210	193	179
			5.7	472	436	402	369	339	311	285	261	240	221	203	187	173
			6.0	459	424	390	358	328	301	276	253	233	215	198	182	169

续表

柱厚 h /mm	折算厚度 h_t /mm	柱宽 b /mm	计算高度 H_0 /m	e/h_T												
				0	0.025	0.05	0.075	0.10	0.125	0.15	0.175	0.20	0.225	0.25	0.275	0.30
490	448	490	3.0	599	568	534	497	460	424	390	358	328	301	277	254	234
			3.3	589	556	521	485	448	413	379	348	319	292	268	247	227
			3.6	578	545	509	481	435	401	368	337	309	384	260	239	220
			3.9	567	532	496	459	423	389	357	328	300	275	253	233	214
			4.2	555	520	483	447	411	378	347	318	292	267	246	226	208
			4.5	543	507	470	434	400	367	336	309	283	260	239	220	202
			4.8	531	494	458	422	388	356	326	300	275	252	232	213	197
			5.1	518	482	445	410	377	345	317	290	267	245	225	207	192
			5.4	505	469	433	398	366	335	307	282	259	238	219	202	186
			5.7	493	456	420	386	355	325	298	273	251	231	213	196	181
			6.0	480	444	409	375	345	316	290	266	244	224	207	191	177
620	543	370	3.0	656	627	592	554	515	476	438	403	369	338	311	285	262
			3.3	649	617	581	543	504	465	428	393	361	331	301	278	255
			3.6	640	608	571	532	493	454	418	383	352	322	296	272	250
			3.9	631	597	560	520	481	444	408	374	343	315	289	265	244
			4.2	622	587	548	509	470	433	398	365	335	307	282	259	238
			4.5	613	576	537	498	460	423	388	356	327	299	275	253	232
			4.8	602	565	526	487	449	413	379	348	318	292	268	246	228
			5.1	592	554	515	476	438	403	370	339	311	285	262	241	222
			5.4	581	543	504	465	428	393	361	331	303	278	255	235	217
			5.7	571	532	493	454	418	384	352	322	296	272	250	230	212
			6.0	560	520	481	444	408	374	343	315	289	265	244	225	207
620	568	490	3.0	697	666	630	590	549	508	468	430	394	362	332	304	279
			3.3	689	656	620	579	538	497	458	420	385	353	324	297	273
			3.6	681	647	609	568	526	486	447	410	3677	345	316	290	267
			3.9	672	327	597	556	515	475	437	401	368	337	309	284	261
			4.2	663	626	586	545	504	464	427	391	359	329	302	277	255
			4.5	653	616	575	534	493	454	416	382	350	321	295	271	249
			4.8	644	605	564	522	482	444	407	373	342	314	288	265	244
			5.1	634	594	553	511	472	433	397	365	335	307	282	259	239
			5.4	623	583	542	500	461	423	388	356	326	299	275	254	234
			5.7	612	572	530	489	450	413	380	348	319	293	269	248	229
			6.0	601	560	519	478	440	404	371	340	312	286	263	242	223

柱厚 h /mm	折算厚度 h_t /mm	柱宽 b /mm	计算高度 H_0 /m	e/h_T (截面图：b、b_f、h、370、y_1、y_2、e、重心轴)												
				0	0.025	0.05	0.075	0.10	0.125	0.15	0.175	0.20	0.225	0.25	0.275	0.30
			3.0	739	707	670	628	584	541	499	458	421	386	354	324	298
			3.3	731	698	659	617	573	530	488	448	411	377	345	317	292
			3.6	724	589	648	605	562	518	477	438	401	369	337	310	285
			3.9	715	678	637	594	550	507	467	428	393	360	330	303	279
			4.2	706	668	626	582	538	496	456	418	383	352	323	296	273
620	588	620	4.5	696	657	615	570	527	485	446	409	375	344	316	290	267
			4.8	686	646	603	559	516	475	436	400	366	336	309	284	261
			5.1	676	635	591	548	505	464	426	390	358	329	302	277	256
			5.4	665	623	580	536	494	454	417	382	350	321	295	271	250
			5.7	654	612	568	525	483	444	407	373	342	314	288	266	245
			6.0	643	601	556	514	472	434	397	364	334	307	281	261	240

2.2.27 T形截面普通砖墙柱承载力N值选用表（一）（b_f＝1400mm 砖强度MU10 砂浆强度M2.5）

表2-27 T形截面普通砖墙柱承载力N值（kN）选用表（一）

（b_f＝1400mm 砖强度MU10 砂浆强度M2.5）

柱厚 h /mm	折算厚度 h_T /mm	柱宽 b /mm	计算高度 H_0 /m	e/h_T (截面图：b、b_f、h、240、y_1、y_2、e、重心轴)												
				0	0.025	0.05	0.075	0.10	0.125	0.15	0.175	0.20	0.225	0.25	0.275	0.30
			3.0	396	370	343	316	291	267	245	225	206	189	174	160	147
			3.3	383	356	329	303	279	256	234	215	197	181	167	153	142
			3.6	369	342	316	290	266	244	224	206	189	173	159	147	136
			3.9	355	328	302	278	255	233	214	197	180	166	153	141	130
			4.2	341	315	289	265	243	223	205	188	173	159	147	136	126
370	298	240	4.5	327	301	277	254	233	213	196	180	166	152	141	130	120
			4.8	314	288	265	243	22	204	188	172	158	146	135	125	116
			5.1	300	276	253	232	213	195	179	165	152	140	130	120	111
			5.4	287	264	242	222	203	187	172	158	146	135	125	115	107
			5.7	275	252	231	212	195	179	164	151	140	129	120	111	103
			6.0	263	241	221	203	186	171	158	145	134	124	115	107	99

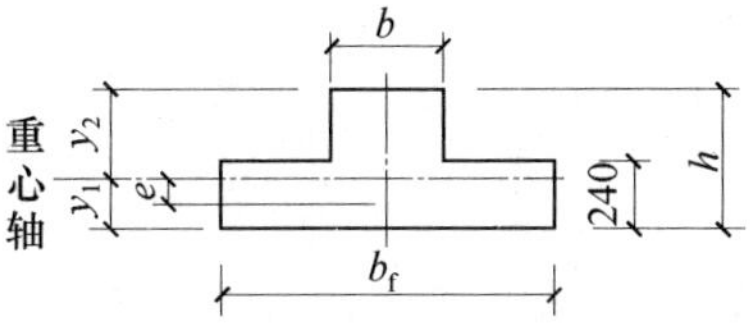

续表

柱厚 h /mm	折算厚度 h_T /mm	柱宽 b /mm	计算高度 H_0 /m	e/h_T												
				0	0.025	0.05	0.075	0.10	0.125	0.15	0.175	0.20	0.225	0.25	0.275	0.30
370	315	370	3.0	422	394	367	339	312	287	263	241	221	203	186	171	158
			3.3	409	381	353	326	299	275	252	231	212	195	179	165	152
			3.6	395	367	340	313	287	363	241	221	203	187	172	158	146
			3.9	381	354	326	300	275	352	231	212	195	179	165	152	140
			4.2	368	340	313	288	264	242	222	203	187	172	158	146	135
			4.5	354	327	300	276	253	232	212	195	179	165	152	141	130
			4.8	340	313	288	264	242	222	204	187	172	159	146	135	125
			5.1	327	301	276	253	232	213	195	180	165	152	141	130	121
			5.4	314	288	264	242	222	204	187	172	159	146	135	125	116
			5.7	301	276	253	232	213	196	180	165	153	141	130	121	112
			6.0	289	265	243	223	204	188	173	159	147	136	126	116	108
370	329	490	3.0	445	417	388	359	330	303	279	256	234	215	197	181	167
			3.3	432	403	374	345	318	292	268	245	225	206	190	175	161
			3.6	418	389	360	332	305	280	257	235	216	199	182	168	155
			3.9	405	376	347	319	293	269	246	226	207	191	176	162	149
			4.2	391	362	334	307	282	258	236	217	200	183	169	156	144
			4.5	377	349	321	295	270	248	227	208	192	176	163	150	139
			4.8	364	335	308	283	259	238	218	200	184	169	156	144	134
			5.1	350	322	296	272	249	228	209	192	177	163	151	139	129
			5.4	337	310	284	261	239	219	201	185	170	157	145	135	125
			5.7	324	298	273	250	230	210	193	178	164	151	140	130	121
			6.0	311	286	262	240	220	202	186	171	158	146	135	125	116
490	392	240	3.0	460	434	406	377	349	321	294	270	248	227	209	192	176
			3.3	450	423	394	366	337	310	285	261	239	220	202	185	170
			3.6	440	412	383	354	326	300	275	252	231	212	195	179	165
			3.9	429	401	372	243	316	290	266	244	223	205	188	174	160
			4.2	418	389	360	332	305	280	257	236	216	198	182	168	155
			4.5	407	378	349	321	295	271	248	228	209	192	177	163	150
			4.8	395	367	338	311	285	262	240	220	202	186	171	158	146
			5.1	384	355	327	301	276	253	224	205	189	174	160	148	137
			5.4	372	344	317	290	267	245	224	205	189	174	160	148	137
			5.7	361	333	306	281	257	236	217	199	183	168	155	144	133
			6.0	350	322	296	271	249	228	210	193	177	163	150	139	129

续表

柱厚 h /mm	折算厚度 h_T /mm	柱宽 b /mm	计算高度 H_0 /m	重心轴 b y_2 y_1 e 240 h b_f												
				e/h_T												
				0	0.025	0.05	0.075	0.10	0.125	0.15	0.175	0.20	0.225	0.25	0.275	0.30
490	431	370	3.0	507	480	450	420	388	358	329	301	276	254	233	213	197
			3.3	498	470	439	408	377	347	319	293	268	246	226	207	191
			3.6	488	459	428	397	366	337	309	284	260	238	219	201	185
			3.9	478	448	417	386	355	326	300	275	252	231	212	195	180
			4.2	467	437	406	374	345	316	290	266	244	224	206	189	174
			4.5	457	426	394	364	334	307	281	258	237	217	200	184	169
			4.8	446	415	383	353	324	298	273	250	230	211	194	179	165
			5.1	435	403	372	343	315	289	265	242	223	204	188	173	160
			5.4	423	392	362	332	305	280	256	235	216	198	183	169	156
			5.7	412	381	351	322	296	271	249	228	210	193	178	164	152
			6.0	401	370	340	313	286	262	241	221	203	187	172	159	147
490	452	490	3.0	547	519	488	454	421	388	357	327	301	275	253	232	213
			3.3	538	509	476	443	410	377	346	318	292	267	245	225	208
			3.6	528	498	465	431	398	367	336	309	283	259	238	219	202
			3.9	518	486	453	420	387	356	327	299	275	252	231	213	196
			4.2	507	475	442	408	376	346	317	291	267	244	225	207	190
			4.5	497	464	430	397	365	336	308	282	259	238	218	201	185
			4.8	485	452	419	386	355	326	299	274	252	231	212	196	180
			5.1	175	441	408	375	345	317	290	266	244	224	206	190	175
			5.4	463	429	396	365	335	307	281	258	237	218	200	185	171
			5.7	451	418	385	354	325	298	273	251	230	212	195	180	167
			6.0	440	407	374	344	315	289	265	243	224	206	190	175	162
490	469	620	3.0	589	560	526	491	455	420	386	354	325	298	273	251	231
			3.3	580	549	515	479	443	409	375	345	316	390	266	244	224
			3.6	570	538	503	467	432	397	365	336	307	282	259	238	218
			3.9	560	527	491	455	420	386	355	326	298	274	251	231	213
			4.2	549	515	480	444	409	376	345	316	290	266	245	225	207
			4.5	538	503	476	432	398	365	335	307	282	259	238	218	201
			4.8	527	492	456	421	387	355	326	299	274	252	231	213	196
			5.1	515	480	444	409	376	345	317	290	266	245	225	207	191
			5.4	504	468	432	398	366	335	308	282	259	238	218	202	186
			5.7	492	456	421	387	356	326	299	274	252	231	213	196	181
			6.0	480	444	409	376	345	317	291	266	245	225	207	191	177

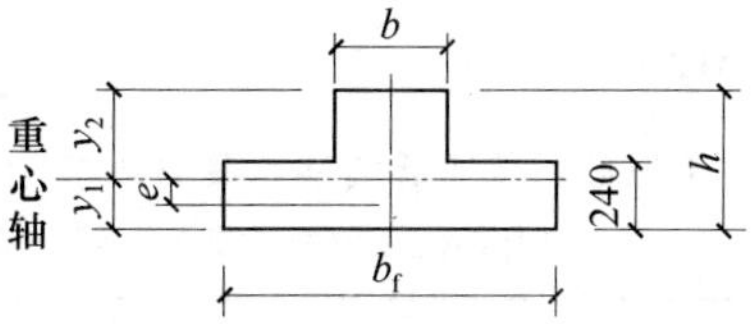

续表

柱厚 h /mm	折算厚度 h_T /mm	柱宽 b /mm	计算高度 H_0 /m	e/h_T												
				0	0.025	0.05	0.075	0.10	0.125	0.15	0.175	0.20	0.225	0.25	0.275	0.30
620	574	370	3.0	587	561	530	498	463	428	394	363	333	305	280	257	236
			3.3	580	553	522	488	454	419	385	354	325	298	273	250	231
			3.6	574	545	513	479	444	410	377	346	317	291	267	245	225
			3.9	566	537	504	469	434	401	368	338	310	285	261	239	220
			4.2	559	528	495	460	425	392	260	330	303	278	255	234	215
			4.5	551	519	485	451	416	383	352	323	296	271	249	229	211
			4.8	543	510	476	441	407	374	344	315	289	265	244	224	206
			5.1	534	501	467	432	398	366	336	308	282	259	238	219	201
			5.4	526	492	457	423	398	358	328	301	276	253	232	214	197
			5.7	517	483	448	413	381	350	320	294	270	247	228	209	193
			6.0	508	473	438	405	372	342	313	287	263	242	222	205	188
620	602	490	3.0	646	619	586	550	512	474	437	401	368	338	310	284	261
			3.3	640	610	577	540	502	464	427	393	360	330	303	278	255
			3.6	633	602	568	530	492	454	418	384	353	323	296	272	250
			3.9	625	594	558	521	482	445	410	376	344	316	290	266	245
			4.2	618	585	549	511	473	436	401	367	337	309	283	260	239
			4.5	610	576	539	501	463	427	392	359	329	302	277	255	234
			4.8	602	566	529	491	454	417	383	351	322	297	271	249	230
			5.1	593	557	520	481	444	408	375	344	315	291	266	244	225
			5.4	584	547	509	471	435	399	367	336	308	284	260	239	220
			5.7	574	538	500	462	425	391	359	329	302	276	254	234	215
			6.0	566	528	490	452	416	382	350	321	295	270	249	229	211
620	616	620	3.0	708	679	644	604	563	521	480	442	405	372	341	312	287
			3.3	702	671	634	594	552	511	471	432	396	364	333	306	281
			3.6	695	662	624	584	542	500	461	423	388	356	326	300	275
			3.9	687	653	614	573	532	490	451	414	380	348	319	293	269
			4.2	679	644	604	563	521	480	442	405	372	341	312	287	264
			4.5	671	634	594	552	511	471	432	396	364	333	306	281	258
			4.8	662	624	584	541	500	460	423	388	355	326	300	275	253
			5.1	653	614	572	531	490	451	414	379	348	319	293	269	248
			5.4	643	604	562	520	480	441	405	371	341	312	287	264	243
			5.7	633	593	552	510	470	432	396	364	333	306	281	258	237
			6.0	624	583	541	500	460	422	387	355	326	299	275	253	233

2.2.28 T形截面普通砖墙柱承载力 N 值选用表（二）（$b_f=1400mm$ 砖强度MU10 砂浆强度M2.5）

表2-28 T形截面普通砖墙柱承载力 N 值（kN）选用表（二）

（b_f=1400mm 砖强度MU10 砂浆强度M2.5）

柱厚 h /mm	折算厚度 h_T /mm	柱宽 b /mm	计算高度 H_0 /m	e/h_T												
				0	0.025	0.05	0.075	0.10	0.125	0.15	0.175	0.20	0.225	0.25	0.275	0.30
490	428	370	3.0	665	630	590	549	508	469	431	395	362	332	305	280	258
			3.3	652	616	576	535	494	455	418	383	351	322	296	271	250
			3.6	640	601	561	520	479	441	405	371	340	312	287	263	242
			3.9	626	587	546	505	465	428	392	360	330	303	278	255	236
			4.2	612	572	531	490	451	415	380	348	320	293	269	248	228
			4.5	598	557	516	476	437	402	369	338	310	285	262	241	222
			4.8	584	542	502	462	426	389	357	328	301	276	254	234	216
			5.1	568	527	487	448	411	377	346	318	291	268	247	227	210
			5.4	554	513	473	435	399	366	335	307	282	260	239	220	204
			5.7	539	498	459	421	386	354	325	299	274	252	232	214	198
			6.0	524	484	445	408	375	343	315	289	266	244	225	209	193
490	441	490	3.0	686	650	610	568	526	485	446	409	375	344	316	290	266
			3.3	674	636	595	553	512	471	433	397	364	334	306	281	259
			3.6	661	622	581	539	497	457	419	385	353	323	297	273	251
			3.9	647	608	566	524	482	443	407	374	342	314	288	265	244
			4.2	634	593	551	509	469	431	395	362	332	305	280	257	237
			4.5	620	578	536	494	455	418	383	351	322	296	272	250	230
			4.8	605	563	521	481	442	405	371	341	313	287	264	243	224
			5.1	590	548	507	467	428	393	360	331	303	278	257	236	218
			5.4	576	534	493	453	416	381	350	320	294	271	249	230	212
			5.7	561	519	479	440	404	370	339	311	286	263	242	224	206
			6.0	546	505	464	427	392	359	329	302	278	255	236	217	201
620	529	370	3.0	745	711	670	627	583	538	496	455	418	383	351	323	296
			3.3	735	699	658	615	569	626	484	444	407	373	342	315	289
			3.6	726	688	646	601	557	513	472	433	397	364	334	307	282
			3.9	715	676	633	588	544	501	460	423	387	355	326	299	275
			4.2	704	663	619	575	531	488	449	411	377	346	318	292	269
			4.5	692	650	607	562	519	476	438	401	368	338	310	285	262
			4.8	680	638	593	549	506	465	426	392	359	329	303	278	256
			5.1	669	625	580	536	494	453	416	381	349	321	295	272	250
			5.4	656	612	568	523	482	442	406	372	341	313	288	265	244
			5.7	643	599	554	511	470	431	396	362	333	305	281	259	238
			6.0	630	586	542	499	458	420	385	353	324	298	274	253	233

续表

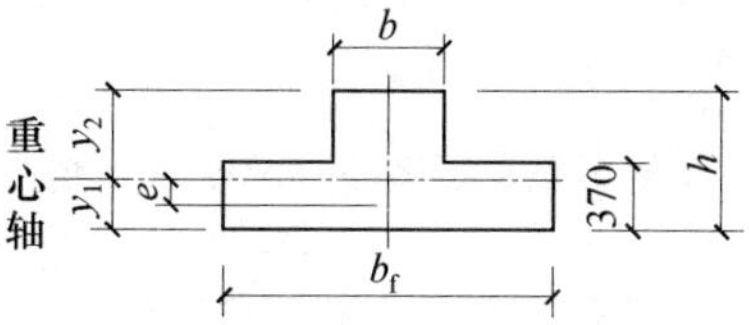

柱厚 h /mm	折算厚度 h_T /mm	柱宽 b /mm	计算高度 H_0 /m	e/h_T												
				0	0.025	0.05	0.075	0.10	0.125	0.15	0.175	0.20	0.225	0.25	0.275	0.30
620	554	490	3.0	786	751	709	664	617	571	526	483	443	407	373	342	314
			3.3	776	740	697	651	604	558	514	472	432	397	364	334	307
			3.6	767	728	684	638	592	546	502	461	422	388	355	326	300
			3.9	756	716	671	625	578	533	490	450	412	378	347	318	293
			4.2	746	704	659	612	566	521	478	439	403	369	338	311	286
			4.5	735	691	646	599	553	508	467	428	393	360	331	304	280
			4.8	723	679	632	586	540	497	456	418	383	352	323	297	273
			5.1	711	666	620	573	528	485	445	408	374	343	315	290	268
			5.4	699	653	607	560	516	473	434	398	365	335	308	283	261
			5.7	686	640	593	547	503	462	424	388	357	328	301	277	255
			6.0	673	627	581	535	492	452	414	379	348	320	294	271	250
620	575	620	3.0	829	793	750	703	654	605	558	512	470	431	395	363	333
			3.3	820	782	738	690	641	592	545	501	459	421	386	355	326
			3.6	811	770	725	677	628	579	532	489	448	412	377	346	318
			3.9	800	759	712	664	615	566	521	478	438	402	369	338	311
			4.2	790	747	699	650	601	554	509	467	428	392	360	331	304
			4.5	778	734	686	636	588	541	497	456	419	384	352	323	298
			4.8	767	721	673	623	575	529	486	446	409	375	344	316	291
			5.1	755	708	659	610	563	517	475	435	399	366	336	309	285
			5.4	743	695	646	597	550	505	464	426	390	358	328	302	279
			5.7	730	682	633	585	538	494	453	415	381	349	321	296	272
			6.0	718	669	620	572	526	482	441	405	372	342	314	289	267

2.2.29 T形截面普通砖墙柱承载力 N 值选用表（一）（b_f＝1600mm 砖强度MU10 砂浆强度 M2.5）

表 2－29　T形截面普通砖墙柱承载力 N 值（kN）选用表（一）

（b_f＝1600mm　砖强度 MU10　砂浆强度 M2.5）

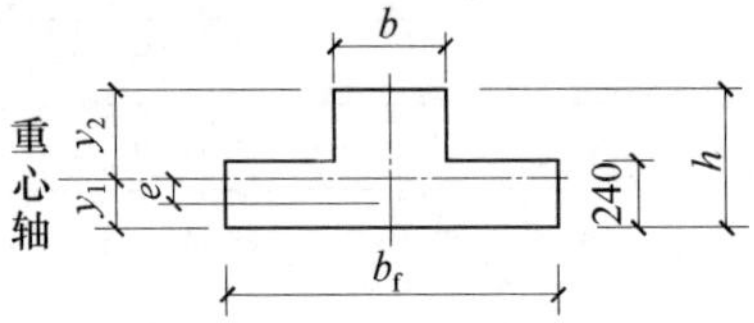

柱厚 h /mm	折算厚度 h_T /mm	柱宽 b /mm	计算高度 H_0 /m	e/h_T												
				0	0.025	0.05	0.075	0.10	0.125	0.15	0.175	0.20	0.225	0.25	0.275	0.30
370	291	240	3.0	444	415	384	355	326	299	274	252	231	212	195	179	165
			3.3	429	398	368	339	311	286	262	240	220	202	186	172	158
			3.6	412	382	253	324	297	273	250	229	211	194	178	165	152
			3.9	396	367	337	310	284	261	239	219	201	185	171	158	146
			4.2	380	351	322	296	272	249	228	209	193	178	164	151	140
			4.5	364	335	308	282	259	238	218	200	184	170	157	145	134
			4.8	349	321	294	270	247	227	208	192	177	163	150	139	129
			5.1	334	306	281	258	236	217	199	184	169	156	144	134	124
			5.4	319	293	268	246	226	207	191	175	162	150	138	129	119
			5.7	304	280	256	235	215	198	182	168	155	144	133	124	115
			6.0	291	267	245	225	206	189	174	161	149	138	128	119	111
370	308	370	3.0	471	440	409	378	348	319	293	269	246	226	208	191	176
			3.3	456	425	393	362	333	306	280	257	236	216	199	183	169
			3.6	440	409	378	348	319	293	269	246	226	207	191	176	162
			3.9	425	393	362	333	306	280	257	236	216	199	183	169	156
			4.2	408	378	347	319	293	269	246	226	207	191	176	162	150
			4.5	393	362	333	306	280	257	235	216	199	183	169	156	144
			4.8	378	347	319	293	268	246	226	207	191	176	162	150	139
			5.1	362	333	305	280	257	235	216	199	183	169	156	144	134
			5.4	347	319	292	268	246	226	207	290	176	162	150	139	129
			5.7	333	305	280	257	235	216	199	183	169	156	144	134	124
			6.0	319	292	268	246	225	207	190	176	162	150	139	129	120
370	322	490	3.0	495	463	431	399	367	337	309	284	260	239	219	201	186
			3.3	480	448	415	383	352	324	297	272	250	229	211	194	179
			3.6	465	432	400	368	338	310	285	261	239	220	202	186	172
			3.9	449	416	384	363	325	297	273	250	230	211	194	179	165
			4.2	434	401	369	339	311	285	262	240	221	203	187	172	160
			4.5	418	385	355	325	299	274	251	231	212	195	180	166	154
			4.8	402	371	341	313	286	263	241	221	204	187	173	160	148
			5.1	387	356	327	300	275	252	231	213	196	181	167	154	143
			5.4	372	342	313	288	264	242	222	204	188	174	160	148	138
			5.7	357	328	300	275	253	232	213	196	181	167	154	143	133
			6.0	343	314	288	264	243	223	205	189	174	161	149	138	128

续表

柱厚 h /mm	折算厚度 h_T /mm	柱宽 b /mm	计算高度 H_0 /m	b 重心轴 y_2 y_1 e 240 h b_f												
				e/h_T												
				0	0.025	0.05	0.075	0.10	0.125	0.15	0.175	0.20	0.225	0.25	0.275	0.30
490	382	240	3.0	513	484	452	420	387	357	327	300	275	252	232	213	196
			3.3	502	471	439	406	375	345	316	290	266	244	224	206	189
			3.6	490	458	425	394	363	333	305	280	257	236	217	199	184
			3.9	477	445	413	380	350	322	295	270	248	227	209	192	177
			4.2	464	432	399	368	338	311	285	261	240	220	202	187	172
			4.5	451	419	387	356	327	300	275	252	232	212	196	180	166
			4.8	438	405	374	344	315	289	265	243	223	206	189	174	161
			5.1	425	393	361	332	305	279	256	235	216	199	183	169	156
			5.4	412	380	349	320	294	270	247	227	208	192	177	163	151
			5.7	398	367	338	309	284	260	239	219	202	186	172	158	147
			6.0	386	355	326	299	274	251	231	212	195	180	166	154	142
490	417	370	3.0	561	530	497	462	428	394	362	332	304	279	256	236	216
			3.3	550	518	484	449	415	382	351	322	295	270	248	228	210
			3.6	538	506	471	436	402	370	340	311	286	262	240	221	203
			3.9	527	493	458	424	390	358	329	301	276	253	233	214	198
			4.2	514	480	445	411	378	347	319	292	268	246	226	208	192
			4.5	502	467	432	398	366	336	308	283	259	238	219	201	186
			4.8	489	454	419	387	355	325	299	274	251	231	213	196	180
			5.1	476	441	407	374	344	315	289	265	244	224	206	190	175
			5.4	463	428	395	362	333	305	280	257	236	217	200	184	170
			5.7	450	416	383	351	322	296	271	249	229	210	194	179	166
			6.0	437	403	371	340	312	286	263	241	221	204	188	174	161
490	441	490	3.0	602	570	535	499	462	426	391	359	329	302	277	254	234
			3.3	591	559	522	485	449	414	380	348	320	293	269	247	227
			3.6	580	546	510	473	436	401	368	338	310	284	261	240	221
			3.9	568	534	497	460	424	389	358	328	300	276	253	233	214
			4.2	557	520	483	447	412	378	347	318	292	267	246	226	208
			4.5	544	508	471	434	400	367	337	308	283	260	239	219	202
			4.8	532	495	458	422	388	356	326	299	275	252	232	213	197
			5.1	518	481	445	410	376	345	316	291	266	244	225	208	192
			5.4	506	469	433	398	365	335	307	281	258	238	219	202	186
			5.7	493	456	420	386	354	325	298	273	251	231	213	196	181
			6.0	480	443	408	375	344	315	289	265	244	224	207	190	177

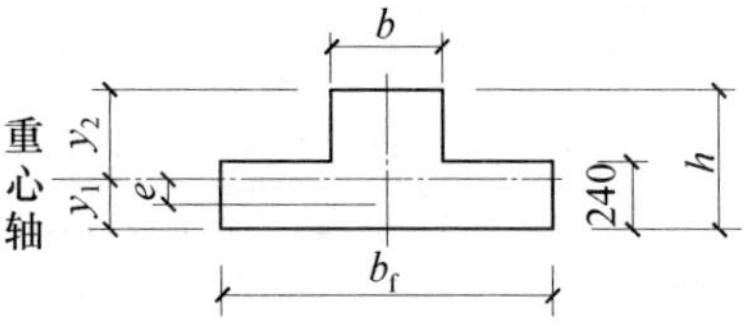

柱厚 h /mm	折算厚度 h_T /mm	柱宽 b /mm	计算高度 H_0 /m	e/h_T 0	0.025	0.05	0.075	0.10	0.125	0.15	0.175	0.20	0.225	0.25	0.275	0.30
490	459	620	3.0	645	612	575	536	497	458	421	387	355	325	299	274	252
			3.3	634	600	562	523	484	446	409	376	344	316	290	266	245
			3.6	623	587	549	510	470	433	397	365	334	307	282	259	238
			3.9	611	575	536	496	458	421	386	354	325	298	273	252	231
			4.2	599	561	522	483	445	409	375	344	316	290	266	245	225
			4.5	587	548	509	470	433	397	365	334	306	281	259	238	220
			4.8	574	535	496	457	421	386	354	325	298	273	251	231	213
			5.1	561	522	483	444	409	375	344	316	290	266	244	225	208
			5.4	548	509	470	433	397	364	334	306	281	258	238	219	202
			5.7	535	496	457	420	386	353	324	297	273	251	231	213	197
			6.0	522	482	444	408	374	344	315	289	265	244	225	208	191
620	560	370	3.0	644	615	582	545	507	469	432	396	364	334	306	280	258
			3.3	637	606	572	534	496	458	422	388	355	325	299	274	252
			3.6	629	598	561	524	486	448	412	378	347	318	292	268	246
			3.9	621	588	551	513	475	438	403	369	338	310	283	261	241
			4.2	612	578	541	503	465	428	393	361	331	303	278	256	235
			4.5	603	568	531	492	454	418	384	352	323	296	272	250	230
			4.8	594	558	520	482	444	409	375	344	315	289	265	244	225
			5.1	584	547	509	471	434	399	366	336	308	283	259	238	220
			5.4	574	537	499	461	424	390	358	328	300	276	253	233	215
			5.7	564	527	488	450	414	380	349	320	293	270	248	228	210
			6.0	554	516	478	440	405	371	340	313	287	263	242	223	205
620	588	490	3.0	704	673	638	598	556	515	475	436	401	367	337	309	283
			3.3	696	664	627	587	545	504	464	426	391	359	329	302	277
			3.6	689	656	617	576	535	493	454	417	382	351	321	295	272
			3.9	681	645	607	565	524	483	444	407	374	343	315	289	266
			4.2	672	636	595	554	512	472	434	398	365	335	307	182	260
			4.5	663	625	585	543	502	462	424	389	357	327	300	276	254
			4.8	653	615	574	532	491	452	415	381	349	320	294	270	249
			5.1	644	604	563	521	481	442	406	372	341	313	287	264	243
			5.4	633	593	552	510	470	432	397	363	333	306	281	258	238
			5.7	623	583	541	500	460	423	387	355	326	299	275	253	233
			6.0	613	572	530	489	450	413	379	347	318	292	269	247	228

续表

柱厚 h /mm	折算厚度 h_T /mm	柱宽 b /mm	计算高度 H_0 /m	e/h_T												
				0	0.025	0.05	0.075	0.10	0.125	0.15	0.175	0.20	0.225	0.25	0.275	0.30
620	609	620	3.0	767	735	696	654	608	563	503	478	438	402	368	338	310
			3.3	760	726	686	642	597	552	509	467	429	393	360	331	304
			3.6	752	716	675	631	586	541	498	457	419	385	353	324	298
			3.9	744	706	664	620	575	530	488	447	410	376	345	317	291
			4.2	735	696	653	608	563	519	477	438	401	368	338	310	285
			4.5	720	685	641	596	551	508	467	428	393	360	331	303	279
			4.8	716	674	630	585	540	497	457	419	384	352	323	297	273
			5.1	705	663	619	574	530	487	447	409	376	344	316	291	268
			5.4	695	652	607	562	518	476	437	401	368	337	310	285	262
			5.7	684	641	596	550	507	466	427	392	360	330	303	279	256
			6.0	674	629	584	539	496	456	418	384	351	322	297	273	252

2.2.30 T形截面普通砖墙柱承载力 N 值选用表（二）（$b_f=1600mm$ 砖强度MU10 砂浆强度M2.5）

表 2-30 T形截面普通砖墙柱承载力 N 值（kN）选用表（二）

（$b_f=1600mm$ 砖强度 MU10 砂浆强度 M2.5）

柱厚 h /mm	折算厚度 h_T /mm	柱宽 b /mm	计算高度 H_0 /m	e/h_T												
				0	0.025	0.05	0.075	0.10	0.125	0.15	0.175	0.20	0.225	0.25	0.275	0.30
490	423	370	3.0	751	710	666	620	574	528	486	445	409	375	344	316	291
			3.3	737	694	649	603	557	512	471	431	396	363	333	306	282
			3.6	722	678	632	586	541	497	456	418	383	352	323	297	273
			3.9	706	661	615	569	524	482	442	405	372	340	313	288	265
			4.2	690	645	598	552	508	467	428	293	360	330	304	279	258
			4.5	674	627	581	536	493	452	415	380	349	321	295	271	250
			4.8	657	611	565	520	478	438	402	368	338	311	286	263	243
			5.1	640	594	548	504	463	425	389	357	328	301	277	256	236
			5.4	623	577	531	488	449	412	377	346	318	292	269	249	229
			5.7	606	560	516	473	435	398	365	335	308	283	261	241	223
			6.0	589	543	500	459	421	386	354	325	299	275	253	234	217

续表

柱厚 h /mm	折算厚度 h_T /mm	柱宽 b /mm	计算高度 H_0 /m	e/h_T												
				0	0.025	0.05	0.075	0.10	0.125	0.15	0.175	0.20	0.225	0.25	0.275	0.30
490	435	490	3.0	772	731	686	638	591	545	501	460	422	386	355	326	300
			3.3	758	715	670	621	575	529	486	446	409	375	344	316	291
			3.6	743	699	653	604	558	513	472	432	396	363	334	307	282
			3.9	728	682	636	588	542	498	457	419	384	352	324	298	274
			4.2	712	666	619	571	526	483	443	406	373	342	314	289	267
			4.5	696	649	602	555	511	468	429	394	362	332	305	281	259
			4.8	680	632	585	538	495	455	417	382	351	322	296	273	252
			5.1	663	615	568	523	480	440	404	370	340	313	287	265	245
			5.4	646	598	552	507	466	427	392	359	330	303	280	258	238
			5.7	629	582	536	492	451	414	379	348	320	295	271	250	231
			6.0	612	565	520	478	438	401	368	338	311	286	263	243	225
620	517	370	3.0	832	794	749	700	650	600	553	508	466	427	392	359	331
			3.3	822	781	735	685	635	586	539	495	453	416	381	350	323
			3.6	810	767	719	670	620	572	525	482	442	405	372	341	315
			3.9	798	753	705	655	605	557	512	470	431	395	363	333	306
			4.2	785	739	690	640	591	543	499	458	420	385	354	325	299
			4.5	772	725	675	625	576	530	486	446	409	375	345	317	291
			4.8	758	710	660	610	562	517	474	435	398	366	336	309	284
			5.1	744	695	645	596	549	503	461	423	388	356	328	301	278
			5.4	729	680	630	581	534	491	450	412	379	347	320	294	271
			5.7	715	665	615	567	521	478	438	402	369	339	312	287	265
			6.0	700	650	601	553	508	466	428	392	360	331	304	280	258
620	542	490	3.0	874	835	788	738	686	634	584	536	492	451	414	379	349
			3.3	863	822	774	723	671	619	570	523	480	440	404	370	340
			3.6	852	809	759	708	656	605	556	510	469	430	394	362	332
			3.9	841	796	745	693	641	591	543	498	456	418	384	353	325
			4.2	828	782	731	678	626	577	530	486	445	408	375	345	317
			4.5	815	767	716	664	613	563	517	474	434	399	366	337	310
			4.8	802	753	701	649	598	549	504	462	424	389	357	328	302
			5.1	788	738	686	634	584	536	492	451	414	379	349	321	296
			5.4	774	723	671	619	570	523	480	440	404	370	340	313	289
			5.7	759	708	656	605	556	510	469	430	394	362	332	206	282
			6.0	745	693	641	591	543	498	456	418	384	353	325	300	276

续表

柱厚 h /mm	折算厚度 h_T /mm	柱宽 b /mm	计算高度 H_0 /m	e/h_T												
				0	0.025	0.05	0.075	0.10	0.125	0.15	0.175	0.20	0.225	0.25	0.275	0.30
620	564	620	3.0	918	877	830	777	723	669	616	566	519	476	436	401	369
			3.3	907	865	815	763	708	654	602	553	507	465	427	392	360
			3.6	897	852	802	747	693	639	588	540	495	454	416	382	352
			3.9	885	839	787	733	678	625	574	528	483	443	406	373	343
			4.2	873	825	772	717	664	611	562	515	472	433	398	365	336
			4.5	861	810	757	703	649	597	548	503	461	423	388	357	329
			4.8	847	796	742	688	635	583	536	491	450	413	379	349	321
			5.1	834	781	727	672	620	570	523	479	439	403	370	340	314
			5.4	820	767	712	658	606	557	510	469	430	394	362	334	307
			5.7	806	752	697	643	592	543	499	457	419	385	354	326	301
			6.0	791	737	682	629	578	531	487	446	409	376	346	318	294

2.2.31 T形截面普通砖墙柱承载力 N 值选用表（一）（b_f＝1800mm 砖强度MU10 砂浆强度M2.5）

表2-31 T形截面普通砖墙柱承载力 N 值（kN）选用表（一）

（b_f＝1800mm 砖强度MU10 砂浆强度M2.5）

柱厚 h /mm	折算厚度 h_T /mm	柱宽 b /mm	计算高度 H_0 /m	e/h_T												
				0	0.025	0.05	0.075	0.10	0.125	0.15	0.175	0.20	0.225	0.25	0.275	0.30
370	287	240	3.0	493	460	426	393	361	332	304	279	256	235	216	199	183
			3.3	475	441	408	376	345	317	390	266	245	225	207	190	175
			3.6	457	423	390	359	329	302	277	254	233	214	198	182	168
			3.9	439	405	373	343	314	289	264	243	223	205	189	175	161
			4.2	421	388	357	327	300	275	252	232	213	196	181	168	155
			4.5	403	371	340	312	286	263	241	222	206	188	174	160	149
			4.8	385	354	325	298	273	251	230	211	195	180	166	154	143
			5.1	368	338	310	284	261	239	220	202	187	172	160	148	137
			5.4	352	323	296	271	249	229	210	194	179	165	153	142	132
			5.7	336	308	283	259	238	219	201	186	171	158	147	136	127
			6.0	320	294	269	247	227	209	192	178	164	152	141	131	122

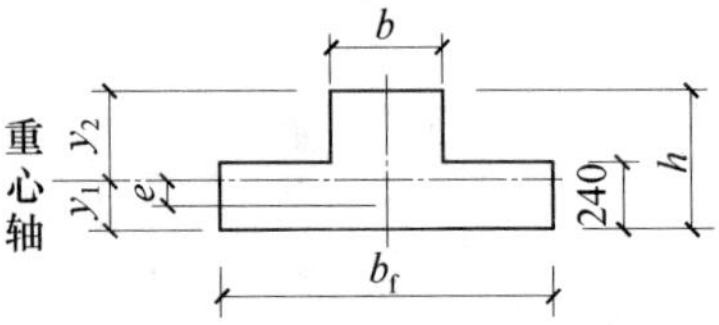

柱厚 h /mm	折算厚度 h_T /mm	柱宽 b /mm	计算高度 H_0 /m	e/h_T												
				0	0.025	0.05	0.075	0.10	0.125	0.15	0.175	0.20	0.225	0.25	0.275	0.30
370	305	370	3.0	522	488	453	418	385	353	324	297	273	250	230	212	195
			3.3	505	470	435	401	368	338	310	284	261	240	220	203	187
			3.6	488	452	418	385	353	323	297	272	250	230	211	195	180
			3.9	469	435	401	368	338	310	284	260	239	220	203	187	173
			4.2	452	417	384	353	323	297	272	250	229	211	194	180	166
			4.5	434	400	368	337	309	283	360	239	220	202	187	172	160
			4.8	416	383	352	323	296	272	249	229	210	194	179	166	154
			5.1	400	367	337	309	283	260	239	219	202	187	172	159	148
			5.4	383	352	322	295	271	249	229	210	194	179	166	154	142
			5.7	366	337	308	283	260	239	219	202	186	172	159	148	137
			6.0	351	322	295	271	249	229	210	194	179	166	154	142	132
370	319	490	3.0	547	512	476	440	405	372	341	313	287	263	242	222	205
			3.3	530	494	458	423	389	357	327	300	275	253	232	214	197
			3.6	512	476	441	406	373	342	313	288	264	242	223	206	190
			3.9	495	459	424	389	358	328	300	276	253	233	214	197	183
			4.2	478	442	407	374	343	315	288	264	243	224	206	190	175
			4.5	460	425	391	358	329	302	277	254	233	215	198	183	169
			4.8	443	408	375	344	315	289	265	244	224	206	190	176	163
			5.1	425	391	360	329	302	277	255	234	215	199	183	170	157
			5.4	409	376	345	316	289	266	244	224	207	191	177	163	152
			5.7	393	360	331	303	278	255	235	216	199	184	170	157	146
			6.0	376	346	317	291	266	245	225	208	192	177	164	152	141
490	371	240	3.0	565	532	496	461	425	391	359	330	302	277	254	234	215
			3.3	551	517	482	446	411	378	346	317	291	267	246	226	208
			3.6	537	502	466	431	397	364	334	307	281	258	237	218	201
			3.9	523	488	452	417	383	351	322	296	271	249	229	211	195
			4.2	508	472	437	402	370	339	311	285	262	240	221	204	188
			4.5	493	457	422	388	356	327	299	275	252	232	214	197	182
			4.8	479	443	408	375	344	315	289	266	244	224	206	190	176
			5.1	463	428	493	362	331	304	279	256	236	216	200	184	170
			5.4	448	413	380	349	320	293	269	247	227	209	192	179	165
			5.7	434	399	367	337	308	283	260	239	220	202	187	173	160
			6.0	419	385	354	324	298	273	250	230	212	195	181	167	155

续表

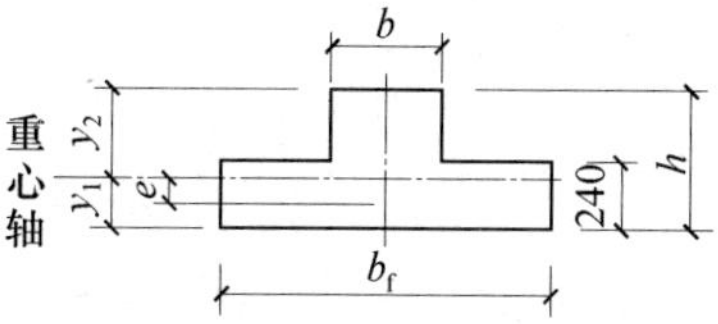

柱厚 h /mm	折算厚度 h_T /mm	柱宽 b /mm	计算高度 H_0 /m	重心轴 b y_2 y_1 e 240 h b_f												
				e/h_T												
				0	0.025	0.05	0.075	0.10	0.125	0.15	0.175	0.20	0.225	0.25	0.275	0.30
490	410	370	3.0	615	581	544	506	468	431	396	364	334	306	280	258	237
			3.3	603	567	530	492	454	417	383	352	323	296	272	250	230
			3.6	590	554	516	477	440	405	371	340	312	287	263	242	222
			3.9	576	540	501	463	425	392	360	330	302	277	255	234	216
			4.2	563	525	487	449	413	379	348	319	293	269	247	227	210
			4.5	548	510	472	435	400	367	336	308	283	260	239	220	203
			4.8	534	496	458	422	387	355	325	299	274	252	232	214	197
			5.1	520	482	444	409	375	344	315	289	265	244	225	207	192
			5.4	505	467	430	396	363	333	305	280	257	237	218	201	186
			5.7	491	453	417	383	351	322	295	271	249	229	212	195	181
			6.0	477	439	404	370	340	312	286	263	242	222	205	190	175
490	431	490	3.0	656	622	583	543	503	463	426	390	358	328	302	276	255
			3.3	645	608	568	528	488	449	413	379	347	318	292	268	247
			3.6	632	594	554	513	474	436	400	367	336	309	284	260	240
			3.9	619	580	539	499	460	423	388	356	326	299	275	253	233
			4.2	605	565	525	485	446	410	376	345	316	290	267	245	226
			4.5	591	551	511	471	433	397	364	334	307	281	259	238	219
			4.8	577	537	496	457	420	385	353	324	297	273	251	232	214
			5.1	562	522	482	444	408	374	343	314	289	265	244	224	208
			5.4	548	507	468	430	395	362	332	304	280	257	237	219	202
			5.7	533	493	454	417	383	351	322	295	271	250	230	212	196
			6.0	519	479	441	405	371	340	312	286	263	242	223	206	191
490	542	620	3.0	718	686	647	606	563	521	479	441	404	370	340	312	286
			3.3	709	675	636	594	551	508	468	430	394	361	331	304	280
			3.6	700	664	624	582	539	497	457	419	385	353	324	297	273
			3.9	691	653	612	570	527	486	446	409	375	344	316	290	267
			4.2	680	642	600	557	515	474	435	399	366	335	308	283	260
			4.5	670	630	588	545	503	463	425	389	357	328	301	277	254
			4.8	659	618	576	533	491	451	414	380	348	319	293	270	248
			5.1	647	606	563	521	479	441	404	370	340	312	286	264	243
			5.4	636	594	551	508	468	430	394	361	331	304	280	257	238
			5.7	624	582	539	497	457	419	385	353	324	297	273	251	231
			6.0	612	570	527	486	446	409	375	344	315	290	267	246	227

续表

柱厚 h /mm	折算厚度 h_T /mm	柱宽 b /mm	计算高度 H_0 /m	e/h_T												
				0	0.025	0.05	0.075	0.10	0.125	0.15	0.175	0.20	0.225	0.25	0.275	0.30
			3.0	707	669	632	592	550	509	468	430	395	362	332	305	280
			3.3	693	660	621	580	538	497	457	420	385	353	324	297	273
			3.6	684	649	610	568	527	486	447	410	376	345	316	291	267
			3.9	675	638	598	556	515	474	436	400	366	337	308	283	261
			4.2	665	627	586	544	503	463	425	390	358	329	301	276	255
620	546	370	4.5	655	616	575	532	492	452	416	381	349	320	294	270	249
			4.8	644	604	563	521	480	442	405	372	340	313	287	264	243
			5.1	633	593	551	509	469	431	396	363	332	305	280	258	238
			5.4	622	581	539	497	458	421	386	354	324	298	273	252	232
			5.7	611	569	527	486	447	410	376	345	317	291	267	246	227
			6.0	599	557	515	475	436	401	367	337	309	284	261	241	222
			3.0	761	728	689	646	601	556	512	471	432	397	364	334	306
			3.3	753	719	678	634	589	544	501	460	422	387	355	326	299
			3.6	745	708	667	622	577	532	490	450	413	378	347	319	293
			3.9	736	697	654	610	565	521	479	440	403	370	339	311	286
			4.2	726	687	643	598	553	510	468	429	394	361	331	304	280
620	578	490	4.5	716	675	631	586	541	499	458	420	384	353	324	298	274
			4.8	705	663	619	574	529	487	447	410	376	345	317	291	268
			5.1	695	651	607	562	518	476	437	401	368	337	310	285	262
			5.4	683	640	595	550	507	466	427	392	359	329	302	278	257
			5.7	672	628	583	538	495	454	417	382	351	322	296	272	251
			6.0	660	616	571	527	484	444	408	374	343	315	290	266	245
			3.0	826	791	748	702	654	605	558	512	471	432	396	363	334
			3.3	817	781	737	690	641	593	546	502	460	422	387	355	326
			3.6	808	769	725	677	629	581	534	491	450	413	379	348	319
			3.9	799	759	713	665	616	568	623	479	440	403	370	340	313
			4.2	389	747	701	652	604	557	512	469	430	394	362	333	306
620	599	620	4.5	779	735	689	640	591	545	500	459	420	386	354	325	299
			4.8	768	723	676	627	579	532	489	449	412	377	347	318	293
			5.1	757	711	663	615	567	521	479	439	402	369	339	311	287
			5.4	746	699	650	602	555	510	468	429	394	361	332	305	281
			5.7	734	687	638	590	543	499	458	420	385	353	324	298	275
			6.0	722	674	625	578	532	488	447	410	376	345	317	292	269

续表

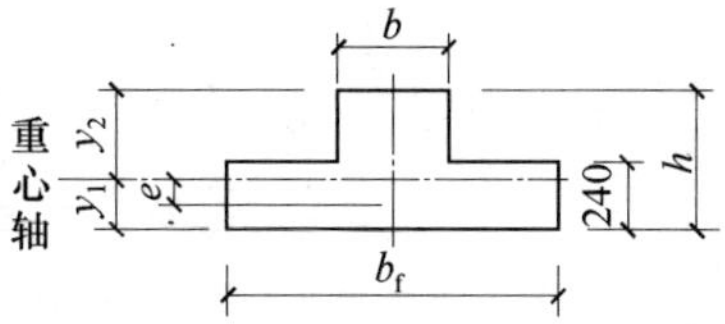

柱厚 h /mm	折算厚度 h_T /mm	柱宽 b /mm	计算高度 H_0 /m	e/h_T												
				0	0.025	0.05	0.075	0.10	0.125	0.15	0.175	0.20	0.225	0.25	0.275	0.30
			3.0	850	818	778	733	684	635	587	539	495	455	417	382	351
			3.3	844	810	769	722	674	624	576	529	486	446	409	375	344
			3.6	837	801	759	712	663	614	565	520	477	438	401	368	338
			3.9	830	793	749	702	653	603	556	511	469	429	394	361	332
			4.2	822	784	740	691	642	593	546	501	460	421	387	355	326
740	718	490	4.5	815	775	729	681	631	582	535	491	431	414	380	348	320
			4.8	807	765	719	670	620	572	526	483	443	406	373	342	315
			5.1	799	756	708	659	609	562	516	474	434	398	366	336	308
			5.4	790	746	697	648	600	552	507	465	426	391	359	330	303
			5.7	781	735	687	638	589	542	498	456	418	304	352	324	298
			6.0	771	726	676	627	579	532	489	448	411	377	346	318	293

2.2.32 T形截面普通砖墙柱承载力 N 值选用表（二）（b_f=1800mm 砖强度 MU10 砂浆强度 M2.5）

表 2-32 T形截面普通砖墙柱承载力 N 值（kN）选用表（二）

（b_f=1800mm 砖强度 MU10 砂浆强度 M2.5）

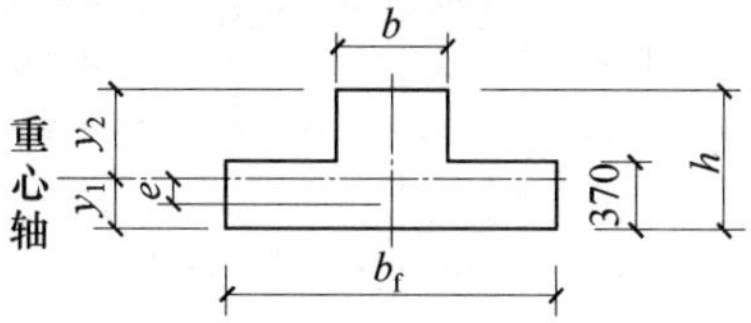

柱厚 h /mm	折算厚度 h_T /mm	柱宽 b /mm	计算高度 H_0 /m	e/h_T												
				0	0.025	0.05	0.075	0.10	0.125	0.15	0.175	0.20	0.225	0.25	0.275	0.30
			3.0	836	791	741	689	638	588	540	495	455	417	383	351	323
			3.3	821	773	723	670	619	570	523	480	440	404	371	340	313
			3.6	803	754	703	652	601	553	507	465	426	391	359	330	304
			3.9	785	736	684	632	581	535	491	450	412	379	348	320	295
			4.2	768	716	664	614	565	519	475	435	399	367	338	311	286
490	418	370	4.5	748	698	645	595	547	502	460	422	387	356	327	301	277
			4.8	730	678	627	577	530	486	446	409	375	345	317	292	270
			5.1	711	659	608	559	513	470	432	396	363	334	308	284	262
			5.4	691	639	590	542	497	456	418	384	352	324	299	276	254
			5.7	672	621	571	525	482	442	405	372	341	314	289	267	247
			6.0	653	603	554	508	466	427	392	360	331	305	281	260	241

续表

柱厚 h /mm	折算厚度 h_T /mm	柱宽 b /mm	计算高度 H_0 /m	e/h_T												
				0	0.025	0.05	0.075	0.10	0.125	0.15	0.175	0.20	0.225	0.25	0.275	0.30
490	429	490	3.0	857	812	761	709	656	604	555	510	468	429	393	361	332
			3.3	842	794	742	689	637	587	538	494	453	416	381	350	323
			3.6	825	776	723	670	619	569	522	479	440	403	370	340	313
			3.9	808	757	704	652	601	552	506	464	425	391	358	330	304
			4.2	790	738	685	633	583	535	490	450	412	378	348	320	295
			4.5	771	719	666	615	565	519	475	436	400	367	338	310	287
			4.8	752	700	647	596	548	503	461	423	388	357	327	302	278
			5.1	734	681	629	578	531	487	447	409	376	345	318	293	271
			5.4	715	662	610	561	515	473	433	397	365	335	309	285	263
			5.7	696	643	592	544	499	457	420	385	354	326	300	277	256
			6.0	676	624	574	527	484	443	407	374	343	316	292	269	249
620	507	370	3.0	920	877	827	773	717	662	610	560	513	471	431	396	364
			3.3	908	862	810	756	701	646	594	545	500	458	421	386	355
			3.6	895	847	793	738	684	630	578	531	487	446	410	376	347
			3.9	881	831	777	721	667	614	564	517	474	435	399	366	338
			4.2	866	815	760	705	650	598	549	503	462	424	389	357	329
			4.5	850	798	743	688	635	583	535	491	450	413	379	349	321
			4.8	835	781	726	671	618	567	521	478	438	402	369	340	313
			5.1	819	765	709	655	602	553	507	465	426	392	360	332	305
			5.4	803	748	693	638	587	539	494	453	416	382	351	323	298
			5.7	786	731	676	623	572	525	481	441	405	372	342	315	291
			6.0	770	714	659	607	558	511	469	429	395	362	334	307	284
620	531	490	3.0	962	918	867	811	753	697	641	589	541	496	455	417	383
			3.3	951	904	850	794	737	680	626	575	526	483	443	406	374
			3.6	937	889	835	778	720	664	610	560	513	471	432	397	364
			3.9	924	874	817	760	704	647	595	546	501	459	422	387	356
			4.2	910	857	801	744	687	632	581	533	488	447	411	378	348
			4.5	895	841	785	727	671	617	566	519	476	436	401	369	340
			4.8	880	825	767	710	655	601	552	506	464	426	391	359	332
			5.1	865	808	751	693	639	587	539	494	453	416	382	351	323
			5.4	848	792	734	677	624	573	524	581	441	405	373	343	316
			5.7	832	774	717	662	608	558	512	469	430	395	363	335	309
			6.0	815	758	701	645	593	544	499	458	420	386	355	326	302

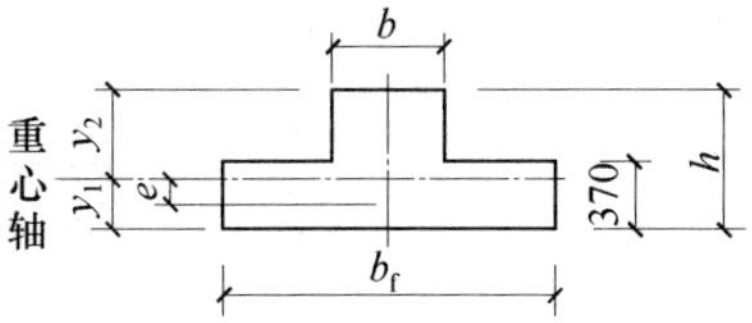

续表

柱厚 h /mm	折算厚度 h_T /mm	柱宽 b /mm	计算高度 H_0 /m	e/h_T												
				0	0.025	0.05	0.075	0.10	0.125	0.15	0.175	0.20	0.225	0.25	0.275	0.30
620	553	620	3.0	1007	962	909	851	791	732	674	620	568	521	478	438	403
			3.3	995	947	893	834	774	716	658	605	554	509	466	429	393
			3.6	982	933	877	818	758	700	643	590	542	496	455	418	385
			3.9	970	917	861	801	741	683	628	576	528	484	445	408	375
			4.2	956	902	844	784	724	668	613	562	516	472	434	399	367
			4.5	942	886	828	767	708	652	598	549	503	462	423	389	358
			4.8	927	870	811	751	692	637	584	535	492	451	414	381	351
			5.1	911	853	794	734	676	622	571	522	480	440	404	372	342
			5.4	895	837	776	718	660	607	557	511	468	430	394	363	335
			5.7	879	820	760	702	645	592	543	498	456	419	386	355	327
			6.0	863	803	743	686	630	578	530	486	446	409	376	347	320

2.2.33 T形截面普通砖墙柱承载力 N 值选用表（一）（$b_f=2000$mm 砖强度 MU10 砂浆强度 M2.5）

表 2-33　　T形截面普通砖墙柱承载力 N 值（kN）选用表（一）

（$b_f=2000$mm　砖强度 MU10　砂浆强度 M2.5）

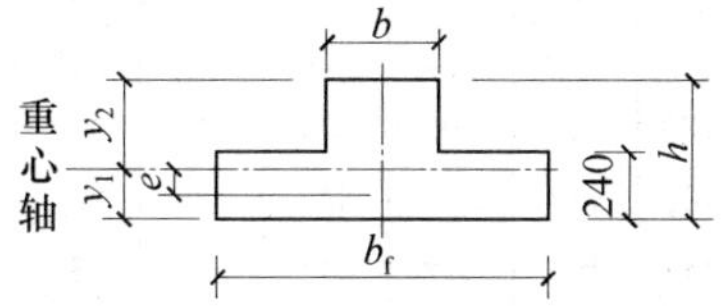

柱厚 h /mm	折算厚度 h_T /mm	柱宽 b /mm	计算高度 H_0 /m	e/h_T												
				0	0.025	0.05	0.075	0.10	0.125	0.15	0.175	0.20	0.225	0.25	0.275	0.30
370	284	240	3.0	542	505	468	431	397	364	334	307	281	258	237	218	202
			3.3	523	485	448	413	379	348	318	292	268	247	227	209	193
			3.6	502	465	429	394	362	332	304	279	256	235	217	200	185
			3.9	482	445	410	376	345	316	290	266	245	225	208	192	177
			4.2	461	425	391	358	329	302	277	254	233	215	199	184	170
			4.5	441	406	373	342	314	288	264	243	223	206	190	176	163
			4.8	422	388	356	326	299	275	252	232	213	197	182	169	156
			5.1	403	370	339	311	285	262	241	221	204	189	175	162	150
			5.4	385	353	324	297	273	250	230	212	196	181	168	156	144
			5.7	367	336	309	283	260	239	220	203	188	174	161	150	139
			6.0	350	321	295	270	248	229	211	194	180	166	154	144	134

续表

柱厚 h /mm	折算厚度 h_T /mm	柱宽 b /mm	计算高度 H_0 /m	e/h_T												
				0	0.025	0.05	0.075	0.10	0.125	0.15	0.175	0.20	0.225	0.25	0.275	0.30
			3.0	572	534	496	457	421	387	354	325	298	273	251	232	214
			3.3	553	514	476	438	403	370	339	311	285	262	241	222	205
			3.6	533	494	457	420	385	354	324	297	273	251	231	213	197
			3.9	513	475	430	402	369	338	310	284	261	240	221	204	189
			4.2	493	455	419	385	353	324	297	272	250	230	212	196	181
370	301	370	4.5	474	436	401	368	337	309	284	260	240	221	204	188	175
			4.8	454	418	384	352	323	296	271	249	229	212	196	181	168
			5.1	435	400	367	337	308	283	260	239	221	203	188	174	162
			5.4	417	383	351	321	295	271	249	229	212	195	181	168	155
			5.7	399	366	336	308	282	260	238	220	203	188	174	161	150
			6.0	382	350	321	295	270	249	229	211	194	180	167	155	144
			3.0	595	557	518	478	440	405	371	340	312	286	263	242	223
			3.3	577	537	498	459	422	388	355	325	298	274	253	232	214
			3.6	557	518	478	441	405	371	340	312	286	263	242	223	206
			3.9	537	498	459	422	388	356	326	299	274	253	232	214	198
			4.2	518	479	441	405	371	340	312	286	263	242	223	206	190
370	312	490	4.5	499	460	422	388	356	326	299	274	253	233	214	198	183
			4.8	479	441	405	371	341	313	286	263	243	224	206	190	177
			5.1	460	423	388	356	326	299	275	253	233	214	198	183	170
			5.4	441	405	372	341	313	287	264	243	224	206	191	177	164
			5.7	423	388	356	327	299	275	253	233	214	198	183	171	158
			6.0	405	372	341	313	287	264	243	224	207	191	177	164	153
			3.0	617	581	542	502	464	426	392	359	329	302	277	255	235
			3.3	602	565	525	486	447	412	377	346	318	291	268	246	226
			3.6	586	548	508	469	432	397	364	334	306	281	258	237	219
			3.9	570	531	492	453	416	382	351	322	295	270	249	229	212
			4.2	553	514	475	438	402	369	338	310	285	261	240	221	204
490	364	240	4.5	537	497	459	422	387	355	326	299	274	252	232	214	197
			4.8	520	481	443	407	373	342	314	288	265	243	224	207	191
			5.1	504	464	427	393	360	330	303	277	255	235	216	200	185
			5.4	487	448	412	378	347	318	292	268	247	227	209	193	179
			5.7	470	433	398	365	334	306	281	259	238	219	202	187	174
			6.0	454	417	383	351	322	296	271	249	230	212	196	181	168

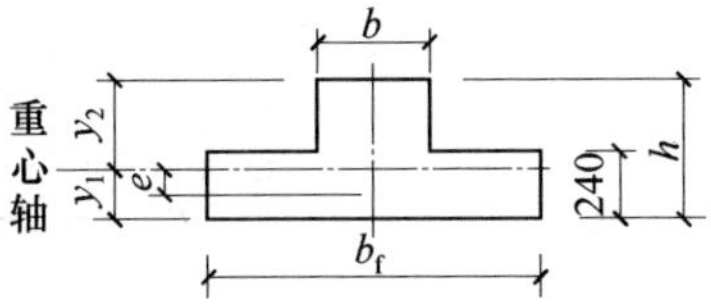

续表

柱厚 h /mm	折算厚度 h_T /mm	柱宽 b /mm	计算高度 H_0 /m	e/h_T												
				0	0.025	0.05	0.075	0.10	0.125	0.15	0.175	0.20	0.225	0.25	0.275	0.30
490	399	370	3.0	668	631	590	548	507	407	429	393	360	331	303	279	256
			3.3	654	615	574	532	491	452	415	381	349	320	293	270	248
			3.6	639	599	558	516	476	437	401	368	337	309	284	261	241
			3.9	624	583	541	500	460	423	388	355	326	299	274	253	233
			4.2	608	567	525	485	445	409	375	343	315	290	266	245	226
			4.5	593	551	509	469	431	395	363	332	305	280	258	238	219
			4.8	576	535	494	454	417	382	351	322	295	271	250	230	212
			5.1	560	518	478	439	403	369	339	311	285	262	242	223	206
			5.4	544	503	462	424	389	357	328	301	276	254	234	216	200
			5.7	528	487	448	411	377	346	317	291	267	247	227	210	194
			6.0	512	471	433	397	364	334	307	282	259	238	220	203	189
490	424	490	3.0	711	673	631	587	543	501	460	422	387	355	325	299	275
			3.3	697	658	615	571	527	486	446	409	375	344	316	290	267
			3.6	683	643	599	555	512	471	432	397	364	333	306	281	259
			3.9	669	627	583	539	497	497	456	419	384	352	323	296	273
			4.2	654	610	567	523	482	442	406	372	341	313	288	265	244
			4.5	639	595	551	508	467	429	393	361	331	303	279	257	237
			4.8	622	578	535	493	453	415	381	349	321	294	271	249	231
			5.1	607	563	520	478	439	402	369	339	310	285	263	242	224
			5.4	591	547	504	463	425	390	357	328	301	277	255	235	217
			5.7	574	531	489	449	411	378	346	317	292	269	248	228	211
			6.0	559	515	474	435	399	366	336	308	283	260	241	222	205
490	441	620	3.0	755	715	671	625	579	534	491	450	413	378	348	319	293
			3.3	742	700	655	609	563	519	477	437	401	368	337	310	285
			3.6	728	685	639	593	547	503	462	424	388	356	327	301	277
			3.9	713	669	623	577	531	488	449	411	377	346	317	292	269
			4.2	698	652	606	561	516	474	435	399	366	335	308	283	261
			4.6	682	637	591	544	501	460	422	387	354	326	299	275	254
			4.8	667	620	574	529	487	446	409	375	345	316	291	268	247
			5.1	650	604	558	514	472	433	397	364	334	307	283	260	241
			5.4	634	588	543	499	458	420	385	353	324	298	274	253	234
			5.7	618	572	527	484	444	407	373	343	315	289	267	246	227
			6.0	601	556	511	470	431	395	363	332	306	281	260	239	222

续表

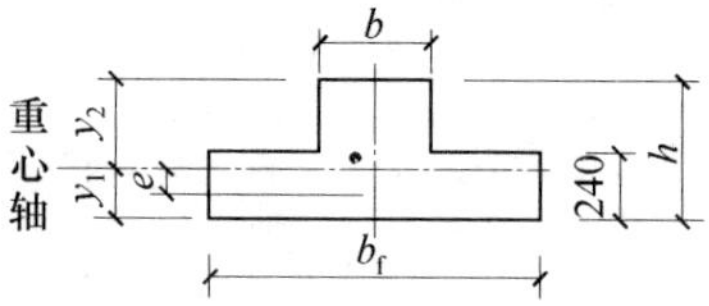

柱厚 h /mm	折算厚度 h_T /mm	柱宽 b /mm	计算高度 H_0 /m	e/h_T												
				0	0.025	0.05	0.075	0.10	0.125	0.15	0.175	0.20	0.225	0.25	0.275	0.30
620	536	370	3.0	759	724	683	639	594	549	505	464	426	391	359	329	302
			3.3	749	713	671	626	581	536	493	453	416	381	350	321	295
			3.6	739	701	658	613	568	524	481	442	405	371	341	313	288
			3.9	729	688	645	600	555	511	470	431	395	363	333	305	281
			4.2	718	676	632	587	542	499	459	421	385	354	325	298	275
			4.5	706	664	619	574	530	487	447	410	376	345	317	291	268
			4.8	694	651	606	561	517	476	436	400	367	337	309	284	262
			5.1	682	638	593	548	505	463	425	390	358	328	301	277	255
			5.4	670	626	580	535	492	452	415	380	349	320	294	271	250
			5.7	657	612	567	523	480	441	405	371	340	313	288	264	244
			6.0	644	599	554	510	469	430	394	362	332	305	280	258	238
620	567	490	3.0	819	783	741	694	646	597	550	505	464	426	390	358	329
			3.3	810	772	728	681	632	584	537	494	452	415	381	349	321
			3.6	801	761	716	667	619	571	525	482	442	406	372	342	314
			3.9	790	749	703	654	606	558	513	471	432	396	363	334	307
			4.2	780	737	690	641	593	546	502	460	422	387	355	326	300
			4.5	769	724	676	627	580	533	490	449	412	378	347	319	293
			4.8	756	711	663	614	567	521	478	439	402	369	339	311	287
			5.1	744	698	650	601	554	510	467	428	393	361	331	304	280
			5.4	732	685	636	588	542	497	456	419	384	352	323	297	274
			5.7	719	672	623	575	530	486	446	408	375	344	316	291	268
			6.0	707	659	610	562	517	475	435	399	366	336	309	284	263
620	592	620	3.0	884	846	801	751	699	647	597	548	503	461	423	388	357
			3.3	875	835	788	738	686	634	584	536	492	451	413	380	348
			3.6	866	824	775	724	672	621	571	524	480	440	404	372	341
			3.9	855	812	762	710	658	607	559	513	470	431	396	363	333
			4.2	844	799	749	697	645	594	547	501	459	421	386	355	327
			4.5	833	787	735	683	631	581	534	490	449	412	378	347	320
			4.8	821	773	721	669	618	569	522	479	440	402	370	340	313
			5.1	809	760	708	656	605	556	510	468	429	394	361	333	306
			5.4	797	747	694	642	592	544	499	450	420	389	354	325	300
			5.7	784	733	680	629	579	532	488	447	411	376	346	319	293
			6.0	771	720	667	615	566	520	477	438	401	368	338	311	287

续表

柱厚 h /mm	折算厚度 h_T /mm	柱宽 b /mm	计算高度 H_0 /m	重心轴 b y_2 y_1 e 240 h b_f												
				e/h_T												
				0	0.025	0.05	0.075	0.10	0.125	0.15	0.175	0.20	0.225	0.25	0.275	0.30
740	707	490	3.0	909	875	832	783	731	678	626	576	529	485	444	408	375
			3.3	902	866	821	771	720	667	615	565	519	475	437	400	368
			3.6	895	857	811	760	708	655	604	555	509	467	428	393	360
			3.9	887	848	801	749	696	643	593	544	500	458	420	386	354
			4.2	880	837	789	737	685	632	582	535	491	449	412	378	347
			4.5	871	827	778	726	673	622	572	524	481	441	405	372	342
			4.8	862	817	767	715	661	610	561	515	472	433	397	364	335
			5.1	852	806	755	703	650	599	551	505	463	425	390	358	329
			5.4	843	796	744	691	639	589	540	495	455	417	382	351	324
			5.7	833	785	733	680	627	577	530	486	446	409	376	345	317
			6.0	823	773	721	668	616	567	520	477	438	401	368	339	311
740	732	620	3.0	993	957	910	857	801	743	687	632	580	531	487	447	410
			3.3	985	947	899	846	789	731	674	621	569	522	579	439	403
			3.6	978	938	889	833	777	719	663	610	559	513	470	432	396
			3.9	971	928	878	822	765	707	652	598	549	504	462	424	389
			4.2	963	918	866	810	752	695	640	588	539	495	453	416	383
			4.5	954	907	854	797	740	683	629	577	529	485	445	408	375
			4.8	944	896	843	785	728	671	618	566	520	476	437	401	369
			5.1	935	886	830	774	715	660	606	556	510	468	429	394	363
			5.4	925	875	819	761	704	649	595	546	501	460	422	388	356
			5.7	915	862	807	749	692	636	585	537	491	451	414	381	350
			6.0	904	851	794	737	679	626	575	526	483	443	406	373	344

2.2.34 T形截面普通砖墙柱承载力 N 值选用表（二）（b_f＝2000mm 砖强度 MU10 砂浆强度 M2.5）

表 2-34　　T形截面普通砖墙柱承载力 N 值（kN）选用表（二）

（b_f＝2000mm 砖强度 MU10 砂浆强度 M2.5）

柱厚 h /mm	折算厚度 h_T /mm	柱宽 b /mm	计算高度 H_0 /m	e/h_T												
				0	0.025	0.05	0.075	0.10	0.125	0.15	0.175	0.20	0.225	0.25	0.275	0.30
490	415	370	3.0	922	872	817	760	703	648	595	546	501	459	422	387	356
			3.3	904	852	796	739	682	628	577	529	485	445	408	375	345
			3.6	886	832	774	717	661	608	558	511	470	431	395	364	335
			3.9	865	810	753	696	641	589	540	495	454	417	383	352	325
			4.2	845	789	732	676	622	571	524	480	440	404	372	342	316
			4.5	824	767	710	655	602	552	506	464	426	391	359	332	305
			4.8	803	746	690	635	583	535	490	450	412	379	349	322	297
			5.1	783	725	668	615	564	518	475	436	400	368	338	313	288
			5.4	761	704	648	596	547	501	459	422	387	356	328	303	280
			5.7	740	683	629	577	530	485	445	408	376	345	319	294	272
			6.0	718	662	609	558	512	470	431	396	364	335	309	286	265
490	425	490	3.0	943	893	838	779	721	664	611	560	514	471	433	397	365
			3.3	926	873	816	758	700	644	591	543	498	456	419	385	355
			3.6	907	852	795	737	680	625	574	526	482	443	407	373	344
			3.9	887	831	773	716	659	606	556	509	468	428	394	362	334
			4.2	868	811	752	695	639	587	538	494	453	416	382	352	325
			4.5	847	790	732	674	619	569	522	478	439	403	370	341	315
			4.8	826	768	710	654	601	551	505	464	425	391	360	332	306
			5.1	805	747	689	634	582	534	490	449	413	380	348	321	298
			5.4	784	725	669	615	564	518	475	436	400	368	339	312	289
			5.7	763	705	649	597	547	501	460	422	388	357	329	304	281
			6.0	741	684	630	578	530	485	446	410	376	346	319	294	273

续表

重心轴 y_2 y_1 e b b_f 370 h

柱厚 h /mm	折算厚度 h_T /mm	柱宽 b /mm	计算高度 H_0 /m	e/h_T												
				0	0.025	0.05	0.075	0.10	0.125	0.15	0.175	0.20	0.225	0.25	0.275	0.30
620	498	370	3.0	1008	959	904	845	784	724	666	612	561	515	471	433	398
			3.3	994	943	886	825	765	705	649	596	546	501	459	422	388
			3.6	979	926	867	807	746	688	632	580	532	488	448	411	378
			3.9	963	908	848	787	728	669	615	564	517	475	436	400	369
			4.2	946	889	830	769	709	652	599	549	504	462	424	390	359
			4.5	929	871	811	751	691	635	583	534	490	450	413	380	350
			4.8	912	852	792	731	674	619	568	520	477	438	402	371	341
			5.1	893	834	773	713	656	602	553	506	465	427	392	361	333
			5.4	875	814	754	695	639	586	537	493	452	415	382	352	324
			5.7	857	796	735	677	622	571	523	480	440	404	372	343	317
			6.0	838	777	717	660	606	556	509	467	429	395	363	335	309
620	522	490	3.0	1051	1002	945	884	821	759	698	642	588	540	495	454	418
			3.3	1037	985	927	865	802	741	681	625	574	525	483	442	407
			3.6	1023	969	909	846	783	723	664	609	559	512	470	432	398
			3.9	1008	951	891	828	765	705	648	594	544	500	458	421	387
			4.2	992	934	872	809	747	688	631	579	531	487	447	411	378
			4.5	975	916	854	790	729	670	615	565	518	475	436	401	370
			4.8	958	898	835	772	711	653	599	550	504	463	426	391	361
			5.1	940	879	816	754	694	637	585	535	492	451	414	382	352
			5.4	922	861	798	736	677	621	569	522	479	440	404	373	344
			5.7	904	842	779	718	660	605	556	509	467	429	394	364	335
			6.0	885	822	761	700	643	590	541	496	456	419	385	355	328
620	543	620	3.0	1096	1045	987	924	859	794	731	672	616	565	518	475	437
			3.3	1083	1030	970	906	841	777	714	656	602	552	506	465	427
			3.6	1069	1014	952	887	822	758	698	639	587	538	494	453	417
			3.9	1054	997	934	869	803	741	680	624	573	525	482	443	407
			4.2	1039	979	915	850	785	723	664	609	559	513	471	432	397
			4.5	1022	962	897	831	767	706	648	594	545	500	459	422	388
			4.8	1005	943	878	813	750	689	632	580	531	488	447	411	380
			5.1	988	924	859	794	731	672	617	566	518	477	437	402	371
			5.4	970	906	841	777	715	656	620	552	506	465	427	393	363
			5.7	952	887	822	758	698	641	587	538	494	453	417	383	354
			6.0	934	869	803	741	680	624	573	525	482	443	407	375	346

柱厚 h /mm	折算厚度 h_T /mm	柱宽 b /mm	计算高度 H_0 /m	e/h_T												
				0	0.025	0.05	0.075	0.10	0.125	0.15	0.175	0.20	0.225	0.25	0.275	0.30
620	561	750	3.0	1139	1089	1029	964	897	829	764	702	645	590	542	497	456
			3.3	1127	1074	1012	946	878	811	747	686	629	577	529	485	446
			3.6	1112	1057	994	927	859	793	729	670	614	563	517	475	436
			3.9	1098	1040	976	909	841	775	712	654	600	549	505	464	426
			4.2	1083	1023	957	889	823	758	696	639	585	537	493	453	417
			4.5	1067	1005	939	871	804	740	680	623	571	524	481	442	407
			4.8	1051	987	919	852	786	723	664	608	558	512	470	432	397
			5.1	1034	969	901	834	769	706	648	594	544	500	459	423	389
			5.4	1016	951	882	816	751	689	633	579	532	488	449	413	381
			5.7	998	932	864	798	734	674	618	566	519	477	438	403	372
			6.0	980	913	846	780	717	658	604	553	507	466	429	395	364

2.2.35 T形截面普通砖墙柱承载力 N 值选用表（一）（b_f=2200mm 砖强度 MU10 砂浆强度 M2.5）

表 2-35 T形截面普通砖墙柱承载力 N 值（kN）选用表（一）

（b_f=2200mm 砖强度 MU10 砂浆强度 M2.5）

柱厚 h /mm	折算厚度 h_T /mm	柱宽 b /mm	计算高度 H_0 /m	e/h_T												
				0	0.025	0.05	0.075	0.10	0.125	0.15	0.175	0.20	0.225	0.25	0.275	0.30
370	280	240	3.0	591	550	509	469	431	396	363	333	306	280	258	237	219
			3.3	568	527	487	448	412	378	346	317	291	268	247	227	210
			3.6	545	505	465	428	392	360	330	303	278	255	236	217	201
			3.9	523	483	444	408	374	343	314	289	266	244	225	208	192
			4.2	500	461	423	388	356	327	300	276	253	234	215	199	184
			4.5	479	440	404	370	340	311	286	263	242	223	206	191	177
			4.8	457	420	385	353	324	297	273	251	231	213	197	183	170
			5.1	436	400	367	337	308	284	260	240	221	205	189	175	163
			5.4	416	382	350	321	295	271	249	229	212	196	181	168	157
			5.7	396	364	333	306	281	258	238	220	203	188	174	162	151
			6.0	378	347	318	292	268	247	228	210	194	180	167	155	145

续表

柱厚 h /mm	折算厚度 h_T /mm	柱宽 b /mm	计算高度 H_0 /m	e/h_T												
				0	0.025	0.05	0.075	0.10	0.125	0.15	0.175	0.20	0.225	0.25	0.275	0.30
370	294	370	3.0	610	578	536	494	455	417	383	351	322	295	271	250	230
			3.3	597	555	513	473	435	399	366	335	307	283	260	239	221
			3.6	575	533	492	453	415	381	349	320	294	271	249	229	212
			3.9	553	511	471	432	397	364	334	307	281	259	238	220	203
			4.2	531	490	450	414	379	348	319	293	269	248	229	211	196
			4.5	509	469	431	395	362	332	305	280	258	238	219	202	187
			4.8	488	448	411	378	346	318	292	268	247	227	210	194	181
			5.1	467	429	393	360	331	304	279	256	236	218	202	187	173
			5.4	447	410	375	345	316	290	267	246	226	209	193	180	167
			5.7	426	391	359	329	302	277	256	235	217	201	186	173	161
			6.0	408	374	343	315	289	265	244	226	208	193	179	167	155
370	308	490	3.0	646	603	560	518	476	437	401	368	337	309	285	262	241
			3.3	625	582	539	496	456	419	384	353	323	296	273	251	232
			3.6	603	560	517	476	437	401	368	337	309	284	262	241	223
			3.9	582	539	496	456	419	384	352	323	296	273	251	232	214
			4.2	559	517	476	437	401	368	368	337	309	284	262	241	223
			4.5	538	496	456	419	384	352	323	296	273	251	232	214	198
			4.8	517	476	437	401	367	337	309	284	262	241	223	206	191
			5.1	496	456	418	383	352	323	296	273	251	232	214	198	183
			5.4	476	436	400	367	336	309	284	261	241	223	206	190	177
			5.7	456	418	383	352	323	296	273	251	231	214	198	183	170
			6.0	436	400	367	336	309	284	261	241	223	206	190	177	165
490	357	240	3.0	669	629	587	544	502	461	424	389	356	327	300	275	254
			3.3	652	611	567	525	483	444	408	374	343	314	289	266	245
			3.6	634	592	549	507	467	428	392	360	330	303	279	256	236
			3.9	616	574	531	489	450	412	378	347	318	292	269	247	228
			4.2	598	555	512	472	433	397	364	334	307	282	259	239	220
			4.5	579	536	495	454	417	382	351	322	295	272	250	231	214
			4.8	561	518	477	438	402	369	338	310	285	262	242	223	206
			5.1	542	500	460	422	387	355	325	299	275	253	233	216	200
			5.4	524	483	443	406	373	342	314	288	265	244	225	208	193
			5.7	506	465	427	392	359	329	302	278	256	236	217	201	187
			6.0	488	448	411	377	346	317	292	268	247	228	210	195	181

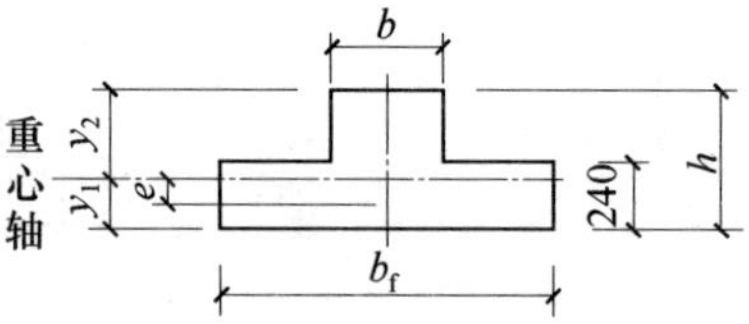

续表

柱厚 h /mm	折算厚度 h_T /mm	柱宽 b /mm	计算高度 H_0 /m	e/h_T												
				0	0.025	0.05	0.075	0.10	0.125	0.15	0.175	0.20	0.225	0.25	0.275	0.30
490	392	370	3.0	721	680	637	591	546	503	462	424	388	356	327	300	276
			3.3	705	663	618	573	529	487	446	409	375	345	317	291	267
			3.6	689	646	600	555	512	471	432	396	362	333	306	281	259
			3.9	672	628	583	538	495	454	417	383	350	322	292	272	251
			4.2	655	610	565	521	479	439	403	370	339	311	286	263	243
			4.5	638	592	547	504	463	425	389	357	328	301	277	255	236
			4.8	620	575	530	488	447	410	376	345	317	292	268	247	229
			5.1	602	557	513	471	433	396	363	333	306	282	259	240	221
			5.4	584	539	496	455	418	383	351	322	296	273	251	232	215
			5.7	566	522	479	440	404	371	340	312	287	264	244	225	208
			6.0	548	505	464	425	390	358	329	302	278	256	236	218	202
490	417	490	3.0	766	724	679	631	584	538	494	454	416	381	350	322	295
			3.3	750	707	661	613	566	521	479	439	403	369	339	312	287
			3.6	735	690	643	596	549	505	464	425	390	358	328	302	278
			3.9	719	673	625	579	533	489	449	411	378	346	318	293	270
			4.2	702	656	608	561	516	474	435	399	366	336	308	284	262
			4.5	685	638	591	544	500	459	421	386	354	325	299	275	254
			4.8	668	620	573	528	485	444	408	374	343	315	290	268	246
			5.1	650	602	556	511	470	431	394	362	333	306	281	259	240
			5.4	632	585	539	495	454	416	383	350	322	296	273	252	233
			5.7	614	568	523	480	440	404	370	339	312	287	265	245	226
			6.0	597	551	506	465	427	391	359	329	302	279	257	237	219
490	434	620	3.0	809	767	720	670	620	571	525	483	443	405	372	341	314
			3.3	795	751	702	652	602	554	510	467	428	393	361	332	305
			3.6	780	733	684	634	586	538	494	453	416	381	350	322	296
			3.9	763	716	666	617	569	522	479	439	403	370	340	312	288
			4.2	747	698	649	599	552	506	465	426	391	358	330	303	279
			4.5	730	681	631	582	535	491	451	413	379	348	320	294	271
			4.8	712	663	613	565	519	476	436	401	367	338	310	286	264
			5.1	695	645	595	548	504	462	423	388	356	327	301	277	256
			5.4	677	627	578	532	488	448	411	377	346	318	293	270	249
			5.7	659	609	562	516	474	434	398	365	335	308	285	262	243
			6.0	641	593	545	500	459	421	386	355	325	300	277	255	236

续表

柱厚 h /mm	折算厚度 h_T /mm	柱宽 b /mm	计算高度 H_0 /m	e/h_T												
				0	0.025	0.05	0.075	0.10	0.125	0.15	0.175	0.20	0.225	0.25	0.275	0.30
620	522	370	3.0	815	777	732	685	637	588	541	498	456	418	384	352	324
			3.3	803	764	718	671	622	574	528	485	445	407	374	343	315
			3.6	793	751	704	656	607	560	515	472	433	397	365	335	308
			3.9	781	737	690	642	593	546	502	460	422	387	355	326	300
			4.2	769	724	676	627	579	533	489	449	411	378	346	318	293
			4.5	756	710	662	612	565	519	477	438	401	368	338	311	286
			4.8	743	696	647	598	551	506	465	426	391	358	330	303	279
			5.1	729	681	632	584	538	494	453	415	381	350	321	296	272
			5.4	715	667	618	571	524	481	441	405	372	341	313	289	266
			5.7	701	652	604	557	511	469	431	394	362	332	305	282	259
			6.0	686	637	590	543	498	458	419	385	353	325	298	275	254
620	557	490	3.0	877	838	791	741	689	637	587	540	495	454	416	382	350
			3.3	867	826	778	727	674	623	573	527	483	443	406	373	343
			3.6	856	813	764	713	661	609	560	515	472	432	397	364	332
			3.9	844	800	750	698	646	596	547	502	461	422	388	356	327
			4.2	832	786	736	684	632	582	534	491	450	413	378	348	320
			4.5	820	772	721	669	618	569	522	479	439	402	369	339	312
			4.8	807	758	707	655	604	555	509	467	428	393	361	332	306
			5.1	794	744	692	640	590	542	497	456	418	384	352	324	298
			5.4	780	730	677	626	576	530	485	445	408	375	344	317	292
			5.7	766	715	663	612	563	517	474	435	399	366	337	310	285
			6.0	752	700	648	598	550	505	463	424	389	353	329	303	279
620	581	620	3.0	942	901	852	799	744	688	634	582	535	490	449	412	379
			3.3	932	889	838	785	729	674	620	569	523	479	439	404	371
			3.6	921	876	824	770	714	659	606	556	511	468	429	395	362
			3.9	910	862	810	755	699	645	593	543	499	457	419	386	354
			4.2	898	849	796	740	684	631	579	532	488	447	410	377	347
			4.5	885	835	781	725	670	617	566	520	476	437	401	369	339
			4.8	872	820	766	710	656	603	553	508	465	427	392	360	332
			5.1	859	807	751	695	641	589	541	496	455	417	383	352	324
			5.4	845	792	736	680	627	576	529	485	444	407	375	345	317
			5.7	831	777	721	667	613	563	517	474	434	399	367	337	311
			6.0	817	762	706	652	599	550	505	463	424	390	358	330	304

柱厚 h /mm	折算厚度 h_T /mm	柱宽 b /mm	计算高度 H_0 /m	e/h_T												
				0	0.025	0.05	0.075	0.10	0.125	0.15	0.175	0.20	0.225	0.25	0.275	0.30
740	697	490	3.0	968	931	886	834	777	721	666	612	562	516	473	434	398
			3.3	961	922	874	822	765	709	654	601	551	506	464	426	390
			3.6	953	912	863	808	752	697	642	589	541	496	455	418	383
			3.9	945	902	851	796	740	684	630	578	531	487	447	409	376
			4.2	936	891	840	784	727	672	619	567	521	478	438	402	369
			4.5	927	880	828	771	715	660	606	557	511	469	430	394	362
			4.8	917	869	814	759	703	648	595	546	501	460	422	387	356
			5.1	907	857	802	746	690	636	584	536	492	451	414	380	349
			5.4	896	846	790	734	678	625	573	526	482	442	405	373	343
			5.7	886	834	777	721	666	612	562	516	473	434	398	366	337
			6.0	874	822	765	709	654	601	551	506	464	426	390	359	331
740	721	620	3.0	1053	1013	964	908	848	786	726	668	614	563	516	473	434
			3.3	1044	1003	953	895	835	773	713	656	602	553	506	465	427
			3.6	1037	993	941	882	821	760	701	644	591	542	497	456	419
			3.9	1028	982	929	869	808	748	688	632	580	532	488	448	411
			4.2	1019	971	916	856	795	735	676	622	569	522	479	440	404
			4.5	1009	960	904	843	782	722	664	610	559	513	470	432	397
			4.8	1000	948	891	830	769	709	652	599	549	503	461	424	390
			5.1	990	936	878	817	756	697	640	588	539	494	454	417	383
			5.4	979	924	864	803	742	685	628	577	529	485	445	409	376
			5.7	967	911	851	790	730	672	617	566	519	476	437	401	370
			6.0	956	899	838	777	717	660	606	555	509	467	429	394	363

2.2.36 T形截面普通砖墙柱承载力 N 值选用表（二）（b_f = 2200mm 砖强度 MU10 砂浆强度 M2.5）

表 2-36 T形截面普通砖墙柱承载力 N 值（kN）选用表（二）

（b_f = 2200mm 砖强度 MU10 砂浆强度 M2.5）

柱厚 h /mm	折算厚度 h_T /mm	柱宽 b /mm	计算高度 H_0 /m	e/h_T												
				0	0.025	0.05	0.075	0.10	0.125	0.15	0.175	0.20	0.225	0.25	0.275	0.30
490	412	370	4.5	900	838	775	715	657	602	552	506	465	427	392	362	333
			4.8	877	814	752	692	636	583	535	491	450	414	381	351	324
			5.1	853	791	729	670	615	564	517	475	436	401	369	340	314
			5.4	830	767	707	649	595	546	501	459	422	389	358	330	305
			5.7	806	744	685	629	576	528	485	445	409	377	348	321	296
			6.0	783	722	663	609	559	512	469	431	397	366	337	311	289
			6.3	759	699	642	589	541	495	455	418	384	354	326	302	280
			6.6	736	677	622	571	523	479	440	405	372	343	318	294	272
			6.9	714	656	602	552	506	465	427	392	361	333	309	285	265
			7.2	691	636	583	534	490	450	414	380	351	323	300	277	257
			7.5	670	615	564	517	475	436	400	369	340	314	291	270	251
490	421	490	4.5	922	860	796	734	675	619	568	520	477	439	403	372	342
			4.8	899	836	772	711	653	600	550	504	462	425	391	360	333
			5.1	877	812	749	689	634	580	533	489	449	413	380	350	323
			5.4	853	789	727	669	613	562	516	474	435	400	368	340	314
			5.7	829	767	705	647	594	545	500	459	422	388	357	330	305
			6.0	806	744	684	628	576	528	484	444	409	376	347	321	297
			6.3	782	721	662	608	558	511	469	431	397	365	336	312	289
			6.6	760	700	642	588	540	495	454	418	384	355	327	302	281
			6.9	737	678	622	570	523	479	441	405	373	344	318	295	273
			7.2	714	656	602	552	507	465	427	393	363	334	309	287	266
			7.5	693	636	584	535	491	451	414	381	351	325	300	279	258
620	490	370	4.5	1007	943	877	811	748	688	631	578	530	486	447	411	379
			4.8	987	923	856	791	729	669	613	563	516	473	436	400	370
			5.1	967	902	836	771	709	651	597	547	503	461	424	391	360
			5.4	947	881	815	751	690	634	580	532	489	448	413	380	351
			5.7	927	860	795	731	672	616	565	518	476	437	403	371	342
			6.0	906	840	775	712	654	599	550	504	463	426	392	361	334
			6.3	885	819	755	694	630	584	535	491	451	414	382	352	326
			6.6	863	798	735	675	619	568	520	478	439	404	372	344	318
			6.9	843	777	716	657	603	552	506	465	427	393	362	335	311
			7.2	822	757	696	639	586	537	493	453	417	384	354	327	302
			7.5	801	738	678	622	570	523	480	441	406	374	345	319	295

柱厚 h /mm	折算厚度 h_T /mm	柱宽 b /mm	计算高度 H_0 /m	e/h_T												
				0	0.025	0.05	0.075	0.10	0.125	0.15	0.175	0.20	0.225	0.25	0.275	0.30
620	513	490	4.5	1054	989	921	853	786	723	663	608	558	512	471	433	398
			4.8	1034	969	900	832	766	704	646	592	544	499	458	422	389
			5.1	1015	948	880	813	748	686	630	578	529	486	446	411	376
			5.4	995	927	859	793	729	669	613	562	516	474	435	401	370
			5.7	975	908	840	773	710	652	597	549	504	462	424	392	361
			6.0	955	887	819	754	692	635	583	534	490	450	415	382	353
			6.3	935	866	799	735	674	618	567	521	478	439	405	373	344
			6.6	914	846	779	717	657	602	552	507	466	428	394	364	337
			6.9	893	825	759	698	640	588	539	494	454	417	385	355	328
			7.2	872	805	741	680	624	572	524	482	443	407	376	346	321
			7.5	852	785	721	663	607	557	511	469	432	398	367	339	314
620	535	620	4.5	1103	1036	967	896	826	760	697	639	587	539	495	454	418
			4.8	1084	1016	946	875	807	741	681	624	573	525	482	443	409
			5.1	1065	996	925	855	788	724	663	608	558	512	471	433	399
			5.4	1045	976	905	836	769	706	647	594	545	500	459	423	390
			5.7	1025	956	885	816	750	689	631	579	531	488	448	413	381
			6.0	1006	934	865	797	731	671	615	565	518	476	438	404	372
			6.3	985	914	845	777	714	655	600	550	506	464	428	394	364
			6.6	964	894	825	758	696	638	585	537	493	453	418	385	356
			6.9	944	874	806	740	678	623	571	524	481	443	408	376	347
			7.2	924	854	786	721	662	607	556	511	469	432	398	367	340
			7.5	903	833	767	704	646	592	544	498	458	421	389	360	332
620	552	750	4.5	1148	1080	1009	936	864	795	730	669	614	563	516	475	437
			4.8	1130	1061	988	915	844	775	712	653	598	549	505	464	428
			5.1	1111	1041	968	859	825	757	695	637	584	536	493	453	417
			5.4	1092	1020	947	874	805	739	678	622	571	524	481	443	408
			5.7	1072	999	926	855	786	722	662	608	557	511	470	433	399
			6.0	1051	980	907	835	768	705	647	592	544	499	459	423	390
			6.3	1032	959	886	816	749	688	631	579	531	488	449	414	381
			6.6	1011	938	867	798	731	671	615	565	518	476	438	404	373
			6.9	990	917	846	778	714	656	601	552	506	466	428	395	365
			7.2	971	898	826	760	697	639	587	539	494	455	419	386	358
			7.5	950	877	808	742	680	624	572	525	483	445	410	378	350

2.2.37 T形截面普通砖墙柱承载力 N 值选用表（一）（$b_f=2400$mm 砖强度 MU10 砂浆强度 M2.5）

表 2-37 T形截面普通砖墙柱承载力 N 值（kN）选用表（一）

（$b_f=2400$mm 砖强度 MU10 砂浆强度 M2.5）

柱厚 h /mm	折算厚度 h_T /mm	柱宽 b /mm	计算高度 H_0 /m	e/h_T												
				0	0.025	0.05	0.075	0.10	0.125	0.15	0.175	0.20	0.225	0.25	0.275	0.30
370	277	240	3.0	638	595	550	507	466	428	393	359	330	303	279	257	237
			3.3	614	569	526	484	445	408	374	343	314	289	266	245	227
			3.6	589	545	502	461	423	388	356	326	300	276	254	235	217
			3.9	565	520	479	440	404	370	339	311	286	263	243	224	208
			4.2	540	498	457	419	384	352	323	297	273	252	232	215	199
			4.5	516	474	435	399	366	336	308	284	261	241	222	206	191
			4.8	492	452	415	380	348	320	294	270	250	230	213	197	183
			5.1	469	431	395	363	333	305	281	258	239	221	204	189	176
			5.4	448	411	376	345	317	292	268	247	228	211	195	182	168
			5.7	427	391	359	329	302	278	256	236	218	202	187	174	162
			6.0	406	373	342	314	288	266	245	226	209	194	180	168	156
370	294	370	3.0	670	626	580	535	493	452	415	380	348	320	294	270	249
			3.3	647	602	556	512	471	432	396	363	333	306	282	259	240
			3.6	623	578	533	490	450	412	378	347	318	293	270	249	230
			3.9	599	554	510	468	430	395	361	332	305	280	258	239	220
			4.2	576	531	488	448	411	377	345	318	292	269	248	229	212
			4.5	551	508	467	428	392	360	331	304	279	258	237	219	203
			4.8	528	485	446	409	375	344	316	290	267	246	227	210	196
			5.1	506	464	426	391	358	329	302	278	256	236	219	202	188
			5.4	484	444	407	374	343	314	289	266	245	227	210	195	181
			5.7	462	424	389	356	327	301	277	255	236	218	202	187	174
			6.0	442	405	371	341	313	288	265	245	226	209	194	180	167
370	305	490	3.0	696	650	603	558	513	471	432	396	364	334	306	282	260
			3.3	673	627	580	534	491	451	414	379	348	320	294	271	250
			3.6	650	602	557	513	470	431	395	363	333	306	281	260	240
			3.9	626	579	534	491	450	413	379	347	319	293	271	249	231
			4.2	602	556	512	470	431	395	362	333	306	381	259	240	222
			4.5	578	533	490	449	412	378	347	319	293	270	249	230	213
			4.8	555	511	469	430	395	362	332	306	281	259	239	222	205
			5.1	533	489	449	412	378	346	318	392	270	249	230	212	197
			5.4	510	469	429	394	361	331	305	281	259	239	221	205	190
			5.7	488	449	411	377	346	318	292	269	248	230	212	197	183
			6.0	468	429	394	361	331	305	281	258	238	221	205	190	177

续表

柱厚 h /mm	折算厚度 h_T /mm	柱宽 b /mm	计算高度 H_0 /m	e/h_T												
				0	0.025	0.05	0.075	0.10	0.125	0.15	0.175	0.20	0.225	0.25	0.275	0.30
490	350	240	3.0	720	677	630	584	539	496	454	417	382	351	322	296	272
			3.3	701	656	610	563	519	477	438	401	368	338	310	286	263
			3.6	682	635	589	544	500	459	421	386	354	325	299	275	253
			3.9	662	615	569	525	482	442	405	372	341	313	288	266	245
			4.2	641	595	548	505	463	425	390	358	329	302	277	256	237
			4.5	620	574	529	486	446	410	375	344	316	291	268	247	229
			4.8	600	554	510	468	429	394	361	332	305	381	258	238	221
			5.1	579	534	491	451	413	379	348	319	294	271	249	230	214
			5.4	559	515	473	434	398	365	334	308	283	261	241	223	206
			5.7	539	496	455	417	383	351	323	296	273	252	233	215	200
			6.0	520	477	438	401	368	338	310	286	263	243	224	208	193
490	385	370	3.0	774	730	683	633	585	538	495	454	416	382	351	322	296
			3.3	756	711	663	614	566	521	477	438	402	369	338	311	286
			3.6	739	691	643	595	548	503	462	423	388	356	327	301	278
			3.9	720	672	623	576	530	486	445	409	375	344	316	292	268
			4.2	701	652	603	557	511	470	431	395	362	332	305	282	260
			4.5	682	633	584	538	494	453	416	381	350	321	296	272	252
			4.8	662	613	565	520	477	438	401	368	338	311	286	264	244
			5.1	643	594	547	503	461	423	388	356	327	300	277	256	237
			5.4	623	575	529	485	445	408	374	344	316	291	268	248	229
			5.7	603	556	511	469	430	394	362	332	305	281	259	240	222
			6.0	584	537	494	453	415	381	350	321	296	272	252	232	216
490	406	490	3.0	818	772	723	672	622	572	526	483	443	406	373	342	315
			3.3	801	754	704	653	602	554	509	467	428	393	361	332	305
			3.6	784	735	684	633	584	537	493	452	414	380	349	321	296
			3.9	766	716	665	614	566	520	477	437	401	368	338	311	286
			4.2	747	697	646	596	548	503	461	423	388	356	327	302	278
			4.5	728	677	626	577	531	486	446	409	375	345	317	292	269
			4.8	709	658	607	559	513	471	432	396	364	334	307	284	262
			5.1	690	639	589	542	497	455	417	383	352	324	298	275	254
			5.4	670	619	570	523	481	441	404	371	341	314	289	266	246
			5.7	651	601	553	507	465	426	391	359	330	304	280	258	239
			6.0	631	582	534	491	450	413	378	347	320	295	272	251	233

续表

柱厚 h /mm	折算厚度 h_T /mm	柱宽 b /mm	计算高度 H_0 /m	e/h_T												
				0	0.025	0.05	0.075	0.10	0.125	0.15	0.175	0.20	0.225	0.25	0.275	0.30
490	427	620	3.0	864	818	767	714	661	609	559	514	471	432	396	363	335
			3.3	848	800	747	694	642	591	542	497	457	419	384	353	325
			3.6	831	782	728	675	623	573	526	482	442	405	372	343	315
			3.9	814	763	709	656	605	555	510	467	428	393	362	332	306
			4.2	795	743	689	637	586	538	494	453	416	382	350	323	297
			4.5	777	724	670	618	569	522	478	439	402	369	340	313	288
			4.8	758	705	651	600	552	506	463	425	390	359	330	304	281
			5.1	739	685	632	582	535	490	449	412	379	347	320	395	272
			5.4	719	666	613	564	517	475	436	400	367	338	310	286	265
			5.7	700	647	595	547	502	460	422	387	356	327	302	279	257
			6.0	680	628	577	530	486	446	409	376	345	318	293	270	250
620	511	370	3.0	871	380	782	731	679	626	577	530	486	446	408	375	345
			3.3	859	816	767	715	663	612	562	517	474	435	398	366	336
			3.6	846	802	751	699	647	597	548	503	462	422	388	356	327
			3.9	833	787	735	683	631	582	534	490	449	412	378	347	320
			4.2	819	771	720	667	616	567	520	477	437	401	368	339	312
			4.5	805	756	704	652	601	552	507	464	426	391	359	330	304
			4.8	791	740	688	636	585	538	494	453	415	381	350	322	297
			5.1	776	724	672	621	571	524	481	441	405	371	341	314	289
			5.4	761	708	656	605	557	511	468	430	394	362	333	306	283
			5.7	745	693	640	590	543	498	456	419	384	353	325	299	276
			6.0	729	677	626	575	529	485	445	408	374	344	316	292	270
620	546	490	3.0	934	891	842	788	733	677	624	573	526	482	442	406	373
			3.3	922	878	827	772	717	662	609	559	513	470	432	396	364
			3.6	911	864	812	757	701	647	595	545	501	459	421	387	355
			3.9	898	850	796	741	685	632	580	533	488	448	411	377	347
			4.2	885	835	780	725	670	617	564	520	476	437	401	358	339
			4.5	871	820	765	709	654	602	553	507	465	427	392	360	331
			4.8	858	804	750	694	640	588	540	495	453	417	382	351	324
			5.1	843	789	734	678	625	574	527	483	442	406	373	343	317
			5.4	828	773	718	662	610	560	514	471	432	397	364	335	309
			5.7	813	758	702	648	595	546	501	459	422	387	356	327	302
			6.0	797	742	686	633	581	534	489	448	412	378	347	321	296

续表

柱厚 h /mm	折算厚度 h_T /mm	柱宽 b /mm	计算高度 H_0 /m	e/h_T												
				0	0.025	0.05	0.075	0.10	0.125	0.15	0.175	0.20	0.225	0.25	0.275	0.30
			3.0	999	955	904	847	788	729	672	617	566	519	476	436	401
			3.3	988	942	888	831	772	713	656	603	552	507	465	427	392
			3.6	977	928	873	815	755	697	641	589	540	495	454	417	384
			3.9	964	913	857	798	739	682	626	576	527	484	444	408	375
			4.2	951	898	841	782	723	666	613	562	515	472	433	398	367
620	571	620	4.5	937	884	826	767	707	652	599	549	503	462	424	389	358
			4.8	924	868	810	751	693	637	584	535	491	451	414	380	351
			5.1	909	852	794	735	677	622	571	524	480	441	405	372	342
			5.4	894	836	777	719	662	608	558	511	469	430	395	364	335
			5.7	878	820	761	703	647	594	545	500	458	420	387	356	328
			6.0	864	805	745	687	633	580	532	488	448	411	378	348	321
			3.0	1027	988	939	883	823	764	705	648	595	546	501	460	422
			3.3	1019	977	926	869	811	751	692	637	584	535	492	451	414
			3.6	1010	966	914	857	797	737	679	624	573	525	482	441	406
			3.9	1002	955	901	848	783	724	667	612	562	515	472	434	399
			4.2	992	944	889	830	770	710	654	600	550	505	463	425	391
740	686	490	4.5	981	931	876	816	756	698	642	589	540	495	454	417	384
			4.8	971	920	862	803	743	685	629	578	530	485	446	409	376
			5.1	960	907	849	789	730	673	617	566	519	477	437	402	370
			5.4	948	894	835	775	717	659	606	556	510	467	429	394	362
			5.7	937	881	822	762	703	647	594	545	499	458	420	387	356
			6.0	925	968	809	749	690	635	582	534	489	449	413	379	350
			3.0	1111	1070	1018	959	894	830	767	706	648	594	544	499	459
			3.3	1104	1059	1005	945	881	816	753	693	635	582	534	490	450
			3.6	1095	1049	992	931	867	802	740	680	624	572	525	481	442
			3.9	1086	1037	980	917	853	788	726	668	612	562	514	473	434
			4.2	1076	1026	967	904	839	775	714	655	601	551	505	464	426
740	714	620	4.5	1066	1013	953	890	824	761	700	643	589	541	496	456	419
			4.8	1056	1000	939	875	810	748	687	631	579	530	487	446	411
			5.1	1044	988	926	861	797	734	674	619	567	521	477	438	404
			5.4	1033	975	912	847	783	722	663	608	557	511	469	431	397
			5.7	1020	961	898	833	769	708	650	596	547	502	460	423	390
			6.0	1008	947	884	820	756	695	639	586	536	492	452	415	383

2.2.38 T形截面普通砖墙柱承载力 N 值选用表（二）（b_f＝2400mm 砖强度 MU10 砂浆强度 M2.5）

表 2－38　　T形截面普通砖墙柱承载力 N 值（kN）选用表（二）

（b_f＝2400mm　砖强度 MU10　砂浆强度 M2.5）

柱厚 h /mm	折算厚度 h_T /mm	柱宽 b /mm	计算高度 H_0 /m	e/h_T												
				0	0.025	0.05	0.075	0.10	0.125	0.15	0.175	0.20	0.225	0.25	0.275	0.30
490	409	370	4.5	975	907	839	773	711	652	598	549	503	463	425	391	361
			4.8	950	881	814	749	688	631	579	530	487	448	412	380	351
			5.1	923	855	789	726	666	610	559	513	472	433	399	368	340
			5.4	898	830	764	703	644	591	541	498	456	420	387	357	330
			5.7	872	804	740	679	624	572	524	482	443	407	375	347	321
			6.0	847	780	717	658	603	553	507	466	429	395	364	336	312
			6.3	821	756	694	637	584	535	492	452	415	383	353	327	303
			6.6	796	732	672	616	566	518	476	437	403	372	344	317	294
			6.9	772	709	650	596	547	501	461	424	391	361	333	309	287
			7.2	747	687	630	578	529	486	447	410	379	350	323	300	278
			7.5	723	664	609	558	512	471	432	398	368	340	315	292	271
490	418	490	4.5	998	930	860	793	729	669	614	563	516	475	436	402	370
			4.8	973	904	835	769	706	648	594	545	500	460	423	390	360
			5.1	947	878	811	745	684	627	576	528	484	445	411	379	349
			5.4	920	852	786	722	663	608	557	512	470	432	398	368	339
			5.7	896	828	761	700	642	589	540	496	455	419	386	356	329
			6.0	871	803	738	678	621	569	523	480	441	407	375	347	321
			6.3	845	779	716	657	601	552	507	465	428	395	364	337	312
			6.6	820	755	692	636	583	535	491	451	416	382	354	327	304
			6.9	796	732	672	615	564	518	476	438	403	371	343	318	295
			7.2	771	708	651	596	547	502	461	424	391	360	333	308	286
			7.5	748	686	630	577	530	486	446	412	380	350	324	301	279

续表

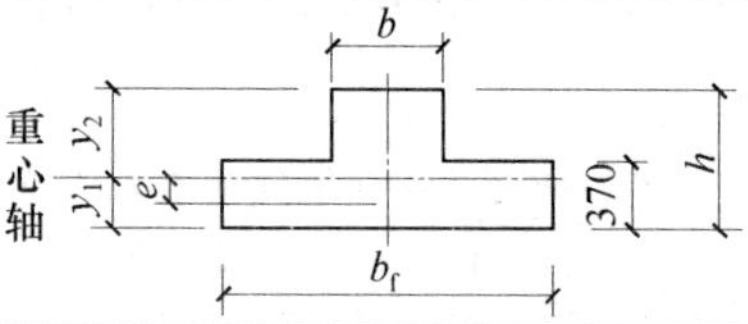

柱厚 h /mm	折算厚度 h_T /mm	柱宽 b /mm	计算高度 H_0 /m	e/h_T												
				0	0.025	0.05	0.075	0.10	0.125	0.15	0.175	0.20	0.225	0.25	0.275	0.30
620	483	370	4.5	1086	1015	944	874	805	739	678	622	571	523	481	442	407
			4.8	1064	994	921	851	783	718	660	605	555	509	469	430	397
			5.1	1041	971	898	829	762	699	642	588	540	495	456	420	387
			5.4	1019	947	876	806	741	680	624	572	525	483	443	409	377
			5.7	996	924	854	786	721	661	606	557	511	470	432	398	368
			6.0	973	902	832	764	702	643	590	541	497	457	421	388	359
			6.3	950	879	809	744	683	625	574	527	484	446	410	378	350
			6.6	927	856	789	724	664	609	558	512	471	433	400	369	341
			6.9	905	834	767	704	646	592	543	499	458	423	390	360	333
			7.2	882	813	746	685	628	576	528	485	447	411	379	351	325
			7.5	859	791	726	666	610	560	514	472	434	401	370	342	317
620	506	490	4.5	1133	1062	990	916	844	776	713	654	599	550	505	465	428
			4.8	1112	1041	966	894	823	756	693	637	583	535	492	453	417
			5.1	1091	1018	944	872	802	736	676	620	568	521	479	441	407
			5.4	1069	995	922	849	781	717	658	602	554	508	467	430	398
			5.7	1046	973	899	828	761	698	641	588	539	495	455	420	387
			6.0	1024	951	877	807	742	680	623	572	525	483	445	409	378
			6.3	1002	928	856	786	722	663	608	558	512	471	433	400	369
			6.6	979	906	834	767	704	645	592	543	499	459	422	390	361
			6.9	956	884	813	747	685	629	576	529	486	447	412	380	352
			7.2	934	861	793	727	667	612	562	516	474	436	403	371	344
			7.5	911	840	772	709	650	596	546	503	462	425	392	363	336
620	527	620	4.5	1182	1111	1035	959	885	813	747	684	629	576	530	486	448
			4.8	1162	1088	1012	938	863	794	728	668	612	562	516	474	437
			5.1	1141	1067	991	915	843	774	710	650	597	547	504	463	427
			5.4	1119	1045	968	893	821	755	692	634	583	534	492	452	417
			5.7	1098	1022	946	871	802	736	675	619	568	522	479	442	408
			6.0	1076	1000	924	851	782	717	657	603	554	508	467	431	398
			6.3	1053	977	903	831	762	699	641	588	539	496	456	421	389
			6.6	1031	955	881	810	743	682	625	573	527	484	446	412	381
			6.9	1008	932	859	790	725	664	610	559	513	473	435	402	371
			7.2	987	911	839	770	706	648	593	545	501	461	425	393	363
			7.5	964	889	818	751	688	631	578	532	489	450	414	383	355

续表

柱厚 h /mm	折算厚度 h_T /mm	柱宽 b /mm	计算高度 H_0 /m	e/h_T												
				0	0.025	0.05	0.075	0.10	0.125	0.15	0.175	0.20	0.225	0.25	0.275	0.30
			4.5	1228	1156	1079	1001	922	850	780	715	655	601	552	507	466
			4.8	1209	1133	1057	978	901	829	760	697	640	587	539	496	457
			5.1	1188	1112	1034	956	880	809	742	680	624	573	527	483	446
			5.4	1167	1090	1012	933	859	789	724	664	609	559	514	472	436
			5.7	1145	1068	989	912	838	770	706	647	594	546	501	462	426
620	544	750	6.0	1124	1045	967	892	819	752	689	631	580	532	490	451	416
			6.3	1101	1023	945	871	799	734	672	616	566	520	479	441	406
			6.6	1079	1001	924	850	780	715	655	602	552	507	468	432	398
			6.9	1057	978	901	829	761	697	640	587	539	496	457	422	390
			7.2	1034	956	880	809	742	680	624	573	527	485	446	412	381
			7.5	1012	935	859	789	724	664	609	559	514	473	436	402	373

2.2.39 T形截面普通砖墙柱承载力 N 值选用表（一）（b_f＝2600mm 砖强度 MU10 砂浆强度 M2.5）

表 2-39 T形截面普通砖墙柱承载力 N 值（kN）选用表（一）

（b_f＝2600mm 砖强度 MU10 砂浆强度 M2.5）

柱厚 h /mm	折算厚度 h_T /mm	柱宽 b /mm	计算高度 H_0 /m	e/h_T												
				0	0.025	0.05	0.075	0.10	0.125	0.15	0.175	0.20	0.225	0.25	0.275	0.30
			3.0	689	642	594	547	503	462	424	388	356	327	301	277	256
			3.3	662	614	568	522	480	440	403	370	339	312	287	264	245
			3.6	636	588	542	498	457	419	384	352	324	298	275	253	234
			3.9	609	562	517	475	436	399	366	336	309	284	262	242	224
			4.2	583	537	493	453	414	380	349	321	295	272	251	232	215
370	277	240	4.5	557	511	470	430	395	362	333	306	281	260	240	222	206
			4.8	531	488	448	410	376	345	317	292	270	248	229	212	198
			5.1	506	465	426	391	359	329	303	279	258	238	220	204	189
			5.4	483	443	406	373	342	315	289	267	247	228	211	196	182
			5.7	460	422	387	355	326	300	276	255	235	218	202	188	175
			6.0	438	402	369	339	311	287	264	244	225	209	195	181	168

续表

柱厚 h /mm	折算厚度 h_T /mm	柱宽 b /mm	计算高度 H_0 /m	e/h_T												
				0	0.025	0.05	0.075	0.10	0.125	0.15	0.175	0.20	0.225	0.25	0.275	0.30
370	291	370	3.0	719	671	622	574	528	484	444	408	373	343	316	290	268
			3.3	694	645	596	549	505	463	424	389	357	328	302	278	256
			3.6	668	619	571	525	482	442	405	372	341	314	289	267	246
			3.9	642	594	546	502	460	422	387	355	326	300	276	256	236
			4.2	615	568	522	479	440	403	370	339	312	288	265	245	227
			4.5	590	543	499	457	420	385	353	325	298	276	254	235	218
			4.8	565	519	477	437	401	367	338	311	286	263	243	226	209
			5.1	540	496	455	417	383	352	323	297	274	253	234	217	201
			5.4	517	474	435	399	366	336	309	284	262	242	224	208	193
			5.7	493	453	415	380	349	321	296	272	251	233	215	200	186
			6.0	471	432	396	364	334	307	283	261	242	223	207	193	179
370	301	490	3.0	745	696	646	596	548	504	462	423	388	356	328	302	278
			3.3	720	670	620	571	525	481	442	405	371	341	314	289	267
			3.6	694	644	595	547	502	461	422	388	355	327	301	278	256
			3.9	668	618	570	523	480	440	404	371	340	313	288	266	246
			4.2	642	593	546	501	460	421	387	354	326	300	277	255	236
			4.5	617	568	522	480	439	403	370	339	312	287	266	245	227
			4.8	591	544	500	458	421	386	354	325	299	276	255	236	219
			5.1	567	521	478	438	402	369	338	312	287	265	244	227	210
			5.4	543	498	457	419	385	353	324	299	276	254	236	219	202
			5.7	520	477	438	401	368	338	311	286	264	244	227	210	195
			6.0	497	456	418	384	352	324	298	275	253	235	218	202	188
490	343	240	3.0	770	723	674	624	575	529	485	445	408	374	344	316	291
			3.3	749	701	651	601	553	508	466	428	393	360	331	304	280
			3.6	728	678	628	579	533	489	449	411	377	346	319	293	271
			3.9	706	656	606	558	513	471	432	395	363	334	307	282	261
			4.2	683	633	585	537	493	452	415	380	349	321	296	272	252
			4.5	660	611	562	517	474	435	399	366	337	309	285	263	243
			4.8	638	589	542	497	457	418	384	353	324	298	275	254	235
			5.1	616	568	521	479	439	402	369	339	312	288	265	245	227
			5.4	593	546	502	460	422	387	355	327	300	277	256	237	219
			5.7	572	526	482	442	406	372	342	314	289	267	247	229	212
			6.0	551	505	464	425	390	358	329	303	279	257	239	221	205

续表

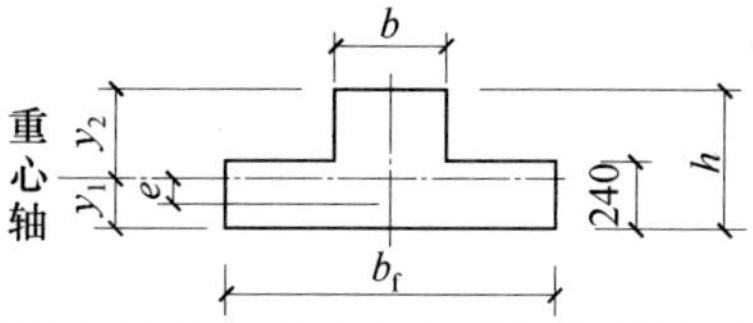

柱厚 h /mm	折算厚度 h_T /mm	柱宽 b /mm	计算高度 H_0 /m	e/h_T												
				0	0.025	0.05	0.075	0.10	0.125	0.15	0.175	0.20	0.225	0.25	0.275	0.30
490	378	370	3.0	827	778	727	675	624	573	527	483	443	407	373	343	315
			3.3	807	758	706	653	603	554	508	466	428	393	360	331	306
			3.6	788	736	684	633	583	535	490	450	413	379	348	320	295
			3.9	767	716	663	611	563	516	474	434	398	366	336	310	285
			4.2	746	694	642	591	543	499	457	420	385	353	325	299	276
			4.5	725	672	621	571	525	481	441	405	371	341	314	289	268
			4.8	704	652	600	552	506	464	426	391	359	330	304	280	259
			5.1	682	630	580	533	489	448	411	377	347	319	294	271	251
			5.4	661	610	560	515	472	433	396	365	355	309	285	263	244
			5.7	639	589	541	496	455	418	383	352	324	298	275	255	236
			6.0	618	569	552	479	439	403	370	340	312	288	267	246	229
490	399	490	3.0	871	822	769	715	661	609	559	513	470	431	395	363	334
			3.3	853	802	749	694	640	590	541	496	455	417	383	352	324
			3.6	833	782	727	673	621	570	523	480	440	403	370	341	314
			3.9	814	760	706	653	600	552	506	463	426	391	359	330	304
			4.2	793	739	685	632	581	533	489	448	411	378	347	320	295
			4.5	773	719	664	612	562	516	473	433	397	365	336	310	286
			4.8	752	697	644	592	544	498	458	420	385	354	326	300	277
			5.1	730	676	623	573	525	482	442	405	372	342	316	291	269
			5.4	709	656	603	554	508	466	427	393	361	331	305	282	261
			5.7	689	635	584	536	492	451	413	380	349	322	296	274	254
			6.0	667	615	565	518	475	436	400	367	338	311	287	265	246
490	420	620	3.0	918	868	814	757	700	646	593	544	499	458	420	385	355
			3.3	901	849	793	737	680	626	575	527	484	447	407	374	344
			3.6	882	829	772	715	660	607	556	511	468	430	394	363	334
			3.9	862	808	751	694	640	588	539	495	453	416	382	352	324
			4.2	843	787	731	674	620	570	522	479	439	404	371	341	314
			4.5	823	766	709	654	601	551	506	464	426	390	359	331	305
			4.8	802	745	689	634	583	534	490	449	413	379	349	322	296
			5.1	781	725	668	615	565	518	474	435	400	367	338	311	288
			5.4	760	703	649	596	546	502	459	422	387	356	329	302	280
			5.7	739	683	628	578	529	486	445	409	375	346	319	294	272
			6.0	719	663	609	560	513	470	431	396	364	336	309	286	265

柱厚 h /mm	折算厚度 h_T /mm	柱宽 b /mm	计算高度 H_0 /m	e/h_T												
				0	0.025	0.05	0.075	0.10	0.125	0.15	0.175	0.20	0.225	0.25	0.275	0.30
620	501	370	3.0	927	882	831	777	721	665	613	562	516	473	434	398	366
			3.3	914	867	812	759	703	649	597	548	502	461	423	388	356
			3.6	900	851	798	742	686	633	581	533	489	449	411	378	347
			3.9	885	835	781	725	669	617	566	519	476	437	401	368	338
			4.2	870	819	763	707	653	601	551	505	464	425	390	359	330
			4.5	855	802	746	690	637	585	536	493	451	414	380	349	323
			4.8	838	785	729	673	620	570	522	479	440	403	370	340	315
			5.1	823	768	711	657	604	554	508	467	428	393	361	332	307
			5.4	806	750	694	641	589	540	495	454	417	382	351	324	299
			5.7	789	733	677	624	573	525	482	442	406	373	343	316	292
			6.0	772	715	660	608	558	511	470	431	395	363	334	309	285
620	534	490	3.0	990	944	892	834	775	717	660	606	556	509	467	429	394
			3.3	978	930	875	817	758	700	644	591	542	497	456	419	385
			3.6	964	915	859	800	741	683	628	577	528	485	445	408	376
			3.9	951	899	842	783	724	667	612	562	516	472	433	399	366
			4.2	936	882	824	765	707	650	598	548	503	461	423	389	358
			4.5	921	866	807	748	690	635	583	535	490	449	412	380	349
			4.8	905	849	790	732	674	620	568	521	478	439	403	370	341
			5.1	890	833	774	715	658	604	555	508	466	428	393	362	333
			5.4	874	815	756	698	642	589	541	496	455	418	384	353	326
			5.7	857	798	739	681	626	575	527	483	444	407	374	345	319
			6.0	840	781	722	665	611	561	515	471	432	398	366	337	311
620	564	620	3.0	1057	1010	955	895	832	769	709	651	597	548	502	461	424
			3.3	1044	995	938	878	815	753	692	636	584	535	491	451	414
			3.6	1032	981	923	860	797	736	677	622	569	522	479	440	405
			3.9	1019	965	906	843	781	719	661	607	556	510	468	430	395
			4.2	1005	949	889	825	764	704	647	593	544	498	458	420	386
			4.5	991	933	871	809	747	687	631	578	530	487	440	411	378
			4.8	975	916	854	792	730	671	616	565	518	476	436	402	369
			5.1	959	899	836	774	714	655	602	552	506	464	426	392	362
			5.4	944	882	820	757	698	641	587	539	495	453	416	384	354
			5.7	927	866	802	740	681	625	574	526	482	443	407	375	346
			6.0	910	848	785	724	666	611	560	514	471	433	398	366	338

柱厚 h /mm	折算厚度 h_T /mm	柱宽 b /mm	计算高度 H_0 /m	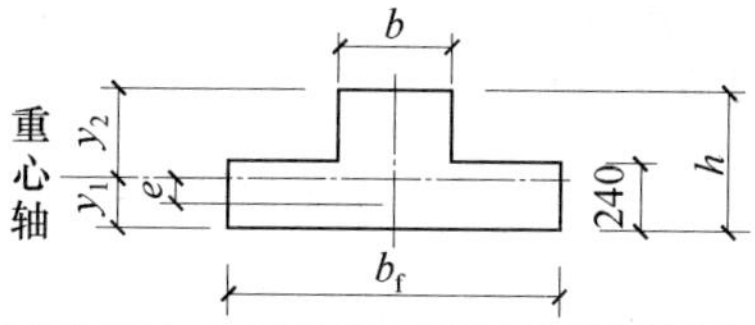 e/h_T 0	0.025	0.05	0.075	0.10	0.125	0.15	0.175	0.20	0.225	0.25	0.275	0.30
			3.0	1085	1043	990	932	869	806	744	684	628	576	528	484	445
			3.3	1076	1032	978	918	855	791	729	671	615	564	518	475	436
			3.6	1067	1020	964	903	840	777	716	657	603	553	507	465	428
			3.9	1057	1008	951	889	825	762	702	645	591	542	498	456	420
			4.2	1047	995	936	874	811	748	689	632	580	532	488	448	412
740	672	490	4.5	1035	982	922	859	796	734	675	620	568	521	478	439	404
			4.8	1024	969	908	845	781	720	662	607	556	511	468	430	396
			5.1	1012	955	893	830	768	707	649	595	546	501	459	422	388
			5.4	999	942	880	815	753	693	637	584	535	491	450	414	381
			5.7	987	927	865	800	739	680	624	572	525	481	442	406	373
			6.0	973	912	850	787	725	666	612	561	515	473	433	398	367
			3.0	1170	1126	1072	1009	942	874	806	741	681	625	573	525	483
			3.3	1161	1115	1058	994	926	858	791	728	669	613	562	516	473
			3.6	1153	1103	1044	979	911	843	778	715	655	601	551	506	465
			3.9	1143	1091	1030	965	897	829	763	701	643	590	541	496	456
			4.2	1132	1078	1016	949	881	814	749	688	631	579	530	488	448
740	704	620	4.5	1121	1066	1001	934	866	800	735	675	619	568	530	478	439
			4.8	1109	1052	987	920	852	785	722	662	608	557	511	469	432
			5.1	1098	1038	972	904	836	771	709	650	596	546	501	461	423
			5.4	1085	1024	958	890	822	757	695	638	585	536	492	452	416
			5.7	1073	1010	943	875	807	743	682	626	574	526	483	444	409
			6.0	1059	995	927	859	792	729	670	614	563	517	474	435	401

2.2.40 T形截面普通砖墙柱承载力N值选用表（二）（$b_f=2600mm$ 砖强度MU10 砂浆强度M2.5）

表2-40 T形截面普通砖墙柱承载力N值（kN）选用表（二）

（$b_f=2600mm$ 砖强度MU10 砂浆强度M2.5）

柱厚 h /mm	折算厚度 h_T /mm	柱宽 b /mm	计算高度 H_0 /m	e/h_T（图示：b，重心轴，y_1，y_2，e，370，h，b_f）												
				0	0.025	0.05	0.075	0.10	0.125	0.15	0.175	0.20	0.225	0.25	0.275	0.30
490	407	370	4.5	1050	977	904	833	765	702	645	591	541	498	457	422	389
			4.8	1023	949	876	807	741	680	624	571	524	482	443	409	378
			5.1	995	921	850	781	716	658	603	553	508	467	430	397	366
			5.4	966	893	822	756	694	635	583	536	491	452	417	384	355
			5.7	939	867	798	732	671	616	565	518	476	439	404	374	345
			6.0	911	839	771	709	650	595	546	502	461	425	392	362	336
			6.3	884	813	747	685	629	576	529	486	447	412	380	351	327
			6.6	856	787	723	663	608	558	512	470	434	400	370	342	317
			6.9	829	762	699	642	588	540	495	456	421	388	358	332	308
			7.2	804	737	677	621	569	523	480	442	408	376	348	323	299
			7.5	778	714	655	600	550	506	465	429	395	366	338	313	291
490	415	490	4.5	1073	999	924	853	784	719	659	605	554	509	468	432	398
			4.8	1045	971	898	826	759	696	638	586	537	493	455	419	387
			5.1	1019	943	870	801	735	674	618	567	521	479	440	407	375
			5.4	991	916	843	776	712	652	598	549	504	464	427	398	364
			5.7	963	889	818	751	690	631	579	532	489	449	415	383	354
			6.0	935	862	793	727	667	611	561	516	473	436	403	372	345
			6.3	907	836	768	704	646	593	544	500	460	423	391	362	335
			6.6	881	810	744	682	626	574	526	484	445	411	379	351	326
			6.9	853	785	720	660	606	556	510	469	432	399	368	341	317
			7.2	828	760	698	639	586	538	494	455	419	387	358	331	307
			7.5	801	736	675	619	567	521	479	441	407	376	347	322	299
620	477	370	4.5	1162	1088	1011	934	860	790	726	666	610	560	515	474	435
			4.8	1139	1063	987	910	837	769	705	647	593	545	501	460	424
			5.1	1114	1039	962	886	815	748	686	629	577	530	488	449	413
			5.4	1089	1013	937	863	793	727	667	611	562	515	474	437	404
			5.7	1065	988	912	840	771	707	648	594	546	501	461	426	393
			6.0	1040	963	888	817	749	688	630	578	531	489	449	415	383
			6.3	1015	939	865	795	729	668	612	563	516	475	438	404	374
			6.6	991	914	841	773	708	649	596	546	503	463	427	394	364
			6.9	965	891	818	751	689	631	579	533	489	451	416	385	356
			7.2	940	866	796	730	670	614	563	518	477	438	405	375	346
			7.5	917	843	774	710	651	597	548	504	464	427	394	366	338

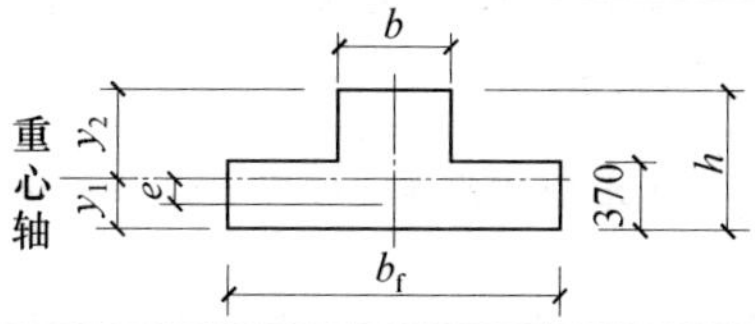

续表

柱厚 h /mm	折算厚度 h_T /mm	柱宽 b /mm	计算高度 H_0 /m	e/h_T												
				0	0.025	0.05	0.075	0.10	0.125	0.15	0.175	0.20	0.225	0.25	0.275	0.30
620	499	490	4.5	1212	1136	1057	978	902	828	761	697	640	586	538	496	456
			4.8	1188	1112	1033	954	878	807	740	679	623	570	525	483	445
			5.1	1165	1086	1008	930	855	785	720	661	606	556	511	470	434
			5.4	1141	1063	984	906	833	765	702	642	590	542	499	459	424
			5.7	1118	1037	960	883	812	744	683	625	575	528	486	448	413
			6.0	1092	1013	936	861	790	724	665	610	559	514	473	437	403
			6.3	1068	989	912	838	769	706	647	593	545	501	462	425	393
			6.6	1043	965	889	816	750	686	630	578	531	489	451	415	384
			6.9	1019	940	865	795	728	668	613	563	517	476	439	406	375
			7.2	995	917	843	774	710	651	597	548	504	465	428	396	366
			7.5	969	893	821	754	690	634	582	534	492	452	418	386	358
620	520	620	4.5	1261	1184	1105	1023	943	866	795	730	669	614	564	518	477
			4.8	1204	1161	1080	999	920	845	775	711	651	598	550	506	466
			5.1	1216	1136	1055	975	897	824	756	694	636	503	537	493	455
			5.4	1193	1113	1030	951	875	803	737	675	620	569	524	482	444
			5.7	1170	1089	1007	927	853	782	718	659	604	554	511	470	434
			6.0	1145	1064	983	906	832	763	699	641	589	541	498	458	424
			6.3	1122	1039	959	882	810	743	682	625	575	528	486	448	413
			6.6	1097	1016	936	861	789	724	665	609	560	515	474	438	405
			6.9	1073	991	913	839	769	705	647	593	545	502	463	426	394
			7.2	1048	968	891	818	750	688	631	579	532	490	451	418	306
			7.5	1025	945	868	797	731	670	615	564	519	479	441	408	377
620	537	750	4.5	1309	1231	1149	1063	981	904	829	760	697	639	587	540	497
			4.8	1288	1207	1123	1040	959	881	808	742	679	624	573	527	485
			5.1	1265	1183	1099	1016	936	860	789	723	663	609	560	515	475
			5.4	1244	1159	1075	993	914	839	769	705	647	594	546	503	463
			5.7	1219	1135	1052	969	892	818	750	688	632	579	533	491	452
			6.0	1195	1111	1028	947	869	797	732	670	615	566	521	479	442
			6.3	1171	1086	1004	925	848	778	714	654	600	552	508	469	433
			6.6	1146	1062	980	902	827	759	696	639	587	539	496	458	422
			6.9	1122	1038	957	880	808	741	679	623	572	526	485	448	413
			7.2	1098	1014	935	859	787	721	661	608	558	514	473	437	404
			7.5	1074	992	913	838	768	705	647	593	545	502	463	427	396

2.2.41 T形截面普通砖墙柱承载力 N 值选用表（一）（b_f＝2800mm 砖强度 MU10 砂浆强度 M2.5）

表 2－41　　T形截面普通砖墙柱承载力 N 值（kN）选用表（一）

（b_f＝2800mm　砖强度 MU10　砂浆强度 M2.5）

柱厚 h /mm	折算厚度 h_T /mm	柱宽 b /mm	计算高度 H_0 /m	e/h_T												
				0	0.025	0.05	0.075	0.10	0.125	0.15	0.175	0.20	0.225	0.25	0.275	0.30
370	273	240	3.0	735	684	633	584	536	492	451	414	380	349	320	296	273
			3.3	706	655	605	556	511	468	429	394	362	332	306	282	261
			3.6	677	627	577	530	486	446	409	375	345	317	292	269	249
			3.9	649	598	550	505	463	425	289	258	329	303	279	258	239
			4.2	619	570	524	480	441	404	371	340	314	289	266	246	229
			4.5	591	543	499	457	419	385	353	325	299	276	255	236	219
			4.8	564	518	475	436	400	367	337	310	286	264	244	226	210
			5.1	537	493	452	415	381	350	321	296	273	253	234	217	202
			5.4	512	469	430	394	362	333	307	283	261	242	224	208	193
			5.7	488	447	410	376	345	318	293	270	250	232	214	200	186
			6.0	464	425	390	359	330	303	279	258	239	222	206	191	179
370	287	370	3.0	767	716	662	612	562	516	473	434	398	366	336	309	285
			3.3	739	687	635	585	537	493	452	414	381	350	322	296	273
			3.6	711	659	607	558	512	470	431	395	363	334	307	283	262
			3.9	683	630	581	533	489	449	411	378	347	319	294	272	251
			4.2	655	603	555	509	467	428	393	361	332	306	281	261	241
			4.5	627	577	529	485	445	409	375	345	317	293	270	249	232
			4.8	600	551	505	464	425	390	358	329	304	280	259	239	222
			5.1	572	526	483	442	406	372	342	315	291	268	249	230	214
			5.4	547	502	460	422	387	356	327	302	278	257	238	221	205
			5.7	523	479	439	403	370	340	313	289	266	247	229	212	198
			6.0	498	457	419	384	353	325	299	277	256	236	219	205	190
370	298	490	3.0	794	742	688	635	584	536	492	451	414	380	349	321	296
			3.3	767	714	660	608	559	513	470	431	395	363	334	307	285
			3.6	740	685	633	582	534	490	449	413	378	348	320	295	273
			3.9	711	658	606	557	511	468	430	394	363	333	307	284	262
			4.2	683	631	580	532	488	448	411	377	347	319	294	272	252
			4.5	656	604	555	509	467	428	393	361	332	306	283	261	241
			4.8	629	578	531	487	446	410	376	346	318	293	271	251	233
			5.1	602	553	507	465	427	392	360	331	305	282	261	241	223
			5.4	576	529	485	445	408	374	345	317	292	270	250	232	216
			5.7	551	505	463	425	391	358	329	304	281	260	241	223	207
			6.0	527	483	443	407	373	343	316	291	269	249	231	215	199

柱厚 h /mm	折算厚度 h_T /mm	柱宽 b /mm	计算高度 H_0 /m	e/h_T												
				0	0.025	0.05	0.075	0.10	0.125	0.15	0.175	0.20	0.225	0.25	0.275	0.30
490	340	240	3.0	823	771	719	666	613	564	517	474	435	399	367	337	311
			3.3	800	747	694	642	590	542	497	456	418	384	353	325	299
			3.6	776	724	670	618	568	521	478	438	402	370	339	313	289
			3.9	752	699	646	595	547	501	459	421	387	355	327	301	278
			4.2	728	675	623	572	526	482	442	405	373	342	315	291	269
			4.5	704	650	599	550	505	463	425	390	358	330	303	280	259
			4.8	679	627	577	530	486	445	409	375	345	317	293	270	250
			5.1	655	604	554	509	467	428	393	361	332	306	282	261	241
			5.4	631	581	533	490	449	412	377	347	319	294	272	252	234
			5.7	609	559	513	471	432	395	364	334	308	284	262	243	226
			6.0	586	537	493	452	414	380	350	322	296	274	254	235	218
490	371	370	3.0	878	826	772	716	661	608	558	512	470	431	395	363	334
			3.3	857	804	749	693	639	587	538	493	453	416	382	351	323
			3.6	835	781	725	670	617	566	519	477	437	401	368	339	313
			3.9	812	758	702	647	595	546	501	460	422	387	356	327	303
			4.2	790	734	679	626	575	527	484	443	407	373	343	317	293
			4.5	767	711	656	604	554	508	466	428	392	360	332	307	283
			4.8	744	688	634	583	534	490	450	413	379	348	321	296	274
			5.1	720	665	612	562	515	473	434	398	366	336	311	287	265
			5.4	697	643	591	542	497	456	418	384	353	325	300	278	257
			5.7	674	621	570	523	480	440	404	371	341	315	291	269	249
			6.0	651	599	550	504	463	424	389	358	329	304	281	260	241
490	396	490	3.0	926	873	818	760	702	646	593	545	499	458	420	386	355
			3.3	906	852	795	737	680	625	574	526	483	443	406	373	344
			3.6	886	830	772	714	658	605	555	509	466	428	393	362	333
			3.9	864	807	749	692	637	585	537	492	451	414	381	351	323
			4.2	842	784	727	670	616	566	519	476	436	400	368	339	312
			4.5	820	762	704	648	595	547	501	460	422	388	357	329	303
			4.8	797	739	682	627	576	528	485	445	409	375	346	319	294
			5.1	774	716	661	607	557	511	468	430	395	363	334	308	286
			5.4	751	695	639	587	539	494	453	416	382	352	324	299	276
			5.7	730	673	618	568	520	478	437	402	369	340	313	290	268
			6.0	707	651	599	549	504	461	423	389	353	330	304	381	261

续表

柱厚 h /mm	折算厚度 h_T /mm	柱宽 b /mm	计算高度 H_0 /m	e/h_T												
				0	0.025	0.05	0.075	0.10	0.125	0.15	0.175	0.20	0.225	0.25	0.275	0.30
490	413	620	3.0	971	919	861	800	740	682	626	575	527	483	444	407	375
			3.3	952	897	838	778	718	661	607	556	510	468	430	395	363
			3.6	933	876	816	755	696	640	588	538	494	453	417	382	352
			3.9	911	853	793	733	675	620	568	521	478	439	403	370	341
			4.2	890	831	770	710	654	600	550	505	463	425	391	360	332
			4.5	868	808	748	689	633	581	533	489	448	411	379	349	322
			4.8	846	785	725	667	613	563	516	473	434	399	367	338	312
			5.1	823	763	704	647	594	545	499	457	421	387	356	328	304
			5.4	800	740	682	626	575	527	483	444	407	375	346	319	294
			5.7	778	718	661	607	556	510	468	430	395	363	335	309	287
			6.0	755	696	640	588	538	494	453	416	382	352	325	301	278
620	494	370	3.0	983	935	881	822	763	705	649	595	547	501	459	422	387
			3.3	969	919	863	804	745	687	631	579	532	488	447	410	378
			3.6	953	902	845	785	726	669	615	565	517	475	436	400	368
			3.9	939	885	827	766	708	652	598	549	503	462	424	389	359
			4.2	922	867	808	748	690	634	583	534	490	450	413	380	349
			4.5	905	848	789	729	672	619	567	520	477	438	402	369	341
			4.8	888	830	771	712	656	602	552	507	464	426	391	360	332
			5.1	870	811	752	694	638	586	537	493	452	415	381	351	324
			5.4	852	793	734	673	622	570	522	479	440	404	371	342	315
			5.7	833	774	715	659	605	555	509	466	428	394	362	333	308
			6.0	815	756	697	641	589	540	495	454	417	383	352	325	301
620	529	490	3.0	1047	999	942	882	820	757	697	640	587	538	494	454	417
			3.3	1034	984	925	864	801	739	680	624	573	525	481	442	407
			3.6	1020	967	908	845	783	721	663	609	558	512	469	431	397
			3.9	1005	950	890	827	765	705	647	594	544	499	458	421	387
			4.2	990	932	871	808	747	687	631	579	531	487	447	410	378
			4.5	973	914	853	791	729	670	615	564	517	475	436	401	369
			4.8	957	890	834	772	711	653	600	551	505	462	426	391	360
			5.1	940	879	816	754	695	638	585	536	492	451	415	382	352
			5.4	922	861	798	736	678	622	571	523	479	440	404	372	343
			5.7	904	842	779	719	661	606	556	509	468	429	396	364	335
			6.0	886	824	761	701	644	591	542	497	456	419	386	355	328

柱厚 h /mm	折算厚度 h_T /mm	柱宽 b /mm	计算高度 H_0 /m	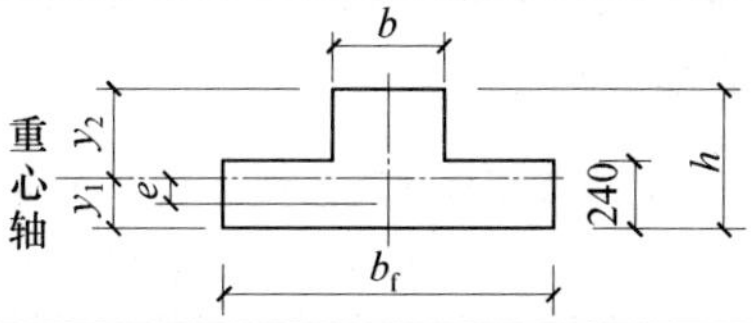												
				e/h_T												
				0	0.025	0.05	0.075	0.10	0.125	0.15	0.175	0.20	0.225	0.25	0.275	0.30
620	557	620	3.0	1114	1065	1006	942	876	810	746	686	630	576	529	486	445
			3.3	1102	1050	988	925	857	792	729	670	614	563	516	474	436
			3.6	1087	1033	971	906	840	775	712	654	600	549	504	463	425
			3.9	1073	1017	953	887	921	757	696	638	586	536	493	453	416
			4.2	1058	999	935	869	803	739	679	624	572	525	481	442	407
			4.5	1043	981	916	850	785	723	664	608	558	512	469	431	397
			4.8	1026	963	899	832	768	705	647	594	545	500	458	422	389
			5.1	1009	946	880	814	750	689	632	580	532	488	448	412	379
			5.4	992	928	861	796	732	673	617	566	519	476	437	403	371
			5.7	974	909	843	778	716	657	602	553	507	466	428	394	363
			6.0	956	890	824	761	699	641	588	539	495	455	418	385	355
740	651	490	3.0	1143	1097	1041	978	913	845	780	717	659	604	554	507	467
			3.3	1133	1084	1027	963	896	829	765	703	644	591	542	498	457
			3.6	1122	1071	1012	947	880	814	749	689	631	579	531	487	448
			3.9	1112	1058	997	932	865	798	735	674	619	567	520	478	439
			4.2	1100	1044	982	915	848	783	720	661	606	556	510	468	430
			4.5	1087	1029	966	900	833	767	705	648	594	544	499	458	422
			4.8	1074	1015	951	884	817	753	691	635	581	534	489	450	413
			5.1	1060	1000	934	867	802	737	678	622	569	523	480	441	406
			5.4	1047	984	919	852	786	723	663	609	559	512	470	432	398
			5.7	1033	969	903	836	771	709	650	597	547	501	461	424	391
			6.0	1018	953	886	820	755	694	637	584	536	492	451	416	382
740	697	620	3.0	1230	1183	1125	1059	988	916	846	778	714	656	601	551	506
			3.3	1221	1171	1110	1044	972	901	831	764	700	643	589	541	496
			3.6	1211	1159	1096	1027	956	885	815	749	688	630	578	531	487
			3.9	1201	1146	1081	1012	940	869	800	735	675	619	568	520	478
			4.2	1189	1132	1067	997	924	854	786	721	662	607	556	511	469
			4.5	1178	1118	1051	980	908	838	771	708	649	596	546	501	460
			4.8	1165	1104	1035	965	893	823	757	694	637	584	536	492	453
			5.1	1152	1088	1020	948	877	808	742	681	625	573	525	483	444
			5.4	1139	1074	1004	933	861	794	728	668	612	561	515	474	436
			5.7	1125	1059	988	916	846	778	714	656	601	551	506	465	428
			6.0	1110	1044	972	901	831	764	700	643	589	541	496	457	421

2.2.42 T形截面普通砖墙柱承载力 N 值选用表（二）（b_f＝2800mm 砖强度 MU10 砂浆强度 M2.5）

表 2－42　　T形截面普通砖墙柱承载力 N 值（kN）选用表（二）

（b_f＝2800mm　砖强度 MU10　砂浆强度 M2.5）

柱厚 h /mm	折算厚度 h_T /mm	柱宽 b /mm	计算高度 H_0 /m	e/h_T												
				0	0.025	0.05	0.075	0.10	0.125	0.15	0.175	0.20	0.225	0.25	0.275	0.30
490	404	370	4.5	1125	1046	967	891	818	751	689	632	580	532	490	452	417
			4.8	1094	1015	938	863	792	727	667	610	561	515	474	438	404
			5.1	1064	985	908	835	766	703	644	591	543	500	460	424	391
			5.4	1033	956	880	809	741	679	623	573	526	484	446	411	380
			5.7	1004	926	852	782	717	658	603	554	509	469	432	400	369
			6.0	973	897	824	757	693	636	584	536	492	455	419	387	359
			6.3	943	869	797	731	671	616	566	519	477	441	407	376	349
			6.6	914	841	772	707	648	595	547	502	463	426	394	365	338
			6.9	886	814	747	685	627	577	529	487	449	414	383	355	330
			7.2	858	787	723	662	608	557	512	471	435	401	372	345	320
			7.5	830	762	699	641	588	540	497	457	422	390	360	335	311
490	413	490	4.5	1149	1070	990	912	838	769	705	647	593	545	502	462	426
			4.8	1120	1040	960	883	812	745	683	626	574	529	486	448	414
			5.1	1090	1010	932	856	787	721	661	606	557	512	472	435	402
			5.4	1060	980	903	829	761	698	640	587	539	496	458	422	389
			5.7	1030	950	875	804	737	676	620	569	523	481	444	409	380
			6.0	1000	922	848	778	713	654	600	550	506	466	431	398	368
			6.3	970	893	821	752	690	633	582	533	491	452	418	387	358
			6.6	940	865	795	728	668	613	563	518	476	439	405	375	348
			6.9	912	838	769	705	647	593	545	502	462	426	394	365	338
			7.2	883	812	745	683	626	574	529	486	448	414	382	354	330
			7.5	856	787	721	661	606	557	512	472	435	402	372	345	320
620	471	370	4.5	1239	1160	1076	996	916	842	773	708	649	597	548	504	465
			4.8	1214	1132	1050	969	891	818	751	688	632	579	534	491	453
			5.1	1188	1106	1024	943	867	796	730	668	614	564	519	478	441
			5.4	1160	1078	997	918	843	773	710	651	597	548	504	465	429
			5.7	1134	1051	971	893	820	752	689	632	580	534	491	453	418
			6.0	1106	1024	944	868	796	730	670	614	564	519	478	441	407
			6.3	1079	997	918	843	774	710	651	598	548	506	466	429	397
			6.6	1053	971	893	820	752	690	633	580	534	496	453	419	387
			6.9	1025	946	869	798	732	670	616	564	519	479	441	407	378
			7.2	999	919	845	776	711	652	598	550	506	466	429	397	368
			7.5	972	894	821	754	690	633	582	535	492	454	419	388	359

续表

柱厚 h /mm	折算厚度 h_T /mm	柱宽 b /mm	计算高度 H_0 /m	e/h_T												
				0	0.025	0.05	0.075	0.10	0.125	0.15	0.175	0.20	0.225	0.25	0.275	0.30
620	493	490	4.5	1290	1209	1125	1040	959	881	808	740	680	623	573	527	486
			4.8	1265	1182	1097	1015	933	858	786	721	661	606	558	513	474
			5.1	1239	1156	1072	989	909	834	765	701	644	591	543	501	462
			5.4	1213	1129	1045	963	885	813	745	683	626	575	530	487	450
			5.7	1188	1102	1019	938	861	790	724	665	609	561	516	475	439
			6.0	1161	1076	993	914	838	769	706	647	594	546	503	463	429
			6.3	1134	1049	968	890	816	748	686	629	578	531	490	451	418
			6.6	1108	1024	942	865	795	728	668	612	563	518	477	441	408
			6.9	1081	998	918	843	774	709	650	597	549	506	465	430	399
			7.2	1054	972	894	820	753	689	632	581	534	492	454	420	388
			7.5	1028	947	870	798	731	671	615	566	521	480	442	409	379
620	513	620	4.5	1340	1258	1171	1085	1000	919	843	774	710	651	599	551	506
			4.8	1316	1232	1145	1059	975	896	822	754	692	634	583	537	495
			5.1	1291	1206	1119	1034	952	873	802	735	673	619	568	523	483
			5.4	1266	1179	1093	1009	927	851	780	715	656	603	554	510	470
			5.7	1240	1155	1068	983	904	829	760	698	640	588	540	498	459
			6.0	1215	1128	1042	959	880	808	741	679	623	572	527	486	449
			6.3	1189	1102	1017	935	857	786	721	662	608	558	515	475	438
			6.6	1162	1076	990	911	836	766	702	645	592	545	501	462	428
			6.9	1136	1049	966	888	814	747	682	628	577	531	490	452	418
			7.2	1110	1024	942	865	794	727	667	613	563	518	478	441	408
			7.5	1083	998	918	843	772	709	650	597	549	506	467	431	399
620	530	750	4.5	1388	1305	1216	1127	1040	957	877	806	739	677	621	572	526
			4.8	1366	1280	1191	1102	1016	933	857	785	720	661	607	558	515
			5.1	1340	1254	1164	1076	990	909	835	766	703	644	593	545	502
			5.4	1316	1227	1138	1051	967	887	814	747	685	628	578	532	491
			5.7	1291	1202	1113	1025	943	865	793	728	668	613	564	520	480
			6.0	1264	1175	1087	1002	920	844	774	709	652	598	550	507	469
			6.3	1239	1149	1062	976	897	823	755	691	636	583	537	496	458
			6.6	1213	1124	1037	952	874	803	736	675	620	569	524	483	446
			6.9	1186	1097	1011	930	852	782	717	658	604	556	512	472	437
			7.2	1161	1072	987	906	831	763	699	642	590	543	501	462	427
			7.5	1135	1046	963	884	811	744	682	626	575	529	489	451	418

2.2.43 T 形截面普通砖墙柱承载力 N 值选用表（一）（$b_f=3000$mm 砖强度 MU10 砂浆强度 M2.5）

表 2-43　　T 形截面普通砖墙柱承载力 N 值（kN）选用表（一）

（$b_f=3000$mm　砖强度 MU10　砂浆强度 M2.5）

柱厚 h /mm	折算厚度 h_T /mm	柱宽 b /mm	计算高度 H_0 /m	e/h_T												
				0	0.025	0.05	0.075	0.10	0.125	0.15	0.175	0.20	0.225	0.25	0.275	0.30
370	273	240	4.2	662	609	560	513	471	432	396	364	335	309	285	263	245
			4.5	631	581	533	489	448	412	377	347	320	295	273	252	234
			4.8	602	553	507	465	427	392	360	332	305	282	261	242	224
			5.1	574	527	483	443	407	374	343	316	291	270	249	232	215
			5.4	547	501	459	421	387	356	328	302	279	258	240	222	207
			5.7	521	477	438	402	369	339	313	289	267	248	229	213	199
			6.0	496	455	416	383	352	324	298	276	255	237	220	205	191
370	284	370	4.2	693	640	588	539	495	454	416	382	351	324	299	276	255
			4.5	664	611	561	515	472	433	397	365	336	310	286	264	245
			4.8	635	583	535	491	450	413	379	349	321	296	274	254	235
			5.1	606	557	510	468	429	394	362	333	307	284	263	243	226
			5.4	579	531	487	446	410	376	346	319	294	272	252	234	217
			5.7	552	506	464	426	391	359	331	305	282	261	242	225	209
			6.0	527	483	443	406	373	344	317	292	270	250	232	216	201
370	294	490	4.2	723	667	613	563	516	473	434	399	366	338	311	288	266
			4.5	692	638	586	537	493	452	415	382	351	323	298	276	255
			4.8	664	610	560	514	471	432	397	364	336	309	286	264	246
			5.1	635	583	535	491	450	413	380	349	321	297	275	254	236
			5.4	608	558	511	469	430	395	363	335	308	285	263	245	228
			5.7	580	532	489	448	411	377	348	320	296	274	253	235	219
			6.0	555	509	466	428	393	361	333	307	284	262	244	227	210
			6.3	530	486	446	409	376	346	319	295	273	252	235	218	203

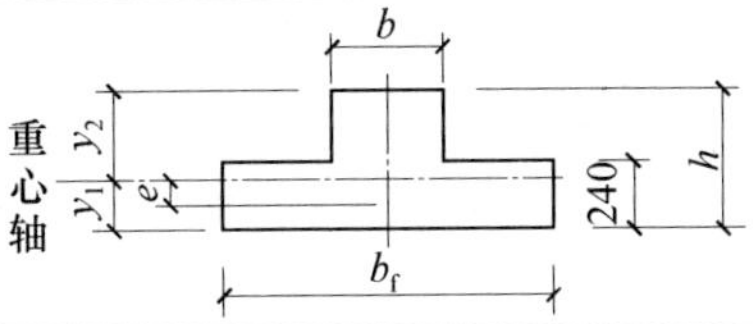

续表

柱厚 h /mm	折算厚度 h_T /mm	柱宽 b /mm	计算高度 H_0 /m	e/h_T												
				0	0.025	0.05	0.075	0.10	0.125	0.15	0.175	0.20	0.225	0.25	0.275	0.30
			4.2	768	711	656	603	553	508	465	427	392	360	332	307	283
			4.5	742	685	631	580	532	487	447	410	377	347	320	296	273
			4.8	715	660	607	557	511	468	429	394	363	334	308	384	263
			5.1	689	634	583	535	490	450	414	379	349	322	297	274	254
			5.4	664	610	560	514	471	432	397	365	336	310	286	265	246
490	333	240	5.7	638	587	538	493	453	415	382	351	323	299	276	256	237
			6.0	614	563	517	474	435	399	367	338	312	287	266	247	230
			6.3	590	541	496	455	417	384	353	325	300	277	257	239	222
			6.6	567	520	477	438	401	369	339	313	290	267	248	231	214
			6.9	545	499	458	420	386	355	327	302	279	258	240	223	207
			7.2	523	479	440	404	371	341	315	291	269	249	232	215	201
			4.2	833	774	715	659	605	555	509	466	428	393	362	333	308
			4.5	808	748	690	635	583	535	491	449	412	380	349	323	297
			4.8	782	724	667	612	561	515	473	434	399	366	338	311	288
			5.1	758	699	643	591	541	497	456	418	384	353	326	302	278
			5.4	733	674	621	569	522	479	439	403	371	342	315	291	270
490	364	370	5.7	707	651	598	549	503	461	423	389	359	330	305	282	261
			6.0	683	628	576	529	484	445	408	376	346	320	295	273	253
			6.3	660	606	556	510	467	429	395	363	334	308	286	265	246
			6.6	636	584	536	491	451	414	380	350	323	298	276	256	238
			6.9	613	562	516	474	435	399	367	339	312	289	268	248	231
			7.2	592	542	497	456	419	385	354	327	302	279	259	240	223
			4.2	887	826	765	705	648	594	545	500	458	421	387	357	329
			4.5	863	801	741	682	626	575	526	484	443	407	375	346	319
			4.8	838	777	717	659	605	555	509	467	429	394	363	335	309
			5.1	814	753	694	637	584	536	491	451	415	382	351	324	300
			5.4	789	729	671	616	565	518	475	437	400	369	340	314	291
490	389	490	5.7	765	705	648	595	546	500	460	421	387	357	329	304	282
			6.0	741	682	627	575	527	484	444	408	375	346	319	295	273
			6.3	717	660	605	556	509	467	429	394	363	335	309	286	266
			6.6	694	638	585	536	492	452	415	382	351	325	300	278	258
			6.9	671	616	566	519	476	437	401	370	340	314	291	270	250
			7.2	649	595	546	501	460	422	388	358	329	305	282	261	243

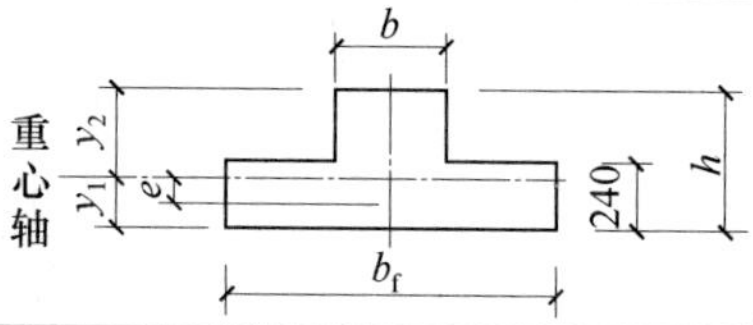

续表

柱厚 h /mm	折算厚度 h_T /mm	柱宽 b /mm	计算高度 H_0 /m	e/h_T												
				0	0.025	0.05	0.075	0.10	0.125	0.15	0.175	0.20	0.225	0.25	0.275	0.30
			4.2	939	877	813	749	690	633	581	532	489	449	412	379	350
			4.5	915	851	788	726	667	613	561	515	473	434	399	368	340
			4.8	891	828	765	704	647	593	543	499	458	420	387	357	329
			5.1	867	804	741	682	626	574	526	483	443	408	375	346	320
			5.4	844	780	718	660	606	556	509	467	429	395	364	336	310
490	410	620	5.7	820	756	696	639	586	538	493	452	416	383	353	326	302
			6.0	796	733	674	618	567	520	477	439	403	371	342	317	293
			6.3	772	710	652	599	549	503	462	425	391	360	333	308	285
			6.6	748	688	632	580	531	487	448	411	378	349	323	299	277
			6.9	725	666	611	560	514	472	433	399	367	338	313	290	269
			7.2	702	646	592	542	498	457	419	386	356	328	304	282	261
			4.2	971	911	849	786	726	666	611	561	514	472	434	399	368
			4.5	953	891	829	767	707	648	595	545	501	459	422	388	358
			4.8	934	872	808	747	688	630	579	531	487	447	411	378	349
			5.1	914	852	788	728	669	614	563	516	474	435	400	369	340
			5.4	895	831	769	708	651	597	548	502	460	424	389	359	331
620	483	370	5.7	874	811	749	690	633	580	532	488	448	412	379	350	323
			6.0	854	792	730	671	616	564	517	475	436	401	370	341	315
			6.3	834	771	710	653	599	549	504	463	425	391	360	332	307
			6.6	814	751	692	635	582	534	490	449	413	380	351	324	299
			6.9	794	732	673	618	567	520	476	438	402	371	342	316	293
			7.2	774	713	655	601	551	505	464	426	392	361	333	308	285
			4.2	1040	980	914	848	783	720	662	606	557	510	468	431	397
			4.5	1022	960	895	829	764	703	645	591	541	498	457	420	387
			4.8	1004	941	875	809	745	685	629	576	528	485	445	409	378
			5.1	986	921	855	790	726	667	612	561	514	472	434	400	368
			5.4	967	901	835	770	709	650	597	547	501	460	424	389	360
620	518	490	5.7	948	882	816	751	691	633	581	533	488	450	413	380	351
			6.0	928	862	796	733	673	618	566	519	477	438	402	372	342
			6.3	908	842	777	715	656	601	552	506	465	427	393	362	335
			6.6	888	822	758	697	639	586	538	493	453	417	384	354	327
			6.9	869	803	739	679	623	571	524	481	441	406	374	346	320
			7.2	849	783	720	662	607	557	511	468	431	397	366	338	313

续表

柱厚 h /mm	折算厚度 h_T /mm	柱宽 b /mm	计算高度 H_0 /m	重心轴 b y_2 y_1 e 240 h b_f												
				e/h_T												
				0	0.025	0.05	0.075	0.10	0.125	0.15	0.175	0.20	0.225	0.25	0.275	0.30
620	546	620	4.2	1110	1047	978	909	841	773	710	652	597	549	503	462	426
			4.5	1093	1028	960	889	821	755	604	636	583	535	491	452	416
			4.8	1075	1008	940	870	802	737	677	621	568	522	479	441	406
			5.1	1057	990	920	850	783	720	660	606	555	509	468	431	397
			5.4	1038	970	900	831	765	703	644	591	541	498	457	421	387
			5.7	1019	950	880	812	746	685	628	576	529	485	447	411	378
			6.0	1000	930	860	793	729	669	613	562	516	474	436	402	371
			6.3	980	910	841	775	711	653	598	549	504	463	426	392	362
			6.6	960	890	822	756	694	637	583	535	491	452	416	383	355
			6.9	940	870	803	739	678	621	570	522	480	442	407	375	346
			7.2	920	852	785	720	660	606	556	510	469	431	397	366	339
740	655	490	4.2	1159	1100	1034	964	894	825	758	697	639	587	538	494	454
			4.5	1145	1085	1018	948	878	810	743	683	625	574	526	484	445
			4.8	1132	1070	1002	932	861	794	730	669	613	563	516	474	436
			5.1	1117	1053	986	915	845	777	715	656	600	551	506	465	427
			5.4	1103	1038	969	898	829	762	700	642	589	540	496	456	420
			5.7	1088	1022	952	881	812	747	686	629	577	529	486	447	411
			6.0	1073	1006	935	865	797	732	672	617	565	519	476	439	403
			6.3	1057	989	919	849	781	718	658	604	554	509	467	430	396
			6.6	1042	973	901	832	766	703	646	592	543	498	457	421	388
			6.9	1026	955	885	816	751	689	632	579	531	489	449	413	381
			7.2	1009	939	868	801	736	676	619	568	521	479	440	406	375
740	686	620	4.2	1245	1185	1115	1041	966	891	820	753	690	634	581	534	491
			4.5	1231	1168	1099	1024	949	875	806	739	677	621	570	523	482
			4.8	1218	1154	1081	1008	933	859	790	725	665	609	559	514	472
			5.1	1205	1138	1065	990	915	843	775	711	652	598	548	504	464
			5.4	1190	1122	1048	973	899	827	760	697	640	586	538	495	455
			5.7	1175	1106	1032	956	882	812	745	684	626	575	527	486	447
			6.0	1160	1089	1014	939	866	796	731	670	614	563	518	476	439
			6.3	1144	1072	997	922	850	781	717	657	602	553	508	467	431
			6.6	1128	1056	981	906	834	765	702	645	591	542	499	459	423
			6.9	1112	1039	964	890	819	751	689	632	579	532	490	451	415
			7.2	1096	1021	946	873	803	737	676	619	569	522	480	443	408

2.2.44 T形截面普通砖墙柱承载力 N 值选用表（二）（b_f＝3000mm 砖强度 MU10 砂浆强度 M2.5）

表 2－44 T形截面普通砖墙柱承载力 N 值（kN）选用表（二）

（b_f＝3000mm 砖强度 MU10 砂浆强度 M2.5）

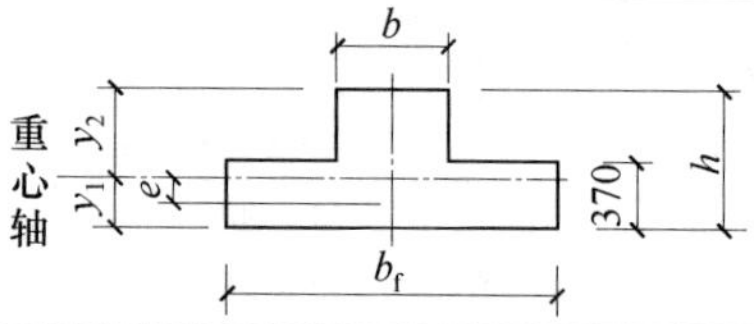

柱厚 h /mm	折算厚度 h_T /mm	柱宽 b /mm	计算高度 H_0 /m	e/h_T												
				0	0.025	0.05	0.075	0.10	0.125	0.15	0.175	0.20	0.225	0.25	0.275	0.30
490	403	370	4.5	1200	1116	1032	951	873	801	735	673	618	568	523	481	444
			4.8	1167	1083	1000	921	846	775	711	652	598	550	507	466	432
			5.1	1136	1052	969	891	817	750	688	631	579	532	490	453	418
			5.4	1103	1020	939	862	790	726	666	610	561	516	475	439	406
			5.7	1071	988	909	834	765	702	643	591	543	501	462	426	394
			6.0	1038	957	879	807	739	679	622	571	526	484	447	414	382
			6.3	1006	927	850	780	715	657	603	553	510	469	433	402	372
			6.6	975	897	823	754	693	636	583	537	493	456	421	390	361
			6.9	945	868	796	730	670	615	565	519	478	442	409	378	351
			7.2	915	840	771	706	648	595	547	504	465	429	397	367	342
			7.5	885	813	745	684	627	576	529	487	450	415	385	357	333
490	411	490	4.5	1224	1139	1054	972	893	820	752	689	632	581	534	492	454
			4.8	1192	1107	1022	942	864	793	727	667	612	563	518	477	440
			5.1	1160	1075	992	913	837	768	705	645	594	545	502	463	428
			5.4	1128	1043	961	884	811	743	682	626	574	528	487	449	416
			5.7	1097	1011	931	855	784	720	659	606	557	512	472	436	404
			6.0	1065	981	902	828	759	695	639	586	539	496	458	423	392
			6.3	1033	951	873	802	735	674	618	568	522	481	445	411	381
			6.6	1001	920	846	776	711	653	598	551	507	467	431	399	370
			6.9	970	891	818	750	688	632	580	533	492	454	419	388	360
			7.2	940	864	793	726	667	612	562	518	477	440	407	378	350
			7.5	911	837	767	703	645	592	545	501	463	428	396	367	341
620	466	370	4.5	1316	1231	1144	1056	972	894	819	751	689	633	581	534	493
			4.8	1288	1202	1114	1028	945	867	795	730	670	615	565	520	479
			5.1	1259	1172	1084	1000	919	844	773	709	651	598	550	506	467
			5.4	1231	1144	1056	972	894	819	751	689	633	581	534	493	454
			5.7	1202	1114	1028	945	869	797	730	670	615	565	520	479	443
			6.0	1172	1086	1000	919	844	773	709	651	598	550	506	467	433
			6.3	1144	1056	973	894	820	751	689	633	581	534	493	454	422
			6.6	1114	1028	945	869	797	730	670	615	565	520	479	443	411
			6.9	1086	1000	919	844	773	709	651	598	550	506	467	433	400
			7.2	1056	973	894	820	751	689	633	581	536	493	456	422	390
			7.5	1028	945	869	797	731	670	615	565	520	479	443	411	381

续表

柱厚 h /mm	折算厚度 h_T /mm	柱宽 b /mm	计算高度 H_0 /m	重心轴 b, y_2, y_1, e, h, 370, b_f												
				e/h_T												
				0	0.025	0.05	0.075	0.10	0.125	0.15	0.175	0.20	0.225	0.25	0.275	0.30
620	487	490	4.5	1368	1281	1192	1102	1015	932	855	785	719	660	607	557	514
			4.8	1341	1252	1163	1073	988	908	833	764	700	642	591	543	501
			5.1	1313	1224	1134	1046	962	882	810	743	680	626	575	530	488
			5.4	1285	1195	1105	1019	935	858	788	722	663	608	560	515	475
			5.7	1256	1166	1078	991	911	836	765	703	645	592	546	503	464
			6.0	1228	1137	1049	966	896	813	745	684	628	578	531	490	453
			6.3	1200	1110	1022	940	862	791	725	666	612	562	517	479	442
			6.6	1171	1081	996	914	839	769	706	647	596	547	504	466	431
			6.9	1142	1054	969	890	817	748	687	631	580	533	491	455	421
			7.2	1113	1027	943	866	794	729	668	613	563	520	480	443	410
			7.5	1086	999	918	842	772	708	650	597	549	506	467	432	400
620	507	620	4.5	1419	1332	1239	1147	1059	973	892	818	751	689	633	582	536
			4.8	1392	1304	1211	1119	1031	947	869	797	731	670	616	567	522
			5.1	1366	1276	1184	1093	1004	922	846	776	712	654	601	554	509
			5.4	1340	1248	1156	1065	980	899	825	756	693	638	585	539	498
			5.7	1312	1220	1128	1039	955	876	802	736	675	621	570	526	486
			6.0	1284	1192	1100	1013	930	853	782	717	659	605	557	513	475
			6.3	1256	1162	1073	986	906	830	761	698	641	590	542	501	463
			6.6	1226	1134	1045	962	881	809	741	680	624	575	529	490	452
			6.9	1198	1108	1019	937	858	787	721	662	610	560	516	476	442
			7.2	1170	1080	993	912	837	767	703	646	593	547	504	467	430
			7.5	1142	1054	968	888	815	746	685	629	578	534	491	455	420
620	524	750	4.5	1469	1379	1286	1190	1099	1010	927	850	780	715	657	603	556
			4.8	1443	1352	1258	1163	1072	985	904	829	760	698	640	590	543
			5.1	1416	1324	1229	1136	1045	961	882	807	742	679	625	575	531
			5.4	1389	1297	1202	1109	1020	936	858	787	723	662	610	561	517
			5.7	1362	1268	1173	1082	995	912	836	767	705	647	595	548	506
			6.0	1335	1241	1146	1055	969	890	816	748	686	630	580	534	494
			6.3	1307	1212	1120	1030	946	866	796	730	669	615	566	522	482
			6.6	1280	1185	1093	1005	922	845	775	711	652	600	553	511	472
			6.9	1251	1157	1066	980	899	824	755	693	637	586	539	499	460
			7.2	1222	1130	1040	954	875	802	737	676	622	571	527	487	450
			7.5	1195	1103	1013	931	853	782	718	659	607	558	514	475	440

2.2.45 T形截面普通砖墙柱承载力 N 值选用表（一）（b_f＝3200mm 砖强度 MU10 砂浆强度 M2.5）

表 2-45　　T形截面普通砖墙柱承载力 N 值（kN）选用表（一）

（b_f＝3200mm　砖强度 MU10　砂浆强度 M2.5）

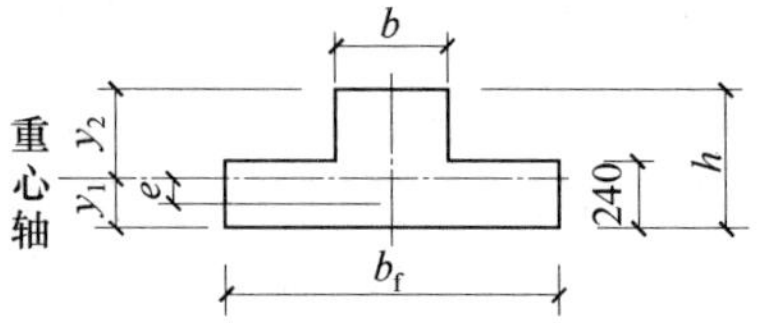

柱厚 h /mm	折算厚度 h_T /mm	柱宽 b /mm	计算高度 H_0 /m	e/h_T												
				0	0.025	0.05	0.075	0.10	0.125	0.15	0.175	0.20	0.225	0.25	0.275	0.30
370	270	240	4.2	699	644	591	542	497	456	418	385	354	326	301	279	258
			4.5	667	612	563	516	473	434	398	366	337	311	288	267	247
			4.8	635	583	536	491	450	413	380	350	323	298	276	255	237
			5.1	605	555	510	467	429	393	362	334	308	284	263	245	227
			5.4	576	528	485	444	408	376	345	318	295	273	252	234	219
			5.7	548	502	461	423	389	358	330	304	281	260	242	225	209
370	284	370	4.2	737	680	624	572	526	482	442	406	373	344	318	293	271
			4.5	705	649	596	547	501	460	422	388	357	329	304	281	260
			4.8	674	619	568	521	478	439	403	371	341	315	291	270	250
			5.1	643	591	542	497	456	419	385	354	326	302	280	258	240
			5.4	615	564	517	474	436	399	368	339	312	289	268	249	231
			5.7	586	537	493	453	415	381	352	324	300	277	257	239	222
			6.0	560	513	471	431	396	366	337	310	287	266	274	230	214
370	291	490	4.2	762	703	646	593	544	499	458	420	387	356	328	303	281
			4.5	730	672	618	566	520	476	437	402	369	341	314	291	270
			4.8	699	643	590	541	496	455	418	384	354	326	301	280	259
			5.1	669	614	563	516	474	435	400	368	339	313	289	269	249
			5.4	640	587	538	494	453	416	382	352	325	300	277	258	240
			5.7	610	561	514	471	432	397	366	337	311	288	267	248	231
			6.0	583	535	490	450	414	380	350	323	299	276	257	238	222
			6.3	557	511	409	430	395	364	336	310	287	265	247	230	214

柱厚 h /mm	折算厚度 h_T /mm	柱宽 b /mm	计算高度 H_0 /m	e/h_T (重心轴 y_1 y_2 e b b_f 240 h)												
				0	0.025	0.05	0.075	0.10	0.125	0.15	0.175	0.20	0.225	0.25	0.275	0.30
490	329	240	4.2	811	751	692	636	583	536	490	451	414	381	350	323	299
			4.5	782	723	665	611	560	514	471	432	398	365	337	312	288
			4.8	754	695	639	586	538	494	453	415	382	351	325	300	277
			5.1	726	668	614	564	516	473	434	399	368	339	313	289	268
			5.4	698	642	589	541	496	455	417	384	354	326	301	279	259
			5.7	671	617	566	518	476	437	401	369	341	314	290	270	250
			6.0	645	593	543	498	457	419	386	355	328	303	280	260	242
			6.3	620	569	522	478	439	403	371	342	316	292	271	251	233
			6.6	596	546	501	459	421	388	357	329	304	282	261	243	226
			6.9	571	524	481	441	402	373	344	317	293	272	252	234	218
			7.2	548	503	461	424	389	359	331	305	283	262	244	227	212
490	361	370	4.2	879	816	755	694	638	585	536	492	451	415	382	352	325
			4.5	852	789	728	670	615	563	516	474	436	400	369	340	314
			4.8	825	764	703	646	592	543	498	457	420	387	356	328	304
			5.1	798	737	677	623	571	523	479	440	406	373	344	317	294
			5.4	771	711	654	599	550	504	463	425	391	360	332	307	285
			5.7	746	686	629	578	530	486	446	410	378	347	322	297	276
			6.0	720	662	607	557	511	468	430	396	364	336	310	287	267
			6.3	694	637	585	536	492	451	415	382	352	325	300	278	258
			6.6	670	615	563	516	474	436	400	369	340	314	290	269	250
			6.9	645	592	543	497	457	420	387	356	328	304	281	261	242
			7.2	621	590	523	479	440	404	373	344	317	294	272	253	236
490	382	490	4.2	931	867	802	739	679	623	571	524	481	442	406	375	346
			4.5	905	840	776	714	656	601	552	505	465	427	393	362	334
			4.8	879	813	751	689	633	581	532	488	449	413	380	353	324
			5.1	853	788	725	666	612	561	515	472	434	399	368	339	313
			5.4	826	762	701	643	590	541	496	456	419	386	356	328	304
			5.7	799	737	678	621	570	523	480	441	405	373	344	318	295
			6.0	774	713	655	600	551	504	464	426	392	361	334	309	285
			6.3	748	688	632	579	531	487	448	412	379	349	322	299	277
			6.6	724	665	610	560	512	471	432	398	366	339	313	290	269
			6.9	700	642	589	540	495	454	419	385	355	328	304	281	261
			7.2	676	620	569	522	479	439	405	372	343	318	295	273	254

柱厚 h /mm	折算厚度 h_T /mm	柱宽 b /mm	计算高度 H_0 /m	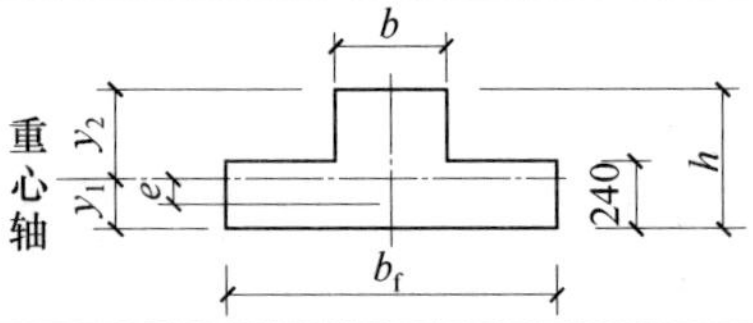 e/h_T												
				0	0.025	0.05	0.075	0.10	0.125	0.15	0.175	0.20	0.225	0.25	0.275	0.30
490	403	620	4.2	985	919	850	784	722	662	608	557	511	469	431	397	367
			4.5	959	892	825	760	698	640	587	538	494	454	418	385	355
			4.8	933	866	800	736	676	620	568	521	478	440	405	373	345
			5.1	908	841	775	712	653	599	550	505	463	425	392	362	334
			5.4	881	815	751	689	632	580	532	488	448	412	380	351	325
			5.7	856	790	727	667	611	561	514	472	434	400	369	340	315
			6.0	830	765	703	645	591	543	497	457	421	387	357	331	305
			6.3	805	741	680	623	572	525	482	442	407	375	346	321	297
			6.6	779	717	658	603	554	508	466	429	394	364	337	311	289
			6.9	755	694	637	584	536	491	452	415	382	353	327	302	280
			7.2	731	671	616	565	518	476	437	403	371	343	317	293	273
620	476	370	4.2	1021	957	892	826	761	700	642	589	540	496	455	419	386
			4.5	1001	936	870	805	741	681	624	572	525	481	442	407	375
			4.8	980	915	849	784	721	662	607	557	511	468	431	396	366
			5.1	960	894	828	763	701	643	590	542	497	455	419	386	356
			5.4	939	872	806	742	682	626	574	526	483	444	408	376	347
			5.7	917	850	785	722	663	608	558	512	470	432	398	367	338
			6.0	895	829	765	702	644	591	543	498	457	420	387	357	330
			6.3	874	807	744	683	627	575	527	484	445	409	376	348	322
			6.6	852	786	724	665	610	559	512	471	433	398	367	338	314
			6.9	831	766	705	647	592	544	499	458	421	388	357	330	305
			7.2	810	746	685	628	576	529	485	446	409	377	348	322	298
620	511	490	4.2	1091	1027	958	889	821	755	693	636	583	534	491	451	415
			4.5	1072	1007	937	868	801	735	676	618	568	520	478	440	405
			4.8	1054	986	916	847	780	716	658	604	553	508	466	429	395
			5.1	1033	965	895	827	761	698	641	587	539	494	455	419	385
			5.4	1013	943	874	806	741	681	623	573	525	482	444	408	377
			5.7	992	922	853	786	723	663	607	558	512	470	432	398	368
			6.0	971	901	833	766	704	646	592	543	498	458	421	389	359
			6.3	950	880	812	747	685	628	576	529	486	446	411	379	351
			6.6	929	859	792	728	668	612	561	516	473	435	401	370	342
			6.9	908	839	772	709	651	596	548	502	461	425	391	362	334
			7.2	886	818	752	692	633	581	533	489	450	414	382	353	327

续表

柱厚 h /mm	折算厚度 h_T /mm	柱宽 b /mm	计算高度 H_0 /m	e/h_T												
				0	0.025	0.05	0.075	0.10	0.125	0.15	0.175	0.20	0.225	0.25	0.275	0.30
620	539	620	4.2	1162	1095	1025	951	879	808	743	682	624	574	527	484	444
			4.5	1144	1076	1003	930	858	789	725	665	609	559	514	472	434
			4.8	1125	1055	982	909	838	771	707	648	594	545	500	460	425
			5.1	1106	1034	961	888	819	752	690	632	580	532	489	450	414
			5.4	1085	1013	940	868	799	733	673	617	566	519	477	439	405
			5.7	1065	992	919	848	780	716	656	601	551	507	467	429	396
			6.0	1045	971	898	828	760	698	640	587	538	495	455	420	387
			6.3	1024	951	878	808	742	681	624	572	525	482	444	409	378
			6.6	1003	930	858	789	724	664	609	558	512	472	434	400	370
			6.9	982	909	837	769	707	648	594	545	500	460	424	391	361
			7.2	960	888	818	751	688	632	579	532	489	450	414	382	353
740	644	490	4.2	1212	1150	1082	1008	934	862	794	628	667	612	562	516	474
			4.5	1199	1135	1065	991	917	845	776	713	654	600	550	505	464
			4.8	1185	1119	1046	973	899	829	761	699	641	587	539	495	455
			5.1	1169	1102	1029	956	882	812	746	684	628	575	528	485	446
			5.4	1153	1085	1011	937	865	796	730	670	614	563	517	475	438
			5.7	1137	1068	994	920	848	779	716	655	601	551	507	466	429
			6.0	1121	1049	975	903	832	763	700	642	589	541	597	456	421
			6.3	1104	1032	958	884	815	747	686	629	578	530	487	449	413
			6.6	1087	1015	940	867	798	733	672	616	566	518	478	439	405
			6.9	1070	996	923	850	782	717	658	604	554	508	467	430	397
			7.2	1053	978	906	833	766	703	645	591	542	499	458	422	389
740	679	620	4.2	1300	1237	1164	1087	1009	931	852	786	721	661	606	557	512
			4.5	1287	1222	1147	1069	990	913	840	772	707	648	595	546	503
			4.8	1273	1205	1129	1051	972	896	824	756	693	636	584	536	493
			5.1	1258	1188	1112	1034	955	880	808	741	679	623	573	525	483
			5.4	1243	1171	1094	1016	937	863	793	727	667	611	561	515	475
			5.7	1227	1154	1076	997	920	846	777	713	654	599	550	505	466
			6.0	1210	1136	1058	979	903	931	762	699	640	588	540	497	458
			6.3	1195	1119	1039	962	887	814	746	685	629	577	529	487	449
			6.6	1178	1101	1023	944	870	798	732	671	616	566	519	477	441
			6.9	1160	1083	1004	927	853	783	718	658	604	554	510	469	433
			7.2	1143	1065	986	909	836	767	704	646	592	543	500	461	424

2.2.46 T形截面普通砖墙柱承载力 N 值选用表（二）（$b_f=3200mm$ 砖强度MU10 砂浆强度M2.5）

表2-46 T形截面普通砖墙柱承载力 N 值（kN）选用表（二）

（b_f=3200mm 砖强度MU10 砂浆强度M2.5）

柱厚 h /mm	折算厚度 h_T /mm	柱宽 b /mm	计算高度 H_0 /m	e/h_T												
				0	0.025	0.05	0.075	0.10	0.125	0.15	0.175	0.20	0.225	0.25	0.275	0.30
490	401	370	4.5	1274	1184	1095	1009	927	851	780	715	656	603	555	511	472
			4.8	1240	1151	1061	977	897	824	755	693	635	584	538	496	458
			5.1	1205	1116	1028	945	868	796	729	670	614	565	520	480	443
			5.4	1170	1082	996	915	839	769	705	648	595	547	504	466	431
			5.7	1137	1049	964	884	812	744	683	627	576	534	490	451	418
			6.0	1101	1015	932	855	785	720	661	606	558	514	474	439	407
			6.3	1068	983	902	828	760	696	638	587	541	490	459	426	394
			6.6	1034	951	873	801	734	673	619	568	523	483	447	413	383
			6.9	1002	921	844	774	710	651	598	550	507	469	434	412	373
			7.2	969	891	817	748	686	630	579	533	491	455	421	389	362
			7.5	938	860	790	725	664	610	562	517	477	440	408	380	352
490	409	490	4.5	1300	1210	1119	1030	948	869	798	731	670	617	567	521	481
			4.8	1266	1174	1085	998	918	841	772	707	649	597	549	507	468
			5.1	1231	1140	1051	967	888	814	746	685	630	578	533	491	453
			5.4	1197	1106	1019	937	859	788	722	664	609	560	517	476	441
			5.7	1163	1072	987	906	832	762	699	643	591	542	500	463	428
			6.0	1129	1040	956	877	804	738	676	622	571	526	486	449	416
			6.3	1095	1008	925	849	778	714	655	602	554	510	471	436	403
			6.6	1061	975	896	822	754	691	634	583	538	496	458	423	392
			6.9	1029	945	867	794	730	668	615	565	521	481	444	411	382
			7.2	996	916	840	770	706	647	596	547	505	466	431	400	371
			7.5	964	885	812	744	683	628	576	531	491	453	420	389	361
620	462	370	4.5	1393	1302	1209	1118	1028	944	866	794	728	668	615	565	521
			4.8	1364	1271	1178	1086	1000	917	841	771	708	650	597	550	507
			5.1	1336	1241	1148	1057	972	891	818	750	688	632	582	536	494
			5.4	1302	1209	1116	1028	944	866	794	728	668	613	565	521	481
			5.7	1271	1178	1086	998	917	841	771	708	650	597	550	507	469
			6.0	1239	1146	1057	970	891	818	750	688	632	580	536	494	456
			6.3	1208	1116	1027	944	866	794	728	668	613	565	521	481	444
			6.6	1178	1086	998	917	841	771	706	650	597	550	507	469	434
			6.9	1146	1057	970	891	816	750	677	632	580	536	494	456	423
			7.2	1116	1027	944	866	793	728	668	613	565	521	481	444	413
			7.5	1085	998	916	841	771	706	648	597	549	507	467	433	401

续表

柱厚 h /mm	折算厚度 h_T /mm	柱宽 b /mm	计算高度 H_0 /m	e/h_T												
				0	0.025	0.05	0.075	0.10	0.125	0.15	0.175	0.20	0.225	0.25	0.275	0.30
620	482	490	4.5	1445	1353	1258	1163	1071	985	903	828	759	698	640	589	543
			4.8	1416	1323	1227	1132	1042	957	878	802	738	677	623	574	529
			5.1	1387	1292	1197	1103	1015	932	854	782	718	660	606	558	516
			5.4	1357	1261	1166	1075	988	906	830	762	699	642	591	545	502
			5.7	1326	1231	1136	1046	961	881	808	740	681	625	575	531	490
			6.0	1295	1200	1107	1017	934	857	786	721	662	609	560	518	477
			6.3	1265	1170	1078	990	908	833	764	701	643	592	546	504	465
			6.6	1234	1139	1049	963	884	810	743	682	626	577	531	490	455
			6.9	1204	1110	1020	937	859	788	723	664	611	562	518	478	443
			7.2	1173	1081	993	912	835	767	703	647	594	548	506	467	433
			7.5	1143	1053	966	886	813	745	684	628	579	533	492	455	422
620	501	620	4.5	1498	1404	1307	1209	1115	1025	939	863	790	725	666	612	565
			4.8	1469	1375	1277	1180	1086	999	915	839	771	706	649	597	551
			5.1	1441	1345	1246	1150	1058	971	891	818	750	689	633	583	537
			5.4	1411	1314	1216	1122	1032	946	868	795	731	670	616	567	523
			5.7	1382	1284	1187	1093	1004	920	844	774	711	654	602	553	511
			6.0	1352	1253	1157	1065	978	896	823	755	692	637	586	541	499
			6.3	1321	1223	1127	1037	952	873	800	734	675	621	570	527	487
			6.6	1291	1194	1100	1011	927	851	779	715	657	605	557	515	475
			6.9	1260	1164	1072	983	903	828	758	698	640	590	543	501	464
			7.2	1230	1134	1044	959	879	805	739	678	624	574	530	490	454
			7.5	1201	1107	1016	933	856	785	720	661	609	560	516	478	443
620	518	750	4.5	1547	1453	1355	1255	1157	1064	977	895	820	754	691	636	586
			4.8	1520	1424	1324	1224	1128	1037	952	871	800	734	673	620	572
			5.1	1492	1394	1294	1196	1100	1010	927	850	779	714	657	606	558
			5.4	1463	1363	1264	1166	1073	984	903	829	759	697	641	590	545
			5.7	1435	1335	1235	1137	1046	959	880	807	739	681	625	575	531
			6.0	1404	1305	1205	1110	1019	936	857	786	722	663	609	563	518
			6.3	1374	1274	1176	1082	993	911	836	766	704	647	595	549	508
			6.6	1344	1244	1148	1055	968	887	814	747	686	631	581	536	495
			6.9	1315	1215	1119	1028	943	864	793	729	668	615	566	524	484
			7.2	1285	1185	1091	1002	920	843	773	709	653	600	554	511	474
			7.5	1255	1157	1064	977	896	821	754	691	636	586	540	499	463

柱厚 h /mm	折算厚度 h_T /mm	柱宽 b /mm	计算高度 H_0 /m	e/h_T												
				0	0.025	0.05	0.075	0.10	0.125	0.15	0.175	0.20	0.225	0.25	0.275	0.30
750	586	490	4.5	1592	1501	1405	1305	1205	1109	1020	935	858	787	723	664	610
			4.8	1569	1476	1378	1278	1180	1086	997	913	838	769	707	650	598
			5.1	1546	1451	1351	1252	1154	1061	974	894	819	751	691	635	584
			5.4	1521	1425	1325	1225	1129	1038	952	872	801	735	675	621	571
			5.7	1496	1400	1298	1200	1104	1015	931	853	783	719	660	607	561
			6.0	1471	1373	1273	1175	1081	992	910	833	765	703	646	594	548
			6.3	1446	1346	1246	1148	1056	969	888	815	748	687	632	582	537
			6.6	1419	1319	1220	1123	1033	947	869	798	732	671	618	570	525
			6.9	1392	1293	1195	1099	1009	926	849	778	716	657	605	557	514
			7.2	1368	1266	1168	1075	986	904	830	762	700	643	591	546	504
			7.5	1341	1241	1143	1050	965	885	812	744	684	628	578	534	493
750	616	620	4.5	1666	1576	1476	1373	1269	1170	1074	985	904	828	760	699	642
			4.8	1644	1550	1450	1345	1243	1144	1051	965	883	812	745	684	629
			5.1	1622	1526	1422	1319	1218	1120	1029	943	865	793	728	669	616
			5.4	1598	1500	1397	1293	1194	1096	1007	922	847	776	714	656	605
			5.7	1574	1474	1371	1267	1168	1074	985	904	828	760	699	642	592
			6.0	1550	1448	1345	1243	1144	1050	963	883	810	743	684	629	579
			6.3	1524	1422	1319	1218	1120	1027	943	865	793	728	669	616	568
			6.6	1500	1397	1293	1192	1096	1005	922	847	776	712	655	603	557
			6.9	1474	1371	1267	1168	1074	985	902	828	760	697	642	592	546
			7.2	1448	1345	1242	1144	1050	963	883	810	743	682	629	579	535
			7.5	1422	1319	1218	1120	1027	943	863	793	728	669	616	568	525
750	641	750	4.5	1737	1644	1543	1436	1329	1224	1126	1033	947	868	796	731	674
			4.8	1716	1621	1516	1409	1302	1201	1101	1012	928	851	781	718	660
			5.1	1693	1596	1491	1384	1277	1176	1080	991	909	832	765	702	647
			5.4	1670	1571	1464	1357	1252	1151	1057	970	889	815	750	689	634
			5.7	1648	1546	1439	1332	1227	1128	1036	951	870	800	735	676	622
			6.0	1623	1520	1413	1306	1203	1105	1014	930	853	782	719	662	609
			6.3	1600	1495	1388	1281	1180	1082	993	910	836	767	704	649	597
			6.6	1575	1468	1361	1256	1155	1061	973	891	819	752	691	635	586
			6.9	1548	1443	1336	1231	1132	1038	952	874	802	737	677	624	574
			7.2	1523	1416	1310	1206	1109	1017	933	855	784	721	664	611	565
			7.5	1499	1390	1285	1182	1086	996	914	838	769	706	651	599	553

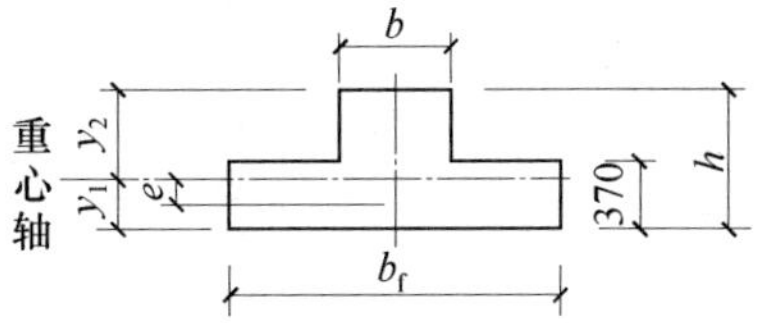

续表

柱厚 h /mm	折算厚度 h_T /mm	柱宽 b /mm	计算高度 H_0 /m	e/h_T												
				0	0.025	0.05	0.075	0.10	0.125	0.15	0.175	0.20	0.225	0.25	0.275	0.30
750	660	870	4.5	1799	1707	1600	1492	1382	1273	1171	1075	986	903	828	761	700
			4.8	1779	1681	1575	1464	1356	1248	1147	1053	966	886	813	746	687
			5.1	1758	1657	1549	1439	1331	1224	1124	1031	947	868	797	732	673
			5.4	1734	1634	1523	1413	1305	1201	1102	1012	927	850	781	718	661
			5.7	1713	1608	1498	1388	1279	1177	1080	990	909	832	765	704	647
			6.0	1689	1583	1472	1362	1256	1153	1059	970	889	817	750	691	635
			6.3	1663	1557	1447	1336	1230	1130	1037	951	872	801	736	677	624
			6.6	1640	1531	1421	1311	1206	1109	1015	931	854	785	722	663	612
			6.9	1614	1506	1394	1287	1183	1086	996	913	838	769	706	651	600
			7.2	1588	1478	1368	1262	1159	1065	976	895	821	754	693	639	590
			7.5	1563	1453	1342	1238	1136	1043	956	878	805	740	682	628	578

2.2.47 T形截面普通砖墙柱承载力 N 值选用表（一）（b_f＝3400mm 砖强度 MU10 砂浆强度 M2.5）

表 2-47 T形截面普通砖墙柱承载力 N 值（kN）选用表（一）

（b_f＝3400mm 砖强度 MU10 砂浆强度 M2.5）

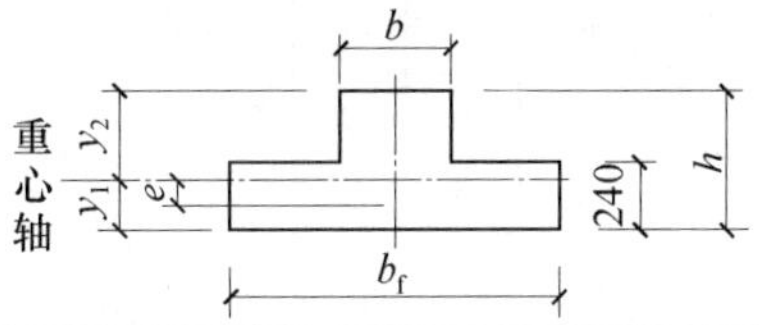

柱厚 h /mm	折算厚度 h_T /mm	柱宽 b /mm	计算高度 H_0 /m	e/h_T												
				0	0.025	0.05	0.075	0.10	0.125	0.15	0.175	0.20	0.225	0.25	0.275	0.30
370	270	240	4.2	741	682	626	574	527	483	443	408	375	345	319	296	274
			4.5	707	649	596	547	502	460	422	388	357	330	306	283	262
			4.8	674	618	568	520	477	438	403	371	342	316	292	270	252
			5.1	642	589	540	495	454	417	384	354	327	301	279	259	241
			5.4	611	560	514	471	432	398	366	338	312	289	267	248	232
			5.7	581	533	489	449	413	379	350	322	293	276	256	238	222

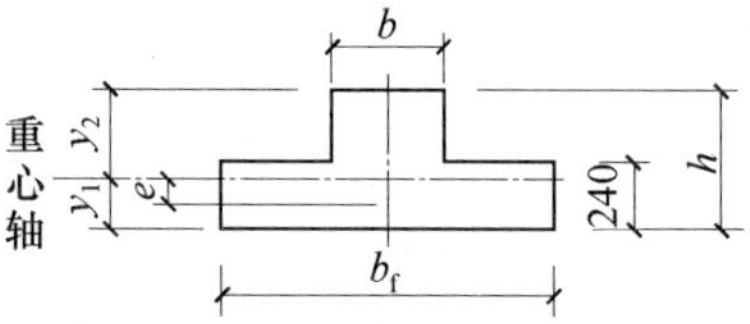

续表

柱厚 h /mm	折算厚度 h_T /mm	柱宽 b /mm	计算高度 H_0 /m	e/h_T												
				0	0.025	0.05	0.075	0.10	0.125	0.15	0.175	0.20	0.225	0.25	0.275	0.30
370	280	370	4.2	773	713	654	600	551	505	463	426	392	361	333	308	285
			4.5	740	680	624	572	525	481	442	406	375	345	319	295	274
			4.8	706	649	595	545	501	459	422	388	358	330	305	283	262
			5.1	675	618	568	521	477	439	403	371	342	316	293	271	252
			5.4	643	590	541	496	456	419	385	354	328	303	280	260	242
			5.7	613	562	515	474	434	399	368	340	314	290	269	250	233
			6.0	585	536	492	451	415	381	352	325	301	278	259	240	224
370	291	390	4.2	806	744	683	627	576	528	484	444	409	377	347	321	297
			4.5	773	711	654	599	550	504	463	426	391	361	332	308	285
			4.8	739	680	624	572	524	481	442	407	375	345	319	296	274
			5.1	707	649	595	546	502	460	423	389	359	331	306	284	264
			5.4	677	620	569	522	479	440	404	372	344	317	293	273	253
			5.7	646	593	544	498	457	420	387	356	329	305	282	263	244
			6.0	617	566	519	476	438	402	370	341	316	292	272	252	235
			6.3	590	540	496	455	418	385	355	328	304	281	261	243	226
490	326	240	4.2	854	790	728	669	614	563	517	474	436	400	368	340	315
			4.5	824	760	700	643	589	540	496	455	419	384	355	327	304
			4.8	793	732	673	617	565	519	476	437	401	370	341	316	292
			5.1	764	702	645	592	543	498	457	420	387	356	329	305	282
			5.4	734	675	619	568	521	478	439	404	372	343	317	293	272
			5.7	706	649	594	545	499	458	422	388	357	330	306	283	263
			6.0	678	622	572	523	480	440	405	373	345	318	294	273	253
			6.3	651	597	547	502	461	423	390	359	332	307	284	264	245
			6.6	625	573	526	482	442	407	374	346	320	296	274	255	238
			6.9	600	550	504	463	425	391	360	333	308	285	265	247	230

柱厚 h /mm	折算厚度 h_T /mm	柱宽 b /mm	计算高度 H_0 /m	e/h_T												
				0	0.025	0.05	0.075	0.10	0.125	0.15	0.175	0.20	0.225	0.25	0.275	0.30
490	357	370	4.2	924	858	792	729	669	614	563	517	474	435	401	369	341
			4.5	895	829	765	702	644	591	543	498	457	420	387	357	330
			4.8	866	800	738	677	621	570	523	479	440	406	374	344	318
			5.1	838	773	710	653	598	549	503	462	425	392	361	334	309
			5.4	810	746	685	628	576	529	485	446	409	377	348	322	298
			5.7	781	719	660	605	555	509	467	429	395	364	336	311	289
			6.0	754	693	635	583	535	491	451	414	382	353	325	302	279
			6.3	727	667	612	562	514	472	434	400	368	340	315	291	271
			6.6	700	643	590	540	496	455	419	386	356	329	304	283	263
			6.9	675	620	568	520	478	439	405	373	343	318	295	274	255
			7.2	650	596	546	501	460	423	390	360	333	308	285	265	246
490	378	490	4.2	977	910	841	774	712	653	599	550	505	463	425	392	362
			4.5	950	880	813	749	688	630	578	530	486	447	412	379	351
			4.8	922	854	786	723	663	608	558	512	470	433	398	367	340
			5.1	894	825	760	699	640	588	539	494	455	418	385	356	329
			5.4	866	799	734	674	618	567	519	478	439	405	373	345	319
			5.7	838	772	708	650	596	547	502	461	424	391	361	334	309
			6.0	810	745	684	628	575	528	485	446	409	378	350	323	300
			6.3	783	719	661	606	556	509	468	430	396	366	339	313	290
			6.6	757	695	638	585	536	492	452	417	384	355	328	303	281
			6.9	732	671	616	564	518	475	437	402	372	342	318	295	274
			7.2	706	647	594	545	500	459	423	389	359	333	308	285	265
490	399	620	4.2	1031	961	891	823	756	694	636	583	535	492	451	416	383
			4.5	1006	935	864	796	732	671	616	564	517	475	438	403	372
			4.8	978	907	838	771	708	648	595	546	501	460	424	391	361
			5.1	950	879	811	746	684	627	575	527	484	445	411	378	350
			5.4	922	853	785	720	661	607	556	511	469	431	397	367	339
			5.7	896	826	759	698	639	586	537	494	454	419	386	357	330
			6.0	868	800	735	674	618	568	521	478	440	405	373	345	320
			6.3	841	775	710	652	598	549	503	463	426	392	363	335	311
			6.6	815	749	687	631	578	530	487	448	412	381	352	325	302
			6.9	788	724	665	609	559	513	472	434	400	369	342	316	294
			7.2	763	701	642	589	541	497	456	420	387	358	331	308	285

续表

柱厚 h /mm	折算厚度 h_T /mm	柱宽 b /mm	计算高度 H_0 /m	e/h_T												
				0	0.025	0.05	0.075	0.10	0.125	0.15	0.175	0.20	0.225	0.25	0.275	0.30
620	469	370	4.2	1070	1004	935	856	797	733	672	616	565	519	477	438	404
			4.5	1049	981	911	843	775	712	654	599	549	504	463	426	392
			4.8	1027	958	889	820	754	692	635	583	534	491	451	415	383
			5.1	1004	935	865	798	733	672	618	565	519	477	438	404	373
			5.4	982	912	843	775	713	654	600	550	504	463	426	394	363
			5.7	958	889	820	754	693	635	583	534	491	451	415	383	354
			6.0	936	866	798	733	674	618	567	519	477	438	404	373	345
			6.3	912	844	777	713	655	600	550	506	465	427	394	364	337
			6.6	890	822	756	693	636	583	535	491	451	416	384	354	328
			6.9	866	799	734	674	618	567	519	477	440	405	373	345	319
			7.2	844	777	713	655	600	550	506	465	427	394	364	337	312
620	504	490	4.2	1143	1074	1003	930	858	789	724	664	609	558	513	471	435
			4.5	1123	1052	981	908	836	768	706	647	594	544	500	459	423
			4.8	1102	1030	957	885	815	749	686	630	578	530	487	448	413
			5.1	1081	1008	935	863	794	729	669	613	562	517	475	437	403
			5.4	1059	986	913	841	773	710	652	598	548	502	462	426	393
			5.7	1037	964	891	820	754	691	634	583	534	491	452	415	384
			6.0	1014	940	869	799	734	673	617	566	519	478	440	405	375
			6.3	991	918	846	779	715	656	601	552	506	466	428	396	366
			6.6	969	896	826	759	697	638	586	538	493	454	418	386	356
			6.9	947	874	805	740	678	621	570	523	480	442	407	376	349
			7.2	925	853	784	720	660	605	555	510	469	432	398	368	341
620	532	620	4.2	1215	1145	1070	992	917	844	775	710	652	598	549	504	464
			4.5	1194	1123	1047	970	895	824	755	693	635	583	535	492	453
			4.8	1174	1101	1025	948	874	803	736	676	620	568	522	481	442
			5.1	1153	1079	1003	926	853	783	719	658	604	555	509	468	431
			5.4	1133	1056	980	905	832	764	701	642	589	541	497	457	422
			5.7	1111	1034	958	883	812	745	683	627	575	527	485	447	412
			6.0	1089	1013	936	862	792	727	667	611	560	515	474	437	403
			6.3	1066	989	914	842	772	709	649	596	546	503	436	426	393
			6.6	1044	967	892	821	753	691	634	581	534	490	452	416	385
			6.9	1022	946	872	801	735	673	617	567	520	479	441	407	377
			7.2	999	924	850	780	716	657	602	553	508	467	430	397	367

续表

柱厚 h /mm	折算厚度 h_T /mm	柱宽 b /mm	计算高度 H_0 /m	重心轴 b y_2 y_1 e 240 h b_f												
				e/h_T												
				0	0.025	0.05	0.075	0.10	0.125	0.15	0.175	0.20	0.225	0.25	0.275	0.30
740	634	490	4.2	1267	1202	1129	1052	975	899	827	759	696	638	586	537	495
			4.5	1252	1184	1110	1034	957	881	811	743	681	624	573	526	485
			4.8	1237	1166	1092	1015	937	863	793	728	667	612	561	515	475
			5.1	1220	1148	1073	995	919	846	776	713	653	599	550	506	466
			5.4	1204	1131	1055	976	902	828	761	697	639	587	539	495	456
			5.7	1186	1113	1035	958	882	812	744	682	626	575	528	485	446
			6.0	1169	1093	1016	939	866	794	729	668	613	562	517	475	438
			6.3	1151	1075	997	921	848	779	714	655	601	551	507	466	430
			6.6	1132	1056	979	903	830	762	699	641	588	540	496	457	422
			6.9	1114	1037	959	885	813	746	684	627	576	529	486	448	413
			7.2	1095	1017	942	867	797	731	670	615	564	518	477	439	405
740	669	620	4.2	1355	1289	1213	1131	1049	969	891	818	750	687	630	579	532
			4.5	1342	1272	1194	1112	1030	950	873	802	736	674	619	567	522
			4.8	1326	1254	1175	1093	1011	932	857	786	721	661	607	557	512
			5.1	1310	1236	1156	1074	993	914	840	771	707	648	595	547	503
			5.4	1293	1219	1137	1055	974	897	824	755	692	635	584	535	493
			5.7	1277	1200	1119	1036	955	879	808	740	679	623	572	525	484
			6.0	1260	1181	1099	1017	938	862	791	726	666	610	560	516	475
			6.3	1242	1163	1080	999	920	846	775	711	652	598	550	506	466
			6.6	1225	1144	1061	980	903	828	759	696	639	586	540	496	458
			6.9	1206	1125	1042	961	885	812	745	683	626	575	529	487	449
			7.2	1187	1106	1024	944	868	796	730	670	614	556	519	478	440

2.2.48 T形截面普通砖墙柱承载力 N 值选用表（二）（b_f＝3400mm 砖强度 MU10 砂浆强度 M2.5）

表 2-48 T形截面普通砖墙柱承载力 N 值（kN）选用表（二）

（b_f＝3400mm 砖强度 MU10 砂浆强度 M2.5）

柱厚 h /mm	折算厚度 h_T /mm	柱宽 b /mm	计算高度 H_0 /m	e/h_T												
				0	0.025	0.05	0.075	0.10	0.125	0.15	0.175	0.20	0.225	0.25	0.275	0.30
490	400	370	4.5	1351	1254	1161	1070	982	900	826	758	695	639	587	541	499
			4.8	1313	1219	1124	1034	949	871	799	733	673	619	568	524	485
			5.1	1276	1181	1090	1002	919	843	773	709	651	599	551	509	470
			5.4	1239	1146	1054	968	888	814	748	685	629	580	535	494	457
			5.7	1203	1110	1020	937	860	788	722	663	611	562	518	479	443
			6.0	1166	1075	987	905	831	761	699	643	590	545	502	465	430
			6.3	1131	1041	954	877	804	736	677	621	572	528	487	450	418
			6.6	1095	1007	924	848	777	712	655	602	555	511	472	438	406
			6.9	1059	973	893	819	751	690	633	584	538	496	458	424	394
			7.2	1026	943	865	792	726	667	614	565	521	480	445	413	384
			7.5	993	910	836	766	702	646	594	546	504	467	433	401	372
490	407	490	4.5	1374	1278	1182	1090	1001	919	843	773	708	652	599	552	510
			4.8	1338	1242	1146	1056	970	890	816	748	686	631	580	535	494
			5.1	1302	1205	1112	1021	938	861	789	724	665	611	563	520	479
			5.4	1265	1169	1076	989	908	831	763	701	643	592	546	503	465
			5.7	1229	1134	1044	958	878	806	739	677	623	575	528	489	451
			6.0	1193	1099	1009	927	850	778	715	657	604	556	513	474	439
			6.3	1157	1064	977	897	823	754	693	636	585	539	498	460	427
			6.6	1121	1030	946	867	796	730	671	616	568	523	484	448	415
			6.9	1085	998	915	840	770	706	648	597	551	508	469	434	403
			7.2	1052	965	886	813	744	684	628	578	534	493	455	422	392
			7.5	1018	934	857	785	720	662	609	561	516	479	443	410	381

柱厚 h /mm	折算厚度 h_T /mm	柱宽 b /mm	计算高度 H_0 /m	e/h_T												
				0	0.025	0.05	0.075	0.10	0.125	0.15	0.175	0.20	0.225	0.25	0.275	0.30
			4.5	1471	1374	1276	1178	1084	995	912	837	768	705	647	596	549
			4.8	1437	1341	1243	1146	1053	967	886	812	740	684	630	581	535
			5.1	1406	1307	1209	1114	1023	939	862	790	725	665	612	565	521
			5.4	1372	1274	1176	1083	995	912	837	767	704	647	595	549	507
			5.7	1339	1241	1144	1053	965	886	812	746	684	630	579	535	493
620	458	370	6.0	1306	1207	1113	1023	939	860	790	725	665	612	563	521	481
			6.3	1272	1176	1081	993	911	835	767	704	646	595	549	507	468
			6.6	1239	1142	1051	965	884	811	744	682	628	579	533	493	456
			6.9	1206	1111	1021	937	860	788	723	665	610	563	519	481	445
			7.2	1174	1079	991	909	833	765	702	646	595	547	505	468	433
			7.5	1141	1049	963	883	811	744	682	628	577	533	493	456	423
			4.5	1523	1426	1326	1225	1128	1037	951	872	800	734	674	620	572
			4.8	1493	1394	1292	1193	1098	1008	924	848	778	714	656	604	558
			5.1	1460	1360	1259	1162	1067	979	899	825	757	694	638	588	543
			5.4	1428	1328	1227	1130	1039	952	873	802	735	676	622	572	529
			5.7	1396	1295	1197	1100	1010	927	850	780	716	658	606	558	515
620	478	490	6.0	1363	1263	1164	1071	983	900	827	759	696	640	590	543	502
			6.3	1331	1231	1134	1040	956	875	804	737	678	622	574	531	489
			6.6	1297	1198	1103	1013	929	852	782	717	660	606	559	516	479
			6.9	1265	1168	1073	985	904	829	760	698	642	590	545	504	466
			7.2	1232	1136	1044	958	879	805	739	680	624	576	531	491	455
			7.5	1202	1105	1015	931	854	784	719	660	608	561	518	479	445
			4.5	1576	1476	1374	1272	1171	1078	988	907	832	762	701	644	593
			4.8	1546	1445	1342	1239	1142	1048	962	881	810	742	683	628	578
			5.1	1515	1414	1309	1208	1113	1021	936	859	788	723	664	611	563
			5.4	1484	1381	1278	1179	1083	993	911	835	767	705	648	596	551
			5.7	1452	1348	1247	1148	1054	968	887	813	747	687	631	582	538
620	496	620	6.0	1419	1317	1216	1118	1026	942	863	791	727	668	615	567	523
			6.3	1388	1285	1184	1080	999	916	841	771	709	652	600	552	512
			6.6	1355	1252	1153	1059	973	892	817	751	690	635	584	540	499
			6.9	1322	1221	1124	1032	946	868	797	731	672	619	571	527	486
			7.2	1291	1190	1094	1004	922	844	775	712	655	602	556	514	475
			7.5	1260	1160	1065	979	896	822	754	694	637	587	541	501	464

柱厚 h /mm	折算厚度 h_T /mm	柱宽 b /mm	计算高度 H_0 /m	e/h_T												
				0	0.025	0.05	0.075	0.10	0.125	0.15	0.175	0.20	0.225	0.25	0.275	0.30
			4.5	1627	1527	1422	1317	1213	1116	1024	939	862	791	727	668	614
			4.8	1597	1495	1390	1285	1183	1088	997	915	839	770	708	652	601
			5.1	1567	1463	1358	1255	1155	1059	973	892	817	751	689	635	586
			5.4	1537	1431	1326	1225	1125	1033	947	868	796	732	672	620	571
			5.7	1505	1401	1296	1193	1097	1007	922	847	777	714	655	605	558
620	513	750	6.0	1475	1369	1264	1165	1069	980	900	824	757	695	640	590	544
			6.3	1443	1337	1234	1135	1041	954	875	804	738	678	625	576	531
			6.6	1411	1306	1202	1106	1014	930	853	783	719	661	608	561	520
			6.9	1379	1274	1172	1078	988	907	832	762	700	644	595	548	507
			7.2	1347	1243	1144	1050	964	883	809	744	684	629	580	535	496
			7.5	1315	1212	1114	1024	937	860	789	725	667	614	567	524	484
			4.5	1672	1578	1475	1370	1265	1165	1070	981	899	826	758	696	640
			4.8	1648	1550	1447	1342	1237	1139	1045	959	878	807	741	681	627
			5.1	1624	1522	1419	1314	1210	1113	1021	936	859	788	724	666	613
			5.4	1597	1496	1391	1286	1184	1088	998	916	839	769	707	651	600
			5.7	1571	1468	1363	1257	1158	1062	976	893	820	752	692	636	587
750	578	490	6.0	1543	1441	1334	1231	1132	1038	953	874	801	735	677	623	574
			6.3	1516	1411	1306	1203	1105	1015	931	854	782	719	662	610	563
			6.6	1488	1383	1278	1177	1081	991	910	833	766	704	647	597	550
			6.9	1460	1355	1250	1150	1057	968	888	814	749	689	632	583	538
			7.2	1432	1327	1224	1124	1032	946	869	796	732	672	619	570	527
			7.5	1404	1299	1195	1100	1008	925	848	779	715	658	606	559	518
			4.5	1749	1652	1547	1438	1330	1225	1126	1032	947	867	798	732	673
			4.8	1726	1627	1520	1409	1302	1199	1100	1009	926	850	780	716	660
			5.1	1700	1599	1491	1382	1275	1172	1077	988	906	831	763	700	646
			5.4	1675	1572	1464	1355	1248	1147	1054	966	887	813	747	687	632
			5.7	1650	1545	1436	1328	1223	1124	1031	945	867	796	732	671	619
750	608	620	6.0	1623	1518	1407	1300	1198	1098	1007	924	848	778	716	658	607
			6.3	1598	1489	1380	1273	1170	1075	986	904	829	761	700	644	594
			6.6	1570	1462	1353	1246	1147	1052	965	885	811	745	685	631	582
			6.9	1543	1434	1326	1221	1122	1029	943	865	794	730	671	619	570
			7.2	1514	1405	1298	1196	1097	1007	922	846	776	714	658	605	559
			7.5	1487	1378	1271	1168	1073	984	902	829	761	699	644	594	549

续表

柱厚 h /mm	折算厚度 h_T /mm	柱宽 b /mm	计算高度 H_0 /m	e/h_T												
				0	0.025	0.05	0.075	0.10	0.125	0.15	0.175	0.20	0.225	0.25	0.275	0.30
750	633	750	4.5	1835	1739	1632	1522	1410	1299	1195	1097	1004	922	846	776	714
			4.8	1815	1715	1606	1494	1384	1273	1171	1075	984	904	828	762	700
			5.1	1793	1690	1580	1468	1357	1249	1147	1053	964	886	812	746	688
			5.4	1769	1666	1554	1442	1331	1225	1125	1031	946	868	796	732	673
			5.7	1747	1640	1528	1416	1305	1201	1103	1010	926	850	782	718	661
			6.0	1723	1614	1502	1390	1281	1177	1081	990	908	834	766	704	649
			6.3	1698	1588	1476	1364	1255	1155	1059	970	890	818	752	692	637
			6.6	1672	1562	1450	1337	1231	1131	1037	950	872	802	736	677	625
			6.9	1646	1536	1424	1313	1207	1109	1016	932	856	786	722	665	613
			7.2	1622	1510	1398	1287	1183	1087	996	914	838	770	708	651	601
			7.5	1596	1484	1372	1263	1161	1065	976	896	822	756	694	639	591
750	652	870	4.5	1885	1784	1674	1559	1443	1332	1224	1123	1030	943	867	795	733
			4.8	1862	1759	1648	1532	1416	1305	1199	1100	1009	925	848	780	718
			5.1	1838	1734	1621	1505	1389	1280	1175	1078	989	906	832	764	704
			5.4	1815	1707	1592	1476	1363	1253	1152	1055	968	888	815	749	689
			5.7	1790	1681	1565	1449	1336	1228	1127	1034	947	869	799	735	677
			6.0	1765	1654	1538	1422	1311	1203	1104	1014	929	852	782	720	664
			6.3	1738	1625	1509	1396	1284	1179	1082	993	910	836	768	706	650
			6.6	1712	1598	1482	1369	1259	1156	1061	972	892	819	753	693	638
			6.9	1685	1571	1455	1342	1234	1133	1038	952	873	803	737	679	627
			7.2	1658	1542	1429	1315	1210	1109	1018	933	857	786	722	667	615
			7.5	1631	1515	1400	1290	1185	1086	997	914	838	770	710	654	603

2.2.49 T 形截面普通砖墙柱承载力 N 值选用表（一）（$b_f=3600mm$ 砖强度 MU10 砂浆强度 M2.5）

表 2-49 T 形截面普通砖墙柱承载力 N 值（kN）选用表（一）

（$b_f=3600mm$ 砖强度 MU10 砂浆强度 M2.5）

柱厚 h /mm	折算厚度 h_T /mm	柱宽 b /mm	计算高度 H_0 /m	e/h_T												
				0	0.025	0.05	0.075	0.10	0.125	0.15	0.175	0.20	0.225	0.25	0.275	0.30
370	266	240	4.2	776	714	655	601	551	506	464	427	393	361	335	309	287
			4.5	738	679	623	571	524	481	442	406	374	345	320	296	274
			4.8	704	647	592	543	499	458	421	387	357	330	306	283	263
			5.1	670	614	563	516	474	436	401	370	340	315	292	271	252
			5.4	637	584	536	492	451	415	382	352	325	301	280	260	242
			5.7	606	556	509	467	430	395	365	337	311	288	268	249	232
370	280	370	4.2	816	752	691	634	582	533	489	450	413	381	352	326	301
			4.5	781	718	659	604	554	508	467	429	396	365	336	311	289
			4.8	745	685	628	576	528	484	445	410	378	348	322	298	277
			5.1	712	653	599	550	503	463	425	392	361	334	309	286	266
			5.4	679	623	571	524	481	442	406	374	346	320	396	275	256
			5.7	647	594	544	500	458	422	388	359	382	307	284	264	246
			6.0	617	566	519	476	438	403	372	343	317	294	273	253	237
370	287	490	4.2	844	777	715	656	601	552	506	465	428	394	363	336	311
			4.5	808	744	682	625	574	527	483	445	408	377	348	322	299
			4.8	773	710	651	598	548	502	461	424	391	361	334	308	287
			5.1	738	677	622	570	523	479	441	406	375	346	320	296	276
			5.4	705	647	593	543	499	459	422	389	359	331	307	285	265
			5.7	674	617	566	519	477	439	404	372	343	318	295	273	255
			6.0	642	589	540	495	455	419	385	356	330	305	283	264	246
			6.3	613	563	516	473	435	401	370	341	315	293	272	253	236

续表

柱厚 h /mm	折算厚度 h_T /mm	柱宽 b /mm	计算高度 H_0 /m	e/h_T												
				0	0.025	0.05	0.075	0.10	0.125	0.15	0.175	0.20	0.225	0.25	0.275	0.30
490	322	240	4.2	896	828	762	701	643	589	541	497	456	420	386	356	330
			4.5	863	796	732	672	617	565	518	476	438	403	372	343	318
			4.8	831	766	703	646	592	542	498	457	421	387	357	331	306
			5.1	798	735	675	619	568	521	478	439	404	373	344	319	295
			5.4	768	706	647	594	545	499	458	422	389	359	331	307	285
			5.7	737	677	621	569	522	480	440	406	374	345	319	296	275
			6.0	708	649	595	546	502	461	424	390	360	332	308	285	265
			6.3	679	623	571	524	481	442	407	375	347	320	297	276	257
			6.6	652	598	548	503	462	425	391	361	333	308	287	266	248
			6.9	625	574	526	482	444	408	377	348	321	297	277	257	240
490	350	370	4.2	964	895	825	759	697	640	586	538	494	455	417	385	356
			4.5	933	864	797	732	671	616	564	518	476	437	404	371	344
			4.8	902	834	767	705	646	593	543	499	458	422	389	359	333
			5.1	871	804	739	678	621	570	523	481	442	407	375	346	322
			5.4	841	774	712	652	599	549	503	463	426	392	363	335	310
			5.7	811	746	685	627	572	528	486	446	411	379	350	324	300
			6.0	782	718	659	604	554	508	467	430	396	365	338	313	290
			6.3	753	692	635	582	533	489	451	415	382	353	327	303	282
			6.6	726	666	610	560	514	472	433	400	369	341	315	293	273
			6.9	698	641	588	539	494	455	419	386	356	330	305	284	264
			7.2	672	616	565	519	477	438	404	373	344	319	295	274	256
490	375	490	4.2	1024	952	881	811	746	684	627	575	528	484	446	411	379
			4.5	995	923	851	783	719	660	605	555	510	469	430	397	368
			4.8	965	893	823	756	695	637	584	536	492	452	416	384	355
			5.1	934	864	795	730	670	614	564	518	475	437	403	373	344
			5.4	905	834	768	705	646	592	543	500	459	423	389	360	333
			5.7	875	806	741	680	624	571	525	482	443	409	378	348	323
			6.0	847	779	715	656	601	552	506	466	429	396	365	338	314
			6.3	819	752	691	633	580	533	489	450	415	383	353	328	303
			6.6	791	727	666	611	560	514	473	434	401	370	342	318	294
			6.9	764	701	642	589	541	497	456	420	388	359	332	307	285
			7.2	737	677	620	569	521	479	441	406	375	347	321	298	278

续表

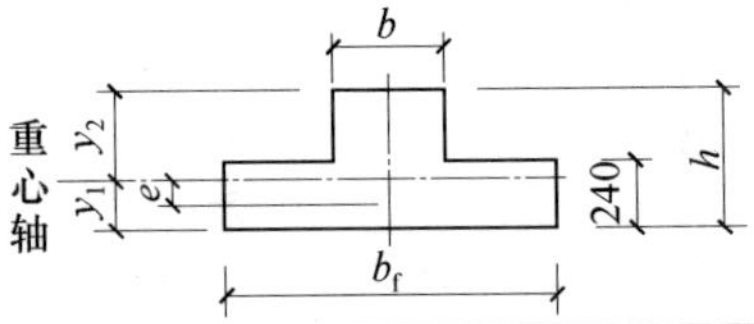

柱厚 h /mm	折算厚度 h_T /mm	柱宽 b /mm	计算高度 H_0 /m	e/h_T												
				0	0.025	0.05	0.075	0.10	0.125	0.15	0.175	0.20	0.225	0.25	0.275	0.30
490	372	620	4.2	1076	1002	928	855	786	721	662	608	557	511	470	433	400
			4.5	1047	973	899	827	760	698	639	586	539	495	455	419	388
			4.8	1018	944	871	801	735	676	618	566	520	479	441	406	376
			5.1	989	915	842	774	711	651	597	548	503	463	426	394	364
			5.4	959	886	816	748	687	630	577	529	487	449	413	381	353
			5.7	929	858	788	723	663	609	559	512	471	434	401	370	343
			6.0	900	830	763	699	641	588	540	496	457	421	388	358	332
			6.3	872	802	736	675	619	568	521	479	442	408	376	348	323
			6.6	845	776	712	653	598	549	504	464	427	394	365	337	313
			6.9	817	751	688	631	578	531	488	449	414	382	353	328	304
			7.2	790	725	664	610	560	513	472	435	401	370	343	319	296
620	462	370	4.2	1120	1050	976	903	833	765	702	643	590	541	497	458	421
			4.5	1097	1025	952	880	809	743	681	625	573	526	484	445	410
			4.8	1073	1000	927	855	789	722	622	607	557	511	470	433	400
			5.1	1050	976	903	831	765	701	643	590	541	497	458	421	389
			5.4	1025	952	878	809	743	681	625	573	526	483	445	410	378
			5.7	1000	927	855	786	722	662	607	557	511	470	433	399	369
			6.0	975	902	831	763	701	643	590	541	497	457	421	389	359
			6.3	950	878	808	743	681	625	573	526	483	445	410	378	350
			6.6	927	855	786	722	662	607	556	511	470	433	399	369	342
			6.9	902	831	763	701	642	590	540	497	457	421	389	359	333
			7.2	878	808	743	681	624	573	526	483	445	410	378	350	325
620	497	490	4.2	1194	1122	1047	969	894	823	754	692	634	582	535	491	453
			4.5	1172	1099	1022	946	872	801	735	674	618	567	521	479	442
			4.8	1149	1075	998	922	849	780	715	656	602	552	507	466	431
			5.1	1127	1051	974	899	827	759	696	638	585	537	494	455	420
			5.4	1103	1028	951	876	805	739	678	622	570	524	481	443	409
			5.7	1079	1003	927	854	785	719	660	604	555	510	469	432	400
			6.0	1056	980	903	831	764	700	643	589	540	496	457	421	390
			6.3	1032	955	881	810	744	682	625	573	526	484	446	412	380
			6.6	1008	932	858	789	723	663	608	558	513	472	435	401	371
			6.9	984	909	836	768	704	645	592	544	499	460	424	391	363
			7.2	961	886	815	748	685	629	577	529	487	449	413	382	353

续表

柱厚 h /mm	折算厚度 h_T /mm	柱宽 b /mm	计算高度 H_0 /m	重心轴 b y_2 y_1 e h 240 b_f												
				e/h_T												
				0	0.025	0.05	0.075	0.10	0.125	0.15	0.175	0.20	0.225	0.25	0.275	0.30
620	525	620	4.2	1266	1193	1114	1033	954	879	807	740	679	623	571	526	483
			4.5	1245	1170	1090	1010	932	857	786	721	661	607	557	513	471
			4.8	1223	1146	1066	987	909	836	767	703	644	591	543	500	460
			5.1	1202	1123	1043	963	887	814	747	686	628	577	530	488	450
			5.4	1179	1099	1019	940	864	794	729	667	613	563	517	476	438
			5.7	1156	1076	996	917	843	774	710	651	597	548	504	464	428
			6.0	1132	1052	973	896	823	754	691	634	583	536	493	454	418
			6.3	1109	1029	949	873	801	736	674	618	568	523	480	443	410
			6.6	1084	1004	926	851	781	717	657	603	554	510	468	433	400
			6.9	1062	982	904	830	761	699	641	588	540	497	458	423	391
			7.2	1037	959	881	810	743	681	624	574	527	486	447	413	383
740	627	490	4.2	1322	1254	1177	1097	1016	937	862	791	725	666	609	560	516
			4.5	1306	1235	1157	1076	996	918	843	774	710	651	598	549	504
			4.8	1290	1216	1138	1056	977	899	826	758	694	637	585	537	494
			5.1	1273	1198	1118	1038	957	880	808	742	680	624	573	526	484
			5.4	1254	1177	1098	1017	938	863	791	726	666	616	560	516	475
			5.7	1236	1159	1078	997	919	844	775	710	651	598	543	506	465
			6.0	1218	1138	1058	977	901	827	758	696	638	585	537	496	457
			6.3	1199	1118	1038	958	882	810	742	680	624	573	527	485	446
			6.6	1179	1098	1017	939	863	792	726	666	611	562	516	475	438
			6.9	1160	1079	999	919	846	775	712	653	598	550	506	465	429
			7.2	1140	1059	973	901	827	759	696	638	586	539	495	457	422
740	662	620	4.2	1411	1341	1262	1176	1091	1007	926	851	779	715	656	602	554
			4.5	1396	1323	1242	1156	1071	988	908	833	764	702	644	590	543
			4.8	1379	1304	1222	1137	1051	969	891	816	749	686	630	579	532
			5.1	1362	1286	1202	1117	1031	950	872	801	734	673	618	567	523
			5.4	1346	1266	1182	1097	1013	932	856	784	720	660	605	557	512
			5.7	1327	1248	1162	1077	993	914	837	769	705	647	593	546	503
			6.0	1309	1228	1143	1057	973	895	821	753	691	634	583	535	492
			6.3	1291	1208	1123	1037	955	877	805	738	677	621	570	525	483
			6.6	1272	1188	1101	1017	937	860	789	723	663	608	560	515	474
			6.9	1253	1167	1082	998	918	842	773	709	650	596	549	505	467
			7.2	1233	1147	1062	979	900	825	758	694	637	586	538	496	457

2.2.50 T形截面普通砖墙柱承载力 N 值选用表（二）（b_f＝3600mm 砖强度 MU10 砂浆强度 M2.5）

表 2－50　T形截面普通砖墙柱承载力 N 值（kN）选用表（二）

（b_f＝3600mm　砖强度 MU10　砂浆强度 M2.5）

柱厚 h /mm	折算厚度 h_T /mm	柱宽 b /mm	计算高度 H_0 /m	e/h_T = 0	0.025	0.05	0.075	0.10	0.125	0.15	0.175	0.20	0.225	0.25	0.275	0.30
490	398	370	4.5	1424	1324	1223	1127	1036	950	871	799	733	674	620	570	527
			4.8	1384	1284	1186	1091	1002	919	842	772	710	653	601	552	511
			5.1	1345	1245	1148	1055	968	887	814	747	687	631	581	536	495
			5.4	1306	1207	1111	1021	935	858	787	722	663	611	563	520	481
			5.7	1268	1170	1075	987	905	830	762	699	644	592	545	504	467
			6.0	1229	1132	1041	955	874	803	737	676	622	574	529	490	454
			6.3	1191	1096	1005	923	846	776	712	654	603	556	513	475	440
			6.6	1154	1061	973	892	817	751	688	635	585	538	497	641	427
			6.9	1116	1025	941	862	790	726	667	613	565	522	483	447	415
			7.2	1080	991	908	833	765	703	645	595	549	506	468	434	404
			7.5	1044	959	880	806	740	679	626	576	531	492	456	422	393
490	405	490	4.5	1448	1348	1247	1148	1055	969	887	815	748	687	631	582	536
			4.8	1410	1309	1209	1111	1021	936	858	788	723	665	612	564	520
			5.1	1372	1271	1171	1077	988	905	831	762	699	643	593	547	506
			5.4	1332	1231	1135	1043	956	876	804	737	678	623	574	531	491
			5.7	1294	1195	1099	1008	925	847	777	714	656	605	556	515	477
			6.0	1254	1157	1063	976	894	820	753	692	636	585	540	500	462
			6.3	1216	1120	1028	943	866	793	728	670	616	567	524	486	450
			6.6	1180	1084	996	913	837	768	705	649	598	551	509	471	437
			6.9	1142	1050	963	884	810	743	683	629	578	535	493	457	424
			7.2	1106	1016	932	855	784	719	661	609	562	518	480	444	414
			7.5	1072	983	902	826	759	697	641	591	544	502	466	432	401
620	454	370	4.5	1546	1444	1340	1238	1138	1046	959	879	807	740	681	627	577
			4.8	1512	1409	1305	1203	1107	1016	931	855	783	720	662	609	562
			5.1	1477	1374	1270	1170	1075	987	905	829	761	699	644	592	548
			5.4	1442	1338	1235	1137	1044	957	877	805	738	679	625	577	533
			5.7	1407	1303	1201	1105	1014	929	853	783	718	661	609	561	518
			6.0	1372	1268	1168	1074	985	903	827	759	698	642	592	546	505
			6.3	1335	1233	1135	1042	955	875	803	738	677	624	575	531	492
			6.6	1299	1199	1101	1012	927	851	781	716	659	607	561	518	479
			6.9	1266	1166	1070	983	901	825	759	696	640	590	546	503	466
			7.2	1231	1133	1040	953	874	801	737	677	624	574	531	490	455
			7.5	1196	1099	1009	925	849	779	716	657	605	559	516	479	444

续表

重心轴 b y_2 y_1 e 370 h b_f

柱厚 h /mm	折算厚度 h_T /mm	柱宽 b /mm	计算高度 H_0 /m	e/h_T												
				0	0.025	0.05	0.075	0.10	0.125	0.15	0.175	0.20	0.225	0.25	0.275	0.30
620	473	490	4.5	1599	1497	1391	1285	1183	1087	998	915	839	769	707	659	599
			4.8	1567	1461	1355	1251	1151	1056	970	888	816	748	688	633	584
			5.1	1533	1427	1321	1217	1119	1028	943	864	794	727	669	616	569
			5.4	1499	1393	1287	1185	1089	1000	917	839	771	709	652	601	554
			5.7	1463	1357	1253	1153	1058	971	890	816	750	690	635	586	540
			6.0	1429	1323	1219	1121	1030	943	866	794	729	671	618	571	527
			6.3	1395	1289	1187	1091	1000	917	841	773	709	652	601	555	514
			6.6	1359	1255	1155	1060	973	892	818	750	690	635	586	540	501
			6.9	1325	1221	1030	1123	945	867	796	729	671	618	571	527	488
			7.2	1291	1189	1092	1002	918	843	773	710	654	603	555	514	476
			7.5	1257	1157	1062	973	894	818	752	692	637	586	542	501	465
620	492	620	4.5	1654	1550	1442	1333	1229	1130	1036	951	871	800	734	676	622
			4.8	1623	1517	1409	1300	1198	1099	1009	925	848	779	715	659	606
			5.1	1590	1482	1374	1268	1165	1070	982	900	825	757	697	641	591
			5.4	1556	1447	1339	1235	1134	1041	954	875	804	738	678	626	577
			5.7	1523	1415	1306	1202	1105	1014	929	852	782	719	661	610	562
			6.0	1488	1380	1273	1171	1076	985	904	829	761	699	645	595	549
			6.3	1455	1347	1241	1140	1047	960	879	808	742	682	628	579	535
			6.6	1420	1312	1208	1109	1018	933	856	786	722	664	612	566	523
			6.9	1386	1279	1177	1080	991	908	833	765	703	647	597	552	510
			7.2	1353	1246	1146	1051	964	885	811	746	686	632	581	539	498
			7.5	1318	1213	1115	1024	939	860	790	726	668	614	568	525	487
620	508	750	4.5	1706	1600	1491	1380	1272	1169	1072	983	902	827	760	699	643
			4.8	1675	1568	1457	1347	1240	1139	1044	958	879	807	740	681	628
			5.1	1643	1534	1422	1313	1208	1110	1017	934	857	786	722	665	614
			5.4	1609	1499	1388	1282	1177	1080	991	908	833	766	705	649	598
			5.7	1576	1465	1355	1248	1147	1052	965	884	813	746	687	632	584
			6.0	1542	1432	1323	1216	1118	1025	940	863	792	728	669	618	570
			6.3	1509	1398	1289	1187	1088	999	916	839	772	709	653	602	557
			6.6	1475	1364	1258	1155	1060	973	892	819	752	691	638	588	543
			6.9	1442	1331	1226	1125	1033	948	869	798	732	675	622	574	531
			7.2	1408	1299	1195	1096	1005	922	847	778	715	657	606	560	519
			7.5	1374	1266	1165	1068	979	898	825	758	697	641	592	547	507

柱厚 h /mm	折算厚度 h_T /mm	柱宽 b /mm	计算高度 H_0 /m	e/h_T												
				0	0.025	0.05	0.075	0.10	0.125	0.15	0.175	0.20	0.225	0.25	0.275	0.30
750	571	490	4.5	1754	1653	1545	1434	1324	1219	1121	1028	941	864	793	728	671
			4.8	1728	1624	1515	1405	1296	1192	1093	1002	919	844	775	712	657
			5.1	1701	1594	1486	1375	1267	1164	1069	980	898	824	757	696	641
			5.4	1673	1565	1454	1346	1239	1138	1044	957	878	805	740	680	627
			5.7	1644	1535	1424	1316	1211	1111	1020	935	858	787	724	667	613
			6.0	1616	1505	1395	1286	1184	1085	996	913	838	769	708	651	601
			6.3	1586	1476	1365	1259	1156	1061	973	892	819	751	692	637	588
			6.6	1557	1446	1336	1229	1128	1036	951	872	799	736	676	623	576
			6.9	1525	1415	1306	1201	1103	1012	927	852	781	718	661	609	564
			7.2	1496	1385	1276	1174	1077	988	905	832	763	702	647	598	552
			7.5	1466	1355	1249	1148	1053	965	886	813	746	686	633	584	540
750	601	620	4.5	1832	1730	1618	1503	1391	1281	1175	1080	990	908	833	766	705
			4.8	1805	1701	1589	1475	1361	1253	1151	1055	967	888	815	749	688
			5.1	1781	1673	1561	1444	1332	1226	1124	1033	947	868	796	733	674
			5.4	1752	1644	1530	1416	1306	1200	1100	1008	925	849	780	717	662
			5.7	1726	1616	1501	1387	1277	1173	1076	988	904	831	764	703	648
			6.0	1697	1585	1471	1359	1251	1147	1053	965	886	813	747	688	633
			6.3	1669	1556	1442	1330	1222	1122	1029	943	866	794	731	674	621
			6.6	1640	1526	1412	1302	1196	1098	1006	923	847	778	715	660	609
			6.9	1611	1497	1383	1273	1169	1073	984	902	829	762	701	646	597
			7.2	1581	1467	1355	1247	1145	1049	963	884	811	745	686	633	584
			7.5	1552	1438	1326	1220	1120	1027	941	864	792	729	672	619	572
750	625	750	4.5	1904	1799	1687	1570	1452	1336	1229	1128	1034	948	870	800	735
			4.8	1897	1772	1658	1540	1423	1309	1204	1103	1013	929	853	784	721
			5.1	1854	1744	1629	1511	1395	1282	1179	1080	990	908	834	767	706
			5.4	1828	1717	1599	1481	1366	1257	1154	1057	969	889	817	752	691
			5.7	1801	1687	1570	1452	1339	1229	1128	1036	950	872	800	735	678
			6.0	1774	1658	1540	1425	1311	1204	1105	1013	929	853	784	721	664
			6.3	1746	1629	1511	1395	1284	1179	1082	992	910	834	767	706	651
			6.6	1717	1601	1481	1368	1257	1154	1059	971	891	817	752	693	639
			6.9	1690	1572	1454	1339	1231	1128	1036	950	872	800	737	678	626
			7.2	1660	1542	1425	1311	1204	1105	1013	929	853	784	721	866	613
			7.5	1631	1513	1395	1284	1179	1082	992	910	836	769	706	651	603

续表

柱厚 h /mm	折算厚度 h_T /mm	柱宽 b /mm	计算高度 H_0 /m	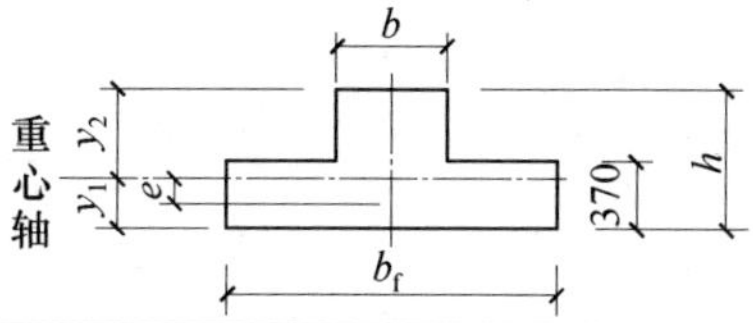												
				e/h_T												
				0	0.025	0.05	0.075	0.10	0.125	0.15	0.175	0.20	0.225	0.25	0.275	0.30
750	645	870	4.5	1969	1868	1748	1627	1506	1389	1277	1171	1074	985	903	829	762
			4.8	1945	1837	1720	1599	1478	1361	1251	1147	1052	966	886	814	747
			5.1	1919	1809	1690	1569	1450	1333	1225	1123	1030	944	868	797	734
			5.4	1895	1780	1662	1541	1422	1307	1199	1100	1009	925	849	782	719
			5.7	1867	1752	1631	1510	1394	1281	1175	1078	987	907	832	767	706
			6.0	1841	1724	1603	1482	1365	1255	1152	1056	968	888	817	752	691
			6.3	1813	1694	1573	1454	1337	1229	1128	1033	948	871	799	737	678
			6.6	1785	1666	1545	1426	1311	1203	1104	1013	929	853	784	721	665
			6.9	1757	1638	1515	1398	1286	1180	1080	992	909	836	769	708	652
			7.2	1729	1608	1487	1370	1260	1156	1059	972	892	819	754	693	641
			7.5	1701	1579	1458	1342	1234	1132	1037	951	873	801	739	680	628

2.2.51 T形截面普通砖墙柱承载力 N 值选用表（一）（b_f＝3800mm 砖强度 MU10 砂浆强度 M2.5）

表 2－51 T形截面普通砖墙柱承载力 N 值（kN）选用表（一）

（b_f＝3800mm 砖强度 MU10 砂浆强度 M2.5）

柱厚 h /mm	折算厚度 h_T /mm	柱宽 b /mm	计算高度 H_0 /m	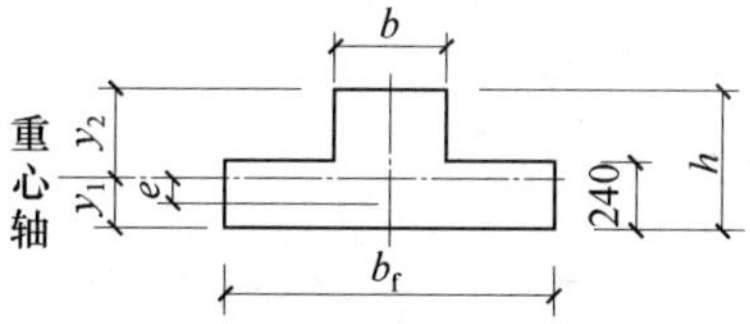												
				e/h_T												
				0	0.025	0.05	0.075	0.10	0.125	0.15	0.175	0.20	0.225	0.25	0.275	0.30
370	266	240	4.2	817	752	690	633	581	533	489	450	414	381	353	326	302
			4.5	778	716	657	602	552	507	465	427	394	364	337	312	289
			4.8	741	681	624	572	526	483	443	408	376	348	322	299	277
			5.1	706	647	593	544	500	459	423	389	359	332	307	285	266
			5.4	671	615	565	518	475	437	403	371	343	317	295	274	255
			5.7	638	586	537	492	453	416	385	355	328	304	283	262	245

续表

柱厚 h /mm	折算厚度 h_T /mm	柱宽 b /mm	计算高度 H_0 /m	重心轴 b y_2 y_1 e 240 h b_f												
				e/h_T												
				0	0.025	0.05	0.075	0.10	0.125	0.15	0.175	0.20	0.225	0.25	0.275	0.30
370	277	370	4.2	854	787	722	664	607	557	511	470	433	399	368	340	315
			4.5	816	750	688	631	579	531	488	449	413	381	351	325	302
			4.8	778	715	656	601	551	506	465	428	395	364	336	312	290
			5.1	742	682	625	574	526	483	444	409	378	349	323	299	278
			5.4	708	650	595	546	501	461	424	391	361	334	309	288	267
			5.7	675	619	567	520	478	440	405	374	345	320	297	275	257
			6.0	642	590	541	496	456	420	388	358	330	307	285	265	247
370	287	490	4.2	887	818	752	690	632	580	532	489	450	414	381	353	327
			4.5	849	782	717	658	603	557	508	468	429	397	366	338	314
			4.8	813	747	684	629	577	528	485	446	412	380	351	324	301
			5.1	776	712	654	599	550	504	464	427	394	364	337	312	290
			5.4	742	681	624	572	525	483	443	409	377	348	323	300	279
			5.7	709	649	596	546	502	461	424	391	361	334	310	287	268
			6.0	676	620	568	521	479	441	405	375	347	320	298	277	258
			6.3	645	592	542	498	457	422	389	358	332	308	286	266	248
490	319	240	4.2	937	866	798	734	673	617	566	519	477	439	404	374	344
			4.5	903	833	767	703	645	592	543	499	458	422	389	360	332
			4.8	869	801	735	674	619	567	520	478	440	405	374	346	320
			5.1	835	768	706	646	593	544	500	459	423	390	360	333	309
			5.4	802	737	677	620	568	521	480	440	406	375	347	320	298
			5.7	770	707	649	595	545	501	461	424	390	361	334	309	288
			6.0	739	678	621	571	523	481	442	408	376	347	322	299	277
			6.3	708	650	596	547	502	461	424	391	362	334	310	288	267
			6.6	679	624	572	527	482	443	408	376	348	323	299	277	259
			6.9	652	597	548	504	462	425	392	362	336	310	289	269	250
490	347	370	4.2	1009	936	864	795	729	669	613	562	517	475	437	403	372
			4.5	976	903	833	765	702	643	590	541	497	458	421	389	360
			4.8	944	871	801	736	675	618	568	521	479	441	407	376	347
			5.1	911	839	771	709	650	595	547	502	462	425	393	363	335
			5.4	878	809	743	681	625	573	526	483	445	410	378	349	325
			5.7	847	779	715	655	601	552	506	466	429	395	365	338	314
			6.0	816	749	688	630	578	534	488	449	413	382	353	327	304
			6.3	786	722	662	607	557	511	470	433	399	369	342	317	293
			6.6	757	694	637	583	536	492	453	417	385	356	330	306	284
			6.9	728	668	612	561	515	474	437	402	372	344	319	296	275
			7.2	701	642	588	540	497	457	421	398	359	332	309	287	267

柱厚 h /mm	折算厚度 h_T /mm	柱宽 b /mm	计算高度 H_0 /m	e/h_T												
				0	0.025	0.05	0.075	0.10	0.125	0.15	0.175	0.20	0.225	0.25	0.275	0.30
490	368	490	4.2	1066	991	915	843	774	711	652	598	548	504	463	427	394
			4.5	1034	958	884	813	747	685	628	576	529	480	447	412	381
			4.8	1003	927	853	785	720	660	606	556	511	470	433	399	369
			5.1	970	897	824	757	695	637	585	536	493	454	418	385	357
			5.4	938	866	796	730	669	614	563	517	476	438	404	373	346
			5.7	907	836	767	704	645	593	543	500	459	423	391	361	336
			6.0	876	806	741	679	622	571	524	482	443	410	379	351	325
			6.3	847	778	714	654	601	551	507	465	429	396	367	340	314
			6.6	817	750	688	632	579	531	489	450	415	383	355	329	305
			6.9	789	723	664	609	558	513	472	434	400	371	344	318	295
			7.2	761	697	640	587	539	494	455	420	388	359	333	309	287
490	389	620	4.2	1123	1047	969	893	821	753	690	633	581	534	491	452	417
			4.5	1093	1015	939	864	793	728	667	613	561	516	475	439	405
			4.8	1062	984	908	835	767	703	645	592	543	499	460	424	392
			5.1	1032	954	879	807	740	679	622	571	525	484	445	410	380
			5.4	1000	923	850	780	715	656	602	553	507	467	431	398	368
			5.7	969	893	821	754	692	633	582	534	491	452	417	385	357
			6.0	939	864	794	728	668	613	563	517	475	430	405	374	346
			6.3	908	836	767	704	645	592	543	499	460	424	392	363	337
			6.6	879	808	742	679	624	572	525	484	445	411	380	352	327
			6.9	850	780	717	657	603	552	509	468	431	398	368	342	317
			7.2	822	754	692	635	582	535	492	453	417	387	357	331	307
620	455	370	4.2	1168	1094	1018	941	867	796	730	670	614	563	518	477	439
			4.5	1143	1068	992	915	842	774	710	651	596	548	503	463	426
			4.8	1117	1042	966	890	819	751	689	632	580	532	489	451	415
			5.1	1093	1016	940	866	795	729	669	614	563	517	476	435	405
			5.4	1067	990	914	841	773	708	649	596	547	503	462	426	394
			5.7	1041	964	889	816	749	688	630	578	532	488	450	415	384
			6.0	1013	938	864	793	727	667	613	562	517	474	437	403	373
			6.3	987	912	840	771	707	648	595	545	502	462	425	394	363
			6.6	961	888	815	748	686	629	577	530	488	448	414	383	354
			6.9	935	862	792	726	666	611	561	515	474	437	403	373	346
			7.2	911	838	770	706	647	593	545	500	460	425	392	363	336

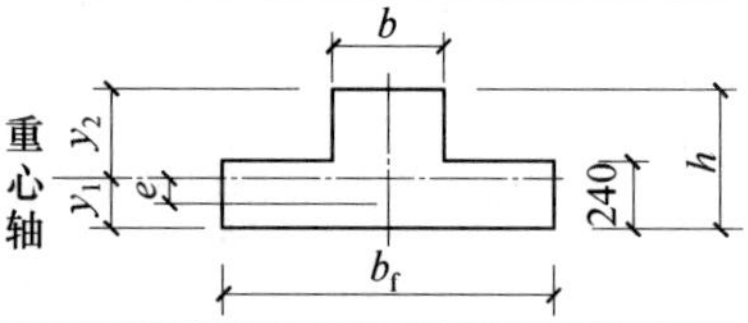

续表

柱厚 h /mm	折算厚度 h_T /mm	柱宽 b /mm	计算高度 H_0 /m	e/h_T												
				0	0.025	0.05	0.075	0.10	0.125	0.15	0.175	0.20	0.225	0.25	0.275	0.30
620	486	490	4.2	1242	1166	1086	1006	927	853	783	718	653	603	555	511	469
			4.5	1217	1140	1060	980	903	830	762	689	641	588	539	496	458
			4.8	1193	1115	1035	956	879	808	740	679	623	572	525	483	446
			5.1	1169	1089	1009	930	856	786	720	661	606	556	512	471	435
			5.4	1143	1065	985	906	833	765	700	643	591	542	498	459	424
			5.7	1119	1039	959	883	810	743	682	652	573	528	485	448	414
			6.0	1093	1013	935	859	789	723	663	609	559	513	473	436	404
			6.3	1067	987	910	836	768	703	645	592	543	501	461	425	394
			6.6	1042	962	886	813	746	685	628	576	529	488	449	415	384
			6.9	1016	937	862	792	726	666	611	561	515	475	438	405	474
			7.2	990	913	839	770	706	648	585	546	502	462	426	395	365
620	518	620	4.2	1317	1241	1157	1074	992	913	838	768	705	645	593	546	502
			4.5	1294	1215	1133	1050	968	890	817	748	686	631	578	532	490
			4.8	1272	1192	1108	1024	944	868	796	729	669	614	563	519	478
			5.1	1248	1166	1083	1001	920	845	775	711	651	598	550	507	466
			5.4	1224	1141	1057	975	898	823	756	693	635	583	537	493	456
			5.7	1200	1117	1033	953	875	802	736	675	619	569	523	481	444
			6.0	1175	1092	1008	929	853	783	717	657	604	554	510	471	434
			6.3	1150	1066	984	905	830	762	699	641	589	541	498	459	425
			6.6	1124	1041	960	883	810	742	681	625	574	528	486	449	414
			6.9	1101	1017	936	860	789	723	663	610	559	514	474	438	405
			7.2	1075	992	913	838	769	705	647	593	546	502	463	428	396
740	616	490	4.2	1374	1304	1222	1140	1055	973	894	821	753	690	633	582	535
			4.5	1358	1284	1203	1119	1034	953	875	803	737	675	619	570	523
			4.8	1340	1263	1182	1096	1013	932	857	786	720	661	607	558	512
			5.1	1322	1243	1159	1075	992	912	839	768	705	646	594	545	502
			5.4	1302	1222	1138	1054	973	893	821	752	690	633	582	535	493
			5.7	1282	1201	1117	1033	952	875	803	737	675	619	570	523	482
			6.0	1263	1180	1096	1013	932	855	785	720	660	606	558	512	472
			6.3	1242	1159	1075	992	912	837	768	705	646	594	545	502	463
			6.6	1222	1138	1054	971	893	819	752	690	633	580	533	491	454
			6.9	1201	1117	1033	952	875	803	735	675	619	568	523	482	445
			7.2	1180	1096	1012	932	855	785	720	660	606	556	512	472	436

续表

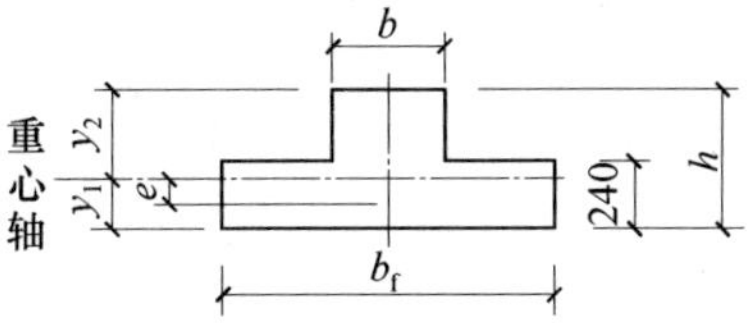

柱厚 h /mm	折算厚度 h_T /mm	柱宽 b /mm	计算高度 H_0 /m	e/h_T												
				0	0.025	0.05	0.075	0.10	0.125	0.15	0.175	0.20	0.225	0.25	0.275	0.30
740	655	620	4.2	1467	1393	1310	1221	1132	1045	961	883	810	743	681	625	575
			4.5	1450	1374	1289	1200	1112	1026	942	865	792	727	667	613	563
			4.8	1434	1355	1269	1180	1091	1005	924	848	776	713	654	600	552
			5.1	1415	1334	1240	1159	1070	984	905	830	760	698	641	589	541
			5.4	1397	1315	1227	1137	1050	965	886	813	746	684	629	578	532
			5.7	1378	1294	1205	1116	1029	946	868	797	730	670	616	567	521
			6.0	1359	1274	1185	1096	1010	927	851	781	716	657	603	556	511
			6.3	1339	1253	1164	1075	989	910	834	765	702	644	592	544	501
			6.6	1320	1232	1143	1054	970	891	818	749	687	630	579	533	492
			6.9	1299	1210	1121	1034	951	873	800	733	673	619	568	524	482
			7.2	1278	1189	1100	1015	932	856	784	719	660	606	557	514	474

2.2.52 T形截面普通砖墙柱承载力 N 值选用表（二）（b_f＝3800mm 砖强度MU10 砂浆强度M2.5）

表 2-52 T形截面普通砖墙柱承载力 N 值（kN）选用表（二）

（b_f＝3800mm 砖强度MU10 砂浆强度M2.5）

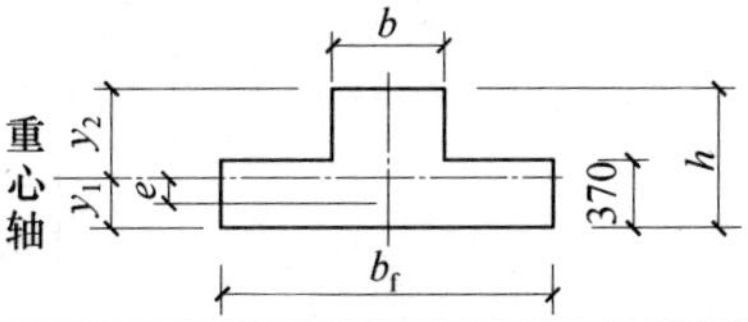

柱厚 h /mm	折算厚度 h_T /mm	柱宽 b /mm	计算高度 H_0 /m	e/h_T												
				0	0.025	0.05	0.075	0.10	0.125	0.15	0.175	0.20	0.225	0.25	0.275	0.30
490	397	370	4.5	1498	1393	1287	1185	1089	999	916	840	771	708	652	601	554
			4.8	1457	1351	1248	1148	1054	967	886	812	746	686	631	582	539
			5.1	1416	1310	1208	1110	1020	935	857	786	722	663	612	565	522
			5.4	1374	1270	1169	1074	986	903	829	761	699	642	593	546	507
			5.7	1334	1231	1131	1038	952	872	801	735	676	624	575	531	492
			6.0	1293	1191	1095	1004	920	844	774	712	656	603	558	514	477
			6.3	1253	1152	1057	971	889	816	750	690	635	584	541	499	463
			6.6	1214	1116	1023	938	861	790	725	667	614	567	524	484	450
			6.9	1174	1078	989	906	831	763	701	646	595	550	509	471	437
			7.2	1136	1042	955	876	805	739	678	625	576	533	494	458	426
			7.5	1099	1008	925	848	778	714	658	605	559	516	478	444	412

续表

柱厚 h /mm	折算厚度 h_T /mm	柱宽 b /mm	计算高度 H_0 /m	e/h_T												
				0	0.025	0.05	0.075	0.10	0.125	0.15	0.175	0.20	0.225	0.25	0.275	0.30
490	404	490	4.5	1525	1418	1312	1209	1110	1018	934	856	786	721	664	613	565
			4.8	1483	1376	1272	1171	1073	986	904	828	761	698	643	594	548
			5.1	1443	1336	1232	1133	1039	954	874	801	736	677	624	575	531
			5.4	1401	1296	1193	1096	1005	921	845	776	714	656	605	557	516
			5.7	1361	1256	1155	1060	973	893	818	752	691	636	586	542	500
			6.0	1319	1216	1117	1026	940	862	792	727	668	616	569	525	487
			6.3	1279	1178	1081	992	910	835	767	704	647	597	552	510	474
			6.6	1239	1140	1047	959	879	807	742	681	628	578	535	495	458
			6.9	1201	1104	1013	929	851	782	717	660	609	561	519	481	447
			7.2	1163	1068	980	898	824	755	695	639	590	544	504	468	434
			7.5	1125	1034	948	870	797	733	674	620	573	529	489	455	422
620	451	370	4.5	1622	1515	1406	1299	1196	1096	1007	923	849	777	714	658	605
			4.8	1587	1478	1369	1262	1161	1065	977	896	822	755	695	638	590
			5.1	1550	1441	1332	1227	1127	1034	948	870	798	734	675	621	574
			5.4	1513	1402	1295	1192	1094	1005	921	845	775	712	656	605	559
			5.7	1474	1365	1260	1159	1063	974	894	820	753	693	638	588	543
			6.0	1437	1328	1223	1124	1032	946	866	796	732	674	621	572	529
			6.3	1400	1293	1188	1092	1001	917	841	773	711	654	603	557	516
			6.6	1363	1256	1155	1059	972	892	818	751	691	637	586	543	502
			6.9	1326	1221	1122	1028	942	864	794	730	672	619	570	527	488
			7.2	1289	1186	1088	999	915	839	771	709	652	601	557	514	477
			7.5	1252	1151	1057	970	888	816	749	689	635	586	541	500	465
620	470	490	4.5	1679	1569	1458	1347	1241	1140	1045	959	880	806	741	683	629
			4.8	1643	1534	1420	1311	1206	1108	1015	931	854	784	721	663	612
			5.1	1607	1496	1384	1277	1174	1076	987	906	830	763	701	645	596
			5.4	1571	1460	1349	1241	1140	1047	599	880	808	743	683	629	582
			5.7	1534	1422	1313	1208	1108	1017	931	856	784	723	665	613	566
			6.0	1498	1386	1277	1174	1078	989	906	832	765	703	647	598	552
			6.3	1460	1349	1243	1142	1047	961	880	808	743	683	629	582	538
			6.6	1424	1313	1210	1110	1017	933	856	786	723	665	613	566	524
			6.9	1386	1279	1176	1078	989	908	832	765	703	647	598	552	512
			7.2	1351	1243	1142	1049	961	882	808	743	683	629	582	538	498
			7.5	1315	1210	1110	1019	933	858	786	723	665	613	568	524	486

续表

柱厚 h /mm	折算厚度 h_T /mm	柱宽 b /mm	计算高度 H_0 /m	e/h_T												
				0	0.025	0.05	0.075	0.10	0.125	0.15	0.175	0.20	0.225	0.25	0.275	0.30
620	487	620	4.5	1733	1623	1509	1396	1286	1181	1083	994	911	836	769	706	651
			4.8	1698	1586	1473	1359	1252	1150	1055	967	886	813	740	687	635
			5.1	1664	1550	1436	1325	1219	1118	1026	941	862	793	728	671	618
			5.4	1627	1513	1400	1290	1185	1087	998	915	840	771	710	653	602
			5.7	1590	1477	1365	1256	1154	1059	970	890	817	750	691	637	588
			6.0	1556	1440	1329	1223	1122	1030	943	866	795	732	673	620	574
			6.3	1519	1406	1294	1191	1091	1002	919	844	775	712	655	606	560
			6.6	1483	1369	1262	1158	1063	974	894	819	754	694	639	590	545
			6.9	1446	1335	1227	1128	1034	947	870	799	734	675	622	576	533
			7.2	1410	1300	1195	1097	1006	923	846	777	714	659	608	562	519
			7.5	1375	1266	1162	1067	978	896	823	756	696	641	592	547	507
620	503	750	4.5	1785	1673	1557	1441	1329	1222	1120	1027	942	865	795	731	673
			4.8	1750	1638	1522	1406	1294	1189	1091	1000	917	843	774	712	656
			5.1	1717	1603	1487	1371	1261	1157	1062	975	894	820	754	693	640
			5.4	1682	1566	1450	1338	1230	1128	1035	948	870	799	735	677	625
			5.7	1646	1530	1414	1303	1197	1099	1006	923	847	778	716	660	609
			6.0	1611	1495	1379	1269	1166	1070	981	899	826	760	700	644	594
			6.3	1576	1460	1346	1236	1135	1041	954	876	805	739	681	629	582
			6.6	1539	1425	1311	1205	1106	1015	930	853	785	720	664	613	567
			6.9	1503	1390	1278	1174	1077	988	905	830	764	704	648	598	553
			7.2	1468	1354	1245	1143	1048	961	882	809	745	685	631	584	540
			7.5	1433	1319	1213	1114	1021	936	859	789	727	669	617	571	528
750	564	490	4.5	1835	1728	1614	1498	1384	1272	1169	1072	983	902	827	761	701
			4.8	1806	1697	1583	1467	1353	1243	1142	1047	960	881	809	745	685
			5.1	1778	1666	1550	1434	1322	1215	1115	1022	937	861	790	726	670
			5.4	1749	1635	1519	1403	1293	1188	1088	999	916	840	772	712	656
			5.7	1717	1604	1486	1372	1262	1159	1063	974	894	821	755	695	641
			6.0	1686	1571	1455	1341	1233	1132	1039	952	873	803	738	678	627
			6.3	1655	1539	1424	1312	1204	1105	1014	929	852	784	722	664	614
			6.6	1624	1506	1393	1281	1171	1080	989	908	834	765	705	649	600
			6.9	1591	1475	1361	1252	1150	1055	966	887	815	749	689	635	587
			7.2	1560	1444	1330	1223	1123	1030	943	867	796	732	674	623	575
			7.5	1527	1411	1301	1194	1097	1005	923	846	778	716	660	608	563

柱厚 h /mm	折算厚度 h_T /mm	柱宽 b /mm	计算高度 H_0 /m	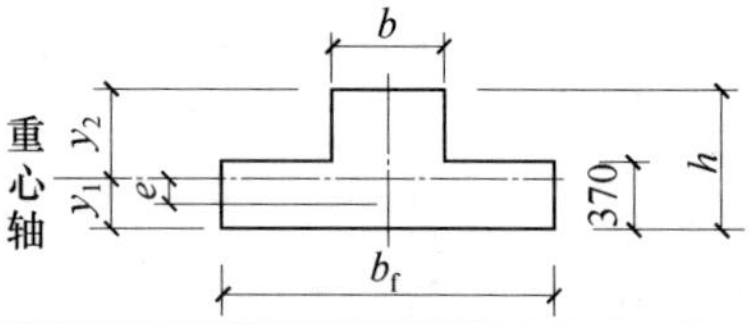 e/h_T												
				0	0.025	0.05	0.075	0.10	0.125	0.15	0.175	0.20	0.225	0.25	0.275	0.30
750	594	620	4.5	1914	1805	1690	1570	1451	1335	1227	1126	1032	947	868	798	734
			4.8	1886	1775	1658	1538	1421	1308	1201	1101	1009	926	849	781	719
			5.1	1858	1745	1628	1506	1391	1278	1173	1075	988	904	832	764	704
			5.4	1831	1715	1596	1476	1361	1250	1148	1052	964	885	813	749	689
			5.7	1801	1683	1564	1446	1331	1222	1122	1028	943	866	796	731	674
			6.0	1771	1653	1534	1414	1301	1195	1096	1005	921	847	778	717	661
			6.3	1741	1621	1502	1385	1274	1169	1073	983	902	828	761	702	646
			6.6	1709	1592	1472	1355	1246	1143	1047	962	883	810	744	687	633
			6.9	1679	1560	1440	1327	1218	1118	1024	941	862	793	729	672	621
			7.2	1647	1528	1410	1297	1190	1092	1003	919	845	776	714	659	608
			7.5	1617	1498	1380	1269	1165	1069	979	898	825	759	699	644	595
750	618	750	4.5	1987	1877	1758	1635	1512	1393	1281	1176	1077	989	907	833	767
			4.8	1960	1848	1727	1604	1483	1365	1253	1149	1055	967	888	815	751
			5.1	1934	1820	1697	1573	1453	1336	1226	1125	1033	947	868	800	736
			5.4	1905	1789	1666	1543	1422	1307	1200	1101	1009	927	850	782	721
			5.7	1877	1758	1635	1512	1393	1281	1176	1077	989	907	833	767	705
			6.0	1848	1727	1604	1481	1365	1253	1149	1055	967	888	815	751	692
			6.3	1817	1697	1573	1453	1336	1225	1125	1031	947	868	797	736	679
			6.6	1789	1666	1543	1422	1307	1200	1101	1009	925	850	782	721	663
			6.9	1758	1635	1512	1393	1281	1173	1077	989	907	833	767	705	650
			7.2	1727	1604	1481	1365	1253	1149	1055	967	888	815	751	692	639
			7.5	1697	1573	1453	1336	1226	1125	1031	947	868	797	736	679	626
750	638	870	4.5	2054	1943	1823	1697	1570	1446	1331	1220	1118	1026	942	865	795
			4.8	2029	1916	1792	1665	1539	1419	1304	1195	1096	1005	922	847	779
			5.1	2002	1887	1762	1636	1509	1389	1276	1170	1073	985	904	831	763
			5.4	1927	1805	1679	1554	1430	1315	1206	1107	1014	931	856	786	725
			5.7	1948	1826	1699	1572	1450	1333	1224	1123	1028	944	867	797	734
			6.0	1918	1796	1670	1543	1421	1306	1197	1098	1007	924	849	781	720
			6.3	1889	1765	1638	1514	1392	1279	1172	1075	987	906	833	766	707
			6.6	1860	1735	1609	1484	1365	1252	1148	1053	967	888	815	752	693
			6.9	1830	1704	1577	1455	1337	1227	1125	1032	946	870	800	736	680
			7.2	1798	1672	1548	1426	1308	1202	1100	1010	926	852	784	723	666
			7.5	1769	1643	1516	1396	1281	1177	1078	989	908	833	768	707	653

2.2.53 T形截面普通砖墙柱承载力 N 值选用表（一）（$b_f=4000$mm 砖强度 MU10 砂浆强度 M2.5）

表 2-53 T形截面普通砖墙柱承载力 N 值（kN）选用表（一）

（$b_f=4000$mm 砖强度 MU10 砂浆强度 M2.5）

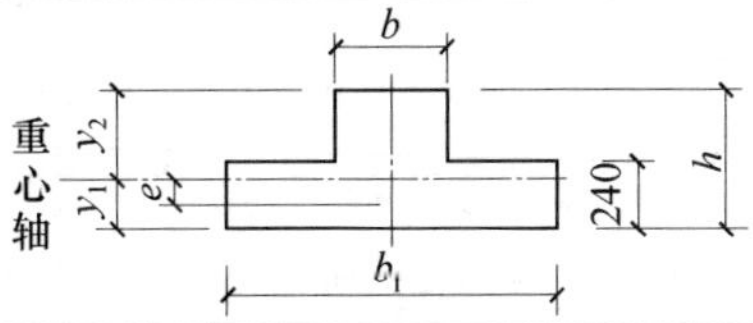

柱厚 h /mm	折算厚度 h_T /mm	柱宽 b /mm	计算高度 H_0 /m	e/h_T												
				0	0.025	0.05	0.075	0.10	0.125	0.15	0.175	0.20	0.225	0.25	0.275	0.30
370	266	240	4.2	859	791	725	666	610	560	514	472	435	400	371	342	318
			4.5	818	752	690	632	580	533	489	449	414	382	354	328	304
			4.8	779	716	655	601	552	507	466	429	395	365	338	314	291
			5.1	742	680	623	572	525	483	444	409	377	349	323	300	279
			5.4	706	646	594	545	499	460	423	390	360	333	310	288	268
			5.7	671	615	564	518	476	438	404	373	345	319	297	275	257
370	277	370	4.2	897	826	758	697	638	585	537	494	454	419	386	357	331
			4.5	857	787	723	663	608	558	512	471	433	401	369	342	371
			4.8	817	750	689	631	579	532	488	449	415	382	353	327	305
			5.1	779	716	656	602	553	507	466	429	397	366	339	314	292
			5.4	744	682	625	574	526	484	445	411	380	351	325	302	280
			5.7	708	650	596	546	501	462	425	393	363	336	311	289	269
			6.0	674	619	568	521	479	441	407	376	347	322	300	279	259
370	287	490	4.2	931	858	789	723	664	609	558	513	472	435	400	371	343
			4.5	891	821	753	690	633	581	533	491	451	416	384	355	330
			4.8	853	783	718	660	605	554	509	468	432	399	368	340	316
			5.1	814	747	686	629	577	529	487	448	413	381	353	327	304
			5.4	778	714	654	600	550	507	465	429	396	365	339	315	292
			5.7	743	681	625	573	527	484	445	411	379	351	326	302	282
			6.0	709	650	596	546	503	463	425	393	364	336	312	291	271
			6.3	677	621	569	523	480	443	408	376	348	323	300	279	260

续表

柱厚 h /mm	折算厚度 h_T /mm	柱宽 b /mm	计算高度 H_0 /m	e/h_T												
				0	0.025	0.05	0.075	0.10	0.125	0.15	0.175	0.20	0.225	0.25	0.275	0.30
490	315	240	4.2	977	903	832	765	701	643	590	541	497	457	421	389	360
			4.5	941	868	798	733	672	616	564	519	477	440	405	375	347
			4.8	904	832	765	702	644	591	542	498	458	422	389	360	334
			5.1	869	799	733	673	617	566	519	478	440	405	375	347	322
			5.4	834	766	702	644	591	542	498	458	422	389	360	334	310
			5.7	800	734	673	617	567	521	478	440	407	375	347	322	299
			6.0	767	704	645	592	543	499	460	422	391	361	335	310	289
			6.3	735	674	619	567	521	480	441	407	376	348	322	299	279
			6.6	705	647	592	544	499	460	424	391	361	335	311	289	269
			6.9	676	619	568	522	480	441	407	376	348	323	299	279	261
490	343	370	4.2	1052	975	900	827	759	696	638	585	537	495	455	420	388
			4.5	1016	941	866	796	730	670	614	563	518	476	439	405	374
			4.8	982	907	834	766	703	644	591	543	499	459	424	391	362
			5.1	948	874	803	737	675	619	569	522	480	443	409	377	350
			5.4	913	841	773	708	649	596	547	503	462	426	394	365	337
			5.7	881	810	742	681	625	573	526	484	446	411	380	353	327
			6.0	848	778	714	655	600	551	507	466	429	396	368	340	316
			6.3	816	749	686	630	578	530	488	450	414	383	354	329	306
			6.6	785	721	660	606	556	511	470	433	400	370	343	318	295
			6.9	755	692	634	582	534	492	452	418	385	357	331	307	287
			7.2	726	666	611	560	515	474	436	403	373	346	320	298	277
490	364	490	4.2	1110	1031	952	878	806	740	678	622	571	524	482	444	410
			4.5	1076	997	920	847	776	713	654	599	550	506	465	430	396
			4.8	1042	965	889	816	748	686	630	578	531	488	450	415	384
			5.1	1010	931	857	788	721	662	607	557	512	471	434	402	371
			5.4	976	899	827	758	696	638	585	537	495	455	420	388	360
			5.7	942	868	797	731	671	614	564	519	478	440	406	375	348
			6.0	910	837	768	705	645	593	544	500	461	426	394	364	337
			6.3	879	807	741	679	623	572	526	484	446	410	381	353	327
			6.6	848	778	714	654	600	551	506	467	430	398	368	341	318
			6.9	817	750	688	631	579	531	489	451	416	385	357	330	308
			7.2	789	723	662	607	558	513	472	436	402	372	346	320	298

续表

柱厚 h /mm	折算厚度 h_T /mm	柱宽 b /mm	计算高度 H_0 /m	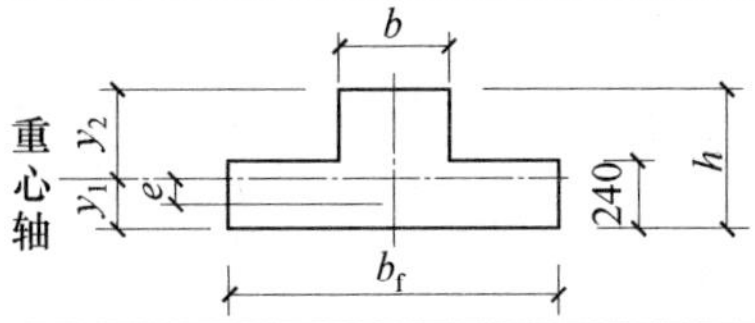												
				e/h_T												
				0	0.025	0.05	0.075	0.10	0.125	0.15	0.175	0.20	0.225	0.25	0.275	0.30
490	385	620	4.2	1169	1088	1007	929	853	784	718	659	604	555	510	471	434
			4.5	1137	1056	975	898	824	756	694	636	584	536	494	455	420
			4.8	1104	1023	943	868	797	730	669	614	665	518	478	440	407
			5.1	1072	991	913	839	769	705	647	594	546	501	462	427	395
			5.4	1039	959	882	810	743	681	624	574	527	485	447	414	382
			5.7	1007	927	853	782	717	658	604	555	510	469	433	401	371
			6.0	975	897	824	756	692	636	584	536	494	455	420	388	360
			6.3	943	866	795	730	669	614	563	518	478	440	407	376	349
			6.6	911	837	768	704	646	592	545	501	462	426	394	365	339
			6.9	881	810	742	681	624	574	527	485	447	413	382	355	329
			7.2	852	782	717	658	602	553	510	469	433	400	371	344	320
620	484	370	4.2	1216	1138	1058	978	901	828	759	696	639	586	539	495	456
			4.5	1190	1110	1030	951	875	804	736	676	619	569	523	482	443
			4.8	1163	1083	1002	924	849	779	715	656	602	552	507	467	432
			5.1	1136	1055	975	898	825	756	693	636	585	536	493	454	420
			5.4	1107	1027	948	872	801	735	673	618	568	522	480	443	409
			5.7	1080	1000	921	847	778	712	653	599	550	506	466	430	397
			6.0	1051	972	895	822	755	692	635	582	535	492	453	419	387
			6.3	1024	945	869	798	732	672	616	565	520	479	442	407	377
			6.6	997	918	844	775	711	652	598	549	505	465	429	397	367
			6.9	970	892	819	752	689	632	580	533	490	452	417	386	357
			7.2	942	867	795	729	669	613	563	517	477	440	406	376	249
620	483	490	4.2	1293	1214	1130	1047	967	888	815	748	685	628	578	531	490
			4.5	1269	1187	1104	1022	941	864	792	727	667	612	563	519	476
			4.8	1244	1162	1077	995	916	840	771	707	649	596	548	503	464
			5.1	1217	1135	1050	970	891	818	750	688	631	579	533	491	452
			5.4	1192	1107	1025	943	867	795	730	669	613	564	518	478	441
			5.7	1165	1080	998	919	843	773	709	651	597	549	505	466	430
			6.0	1138	1054	973	894	821	752	689	633	580	534	493	454	420
			6.3	1111	1028	946	870	798	731	672	616	566	521	479	442	409
			6.6	1084	1001	922	846	776	712	652	599	551	506	467	432	399
			6.9	1057	975	897	824	755	692	634	584	536	494	455	421	390
			7.2	1031	950	873	801	734	673	618	567	523	481	444	411	379

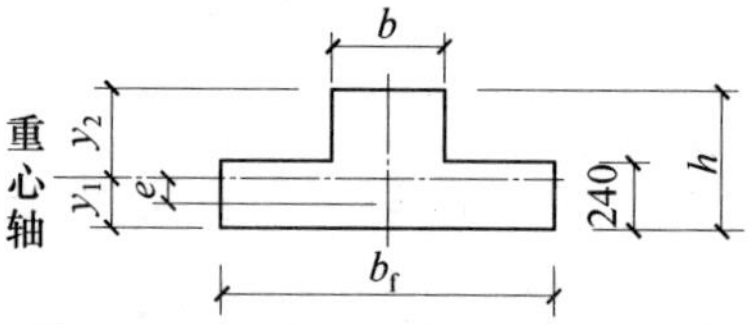

续表

柱厚 h /mm	折算厚度 h_T /mm	柱宽 b /mm	计算高度 H_0 /m	e/h_T												
				0	0.025	0.05	0.075	0.10	0.125	0.15	0.175	0.20	0.225	0.25	0.275	0.30
620	511	620	4.2	1367	1286	1201	1114	1028	946	868	797	730	669	615	565	520
			4.5	1344	1262	1175	1087	1004	921	847	775	711	652	599	551	508
			4.8	1321	1235	1148	1061	977	898	825	756	693	637	584	537	495
			5.1	1294	1209	1122	1036	954	875	803	736	676	620	570	525	483
			5.4	1269	1182	1095	1010	929	833	781	718	659	604	556	511	472
			5.7	1243	1156	1069	985	906	831	761	699	641	589	542	498	461
			6.0	1217	1129	1044	960	882	809	742	680	624	575	528	488	450
			6.3	1190	1103	1018	937	859	788	722	663	609	559	516	475	439
			6.6	1164	1077	993	912	837	767	704	646	593	545	503	464	428
			6.9	1137	1052	968	889	815	747	686	629	578	533	491	453	419
			7.2	1111	1025	943	867	794	728	668	613	564	519	478	442	410
740	609	490	4.2	1430	1355	1270	1182	1094	1010	928	852	781	715	657	604	556
			4.5	1411	1333	1248	1160	1073	988	908	833	764	701	643	590	543
			4.8	1392	1312	1226	1138	1051	968	889	816	747	686	629	578	532
			5.1	1372	1290	1204	1116	1030	947	869	797	731	670	615	567	521
			5.4	1353	1268	1181	1093	1008	927	850	780	715	656	603	554	510
			5.7	1331	1246	1159	1071	986	907	831	762	700	642	590	543	499
			6.0	1311	1225	1137	1049	966	888	814	747	684	628	574	532	490
			6.3	1289	1203	1115	1029	946	867	795	729	670	615	565	521	480
			6.6	1267	1179	1091	1007	925	849	778	714	656	601	554	510	471
			6.9	1245	1157	1069	985	905	831	762	698	642	589	542	499	460
			7.2	1223	1135	1047	964	886	813	745	684	628	576	531	490	452
740	644	620	4.2	1520	1442	1357	1264	1170	1081	995	913	837	767	704	647	594
			4.5	1504	1423	1335	1243	1150	1059	974	894	820	752	690	633	682
			4.8	1485	1403	1312	1220	1127	1040	954	876	804	736	676	620	571
			5.1	1466	1381	1291	1198	1106	1018	936	858	787	721	662	609	559
			5.4	1446	1360	1267	1175	1084	998	916	840	771	706	648	596	549
			5.7	1426	1338	1246	1154	1063	977	898	822	754	691	635	584	538
			6.0	1406	1315	1223	1132	1043	957	878	805	739	678	624	572	528
			6.3	1385	1294	1201	1109	1021	937	860	789	724	665	610	562	518
			6.6	1363	1272	1178	1088	1000	919	843	772	709	650	599	511	508
			6.9	1342	1249	1157	1066	980	899	825	757	695	637	586	539	498
			7.2	1320	1226	1135	1045	960	881	808	741	680	625	574	529	488

2.2.54 T形截面普通砖墙柱承载力 N 值选用表（二）（b_f＝4000mm 砖强度 MU10 砂浆强度 M2.5）

表 2-54 T形截面普通砖墙柱承载力 N 值（kN）选用表（二）

（b_f＝4000mm 砖强度 MU10 砂浆强度 M2.5）

柱厚 h /mm	折算厚度 h_T /mm	柱宽 b /mm	计算高度 H_0 /m	e/h_T												
				0	0.025	0.05	0.075	0.10	0.125	0.15	0.175	0.20	0.225	0.25	0.275	0.30
490	396	370	4.5	1573	1462	1351	1244	1143	1050	963	883	810	745	685	632	582
			4.8	1529	1418	1309	1204	1105	1014	931	849	784	721	663	612	564
			5.1	1486	1375	1268	1165	1070	980	899	826	758	697	642	592	548
			5.4	1442	1333	1226	1127	1034	949	869	798	733	675	622	574	531
			5.7	1401	1292	1187	1089	998	917	840	772	709	653	602	556	515
			6.0	1357	1250	1149	1054	967	887	885	812	747	687	634	584	541
			6.3	1313	1208	1109	1018	933	856	786	723	665	614	566	525	487
			6.6	1272	1169	1074	984	903	828	760	699	644	594	550	509	471
			6.9	1232	1131	1038	951	873	800	737	677	624	576	533	495	459
			7.2	1191	1093	1002	919	844	774	713	655	606	558	517	479	445
			7.5	1153	1058	971	889	816	751	689	636	586	542	503	465	433
490	402	490	4.5	1598	1486	1374	1266	1164	1068	978	898	824	758	696	642	592
			4.8	1556	1442	1332	1226	1126	1032	946	868	798	732	674	622	574
			5.1	1512	1400	1290	1186	1088	998	916	840	772	710	654	604	558
			5.4	1468	1358	1250	1148	1054	966	886	814	748	688	634	586	542
			5.7	1426	1316	1210	1110	1018	934	856	786	724	666	614	568	526
			6.0	1382	1274	1170	1074	986	904	830	762	700	646	596	550	510
			6.3	1340	1234	1132	1040	952	874	802	738	678	626	578	534	496
			6.6	1298	1194	1096	1004	922	846	776	714	658	606	560	520	482
			6.9	1258	1156	1060	972	892	818	752	692	638	588	544	504	468
			7.2	1218	1118	1026	940	862	792	728	670	618	570	528	490	454
			7.5	1178	1082	992	910	834	766	704	650	600	554	512	476	442
620	448	370	4.5	1700	1586	1471	1359	1251	1148	1052	966	885	813	748	688	633
			4.8	1661	1547	1433	1320	1214	1114	1022	938	860	789	725	668	617
			5.1	1623	1508	1394	1283	1179	1081	991	909	836	766	705	650	601
			5.4	1582	1467	1355	1246	1144	1050	962	883	811	746	686	633	584
			5.7	1543	1428	1316	1210	1112	1018	934	856	787	723	666	615	568
			6.0	1502	1390	1279	1175	1079	989	907	832	764	703	648	598	553
			6.3	1463	1351	1242	1140	1046	960	881	807	744	684	631	582	539
			6.6	1424	1312	1206	1107	1015	932	854	784	721	664	613	568	525
			6.9	1386	1275	1171	1075	985	903	829	762	701	645	596	551	511
			7.2	1347	1238	1136	1042	956	876	805	740	682	629	580	537	498
			7.5	1308	1204	1103	1011	928	852	782	719	662	611	566	523	486

续表

柱厚 h /mm	折算厚度 h_T /mm	柱宽 b /mm	计算高度 H_0 /m	e/h_T = 0	0.025	0.05	0.075	0.10	0.125	0.15	0.175	0.20	0.225	0.25	0.275	0.30
			4.5	1754	1641	1524	1408	1295	1191	1091	1002	918	843	774	712	658
			4.8	1716	1602	1485	1370	1260	1156	1060	972	893	820	754	693	639
			5.1	1679	1562	1445	1333	1224	1124	1031	945	868	797	733	674	622
			5.4	1641	1524	1408	1295	1191	1091	1002	918	843	774	712	658	606
			5.7	1602	1485	1370	1260	1158	1062	972	893	820	754	693	639	591
620	466	490	6.0	1562	1447	1333	1224	1124	1031	945	868	797	733	674	622	577
			6.3	1524	1408	1297	1191	1093	1002	918	843	774	712	658	606	562
			6.6	1485	1370	1260	1158	1062	972	893	820	754	693	639	591	547
			6.9	1447	1333	1224	1124	1031	945	868	797	733	674	622	577	533
			7.2	1408	1297	1191	1093	1002	918	843	774	714	658	608	562	520
			7.5	1370	1260	1158	1062	974	893	820	754	693	639	591	547	508
			4.5	1810	1694	1574	1458	1343	1232	1130	1037	952	873	803	737	680
			4.8	1774	1657	1536	1419	1307	1198	1101	1009	926	850	782	718	663
			5.1	1736	1619	1498	1383	1271	1166	1071	981	901	826	760	701	646
			5.4	1700	1579	1462	1345	1237	1135	1041	954	875	805	739	682	629
			5.7	1662	1540	1424	1311	1203	1103	1011	928	852	784	720	665	614
620	483	620	6.0	1623	1504	1387	1275	1171	1073	984	903	828	763	703	648	599
			6.3	1585	1466	1349	1241	1139	1043	958	879	807	743	684	631	584
			6.6	1547	1428	1315	1207	1107	1015	930	854	786	722	667	616	569
			6.9	1509	1392	1279	1175	1077	988	905	833	765	705	650	601	556
			7.2	1470	1356	1245	1143	1047	960	882	809	746	686	633	586	542
			7.5	1432	1319	1211	1111	1018	935	858	788	724	669	618	571	529
			4.5	1864	1747	1625	1504	1387	1274	1170	1073	984	901	828	763	702
			4.8	1827	1710	1588	1467	1350	1242	1138	1044	958	877	808	743	685
			5.1	1792	1671	1549	1340	1315	1207	1107	1016	932	856	786	724	667
			5.4	1755	1634	1513	1393	1281	1177	1079	988	908	834	767	706	652
			5.7	1719	1595	1476	1359	1248	1144	1051	962	884	812	747	689	635
620	499	750	6.0	1680	1558	1439	1324	1216	1114	1023	938	860	791	728	672	619
			6.3	1643	1521	1402	1289	1183	1086	994	912	838	771	711	654	604
			6.6	1604	1484	1367	1255	1153	1055	968	888	817	752	693	639	591
			6.9	1567	1445	1330	1222	1120	1027	942	867	795	732	676	624	576
			7.2	1530	1411	1296	1190	1092	1001	919	843	776	715	658	609	563
			7.5	1491	1374	1263	1159	1062	975	895	821	756	695	643	593	550

续表

柱厚 h /mm	折算厚度 h_T /mm	柱宽 b /mm	计算高度 H_0 /m	e/h_T												
				0	0.025	0.05	0.075	0.10	0.125	0.15	0.175	0.20	0.225	0.25	0.275	0.30
750	558	490	4.5	1914	1804	1685	1563	1442	1327	1219	1117	1024	940	864	794	729
			4.8	1886	1771	1650	1529	1410	1297	1191	1091	1000	918	842	776	714
			5.1	1854	1737	1618	1496	1377	1267	1163	1065	976	896	823	758	697
			5.4	1823	1704	1583	1462	1347	1236	1135	1039	955	875	805	740	682
			5.7	1791	1672	1548	1429	1314	1208	1106	1015	931	855	786	723	667
			6.0	1758	1637	1516	1397	1284	1178	1080	992	909	836	768	708	654
			6.3	1724	1602	1483	1364	1254	1150	1054	968	888	816	751	693	638
			6.6	1691	1570	1449	1334	1225	1124	1031	944	868	797	734	675	625
			6.9	1657	1535	1416	1303	1195	1098	1007	922	846	779	716	662	610
			7.2	1624	1503	1384	1273	1167	1070	981	901	827	762	701	647	597
			7.5	1589	1468	1353	1243	1139	1046	959	879	807	745	686	632	584
750	587	620	4.5	1993	1882	1759	1634	1509	1391	1277	1173	1074	985	905	831	764
			4.8	1967	1851	1726	1601	1478	1360	1248	1146	1050	963	885	814	749
			5.1	1935	1817	1695	1570	1447	1331	1222	1119	1025	941	865	796	733
			5.4	1906	1786	1661	1536	1416	1300	1193	1095	1003	921	845	778	718
			5.7	1875	1753	1628	1503	1385	1271	1166	1070	981	901	827	762	702
			6.0	1844	1719	1594	1471	1353	1242	1139	1046	959	880	809	744	686
			6.3	1810	1686	1561	1440	1324	1215	1115	1021	936	860	791	729	673
			6.6	1779	1654	1529	1409	1293	1188	1088	999	916	843	773	713	660
			6.9	1746	1621	1496	1378	1266	1161	1063	976	896	822	758	698	644
			7.2	1712	1587	1465	1347	1237	1135	1041	954	876	805	742	684	633
			7.5	1679	1554	1434	1318	1208	1108	1017	932	856	789	727	669	620
750	612	750	4.5	2069	1954	1831	1702	1574	1450	1333	1222	1122	1027	943	867	798
			4.8	2042	1925	1798	1670	1541	1420	1303	1195	1096	1007	924	848	782
			5.1	2014	1892	1766	1638	1512	1390	1275	1170	1073	984	904	830	766
			5.4	1984	1860	1734	1606	1479	1360	1248	1144	1053	963	885	814	750
			5.7	1954	1828	1700	1574	1450	1330	1220	1119	1027	943	867	796	734
			6.0	1922	1796	1668	1541	1418	1303	1195	1096	1004	922	848	780	720
			6.3	1892	1764	1635	1509	1388	1275	1170	1071	984	904	830	764	704
			6.6	1860	1732	1603	1477	1358	1248	1144	1048	963	883	812	748	690
			6.9	1828	1700	1571	1447	1330	1220	1119	1025	943	865	796	734	676
			7.2	1796	1668	1539	1418	1300	1193	1094	1004	922	846	780	718	663
			7.5	1764	1633	1507	1388	1273	1167	1071	982	901	830	764	704	651

续表

柱厚 h /mm	折算厚度 h_T /mm	柱宽 b /mm	计算高度 H_0 /m	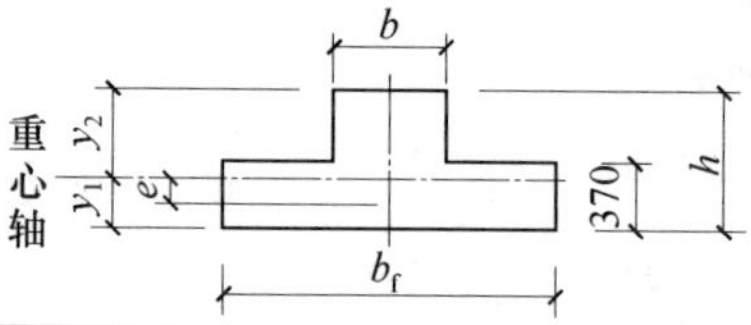 e/h_T												
				0	0.025	0.05	0.075	0.10	0.125	0.15	0.175	0.20	0.225	0.25	0.275	0.30
750	632	870	4.5	2134	2021	1894	1762	1631	1504	1381	1268	1162	1066	979	899	826
			4.8	2108	1991	1861	1730	1598	1473	1353	1240	1139	1042	957	880	809
			5.1	2080	1960	1831	1697	1567	1442	1325	1214	1113	1021	939	861	793
			5.4	2052	1927	1798	1666	1537	1412	1296	1188	1089	1000	917	842	779
			5.7	2024	1897	1765	1633	1506	1384	1271	1165	1068	979	899	828	762
			6.0	1993	1864	1732	1602	1475	1355	1242	1139	1045	960	882	812	748
			6.3	1963	1833	1699	1569	1445	1327	1216	1115	1023	939	863	795	732
			6.6	1930	1800	1668	1539	1414	1299	1191	1092	1002	920	847	779	717
			6.9	1899	1767	1635	1508	1386	1271	1167	1068	981	901	828	764	706
			7.2	1866	1734	1605	1478	1358	1245	1141	1047	960	882	812	748	692
			7.5	1835	1704	1572	1447	1329	1219	1118	1026	941	866	795	734	677

2.2.55 T形截面普通砖墙柱承载力N值选用表（一）（b_f=4200mm 砖强度MU10 砂浆强度M2.5）

表2-55　　T形截面普通砖墙柱承载力N值（kN）选用表（一）

（b_f=4200mm　砖强度MU10　砂浆强度M2.5）

柱厚 h /mm	折算厚度 h_T /mm	柱宽 b /mm	计算高度 H_0 /m	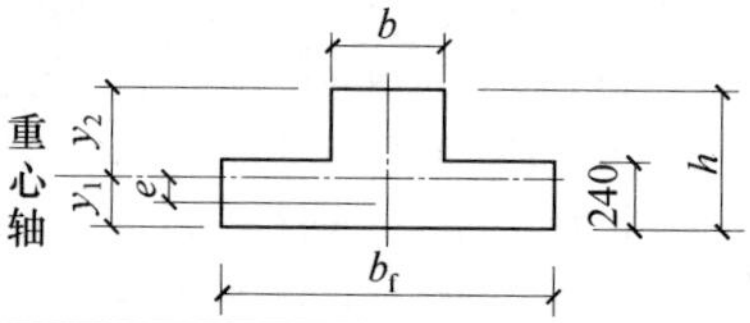 e/h_T												
				0	0.025	0.05	0.075	0.10	0.125	0.15	0.175	0.20	0.225	0.25	0.275	0.30
370	266	240	4.2	901	829	760	698	640	587	539	495	456	420	389	359	333
			4.5	857	788	724	663	609	559	513	471	435	401	371	344	318
			4.8	817	751	687	630	579	532	489	449	414	383	355	329	305
			5.1	778	713	653	599	551	506	466	429	395	366	339	314	293
			5.4	740	678	622	571	524	482	444	409	378	349	325	302	280
			5.7	703	645	591	543	499	459	424	391	362	335	312	289	270
370	273	370	4.2	930	856	788	722	663	608	557	512	472	435	400	370	344
			4.5	888	816	749	687	630	579	531	488	450	415	384	355	329
			4.8	847	778	713	654	601	551	506	466	429	396	367	340	315
			5.1	807	741	679	623	572	525	483	444	410	380	351	326	303
			5.4	770	705	646	593	545	501	461	425	392	363	337	313	291
			5.7	733	671	616	565	518	477	440	406	376	348	322	300	280
			6.0	697	639	586	539	495	455	420	388	359	333	310	288	269

柱厚 h /mm	折算厚度 h_T /mm	柱宽 b /mm	计算高度 H_0 /m	重心轴 y_1 y_2 e b b_f 240 h e/h_T												
				0	0.025	0.05	0.075	0.10	0.125	0.15	0.175	0.20	0.225	0.25	0.275	0.30
370	284	490	4.2	968	893	820	752	691	633	580	533	490	452	417	385	356
			4.5	926	852	782	718	658	604	554	509	469	433	399	369	342
			4.8	886	813	746	685	628	576	529	487	448	413	383	355	328
			5.1	845	777	711	653	599	550	505	465	429	397	367	339	316
			5.4	808	741	679	622	572	525	483	445	410	380	352	327	303
			5.7	770	706	647	594	546	501	462	426	394	365	338	314	292
			6.0	735	674	618	567	521	480	443	408	377	349	324	302	281
490	315	240	4.2	1023	945	871	801	734	673	617	566	520	478	441	408	377
			4.5	985	909	835	767	703	645	591	544	499	460	424	392	363
			4.8	946	871	801	735	674	619	567	522	480	442	408	377	349
			5.1	910	837	767	705	646	592	544	501	460	424	392	363	337
			5.4	873	802	735	674	619	567	522	480	442	408	377	349	324
			5.7	838	769	705	646	594	545	501	460	426	392	363	337	313
			6.0	803	737	676	620	569	523	481	442	409	379	451	324	302
			6.3	770	706	648	594	545	502	462	426	394	365	337	313	292
			6.6	738	677	620	570	523	481	444	409	379	351	326	302	281
			6.9	708	648	595	547	502	462	426	394	365	338	313	292	273
490	340	370	4.2	1095	1015	973	861	791	725	665	609	560	515	474	437	404
			4.5	1058	978	901	828	759	696	639	586	539	496	456	422	390
			4.8	1021	942	868	796	731	669	615	565	519	477	440	406	376
			5.1	985	908	834	765	702	643	590	543	499	460	424	393	363
			5.4	949	874	802	736	675	619	567	522	480	443	409	379	351
			5.7	915	841	772	708	649	595	546	503	463	427	394	366	340
			6.0	881	808	742	680	623	572	526	484	446	412	381	353	329
			6.3	846	778	713	653	600	550	506	466	430	397	369	341	317
			6.6	815	748	685	629	577	530	487	450	414	384	356	330	307
			6.9	783	718	659	605	555	510	470	433	400	371	344	320	297
			7.2	753	691	633	582	535	492	453	419	387	359	333	309	288

续表

柱厚 h /mm	折算厚度 h_T /mm	柱宽 b /mm	计算高度 H_0 /m	e/h_T												
				0	0.025	0.05	0.075	0.10	0.125	0.15	0.175	0.20	0.225	0.25	0.275	0.30
490	361	490	4.2	1155	1072	992	912	839	768	705	646	593	545	502	462	427
			4.5	1119	1037	956	880	808	740	678	623	573	526	484	446	412
			4.8	1084	1003	924	849	778	714	655	601	552	508	468	432	399
			5.1	1049	968	890	818	750	687	630	579	533	490	452	417	386
			5.4	1014	934	859	787	723	662	608	558	514	473	436	404	374
			5.7	980	902	827	759	696	639	586	539	496	457	423	390	363
			6.0	946	870	798	731	671	615	565	520	479	442	408	377	351
			6.3	912	837	768	705	646	593	545	502	462	427	395	365	339
			6.6	880	808	740	678	623	573	526	484	446	412	382	354	329
			6.9	847	778	714	653	601	552	508	468	432	399	370	343	318
			7.2	817	749	687	630	579	532	490	452	417	386	358	333	310
490	382	620	4.2	1217	1132	1047	966	887	814	746	684	628	577	530	489	452
			4.5	1182	1097	1014	923	857	786	721	660	607	557	514	473	436
			4.8	1149	1062	981	901	827	758	695	638	586	539	497	458	423
			5.1	1114	1029	947	870	799	733	672	616	566	521	480	442	409
			5.4	1079	996	916	840	771	707	648	595	547	504	465	429	397
			5.7	1044	963	885	811	745	683	627	576	529	488	450	415	385
			6.0	1011	931	855	784	719	659	606	556	512	471	436	403	373
			6.3	978	899	825	757	693	636	585	538	495	456	421	391	362
			6.6	946	869	796	731	669	615	565	520	479	442	409	379	352
			6.9	914	839	769	706	647	594	547	503	464	429	397	367	341
			7.2	882	810	743	681	625	574	529	486	449	415	385	356	336
620	438	370	4.2	1260	1179	1094	1012	931	855	785	719	659	606	556	512	471
			4.5	1231	1149	1066	984	904	830	761	698	640	588	540	498	459
			4.8	1203	1119	1036	955	877	804	739	677	621	570	525	483	446
			5.1	1173	1090	1006	927	851	780	716	656	603	553	510	470	434
			5.4	1143	1060	978	900	825	757	694	637	585	537	495	456	422
			5.7	1113	1031	949	873	801	734	673	618	567	522	480	444	410
			6.0	1085	1001	922	846	776	712	654	600	550	507	467	431	400
			6.3	1055	973	895	821	754	691	634	582	536	492	455	419	389
			6.6	1025	945	869	797	730	670	615	564	519	479	441	409	379
			6.9	997	918	842	773	709	649	597	547	504	465	430	397	368
			7.2	969	889	816	749	686	630	579	553	491	452	418	386	359

续表

柱厚 h /mm	折算厚度 h_T /mm	柱宽 b /mm	计算高度 H_0 /m	e/h_T												
				0	0.025	0.05	0.075	0.10	0.125	0.15	0.175	0.20	0.225	0.25	0.275	0.30
620	476	490	4.2	1342	1259	1173	1086	1001	920	844	774	711	652	599	551	507
			4.5	1316	1231	1144	1058	974	895	821	752	600	633	582	535	493
			4.8	1288	1203	1116	1030	948	870	797	732	672	616	566	521	481
			5.1	1262	1175	1088	1002	922	846	776	712	653	599	551	507	468
			5.4	1234	1147	1060	976	897	822	754	692	634	583	537	495	456
			5.7	1206	1117	1032	950	872	799	734	673	617	568	523	484	445
			6.0	1176	1089	1005	923	847	777	714	655	600	552	509	470	434
			6.3	1148	1061	978	898	824	756	693	636	585	538	495	457	423
			6.6	1120	1033	951	874	802	735	673	619	569	523	482	445	412
			6.9	1092	1007	926	850	779	715	656	602	554	510	470	434	402
			7.2	1064	981	900	825	757	695	638	586	538	496	457	423	392
620	508	620	4.2	1421	1336	1248	1157	1067	982	902	827	758	695	638	586	539
			4.5	1396	1309	1220	1130	1041	957	877	805	738	677	622	572	527
			4.8	1370	1283	1193	1102	1015	932	855	784	719	661	606	557	514
			5.1	1345	1256	1164	1075	989	908	832	764	701	643	591	544	502
			5.4	1317	1227	1136	1049	963	884	811	743	682	627	577	531	489
			5.7	1290	1199	1109	1021	939	861	790	724	666	611	562	517	478
			6.0	1262	1172	1083	995	915	839	769	706	648	596	548	506	467
			6.3	1235	1144	1055	971	890	818	750	687	632	580	535	493	455
			6.6	1207	1117	1029	945	868	797	730	670	615	565	522	481	444
			6.9	1180	1089	1003	921	845	776	711	653	599	552	509	470	434
			7.2	1152	1063	978	897	822	754	693	636	585	538	496	459	425
740	602	490	4.2	1483	1404	1317	1226	1135	1047	962	882	809	742	680	625	575
			4.5	1464	1382	1294	1203	1112	1024	941	863	791	726	666	612	563
			4.8	1444	1360	1270	1179	1089	1001	920	843	773	710	651	599	552
			5.1	1423	1337	1247	1156	1066	980	900	825	757	695	638	568	540
			5.4	1402	1314	1223	1132	1044	959	881	807	741	679	623	575	529
			5.7	1379	1291	1200	1109	1021	938	861	790	724	664	610	561	517
			6.0	1358	1268	1177	1086	1000	918	842	772	708	649	597	550	508
			6.3	1335	1244	1153	1063	978	897	824	755	692	636	584	539	496
			6.6	1312	1221	1130	1040	957	877	806	739	677	622	573	527	487
			6.9	1288	1197	1107	1019	936	858	788	723	662	609	560	516	477
			7.2	1265	1174	1084	996	915	840	770	706	648	600	548	506	467

柱厚 h /mm	折算厚度 h_T /mm	柱宽 b /mm	计算高度 H_0 /m	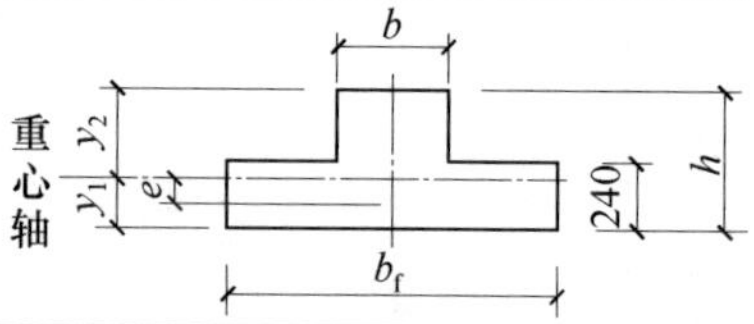												
				e/h_T												
				0	0.025	0.05	0.075	0.10	0.125	0.15	0.175	0.20	0.225	0.25	0.275	0.30
740	637	620	4.2	1576	1494	1404	1309	1213	1118	1029	944	866	795	728	669	615
			4.5	1557	1473	1381	1286	1190	1096	1007	925	848	777	714	656	603
			4.8	1538	1451	1358	1262	1166	1074	986	906	830	762	699	642	591
			5.1	1518	1428	1334	1238	1144	1053	966	887	813	745	685	628	579
			5.4	1497	1406	1312	1216	1122	1031	947	868	796	729	671	616	568
			5.7	1475	1384	1288	1192	1100	1010	926	849	779	716	657	604	556
			6.0	1454	1360	1264	1170	1077	990	908	832	764	700	664	592	546
			6.3	1432	1338	1242	1146	1055	969	889	815	747	687	630	580	534
			6.6	1410	1314	1218	1123	1033	949	870	798	731	673	618	568	524
			6.9	1386	1291	1195	1101	1012	928	851	781	717	659	606	558	515
			7.2	1363	1267	1171	1079	992	909	834	765	702	645	594	546	505

2.2.56 T形截面普通砖墙柱承载力 N 值选用表（二）（b_f＝4200mm 砖强度 MU10 砂浆强度 M2.5）

表 2-56　T形截面普通砖墙柱承载力 N 值（kN）选用表（二）

（b_f＝4200mm 砖强度 MU10 砂浆强度 M2.5）

柱厚 h /mm	折算厚度 h_T /mm	柱宽 b /mm	计算高度 H_0 /m	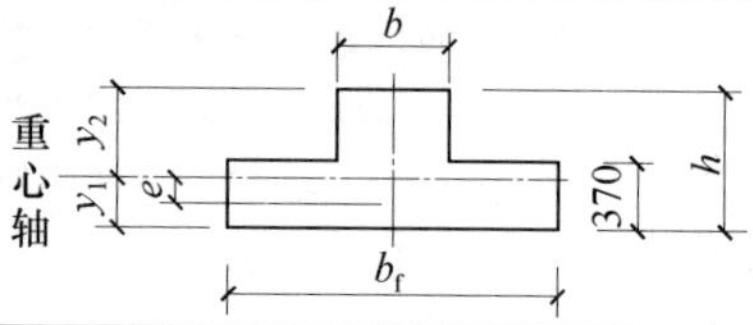												
				e/h_T												
				0	0.025	0.05	0.075	0.10	0.125	0.15	0.175	0.20	0.225	0.25	0.275	0.30
490	395	370	4.5	1647	1531	1417	1304	1198	1099	1007	924	847	779	716	660	610
			4.8	1602	1485	1371	1261	1159	1061	974	893	820	754	694	639	592
			5.1	1556	1442	1327	1219	1119	1026	941	864	793	729	673	621	573
			5.4	1510	1396	1284	1180	1082	993	910	835	768	706	652	602	556
			5.7	1464	1352	1242	1140	1047	959	881	808	743	685	631	583	540
			6.0	1421	1309	1203	1103	1011	926	851	781	718	662	612	565	523
			6.3	1375	1265	1161	1065	978	897	822	756	696	642	594	548	509
			6.6	1331	1223	1124	1030	945	866	795	733	675	623	575	534	494
			6.9	1290	1184	1086	995	914	839	770	708	654	604	558	517	479
			7.2	1246	1144	1049	962	883	810	745	687	633	585	542	502	467
			7.5	1207	1107	1014	930	854	785	723	664	615	567	525	488	455

续表

柱厚 h /mm	折算厚度 h_T /mm	柱宽 b /mm	计算高度 H_0 /m	e/h_T												
				0	0.025	0.05	0.075	0.10	0.125	0.15	0.175	0.20	0.225	0.25	0.275	0.30
490	401	490	4.5	1673	1555	1438	1325	1218	1117	1025	939	861	792	729	670	620
			4.8	1629	1511	1394	1283	1178	1081	991	909	834	767	706	652	601
			5.1	1582	1465	1350	1241	1140	1046	958	880	807	742	683	631	582
			5.4	1536	1421	1308	1201	1102	1010	926	851	782	719	662	612	566
			5.7	1492	1377	1266	1161	1067	977	897	823	756	698	643	593	549
			6.0	1446	1333	1224	1123	1031	945	868	796	733	675	622	573	734
			6.3	1402	1291	1184	1088	998	914	838	771	710	654	603	559	517
			6.6	1358	1249	1146	1052	964	884	813	746	687	635	587	543	503
			6.9	1316	1209	1109	1016	933	855	786	723	666	616	570	528	490
			7.2	1272	1169	1073	983	901	828	761	700	645	597	553	511	475
			7.5	1232	1130	1037	951	872	800	738	679	626	578	536	499	463
620	445	370	4.5	1776	1656	1536	1419	1305	1198	1100	1008	924	849	781	719	663
			4.8	1735	1616	1496	1378	1267	1164	1065	978	897	824	757	697	644
			5.1	1693	1573	1455	1339	1230	1128	1035	950	871	800	736	678	627
			5.4	1652	1532	1414	1301	1194	1095	1003	922	845	776	717	661	610
			5.7	1609	1489	1374	1262	1160	1063	973	894	821	755	695	642	592
			6.0	1568	1449	1335	1226	1123	1031	946	869	798	734	676	625	577
			6.3	1526	1408	1294	1190	1091	1001	918	843	774	712	657	607	562
			6.6	1485	1369	1258	1153	1059	971	890	817	753	693	639	590	547
			6.9	1444	1329	1222	1119	1027	941	864	794	732	674	622	575	532
			7.2	1404	1290	1185	1087	997	913	839	772	710	654	605	560	520
			7.5	1363	1254	1149	1055	967	888	815	749	691	637	588	545	507
620	463	490	4.5	1832	1713	1590	1468	1353	1242	1139	1043	958	880	808	743	686
			4.8	1793	1671	1549	1429	1314	1207	1107	1015	930	854	786	723	666
			5.1	1752	1630	1508	1390	1277	1172	1074	987	904	830	764	703	649
			5.4	1713	1588	1468	1351	1242	1139	1043	958	880	808	743	686	634
			5.7	1671	1549	1429	1314	1207	1107	1015	930	854	786	723	666	616
			6.0	1630	1508	1390	1277	1172	1074	985	904	830	764	703	649	601
			6.3	1588	1468	1351	1242	1139	1043	958	878	808	743	686	632	586
			6.6	1549	1429	1314	1205	1107	1013	930	854	786	723	666	616	571
			6.9	1508	1390	1277	1172	1074	985	904	830	764	703	649	601	555
			7.2	1468	1351	1240	1137	1043	956	878	808	743	684	632	586	542
			7.5	1427	1314	1205	1104	1013	930	854	784	723	666	616	571	529

续表

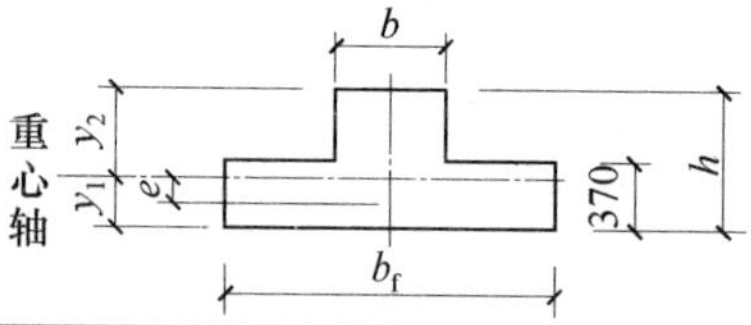

柱厚 h /mm	折算厚度 h_T /mm	柱宽 b /mm	计算高度 H_0 /m	e/h_T												
				0	0.025	0.05	0.075	0.10	0.125	0.15	0.175	0.20	0.225	0.25	0.275	0.30
			4.5	1888	1768	1644	1519	1399	1286	1179	1081	993	910	837	768	708
			4.8	1850	1728	1604	1479	1361	1250	1146	1050	964	886	815	748	690
			5.1	1810	1688	1564	1441	1326	1217	1115	1021	937	862	793	730	673
			5.4	1772	1646	1524	1404	1288	1181	1084	995	913	839	770	710	655
			5.7	1732	1606	1484	1366	1253	1150	1055	968	888	817	750	693	639
620	480	620	6.0	1690	1566	1444	1328	1219	1119	1026	942	864	795	730	675	624
			6.3	1650	1526	1406	1293	1186	1088	997	915	842	773	713	657	608
			6.6	1610	1488	1368	1257	1153	1057	970	890	817	753	695	642	593
			6.9	1570	1448	1333	1224	1121	1028	944	866	797	733	677	626	579
			7.2	1530	1410	1295	1188	1090	999	917	844	775	715	659	610	564
			7.5	1490	1373	1261	1157	1059	973	893	819	755	695	642	595	550
			4.5	1942	1820	1693	1566	1444	1326	1218	1116	1023	939	862	794	731
			4.8	1903	1779	1652	1528	1405	1292	1184	1086	996	914	839	774	713
			5.1	1865	1740	1614	1489	1369	1256	1152	1057	971	891	819	753	695
			5.4	1827	1700	1573	1451	1333	1224	1122	1030	944	867	796	735	679
			5.7	1788	1661	1534	1412	1299	1190	1093	1002	919	844	776	717	661
620	495	750	6.0	1747	1620	1496	1376	1263	1159	1064	975	896	824	758	699	645
			6.3	1709	1582	1457	1340	1229	1127	1034	948	871	801	738	681	629
			6.6	1668	1541	1421	1306	1197	1098	1007	923	848	781	719	665	615
			6.9	1630	1503	1383	1270	1165	1068	980	901	826	760	701	649	599
			7.2	1589	1464	1347	1236	1134	1039	955	876	805	742	685	633	586
			7.5	1550	1428	1313	1204	1104	1011	928	853	785	724	667	618	572
			4.5	1995	1877	1753	1626	1502	1382	1269	1162	1067	979	898	825	760
			4.8	1963	1843	1717	1590	1468	1348	1237	1135	1040	954	877	807	744
			5.1	1931	1809	1683	1556	1434	1316	1208	1108	1015	932	857	787	726
			5.4	1898	1773	1646	1520	1400	1284	1178	1081	993	911	837	771	710
			5.7	1864	1737	1610	1486	1366	1255	1151	1056	968	889	816	753	694
750	552	490	6.0	1827	1703	1576	1452	1334	1226	1124	1029	945	868	798	735	678
			6.3	1793	1667	1540	1418	1303	1196	1097	1006	923	848	780	719	662
			6.6	1757	1631	1506	1386	1271	1167	1070	981	900	827	762	703	649
			6.9	1721	1594	1470	1352	1241	1140	1045	959	880	809	744	687	635
			7.2	1687	1560	1436	1321	1212	1110	1020	936	859	791	728	671	622
			7.5	1651	1524	1404	1289	1183	1085	995	913	839	773	712	658	608

续表

柱厚 h /mm	折算厚度 h_T /mm	柱宽 b /mm	计算高度 H_0 /m	重心轴 b y_2 y_1 e 370 h b_f												
				e/h_T												
				0	0.025	0.05	0.075	0.10	0.125	0.15	0.175	0.20	0.225	0.25	0.275	0.30
750	581	620	4.5	2075	1958	1830	1700	1570	1447	1328	1219	1116	1025	939	865	795
			4.8	2044	1923	1796	1665	1537	1414	1298	1191	1091	1002	918	844	799
			5.1	2014	1891	1761	1630	1502	1381	1267	1163	1067	979	898	825	760
			5.4	1982	1856	1726	1595	1470	1351	1240	1137	1042	956	879	809	744
			5.7	1949	1821	1691	1563	1437	1321	1212	1112	1018	935	860	791	730
			6.0	1917	1786	1656	1528	1405	1291	1184	1086	995	914	839	774	714
			6.3	1882	1751	1621	1495	1374	1260	1156	1060	972	893	821	758	697
			6.6	1847	1716	1588	1463	1344	1233	1130	1037	951	874	804	742	683
			6.9	1812	1682	1554	1430	1312	1205	1105	1014	930	853	786	725	670
			7.2	1779	1647	1519	1398	1284	1177	1079	991	909	835	770	709	656
			7.5	1744	1614	1486	1365	1253	1149	1053	967	888	818	753	695	642
750	605	750	4.5	2151	2032	1902	1769	1635	1506	1384	1269	1164	1068	980	901	827
			4.8	2122	1998	1867	1733	1601	1475	1353	1240	1137	1044	958	882	810
			5.1	2091	1967	1833	1699	1568	1441	1324	1214	1114	1020	937	863	793
			5.4	2060	1934	1800	1666	1534	1410	1295	1188	1090	999	918	843	776
			5.7	2029	1898	1764	1632	1503	1381	1267	1161	1066	977	898	827	762
			6.0	1996	1864	1730	1599	1470	1350	1238	1135	1042	956	879	810	745
			6.3	1962	1831	1697	1565	1439	1322	1212	1111	1018	937	860	793	731
			6.6	1929	1795	1661	1532	1408	1293	1185	1087	996	915	841	776	717
			6.9	1895	1761	1628	1498	1377	1264	1159	1063	975	896	824	760	702
			7.2	1862	1728	1594	1467	1348	1235	1133	1039	953	877	808	745	688
			7.5	1826	1692	1561	1436	1319	1209	1109	1018	934	858	791	729	674
750	625	870	4.5	2219	2097	1967	1830	1692	1558	1433	1315	1205	1104	1014	933	857
			4.8	2190	2065	1933	1795	1658	1526	1403	1286	1180	1082	994	913	840
			5.1	2160	2033	1898	1761	1626	1494	1374	1259	1153	1058	972	894	823
			5.4	2131	2001	1864	1727	1592	1465	1345	1232	1129	1036	953	877	806
			5.7	2099	1967	1830	1692	1560	1433	1315	1207	1107	1016	933	957	791
			6.0	2067	1933	1795	1661	1528	1403	1288	1180	1082	994	913	840	774
			6.3	2035	1898	1761	1626	1496	1374	1261	1156	1060	972	894	823	759
			6.6	2001	1866	1727	1594	1465	1345	1234	1131	1038	953	877	808	744
			6.9	1969	1832	1695	1560	1435	1315	1207	1107	1016	933	859	781	730
			7.2	1935	1798	1661	1528	1403	1288	1180	1082	994	913	840	776	715
			7.5	1901	1763	1626	1496	1374	1261	1156	1060	975	896	823	759	703

2.2.57 T形截面普通砖墙柱承载力 N 值选用表（一）（b_f = 4400mm　砖强度 MU10　砂浆强度 M2.5）

表 2-57　　T形截面普通砖墙柱承载力 N 值（kN）选用表（一）

（b_f = 4400mm　砖强度 MU10　砂浆强度 M2.5）

柱厚 h /mm	折算厚度 h_T /mm	柱宽 b /mm	计算高度 H_0 /m	e/h_T												
				0	0.025	0.05	0.075	0.10	0.125	0.15	0.175	0.20	0.225	0.25	0.275	0.30
370	263	240	4.2	935	860	790	725	664	609	559	514	473	436	402	373	346
			4.5	890	818	750	688	631	579	532	490	450	416	385	357	330
			4.8	848	777	713	654	600	551	507	466	431	398	368	342	318
			5.1	805	739	678	621	570	524	483	445	411	380	351	326	303
			5.4	766	702	644	590	542	498	460	424	392	363	337	313	291
			5.7	727	667	611	562	517	476	438	405	374	347	322	301	279
370	273	370	4.2	973	895	823	754	693	635	582	535	493	454	419	387	360
			4.5	928	854	783	719	658	605	555	510	470	434	401	371	344
			4.8	885	813	746	684	628	577	529	488	449	414	384	355	330
			5.1	843	775	710	651	598	549	505	465	429	397	367	341	317
			5.4	805	737	676	620	569	523	482	444	410	380	353	327	304
			5.7	766	701	644	591	542	499	460	424	393	364	337	314	292
			6.0	729	668	612	564	518	476	439	406	376	348	324	301	281
370	280	490	4.2	1002	924	848	778	714	655	601	553	508	468	432	400	369
			4.5	959	882	809	742	681	624	573	526	486	448	413	382	355
			4.8	915	841	771	707	649	595	547	503	464	427	395	366	340
			5.1	874	802	736	675	618	569	522	481	443	410	379	352	327
			5.4	834	765	701	643	590	542	499	459	425	393	363	337	314
			5.7	794	729	668	614	563	518	477	441	407	377	347	324	302
			6.0	758	695	637	585	538	494	457	422	390	360	336	311	291
490	312	240	4.2	1063	983	905	831	763	699	641	589	541	497	458	423	391
			4.5	1024	944	867	796	731	670	615	564	519	478	441	407	377
			4.8	983	905	832	763	700	642	589	541	499	459	423	391	364
			5.1	944	869	797	731	670	615	565	519	478	441	407	377	349
			5.4	906	832	764	700	642	590	542	499	459	423	393	364	338
			5.7	869	797	731	671	615	565	519	478	441	407	377	351	324
			6.0	832	764	700	642	590	542	499	459	425	393	264	338	314
			6.3	797	732	671	616	565	520	478	442	407	378	351	326	303
			6.6	764	700	642	590	542	499	459	425	393	364	338	314	293
			6.9	732	671	616	565	520	478	442	409	378	351	326	303	282

续表

柱厚 h /mm	折算厚度 h_T /mm	柱宽 b /mm	计算高度 H_0 /m	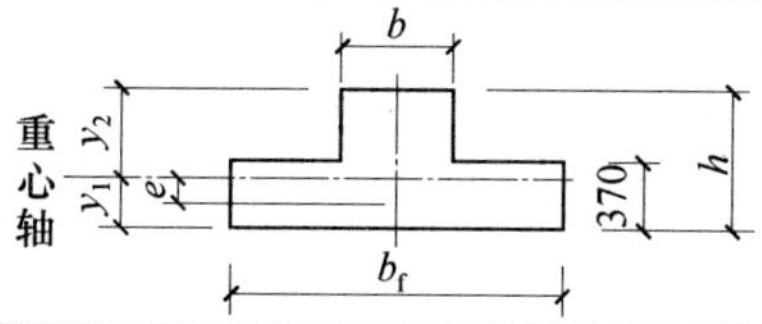 重心轴 b y_2 y_1 e 370 h b_f												
				e/h_T												
				0	0.025	0.05	0.075	0.10	0.125	0.15	0.175	0.20	0.225	0.25	0.275	0.30
490	336	370	4.2	1136	1052	970	892	819	752	689	633	580	534	491	453	419
			4.5	1097	1015	934	858	788	722	662	607	558	513	473	437	404
			4.8	1060	977	898	825	756	694	636	585	537	495	456	422	391
			5.1	1021	940	864	792	727	667	612	562	518	476	440	407	377
			5.4	983	904	830	761	698	640	588	540	498	459	424	392	364
			5.7	946	870	798	731	671	616	565	521	479	443	409	379	352
			6.0	910	836	767	703	644	592	544	501	462	427	395	365	340
			6.3	876	803	737	676	619	570	524	482	444	412	382	353	328
			6.6	842	771	707	649	595	547	504	465	429	397	368	341	318
			6.9	809	742	680	624	573	527	485	447	415	383	355	331	307
			7.2	777	713	653	600	552	507	468	432	400	370	344	319	298
490	357	490	4.2	1199	1113	1028	946	868	796	730	671	615	565	520	479	442
			4.5	1161	1075	992	911	836	767	704	646	592	545	502	464	428
			4.8	1124	1038	957	879	805	739	678	622	571	527	485	447	413
			5.1	1087	1003	922	847	776	712	652	600	551	508	468	433	401
			5.4	1050	968	888	815	747	686	629	579	531	490	451	418	387
			5.7	1014	933	856	785	720	660	606	557	513	473	436	404	375
			6.0	978	899	824	756	694	637	585	537	496	458	422	392	363
			6.3	943	865	795	729	667	612	563	519	477	441	409	378	352
			6.6	908	834	766	701	643	591	543	500	462	427	395	367	341
			6.9	876	804	736	675	620	569	525	484	445	413	383	355	330
			7.2	844	773	709	651	597	550	507	467	432	399	370	344	320
490	378	620	4.2	1261	1174	1086	999	919	843	772	710	651	598	549	506	467
			4.5	1226	1136	1050	966	887	813	746	684	628	577	532	487	453
			4.8	1190	1102	1015	933	856	785	721	661	607	558	514	473	439
			5.1	1153	1065	780	902	826	758	695	637	587	539	497	459	425
			5.4	1117	1031	947	870	798	732	670	617	566	522	481	445	412
			5.7	1081	996	914	839	769	706	648	595	547	505	465	431	399
			6.0	1045	961	883	810	743	681	626	576	528	488	451	417	387
			6.3	1010	928	853	782	717	658	604	555	511	472	437	404	374
			6.6	977	897	823	755	692	636	584	538	495	458	423	392	363
			6.9	944	865	795	728	669	613	565	519	480	442	410	380	354
			7.2	911	835	766	703	645	593	546	502	464	429	398	368	434

续表

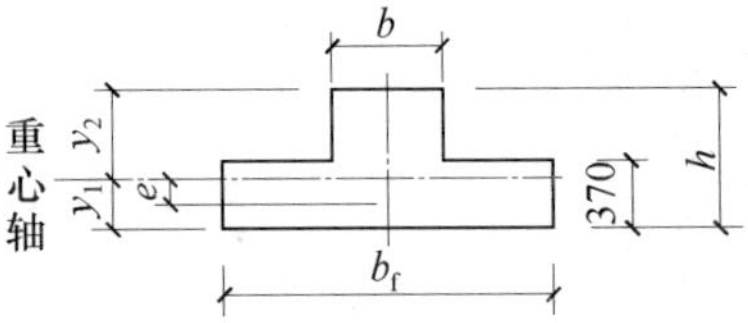

柱厚 h /mm	折算厚度 h_T /mm	柱宽 b /mm	计算高度 H_0 /m	e/h_T												
				0	0.025	0.05	0.075	0.10	0.125	0.15	0.175	0.20	0.225	0.25	0.275	0.30
620	445	370	4.2	1319	1235	1148	1060	976	897	822	756	692	636	584	538	494
			4.5	1291	1204	1116	1031	948	871	799	732	672	617	567	522	482
			4.8	1261	1174	1087	1001	920	846	774	710	651	598	550	507	468
			5.1	1230	1143	1057	973	894	819	752	690	633	581	535	493	455
			5.4	1200	1113	1028	945	868	796	729	670	614	564	521	480	443
			5.7	1169	1082	998	917	843	773	707	650	597	549	505	466	430
			6.0	1140	1053	970	891	816	749	687	631	580	533	491	454	420
			6.3	1109	1023	941	864	793	728	667	612	563	518	477	441	409
			6.6	1079	995	914	838	770	706	647	594	547	504	465	429	398
			6.9	1050	966	888	813	746	684	628	577	532	490	452	418	387
			7.2	1020	938	861	790	724	664	609	561	516	476	440	407	378
620	473	490	4.2	1393	1308	1217	1127	1037	955	876	804	737	676	621	571	526
			4.5	1366	1278	1188	1098	1010	928	852	781	716	657	603	555	511
			4.8	1338	1248	1157	1069	983	902	828	758	697	639	587	540	498
			5.1	1309	1219	1128	1039	955	878	805	737	678	621	571	526	486
			5.4	1280	1190	1099	1012	930	854	783	716	658	605	557	513	473
			5.7	1249	1159	1070	985	904	830	760	697	641	589	542	500	461
			6.0	1220	1130	1041	957	880	805	739	678	623	573	528	487	450
			6.3	1191	1101	1014	931	854	783	719	660	605	557	513	474	439
			6.6	1161	1072	986	905	831	762	699	641	589	542	500	461	427
			6.9	1132	1043	959	880	807	741	679	623	573	528	487	450	416
			7.2	1102	1015	933	855	784	720	660	607	558	515	474	439	406
620	501	620	4.2	1470	1383	1289	1195	1103	1015	931	854	784	718	659	607	559
			4.5	1445	1355	1260	1166	1076	988	906	832	762	700	643	591	545
			4.8	1417	1326	1232	1138	1047	963	883	809	743	681	625	575	532
			5.1	1390	1297	1202	1109	1020	936	859	789	723	664	611	562	518
			5.4	1361	1267	1173	1083	995	913	837	767	705	646	594	547	505
			5.7	1333	1239	1145	1054	968	888	814	747	686	631	580	533	493
			6.0	1304	1208	1116	1027	943	864	794	728	668	614	565	522	481
			6.3	1274	1180	1088	1000	918	842	772	708	651	599	550	508	470
			6.6	1245	1151	1061	975	894	821	752	690	634	584	537	497	458
			6.9	1215	1123	1034	948	871	799	732	673	617	569	523	483	448
			7.2	1187	1094	1007	925	847	777	713	654	602	554	512	473	438

续表

柱厚 h /mm	折算厚度 h_T /mm	柱宽 b /mm	计算高度 H_0 /m	e/h_T												
				0	0.025	0.05	0.075	0.10	0.125	0.15	0.175	0.20	0.225	0.25	0.275	0.30
740	592	490	4.2	1535	1452	1363	1268	1173	1080	994	911	835	766	703	646	595
			4.5	1515	1430	1337	1243	1148	1057	972	891	816	749	688	632	581
			4.8	1493	1407	1312	1217	1124	1035	950	870	799	732	673	619	569
			5.1	1471	1381	1288	1194	1101	1011	928	852	781	717	657	605	558
			5.4	1449	1358	1263	1168	1077	989	908	832	764	700	644	591	546
			5.7	1425	1332	1238	1145	1053	967	887	813	747	684	629	580	534
			6.0	1402	1309	1214	1119	1030	947	867	796	730	669	615	566	522
			6.3	1378	1283	1188	1095	1008	925	849	777	713	656	603	554	512
			6.6	1353	1258	1165	1072	986	904	828	761	698	641	590	542	502
			6.9	1329	1234	1139	1050	964	884	810	744	683	627	576	532	492
			7.2	1303	1209	1116	1026	942	864	793	727	668	613	564	520	482
740	630	620	4.2	1630	1546	1452	1353	1253	1156	1063	976	895	820	752	690	635
			4.5	1610	1523	1427	1328	1228	1132	1040	955	875	804	736	676	623
			4.8	1589	1500	1404	1303	1205	1109	1019	935	857	786	722	664	610
			5.1	1569	1477	1379	1280	1180	1086	997	916	839	770	706	649	598
			5.4	1546	1454	1354	1255	1157	1065	976	896	822	754	692	637	586
			5.7	1525	1429	1330	1230	1134	1042	957	877	804	738	678	623	575
			6.0	1502	1404	1305	1207	1111	1021	935	859	788	722	664	610	562
			6.3	1479	1381	1282	1182	1088	999	916	839	770	708	651	598	552
			6.6	1456	1356	1257	1159	1068	978	896	823	754	694	637	587	541
			6.9	1431	1331	1232	1136	1044	958	879	806	738	680	625	575	530
			7.2	1406	1306	1209	1113	1022	937	859	788	724	665	612	564	520

2.2.58 T形截面普通砖墙柱承载力 N 值选用表（二）（$b_f=4400$mm 砖强度MU10 砂浆强度M2.5）

表2-58 T形截面普通砖墙柱承载力 N 值（kN）选用表（二）

（$b_f=4400$mm 砖强度MU10 砂浆强度M2.5）

柱厚 h /mm	折算厚度 h_T /mm	柱宽 b /mm	计算高度 H_0 /m	e/h_T												
				0	0.025	0.05	0.075	0.10	0.125	0.15	0.175	0.20	0.225	0.25	0.275	0.30
490	394	370	4.5	1724	1600	1480	1363	1252	1147	1054	965	887	815	750	691	637
			4.8	1676	1552	1432	1319	1210	1110	1017	934	856	789	726	669	617
			5.1	1628	1506	1387	1276	1169	1074	984	902	830	763	702	647	600
			5.4	1578	1458	1343	1232	1130	1037	952	873	802	739	680	628	582
			5.7	1530	1413	1297	1191	1093	1002	919	845	776	715	660	608	565
			6.0	1484	1367	1256	1152	1056	969	889	817	752	693	639	591	547
			6.3	1437	1321	1213	1113	1021	937	860	791	728	671	619	573	532
			6.6	1391	1278	1174	1076	987	906	832	765	704	650	602	556	517
			6.9	1345	1237	1134	1039	954	876	804	741	682	630	582	541	502
			7.2	1302	1195	1095	1004	921	847	778	717	660	610	565	523	487
			7.5	1258	1156	1058	971	891	819	754	695	641	593	550	510	473
490	400	490	4.5	1749	1624	1504	1385	1271	1166	1070	982	901	828	760	701	646
			4.8	1701	1578	1456	1339	1230	1129	1035	949	872	802	736	679	629
			5.1	1653	1530	1412	1298	1190	1092	1002	918	844	776	714	660	609
			5.4	1605	1484	1366	1254	1151	1054	969	888	815	752	692	640	592
			5.7	1559	1438	1322	1214	1113	1021	936	859	791	728	671	620	574
			6.0	1510	1392	1278	1173	1076	986	905	833	765	706	651	603	556
			6.3	1464	1348	1236	1135	1041	953	877	804	741	684	631	583	541
			6.6	1418	1304	1197	1098	1006	923	848	780	719	662	611	567	526
			6.9	1372	1260	1157	1061	973	894	820	756	697	642	594	550	510
			7.2	1328	1221	1120	1026	940	863	796	732	675	622	576	535	497
			7.5	1287	1179	1083	993	910	837	769	708	653	605	561	519	482
620	442	370	4.5	1851	1726	1601	1478	1359	1248	1145	1051	963	885	814	749	691
			4.8	1809	1684	1558	1435	1319	1212	1111	1019	934	858	789	726	670
			5.1	1764	1639	1514	1395	1281	1176	1078	988	908	834	767	706	653
			5.4	1722	1594	1471	1355	1243	1140	1046	959	881	809	744	686	635
			5.7	1677	1552	1431	1315	1205	1107	1015	930	854	787	724	668	617
			6.0	1632	1509	1388	1274	1169	1073	984	903	829	764	704	650	601
			6.3	1590	1467	1348	1239	1136	1042	955	876	807	742	684	632	586
			6.6	1545	1424	1308	1201	1100	1010	925	852	782	722	666	615	570
			6.9	1503	1382	1270	1165	1069	979	899	827	760	702	648	599	554
			7.2	1460	1341	1232	1129	1035	950	872	802	740	682	630	583	541
			7.5	1418	1303	1196	1095	1006	923	847	780	717	664	612	568	527

续表

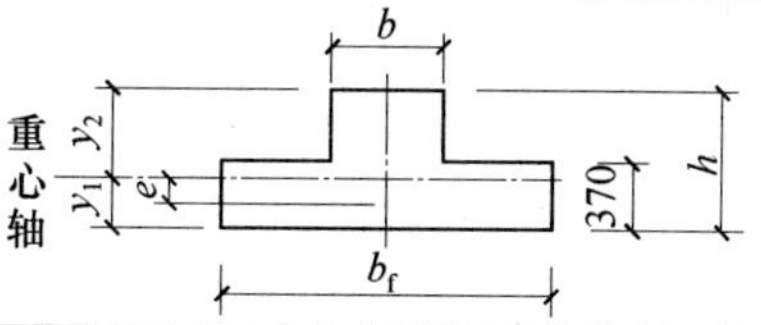

柱厚 h /mm	折算厚度 h_T /mm	柱宽 b /mm	计算高度 H_0 /m	e/h_T												
				0	0.025	0.05	0.075	0.10	0.125	0.15	0.175	0.20	0.225	0.25	0.275	0.30
620	459	490	4.5	1906	1781	1654	1529	1406	1292	1185	1087	996	914	841	773	714
			4.8	1866	1738	1611	1485	1367	1256	1151	1055	969	889	816	753	694
			5.1	1822	1697	1570	1445	1328	1219	1117	1026	942	864	794	732	675
			5.4	1781	1654	1526	1406	1290	1183	1085	996	914	839	773	712	657
			5.7	1738	1611	1485	1365	1253	1149	1053	967	887	816	753	694	641
			6.0	1695	1567	1445	1326	1217	1117	1024	939	862	794	732	675	623
			6.3	1652	1524	1404	1290	1183	1085	994	912	839	773	712	657	607
			6.6	1608	1483	1365	1251	1149	1053	967	887	816	750	694	639	593
			6.9	1565	1442	1326	1217	1115	1024	939	862	794	730	675	623	578
			7.2	1524	1401	1288	1181	1083	994	912	837	771	712	657	607	564
			7.5	1481	1363	1251	1146	1051	964	887	814	750	691	639	591	538
620	476	620	4.5	1965	1838	1708	1580	1455	1337	1226	1124	1031	945	869	799	737
			4.8	1923	1796	1666	1539	1416	1300	1191	1094	1003	920	846	778	718
			5.1	1884	1754	1624	1497	1376	1263	1158	1063	975	894	822	757	700
			5.4	1842	1712	1583	1457	1339	1228	1126	1033	948	871	801	739	681
			5.7	1801	1668	1541	1418	1302	1193	1096	1005	922	848	781	720	665
			6.0	1756	1627	1501	1379	1265	1161	1066	978	897	825	760	702	649
			6.3	1715	1585	1460	1342	1230	1128	1036	950	873	804	739	683	632
			6.6	1673	1543	1420	1304	1198	1098	1005	924	850	781	720	665	616
			6.9	1631	1504	1383	1270	1163	1068	980	899	827	762	702	649	600
			7.2	1590	1464	1344	1233	1131	1038	952	876	804	741	683	632	586
			7.5	1548	1423	1307	1200	1101	1008	927	850	783	723	667	616	572
620	491	750	4.5	2020	1892	1760	1628	1501	1378	1265	1161	1064	977	896	826	759
			4.8	1980	1850	1718	1588	1460	1342	1231	1128	1036	951	873	804	741
			5.1	1940	1810	1675	1545	1423	1305	1196	1097	1007	925	849	783	722
			5.4	1899	1767	1635	1505	1385	1269	1165	1069	981	901	828	762	705
			5.7	1857	1725	1593	1468	1347	1236	1132	1040	955	877	807	743	686
			6.0	1817	1682	1552	1430	1312	1203	1104	1012	929	854	785	724	670
			6.3	1774	1642	1512	1390	1276	1170	1073	984	903	833	767	708	653
			6.6	1732	1600	1475	1354	1241	1139	1045	958	880	811	748	689	637
			6.9	1689	1560	1434	1316	1208	1109	1017	934	859	790	729	672	623
			7.2	1649	1519	1397	1281	1175	1078	988	908	835	769	710	656	608
			7.5	1607	1479	1359	1248	1144	1050	962	885	814	750	693	641	594

续表

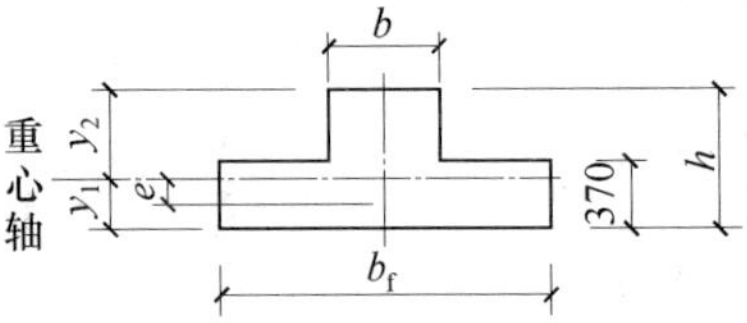

柱厚 h /mm	折算厚度 h_T /mm	柱宽 b /mm	计算高度 H_0 /m	e/h_T												
				0	0.025	0.05	0.075	0.10	0.125	0.15	0.175	0.20	0.225	0.25	0.275	0.30
750	547	490	4.5	2075	1952	1823	1691	1561	1436	1318	1209	1108	1016	933	858	790
			4.8	2042	1917	1785	1653	1523	1400	1285	1179	1082	992	912	837	771
			5.1	2007	1879	1747	1615	1488	1367	1254	1150	1056	969	889	818	754
			5.4	1971	1841	1709	1580	1452	1334	1224	1122	1030	945	870	799	738
			5.7	1936	1806	1672	1542	1419	1304	1195	1096	1004	922	849	780	721
			6.0	1900	1768	1636	1507	1386	1271	1165	1068	981	900	830	764	705
			6.3	1863	1731	1599	1471	1353	1240	1136	1044	975	879	808	747	688
			6.6	1825	1693	1563	1438	1320	1209	1110	1018	936	858	792	728	674
			6.9	1787	1655	1525	1403	1287	1181	1082	992	912	839	773	712	660
			7.2	1749	1617	1490	1370	1257	1153	1056	969	891	820	754	698	643
			7.5	1712	1582	1455	1337	1226	1124	1030	948	870	801	738	681	632
750	575	620	4.5	2156	2032	1901	1763	1630	1499	1378	1264	1160	1063	976	896	826
			4.8	2124	1998	1865	1727	1594	1465	1347	1235	1133	1039	954	877	806
			5.1	2093	1962	1826	1691	1560	1434	1315	1206	1107	1015	932	857	789
			5.4	2059	1926	1790	1654	1523	1400	1286	1179	1080	993	910	838	772
			5.7	2022	1889	1754	1620	1489	1368	1254	1150	1056	969	891	821	755
			6.0	1989	1853	1717	1584	1458	1337	1225	1124	1032	947	872	801	741
			6.3	1952	1817	1681	1550	1424	1305	1199	1099	1007	925	852	784	724
			6.6	1916	1780	1644	1514	1390	1276	1170	1073	986	906	833	767	709
			6.9	1879	1744	1608	1480	1359	1247	1143	1049	964	886	814	751	695
			7.2	1843	1707	1574	1448	1327	1218	1116	1024	942	864	797	736	680
			7.5	1807	1671	1538	1414	1298	1189	1092	1002	920	847	780	719	666
750	599	750	4.5	2233	2108	1974	1835	1696	1561	1434	1315	1206	1106	1017	932	857
			4.8	2203	2074	1937	1798	1661	1526	1402	1288	1181	1081	994	912	840
			5.1	2171	2039	1902	1763	1626	1494	1372	1258	1153	1059	972	892	823
			5.4	2138	2004	1865	1725	1591	1462	1342	1231	1129	1034	952	875	805
			5.7	2103	1969	1830	1691	1556	1429	1313	1203	1104	1012	930	855	788
			6.0	2069	1932	1793	1656	1524	1400	1283	1176	1079	989	910	838	773
			6.3	2034	1897	1758	1621	1489	1367	1255	1151	1054	969	890	820	756
			6.6	1999	1860	1720	1586	1457	1337	1226	1124	1032	947	872	803	741
			6.9	1964	1825	1686	1551	1424	1308	1198	1099	1009	972	853	788	726
			7.2	1927	1788	1651	1519	1395	1278	1173	1076	987	907	835	770	711
			7.5	1892	1753	1616	1487	1365	1250	1146	1051	967	887	818	756	698

续表

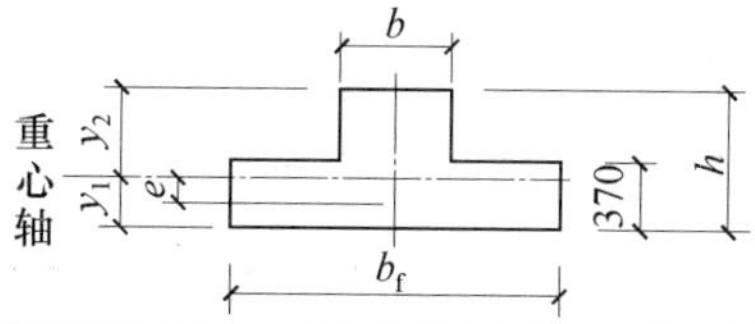

柱厚 h /mm	折算厚度 h_T /mm	柱宽 b /mm	计算高度 H_0 /m	e/h_T												
				0	0.025	0.05	0.075	0.10	0.125	0.15	0.175	0.20	0.225	0.25	0.275	0.30
750	619	870	4.5	2301	2176	2039	1896	1754	1616	1484	1362	1250	1145	1051	965	888
			4.8	2271	2141	2003	1861	1718	1581	1453	1334	1222	1120	1028	944	870
			5.1	2240	2108	1968	1823	1683	1548	1423	1303	1196	1097	1008	926	852
			5.4	2207	2072	1932	1789	1649	1517	1392	1275	1171	1074	985	906	835
			5.7	2176	2039	1896	1754	1614	1484	1362	1250	1145	1051	965	888	819
			6.0	2141	2003	1858	1718	1581	1453	1331	1222	1120	1028	944	870	802
			6.3	2108	1968	1823	1683	1548	1423	1303	1196	1097	1008	926	852	786
			6.6	2072	1932	1787	1649	1517	1392	1275	1171	1074	985	906	835	771
			6.9	2036	1894	1754	1614	1484	1362	1250	1145	1051	965	888	817	756
			7.2	2003	1858	1718	1581	1453	1331	1222	1120	1028	944	870	802	740
			7.5	1968	1823	1683	1548	1420	1303	1196	1097	1008	926	852	786	725

2.2.59 T形截面普通砖墙柱承载力 N 值选用表（一）（b_f＝4600mm 砖强度 MU10 砂浆强度 M2.5）

表 2-59 T形截面普通砖墙柱承载力 N 值（kN）选用表（一）

（b_f＝4600mm 砖强度 MU10 砂浆强度 M2.5）

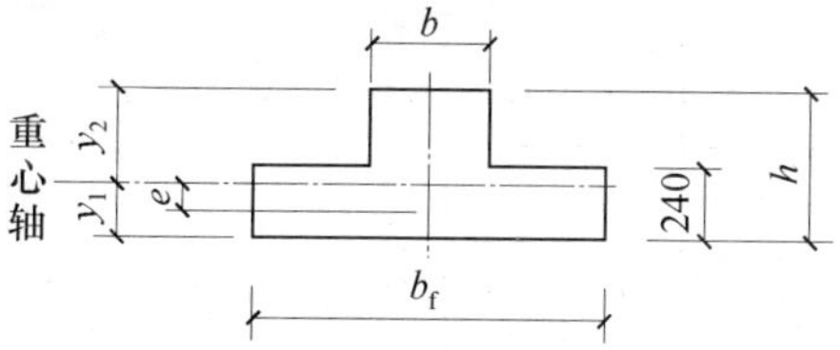

柱厚 h /mm	折算厚度 h_T /mm	柱宽 b /mm	计算高度 H_0 /m	e/h_T												
				0	0.025	0.05	0.075	0.10	0.125	0.15	0.175	0.20	0.225	0.25	0.275	0.30
370	263	240	4.2	976	898	824	757	693	636	584	537	494	456	420	389	361
			4.5	929	854	783	718	659	605	556	512	470	435	402	373	345
			4.8	885	811	745	683	627	575	529	487	450	416	385	357	332
			5.1	841	771	708	649	596	547	504	464	429	396	367	340	317
			5.4	799	733	672	616	566	520	481	442	410	379	352	327	304
			5.7	760	696	639	587	540	497	457	423	391	363	336	314	292

柱厚 h /mm	折算厚度 h_T /mm	柱宽 b /mm	计算高度 H_0 /m	e/h_T												
				0	0.025	0.05	0.075	0.10	0.125	0.15	0.175	0.20	0.225	0.25	0.275	0.30
370	273	370	4.2	1015	934	859	787	723	663	608	558	515	474	437	404	375
			4.5	969	891	817	750	687	632	579	533	491	453	419	387	359
			4.8	924	849	778	714	656	602	552	509	468	432	401	371	344
			5.1	880	808	741	679	624	573	527	485	447	414	383	356	330
			5.4	840	769	705	647	594	546	503	464	428	396	368	341	317
			5.7	799	732	672	617	566	521	480	443	410	380	351	328	305
			6.0	760	697	639	588	540	497	458	423	392	363	338	314	293
370	280	490	4.2	1045	963	884	812	745	683	626	576	529	488	450	417	385
			4.5	1000	919	844	774	710	651	598	549	507	467	431	399	370
			4.8	954	877	804	737	677	620	570	525	484	446	412	382	355
			5.1	912	836	768	704	645	593	544	502	462	428	396	367	341
			5.4	869	798	731	670	616	566	520	479	443	409	379	352	327
			5.7	828	760	696	640	587	540	497	459	425	393	364	338	315
			6.0	790	725	664	610	561	516	476	440	406	376	350	324	303
490	308	240	4.2	1101	1018	936	861	789	724	664	609	559	516	475	438	405
			4.5	1059	977	898	824	756	693	635	584	537	494	456	422	390
			4.8	1018	936	861	789	723	664	609	559	516	475	438	405	376
			5.1	976	897	823	755	693	635	584	537	494	456	422	390	361
			5.4	936	859	788	723	662	609	559	514	475	438	405	375	349
			5.7	897	823	755	693	635	584	537	494	455	422	390	361	335
			6.0	859	788	723	662	608	559	514	475	438	405	375	349	325
			6.3	823	755	691	635	584	537	494	455	420	390	361	335	313
			6.6	788	723	662	608	559	514	475	438	405	375	349	323	302

续表

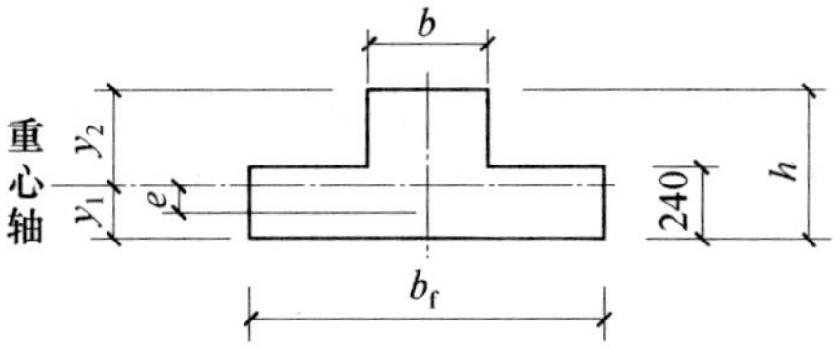

柱厚 h /mm	折算厚度 h_T /mm	柱宽 b /mm	计算高度 H_0 /m	e/h_T												
				0	0.025	0.05	0.075	0.10	0.125	0.15	0.175	0.20	0.225	0.25	0.275	0.30
490	336	370	4.2	1183	1096	1011	930	853	783	718	659	605	556	511	472	437
			4.5	1143	1057	973	894	821	752	690	633	581	535	493	455	421
			4.8	1104	1018	936	860	788	723	662	609	559	516	475	440	407
			5.1	1063	979	900	825	757	695	637	586	539	496	458	424	393
			5.4	1025	942	864	793	727	667	612	563	519	479	441	409	379
			5.7	986	906	832	762	699	642	589	542	499	461	426	395	367
			6.0	948	871	799	732	671	617	567	522	482	444	412	381	354
			6.3	913	836	768	704	645	594	545	502	463	429	398	368	342
			6.6	877	804	737	676	620	570	525	485	447	413	384	356	331
			6.9	843	773	709	650	597	549	505	466	432	399	370	345	320
			7.2	810	743	681	625	575	528	488	451	416	385	359	332	311
490	354	490	4.2	1243	1154	1065	980	900	825	757	695	637	586	538	497	459
			4.5	1203	1114	1028	945	867	795	728	669	613	566	521	479	443
			4.8	1165	1076	990	910	835	765	701	644	593	545	502	463	428
			5.1	1125	1037	955	876	803	736	676	621	570	526	484	448	414
			5.4	1087	1001	919	843	773	709	652	597	550	507	468	433	401
			5.7	1049	964	886	813	744	684	628	577	530	489	452	419	389
			6.0	1012	929	853	782	717	658	604	556	513	473	436	404	376
			6.3	975	896	821	752	690	634	583	537	494	457	422	392	363
			6.6	939	862	790	725	664	610	562	518	478	441	409	379	352
			6.9	905	830	762	698	640	589	542	500	462	427	395	368	341
			7.2	872	798	733	672	617	567	522	483	446	412	382	355	331
490	371	620	4.2	1301	1209	1119	1031	947	869	797	729	671	615	566	522	482
			4.5	1263	1171	1081	995	913	837	767	705	646	594	548	505	466
			4.8	1225	1134	1044	960	880	808	741	680	625	574	528	487	451
			5.1	1186	1096	1008	926	849	779	715	656	603	554	512	473	436
			5.4	1148	1058	973	893	819	751	689	633	582	536	494	458	423
			5.7	1111	1022	939	862	790	725	666	612	563	518	479	443	410
			6.0	1073	986	906	831	762	698	641	590	543	500	463	428	397
			6.3	1037	952	873	801	734	674	620	571	525	484	448	415	386
			6.6	1001	919	842	774	710	651	599	551	509	469	433	402	374
			6.9	967	887	813	746	684	628	577	531	491	455	420	391	363
			7.2	932	855	783	720	661	607	558	515	476	440	407	378	351

柱厚 h /mm	折算厚度 h_T /mm	柱宽 b /mm	计算高度 H_0 /m	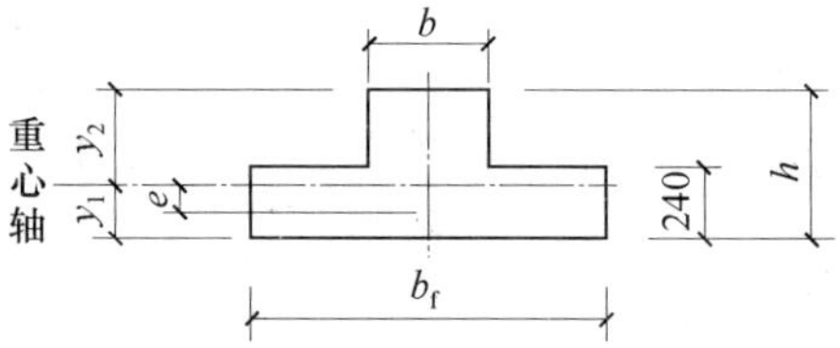												
				e/h_T												
				0	0.025	0.05	0.075	0.10	0.125	0.15	0.175	0.20	0.225	0.25	0.275	0.30
			4.2	1362	1273	1182	1092	1006	923	847	776	713	653	601	553	509
			4.5	1331	1240	1150	1061	975	896	821	753	690	634	584	537	495
			4.8	1299	1208	1118	1030	946	868	796	731	669	616	566	522	482
			5.1	1266	1176	1085	999	919	842	771	708	650	597	550	506	467
			5.4	1234	1143	1054	970	889	817	749	687	631	580	533	493	454
620	434	370	5.7	1202	1111	1024	941	864	791	726	666	611	563	519	478	443
			6.0	1169	1080	993	912	836	768	703	647	593	546	504	465	430
			6.3	1137	1048	964	885	812	744	682	627	577	530	490	453	419
			6.6	1105	1017	935	857	786	721	661	608	559	516	475	440	407
			6.9	1074	988	907	831	763	700	642	590	543	501	462	428	398
			7.2	1041	957	880	807	739	679	622	572	527	487	449	417	386
			4.2	1439	1348	1254	1160	1070	982	902	826	758	696	639	588	541
			4.5	1408	1316	1222	1130	1039	954	875	803	736	675	622	571	526
			4.8	1378	1284	1190	1098	1011	927	850	779	716	657	603	556	513
			5.1	1348	1254	1160	1068	982	900	826	758	696	639	588	541	499
			5.4	1316	1222	1128	1039	954	875	803	736	675	620	571	526	486
620	462	490	5.7	1284	1190	1098	1009	927	850	779	716	657	603	556	513	474
			6.0	1252	1158	1068	981	900	826	758	696	639	587	541	499	461
			6.3	1221	1128	1038	954	875	803	736	675	620	571	526	486	449
			6.6	1190	1098	1009	927	850	779	714	657	603	556	513	474	439
			6.9	1158	1068	981	900	825	758	694	639	587	541	499	461	427
			7.2	1128	1038	954	875	801	736	675	620	571	526	486	449	417
			4.2	1523	1431	1335	1236	1140	1050	963	882	809	743	682	630	578
			4.5	1495	1401	1304	1206	1112	1022	958	860	788	724	665	611	564
			4.8	1466	1372	1273	1177	1083	996	912	837	767	705	647	595	550
			5.1	1438	1340	1243	1147	1055	968	888	815	747	686	630	581	536
			5.4	1407	1311	1213	1118	1027	943	865	794	727	668	614	565	522
620	497	620	5.7	1377	1279	1182	1090	1001	917	842	771	708	651	599	552	510
			6.0	1347	1250	1152	1060	975	893	820	752	689	633	583	538	498
			6.3	1316	1219	1124	1034	949	870	797	731	672	618	569	525	485
			6.6	1286	1189	1095	1006	922	846	776	712	654	602	555	511	473
			6.9	1255	1159	1067	980	898	723	755	694	637	586	541	499	563
			7.2	1226	1130	1039	954	874	802	736	675	621	572	527	487	451

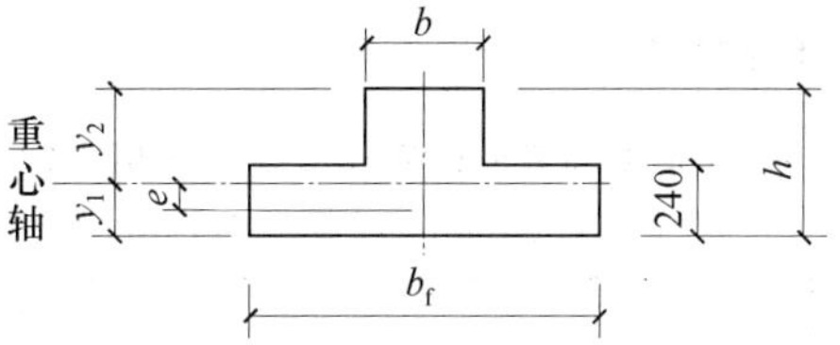

柱厚 h /mm	折算厚度 h_T /mm	柱宽 b /mm	计算高度 H_0 /m	e/h_T												
				0	0.025	0.05	0.075	0.10	0.125	0.15	0.175	0.20	0.225	0.25	0.275	0.30
740	588	490	4.2	1590	1504	1409	1311	1213	1118	1027	943	864	794	727	668	615
			4.5	1569	1480	1385	1285	1189	1094	1004	922	845	775	712	654	601
			4.8	1546	1455	1359	1260	1162	1069	982	901	825	757	696	640	589
			5.1	1523	1431	1332	1234	1138	1046	961	440	808	741	680	626	576
			5.4	1499	1404	1306	1208	1113	1024	939	861	789	724	666	612	564
			5.7	1474	1380	1280	1183	1089	1001	917	841	771	708	650	599	552
			6.0	1450	1353	1255	1157	1066	978	897	822	754	692	636	585	540
			6.3	1425	1327	1229	1132	1041	955	876	804	738	676	622	573	529
			6.6	1399	1301	1203	1108	1018	934	857	785	720	662	610	561	519
			6.9	1374	1274	1178	1083	996	913	838	768	704	648	596	550	508
			7.2	1348	1250	1153	1060	973	892	818	750	689	634	583	538	498
740	632	620	4.2	1687	1601	1503	1402	1299	1198	1101	1011	928	851	779	716	658
			4.5	1667	1579	1479	1376	1273	1174	1079	990	908	832	764	702	645
			4.8	1647	1555	1454	1351	1248	1150	1056	968	889	814	748	687	632
			5.1	1624	1531	1430	1325	1224	1126	1134	948	869	797	733	672	619
			5.4	1602	1505	1404	1301	1200	1102	1012	928	851	781	716	659	608
			5.7	1580	1481	1378	1275	1176	1080	992	909	834	764	702	647	595
			6.0	1556	1455	1352	1251	1152	1058	970	889	816	749	689	634	584
			6.3	1533	1431	1327	1226	1128	1036	950	871	799	733	674	621	571
			6.6	1507	1406	1303	1202	1104	1014	930	852	783	718	661	608	560
			6.9	1483	1380	1277	1178	1082	992	911	834	766	704	647	597	551
			7.2	1457	1354	1253	1154	1060	972	891	817	749	689	634	584	540

2.2.60 T形截面普通砖墙柱承载力N值选用表（二）（b_f＝4600mm 砖强度MU10 砂浆强度M2.5）

表2-60 T形截面普通砖墙柱承载力N值（kN）选用表（二）

（b_f＝4600mm 砖强度MU10 砂浆强度M2.5）

柱厚 h /mm	折算厚度 h_T /mm	柱宽 b /mm	计算高度 H_0 /m	e/h_T												
				0	0.025	0.05	0.075	0.10	0.125	0.15	0.175	0.20	0.225	0.25	0.275	0.30
490	393	370	4.5	1798	1708	1670	1543	1421	1305	1198	1098	1008	924	849	780	719
			4.8	1748	1621	1493	1375	1262	1157	1062	973	894	821	756	699	644
			5.1	1698	1571	1446	1330	1219	1119	1026	942	864	796	733	676	626
			5.4	1645	1521	1400	1285	1178	1080	992	910	837	769	710	656	606
			5.7	1596	1473	1353	1241	1139	1044	958	880	810	746	687	635	588
			6.0	1548	1245	1309	1200	1101	1010	926	851	783	721	667	617	572
			6.3	1498	1378	1264	1160	1064	976	896	824	758	699	647	599	553
			6.6	1450	1332	1223	1121	1028	944	867	796	735	678	626	581	538
			6.9	1403	1289	1182	1085	994	912	840	771	712	658	608	563	524
			7.2	1357	1246	1141	1046	960	883	812	746	690	637	590	547	508
			7.5	1312	1203	1103	1012	928	853	785	724	667	617	572	531	494
490	399	490	4.5	1824	1696	1567	1444	1327	1217	1117	1023	938	862	794	732	675
			4.8	1774	1645	1519	1398	1284	1176	1080	991	908	835	769	709	654
			5.1	1723	1595	1471	1352	1240	1137	1043	956	878	808	746	686	636
			5.4	1673	1547	1423	1307	1199	1101	1009	927	851	782	721	666	615
			5.7	1625	1499	1378	1265	1160	1064	975	897	824	759	700	647	599
			6.0	1574	1451	1334	1222	1121	1030	945	867	798	734	677	627	581
			6.3	1526	1405	1288	1183	1085	995	913	840	773	711	659	608	565
			6.6	1487	1359	1247	1144	1048	961	883	812	748	691	638	590	549
			6.9	1430	1313	1206	1105	1014	931	856	787	725	670	620	574	533
			7.2	1384	1272	1165	1068	981	901	828	762	702	650	602	558	517
			7.5	1339	1229	1128	1034	949	872	801	739	682	629	583	542	503
620	440	370	4.5	1926	1798	1667	1539	1416	1299	1192	1094	1003	921	846	779	718
			4.8	1882	1751	1621	1495	1374	1262	1157	1061	972	893	821	758	699
			5.1	1838	1707	1577	1451	1334	1222	1122	1028	944	867	797	737	678
			5.4	1791	1660	1532	1409	1294	1187	1087	998	916	842	776	716	660
			5.7	1744	1614	1488	1367	1255	1150	1054	968	888	818	753	695	643
			6.0	1698	1570	1444	1327	1217	1117	1024	940	863	795	732	676	625
			6.3	1653	1525	1402	1287	1180	1082	993	912	839	772	711	657	608
			6.6	1607	1481	1360	1248	1145	1049	963	886	814	751	692	641	592
			6.9	1563	1437	1320	1210	1110	1019	935	860	790	730	674	622	578
			7.2	1518	1395	1280	1175	1077	989	907	835	769	709	655	606	562
			7.5	1474	1355	1243	1140	1045	958	881	811	746	690	636	590	548

续表

柱厚 h /mm	折算厚度 h_T /mm	柱宽 b /mm	计算高度 H_0 /m	e/h_T												
				0	0.025	0.05	0.075	0.10	0.125	0.15	0.175	0.20	0.225	0.25	0.275	0.30
620	456	490	4.5	1982	1854	1719	1589	1463	1342	1230	1129	1036	951	875	804	742
			4.8	1940	1807	1674	1546	1420	1304	1195	1096	1005	925	849	782	721
			5.1	1895	1762	1631	1501	1380	1266	1162	1064	977	898	825	761	702
			5.4	1850	1717	1586	1461	1340	1230	1126	1034	948	872	804	740	683
			5.7	1804	1672	1541	1418	1302	1195	1095	1005	922	849	780	721	666
			6.0	1759	1627	1499	1378	1264	1159	1062	974	896	825	758	702	649
			6.3	1714	1584	1458	1337	1228	1126	1031	948	870	801	740	683	630
			6.6	1669	1539	1415	1299	1193	1093	1003	920	846	780	718	664	616
			6.9	1624	1496	1375	1261	1157	1062	974	894	823	758	699	647	600
			7.2	1582	1456	1335	1226	1124	1031	946	870	801	737	683	630	585
			7.5	1536	1413	1297	1190	1091	1000	920	846	777	718	664	614	569
620	473	620	4.5	2042	1911	1776	1641	1511	1388	1274	1168	1071	982	902	930	765
			4.8	2001	1866	1730	1598	1470	1349	1238	1134	1042	955	878	808	745
			5.1	1957	1822	1687	1554	1429	1313	1204	1103	1013	929	854	786	726
			5.4	1914	1779	1644	1513	1390	1277	1170	1071	984	905	832	767	707
			5.7	1868	1733	1600	1472	1351	1240	1137	1042	958	881	811	748	690
			6.0	1825	1689	1557	1431	1315	1204	1105	1013	931	857	789	729	673
			6.3	1781	1646	1516	1392	1277	1170	1074	987	905	832	767	709	656
			6.6	1735	1602	1475	1354	1243	1139	1045	958	881	811	748	690	639
			6.9	1692	1559	1433	1315	1207	1108	1016	931	857	789	729	673	622
			7.2	1648	1518	1395	1279	1173	1076	987	907	835	770	709	656	608
			7.5	1605	1477	1356	1243	1141	1045	960	883	813	748	692	639	593
620	487	750	4.5	2097	1965	1827	1689	1557	1429	1311	1203	1102	1012	930	854	788
			4.8	2055	1920	1783	1645	1515	1392	1277	1171	1073	984	906	832	768
			5.1	2014	1876	1739	1603	1476	1353	1242	1139	1043	960	881	813	749
			5.4	1969	1832	1694	1562	1434	1316	1208	1107	1016	933	859	790	729
			5.7	1925	1788	1653	1520	1397	1282	1174	1078	989	908	837	771	712
			6.0	1884	1744	1608	1481	1358	1247	1142	1048	962	886	815	751	695
			6.3	1839	1702	1567	1441	1321	1213	1112	1021	938	862	793	734	677
			6.6	1795	1658	1527	1402	1287	1179	1083	992	913	840	773	714	660
			6.9	1751	1616	1486	1365	1252	1147	1053	967	889	817	754	697	646
			7.2	1707	1574	1446	1328	1218	1117	1024	940	864	798	736	680	628
			7.5	1665	1532	1407	1292	1183	1085	997	916	842	776	717	663	614

续表

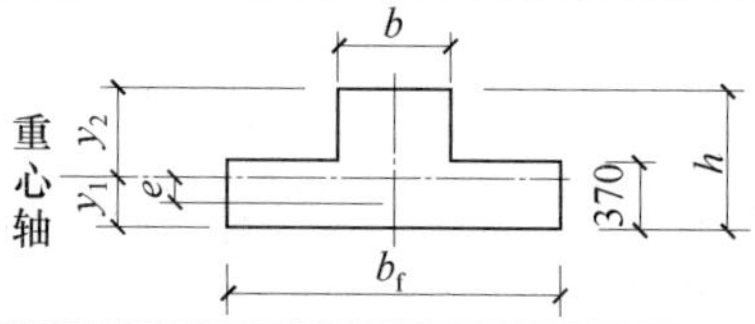

柱厚 h /mm	折算厚度 h_T /mm	柱宽 b /mm	计算高度 H_0 /m	e/h_T												
				0	0.025	0.05	0.075	0.10	0.125	0.15	0.175	0.20	0.225	0.25	0.275	0.30
750	542	490	4.5	2155	2027	1892	1755	1620	1489	1367	1254	1148	1055	969	891	819
			4.8	2120	1990	1853	1715	1580	1453	1332	1222	1121	1028	945	868	800
			5.1	2084	1951	1813	1676	1543	1418	1300	1192	1094	1003	922	849	783
			5.4	2047	1912	1774	1637	1507	1384	1269	1163	1067	979	900	829	765
			5.7	2007	1872	1735	1600	1470	1350	1239	1136	1043	957	878	810	746
			6.0	1971	1833	1696	1563	1435	1318	1207	1107	1016	935	859	792	731
			6.3	1931	1794	1656	1524	1401	1286	1178	1080	991	913	839	773	714
			6.6	1892	1755	1617	1489	1367	1254	1148	1055	969	891	819	756	699
			6.9	1853	1715	1580	1453	1332	1222	1121	1028	945	868	800	738	682
			7.2	1813	1676	1543	1418	1300	1192	1094	1003	922	849	783	721	667
			7.5	1774	1637	1507	1384	1269	1163	1067	979	900	829	765	706	652
750	570	620	4.5	2239	2110	1972	1828	1690	1556	1428	1309	1201	1103	1012	929	856
			4.8	2204	2073	1931	1790	1652	1521	1395	1279	1173	1078	989	909	836
			5.1	2168	2035	1894	1753	1617	1486	1362	1249	1146	1052	967	889	818
			5.4	2133	1997	1856	1715	1579	1450	1332	1221	1120	1027	944	869	801
			5.7	2098	1959	1818	1677	1544	1418	1299	1191	1093	1005	924	848	783
			6.0	2060	1919	1778	1642	1508	1385	1269	1163	1068	982	901	831	765
			6.3	2022	1881	1740	1604	1473	1352	1241	1138	1045	959	881	813	750
			6.6	1984	1843	1702	1569	1440	1322	1211	1110	1020	937	863	795	735
			6.9	1947	1806	1664	1533	1408	1289	1183	1085	997	916	843	778	717
			7.2	1909	1768	1629	1498	1375	1261	1156	1060	974	896	826	760	702
			7.5	1869	1727	1591	1463	1342	1231	1128	1035	952	876	806	745	609
750	594	750	4.5	2317	2185	2045	1901	1756	1617	1485	1363	1250	1146	1051	966	888
			4.8	2283	2149	2007	1862	1720	1583	1454	1332	1221	1121	1028	945	870
			5.1	2249	2112	1970	1823	1684	1547	1420	1301	1195	1095	1007	924	852
			5.4	2216	2076	1932	1787	1648	1513	1389	1273	1167	1071	984	906	834
			5.7	2180	2038	1893	1751	1611	1480	1358	1245	1141	1048	963	886	816
			6.0	2143	2001	1857	1712	1575	1446	1327	1216	1115	1025	942	867	800
			6.3	2107	1963	1818	1676	1542	1415	1299	1190	1092	1002	922	849	782
			6.6	2069	1926	1782	1640	1508	1384	1268	1164	1069	981	901	831	767
			6.9	2032	1888	1743	1606	1474	1353	1239	1139	1043	960	883	813	751
			7.2	1994	1849	1707	1507	1441	1322	1214	1113	1022	940	865	798	736
			7.5	1957	1813	1671	1536	1410	1294	1185	1087	999	919	847	780	720

续表

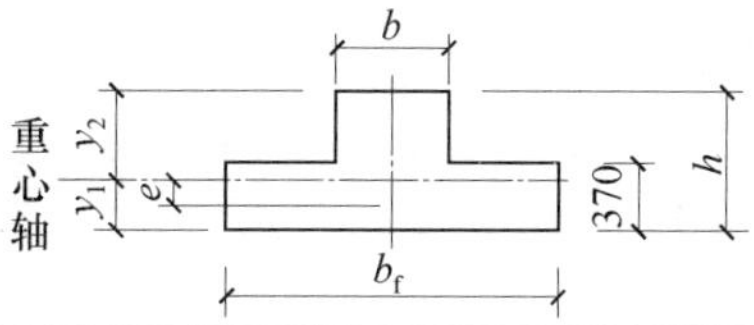

柱厚 h /mm	折算厚度 h_T /mm	柱宽 b /mm	计算高度 H_0 /m	e/h_T												
				0	0.025	0.05	0.075	0.10	0.125	0.15	0.175	0.20	0.225	0.25	0.275	0.30
750	613	870	4.5	2383	2253	2111	1963	1815	1672	1535	1408	1292	1186	1088	998	919
			4.8	2351	2216	2071	1923	1778	1635	1503	1379	1263	1160	1064	977	901
			5.1	2320	2182	2034	1886	1741	1601	1471	1347	1236	1133	1041	958	882
			5.4	2285	2145	1997	1849	1704	1566	1440	1318	1210	1109	1019	938	864
			5.7	2251	2108	1960	1812	1669	1535	1408	1292	1183	1086	998	919	845
			6.0	2216	2071	1923	1775	1635	1500	1376	1263	1157	1062	977	898	829
			6.3	2179	2034	1886	1738	1601	1469	1347	1236	1133	1041	956	879	813
			6.6	2142	1997	1847	1704	1566	1437	1318	1210	1109	1019	938	864	795
			6.9	2105	1958	1810	1667	1532	1405	1289	1183	1086	996	916	845	779
			7.2	2068	1921	1775	1632	1500	1376	1263	1157	1062	977	898	829	766
			7.5	2031	1884	1738	1598	1469	1347	1233	1133	1041	956	879	811	750

2.2.61 T形截面普通砖墙柱承载力 *N* 值选用表（一）（b_f =4800mm 砖强度 MU10 砂浆强度 M2.5）

表 2-61　　T形截面普通砖墙柱承载力 *N* 值（kN）选用表（一）

（b_f=4800mm　砖强度 MU10　砂浆强度 M2.5）

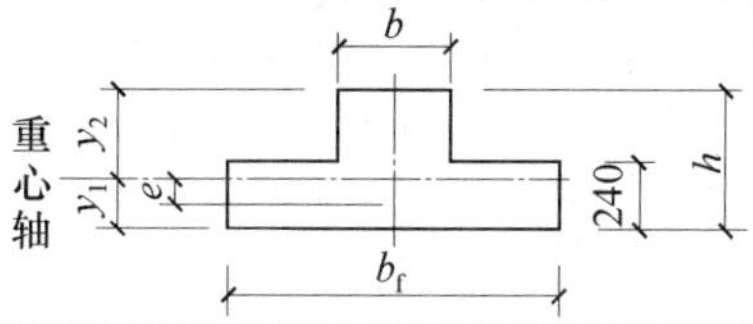

柱厚 h /mm	折算厚度 h_T /mm	柱宽 b /mm	计算高度 H_0 /m	e/h_T												
				0	0.025	0.05	0.075	0.10	0.125	0.15	0.175	0.20	0.225	0.25	0.275	0.30
370	263	240	4.2	1018	936	859	789	722	662	609	559	515	475	438	406	376
			4.5	969	890	816	749	687	630	579	533	490	453	419	389	359
			4.8	922	845	776	712	653	599	552	507	469	433	401	372	346
			5.1	876	804	738	676	621	570	526	484	447	413	383	355	330
			5.4	833	764	701	642	590	542	501	461	427	395	367	341	316
			5.7	792	726	666	612	562	518	476	441	407	378	350	327	304

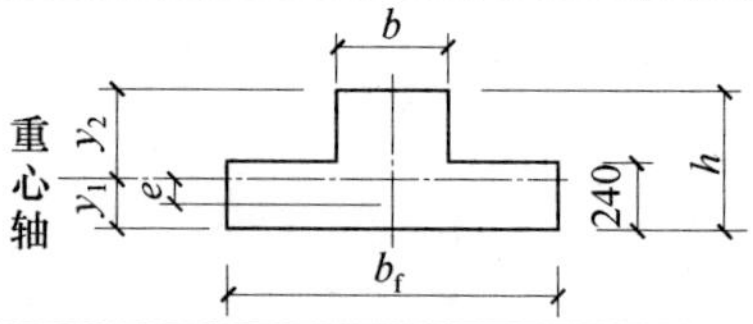

续表

柱厚 h /mm	折算厚度 h_T /mm	柱宽 b /mm	计算高度 H_0 /m	e/h_T												
				0	0.025	0.05	0.075	0.10	0.125	0.15	0.175	0.20	0.225	0.25	0.275	0.30
370	270	370	4.2	1049	967	887	814	747	684	628	578	532	489	452	419	388
			4.5	1001	920	845	775	711	652	599	550	507	468	433	400	371
			4.8	954	876	805	737	677	620	571	525	485	447	414	383	357
			5.1	909	834	766	702	644	591	544	502	463	427	396	368	341
			5.4	865	794	728	667	613	564	519	478	443	410	379	352	329
			5.7	823	755	692	636	585	538	496	457	422	391	363	338	315
370	280	490	4.2	1088	1003	921	845	775	711	652	600	551	508	469	434	401
			4.5	1041	957	878	806	739	677	622	572	527	486	448	415	385
			4.8	994	913	837	768	704	646	594	546	504	464	429	398	369
			5.1	949	870	799	733	671	617	567	523	482	445	412	382	355
			5.4	905	831	761	698	641	589	542	499	461	426	395	366	341
			5.7	862	791	725	666	611	562	518	478	442	409	379	352	328
			6.0	823	755	692	635	584	537	496	458	423	391	365	338	316
			6.3	783	719	660	606	557	513	474	437	406	376	349	325	303
			6.6	747	685	629	578	532	491	453	420	388	361	336	312	292
490	305	240	4.2	1142	1054	970	891	817	749	686	631	579	534	491	455	420
			4.5	1096	1011	929	852	781	716	658	605	556	512	472	436	404
			4.8	1052	968	890	816	748	686	630	579	532	491	453	420	389
			5.1	1009	928	852	781	716	657	603	554	512	472	436	403	374
			5.4	967	888	814	746	685	628	578	532	491	453	419	389	360
			5.7	926	850	779	715	657	603	554	510	471	436	403	374	348
			6.0	887	814	756	685	628	578	532	490	452	419	389	360	335
			6.3	849	778	713	655	601	554	510	471	434	403	373	348	324
			6.6	813	745	683	627	576	530	490	452	419	387	360	335	311
490	333	370	4.2	1226	1135	1046	962	883	810	742	682	626	575	530	490	452
			4.5	1184	1093	1007	925	849	778	713	655	601	554	511	472	436
			4.8	1142	1053	969	889	815	747	685	629	579	533	491	454	420
			5.1	1100	1012	930	854	783	718	660	605	558	514	474	438	406
			5.4	1059	973	894	820	752	690	634	582	537	495	457	423	393
			5.7	1019	936	859	787	723	663	609	561	516	477	441	409	378
			6.0	980	899	825	757	694	637	585	540	498	459	425	394	367
			6.3	941	863	792	726	666	613	564	519	478	443	410	381	354
			6.6	905	829	762	698	640	588	541	499	462	427	396	368	342
			6.9	870	797	731	671	616	567	522	482	446	412	383	355	331
			7.2	834	765	702	645	592	545	503	464	430	397	370	344	321

续表

柱厚 h /mm	折算厚度 h_T /mm	柱宽 b /mm	计算高度 H_0 /m	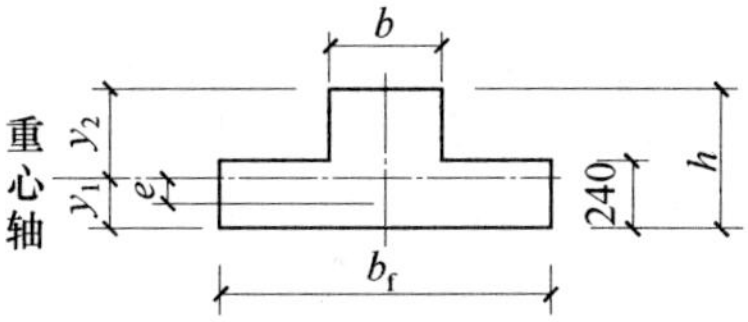												
				e/h_T												
				0	0.025	0.05	0.075	0.10	0.125	0.15	0.175	0.20	0.225	0.25	0.275	0.30
490	350	490	4.2	1285	1192	1100	1012	929	853	782	717	659	606	556	513	475
			4.5	1244	1151	1062	975	894	821	752	690	634	583	538	495	458
			4.8	1202	1111	1022	939	861	790	724	666	611	563	518	478	444
			5.1	1161	1071	985	904	828	760	697	641	589	543	500	462	429
			5.4	1121	1032	949	869	798	732	671	618	568	523	483	447	414
			5.7	1081	994	912	836	768	704	647	594	548	505	467	432	400
			6.0	1042	957	878	805	738	677	622	573	528	487	450	417	387
			6.3	1004	922	846	775	710	652	601	553	510	470	435	404	376
			6.6	967	888	813	747	685	629	578	533	492	455	420	391	364
			6.9	931	854	783	719	659	606	558	515	475	440	407	379	352
			7.2	896	821	753	692	636	584	538	497	458	425	394	366	341
490	371	620	4.2	1350	1255	1162	1070	983	902	827	757	696	638	587	542	501
			4.5	1311	1216	1123	1033	948	869	796	732	671	616	569	525	484
			4.8	1272	1177	1084	997	914	839	769	706	649	596	548	506	468
			5.1	1231	1138	1046	961	881	808	742	681	626	575	531	491	453
			5.4	1192	1099	1010	927	851	779	715	657	604	557	513	475	440
			5.7	1153	1061	975	895	820	752	691	635	584	538	497	460	426
			6.0	1114	1024	941	863	791	725	666	613	564	519	480	445	412
			6.3	1077	988	907	832	762	700	643	592	545	502	465	431	400
			6.6	1039	956	875	803	737	676	621	572	528	487	450	417	389
			6.9	1004	920	844	774	710	652	599	552	509	472	436	406	377
			7.2	968	888	813	747	686	630	579	535	494	457	423	392	365
620	427	370	4.2	1406	1314	1219	1127	1036	952	873	801	736	675	620	571	525
			4.5	1374	1280	1186	1093	1006	924	846	776	712	653	601	554	510
			4.8	1340	1246	1152	1062	976	895	820	752	690	635	584	537	497
			5.1	1307	1211	1119	1030	946	867	794	729	670	615	566	522	482
			5.4	1272	1177	1085	998	915	840	771	707	650	598	549	507	468
			5.7	1238	1144	1053	967	888	814	747	685	630	579	534	494	455
			6.0	1203	1110	1021	937	860	789	724	665	611	562	519	478	443
			6.3	1169	1078	991	909	833	764	702	645	593	546	504	465	431
			6.6	1135	1046	961	882	808	741	680	625	574	531	488	453	420
			6.9	1102	1014	930	853	783	719	660	606	557	515	475	440	408
			7.2	1070	983	902	828	759	697	640	588	542	500	462	428	398

续表

柱厚 h /mm	折算厚度 h_T /mm	柱宽 b /mm	计算高度 H_0 /m	e/h_T = 0	0.025	0.05	0.075	0.10	0.125	0.15	0.175	0.20	0.225	0.25	0.275	0.30
620	462	490	4.2	1492	1398	1301	1203	1109	1019	935	857	786	721	662	610	561
			4.5	1461	1365	1268	1172	1078	989	908	833	763	701	645	593	546
			4.8	1430	1332	1235	1139	1049	962	882	808	742	681	626	577	532
			5.1	1398	1301	1203	1108	1019	934	857	786	721	662	610	561	518
			5.4	1365	1268	1170	1078	989	908	833	763	701	643	593	546	504
			5.7	1332	1235	1139	1047	962	882	808	742	681	626	577	532	492
			6.0	1299	1202	1108	1017	934	857	786	721	662	608	561	518	478
			6.3	1266	1170	1076	989	908	833	763	701	643	593	546	504	466
			6.6	1235	1139	1047	962	882	808	741	681	626	577	532	492	455
			6.9	1202	1108	1017	934	855	786	720	662	608	561	518	478	443
			7.2	1170	1076	989	908	831	763	701	643	593	546	504	466	433
620	490	620	4.2	1571	1477	1376	1275	1176	1082	992	910	835	766	703	647	595
			4.5	1542	1444	1342	1242	1145	1053	966	885	811	745	685	629	580
			4.8	1511	1414	1311	1212	1116	1024	939	862	790	725	667	613	566
			5.1	1480	1381	1280	1181	1085	997	914	838	770	707	649	598	551
			5.4	1450	1349	1248	1150	1057	970	889	815	748	687	633	582	537
			5.7	1419	1316	1217	1120	1030	943	865	793	728	669	616	568	524
			6.0	1387	1286	1186	1091	1001	918	842	772	708	653	600	553	512
			6.3	1354	1253	1156	1062	974	894	818	752	690	634	586	539	499
			6.6	1322	1223	1125	1033	948	869	797	732	672	618	570	526	487
			6.9	1291	1190	1096	1006	923	846	775	712	654	602	555	514	476
			7.2	1259	1159	1066	979	898	822	755	694	638	588	542	501	463
740	581	490	4.2	1643	1554	1456	1354	1253	1155	1060	973	893	819	751	690	635
			4.5	1619	1529	1429	1327	1225	1129	1036	951	871	800	733	675	621
			4.8	1596	1501	1402	1300	1200	1104	1013	929	851	782	717	659	608
			5.1	1572	1476	1374	1273	1173	1078	989	908	833	764	701	644	593
			5.4	1547	1449	1347	1245	1147	1055	967	888	813	746	686	632	581
			5.7	1521	1422	1320	1220	1122	1031	946	868	795	730	671	617	570
			6.0	1496	1394	1293	1193	1096	1007	924	848	777	713	655	604	557
			6.3	1469	1367	1265	1167	1073	984	902	828	759	697	641	592	544
			6.6	1441	1340	1240	1142	1049	962	882	809	742	682	628	579	533
			6.9	1414	1313	1213	1116	1024	940	862	791	726	666	613	566	523
			7.2	1389	1285	1185	1091	1002	918	842	773	710	651	601	553	512

柱厚 h /mm	折算厚度 h_T /mm	柱宽 b /mm	计算高度 H_0 /m	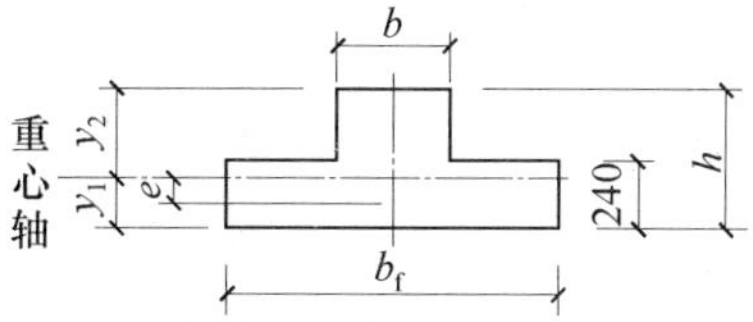 e/h_T												
				0	0.025	0.05	0.075	0.10	0.125	0.15	0.175	0.20	0.225	0.25	0.275	0.30
740	599	620	4.2	1729	1636	1535	1429	1322	1220	1121	1028	942	864	794	729	670
			4.5	1706	1611	1509	1402	1296	1193	1096	1005	921	845	777	712	655
			4.8	1683	1558	1480	1374	1269	1166	1071	984	902	826	760	697	642
			5.1	1659	1558	1453	1347	1242	1142	1049	961	881	809	743	682	629
			5.4	1634	1531	1425	1319	1216	1117	1026	940	862	790	727	669	615
			5.7	1607	1505	1398	1292	1189	1092	1003	919	843	773	710	653	602
			6.0	1581	1476	1370	1265	1165	1070	980	898	824	756	695	640	591
			6.3	1554	1450	1343	1239	1138	1045	959	879	805	741	680	627	577
			6.6	1528	1421	1315	1212	1113	1022	936	859	788	724	667	613	566
			6.9	1501	1395	1288	1185	1089	999	916	840	771	708	651	602	554
			7.2	1472	1366	1261	1161	1066	976	897	822	754	693	638	589	543

2.2.62 T形截面普通砖墙柱承载力 N 值选用表（二）（b_f＝4800mm 砖强度MU10 砂浆强度M2.5）

表2-62 T形截面普通砖墙柱承载力 N 值（kN）选用表（二）

（b_f＝4800mm 砖强度MU10 砂浆强度M2.5）

柱厚 h /mm	折算厚度 h_T /mm	柱宽 b /mm	计算高度 H_0 /m	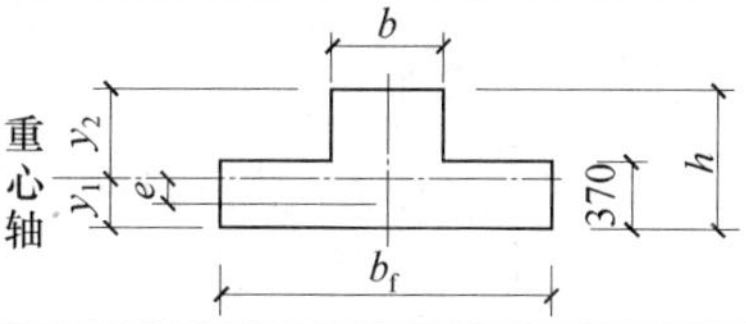 e/h_T												
				0	0.025	0.05	0.075	0.10	0.125	0.15	0.175	0.20	0.225	0.25	0.275	0.30
490	393	370	4.5	1874	1741	1609	1481	1360	1249	1145	1050	963	885	814	750	693
			4.8	1822	1689	1557	1434	1315	1206	1107	1015	932	856	788	728	672
			5.1	1770	1637	1507	1386	1270	1166	1069	982	901	830	764	705	653
			5.4	1715	1585	1460	1339	1228	1126	1034	948	873	802	740	683	631
			5.7	1663	1535	1410	1294	1187	1088	998	918	844	778	717	662	612
			6.0	1613	1486	1365	1251	1147	1053	965	887	816	752	695	643	596
			6.3	1561	1436	1318	1209	1109	1017	934	859	790	728	674	624	577
			6.6	1512	1389	1275	1169	1072	984	904	830	766	707	653	605	560
			6.9	1462	1344	1232	1131	1036	951	875	804	743	686	634	586	546
			7.2	1415	1299	1190	1090	1001	920	847	778	719	664	615	570	530
			7.5	1367	1254	1150	1055	967	889	818	754	695	643	596	553	515

续表

柱厚 h /mm	折算厚度 h_T /mm	柱宽 b /mm	计算高度 H_0 /m	e/h_T												
				0	0.025	0.05	0.075	0.10	0.125	0.15	0.175	0.20	0.225	0.25	0.275	0.30
490	398	490	4.5	1898	1765	1631	1504	1381	1266	1161	1066	977	899	827	760	703
			4.8	1846	1712	1581	1454	1335	1226	1123	1030	946	870	801	737	682
			5.1	1793	1660	1531	1407	1290	1183	1085	997	915	841	775	715	660
			5.4	1741	1610	1481	1361	1247	1144	1049	963	884	815	751	694	641
			5.7	1691	1559	1433	1316	1201	1106	1016	932	858	789	727	672	622
			6.0	1638	1509	1388	1273	1166	1070	982	901	830	765	706	653	605
			6.3	1588	1462	1340	1230	1128	1035	949	872	803	741	684	634	586
			6.6	1538	1414	1297	1190	1090	1001	918	846	779	717	663	615	570
			6.9	1488	1366	1254	1149	1054	968	889	818	753	696	644	596	553
			7.2	1440	1321	1211	1111	1020	937	861	794	732	675	624	579	539
			7.5	1392	1278	1173	1075	987	906	834	768	708	655	608	562	524
620	437	370	4.5	2003	1867	1731	1598	1469	1350	1238	1134	1042	957	879	808	745
			4.8	1955	1819	1683	1552	1425	1309	1199	1100	1010	927	852	787	726
			5.1	1906	1770	1637	1506	1384	1270	1163	1068	928	901	828	765	704
			5.4	1860	1722	1588	1462	1343	1231	1129	1034	949	874	804	743	684
			5.7	1812	1676	1542	1418	1301	1192	1095	1005	923	850	782	721	667
			6.0	1763	1627	1498	1377	1263	1158	1061	974	896	823	760	701	648
			6.3	1714	1581	1455	1335	1224	1122	1029	944	869	801	738	682	631
			6.6	1666	1535	1411	1294	1187	1088	998	918	845	777	718	663	614
			6.9	1620	1491	1367	1255	1151	1056	969	891	821	755	699	646	599
			7.2	1574	1445	1326	1216	1117	1025	940	864	796	736	680	629	582
			7.5	1527	1403	1287	1180	1083	993	913	840	774	714	660	612	568
620	454	490	4.5	2060	1925	1786	1651	1517	1394	1278	1172	1076	987	908	836	770
			4.8	2016	1878	1739	1604	1475	1354	1241	1140	1043	960	883	811	750
			5.1	1969	1831	1693	1559	1433	1315	1206	1105	1014	932	858	789	730
			5.4	1922	1784	1646	1515	1391	1275	1169	1073	984	905	834	770	710
			5.7	1875	1737	1601	1473	1352	1238	1137	1043	957	881	811	747	691
			6.0	1828	1690	1557	1431	1313	1204	1103	1011	930	856	789	728	673
			6.3	1779	1643	1512	1389	1273	1167	1071	984	903	831	767	708	656
			6.6	1732	1599	1468	1350	1236	1135	1041	955	878	809	747	691	639
			6.9	1688	1554	1426	1310	1201	1100	1011	927	853	787	728	671	621
			7.2	1641	1510	1387	1271	1164	1068	982	903	831	765	708	654	607
			7.5	1594	1466	1345	1234	1132	1039	955	876	807	745	688	639	592

续表

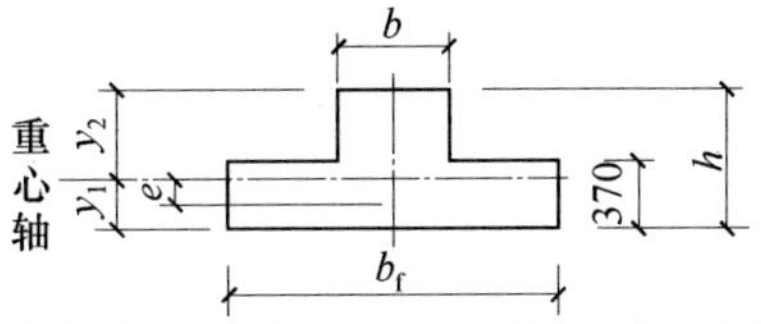

柱厚 h /mm	折算厚度 h_T /mm	柱宽 b /mm	计算高度 H_0 /m	e/h_T												
				0	0.025	0.05	0.075	0.10	0.125	0.15	0.175	0.20	0.225	0.25	0.275	0.30
620	470	620	4.5	2121	1983	1842	1701	1568	1440	1320	1212	1112	1019	936	863	795
			4.8	2076	1937	1794	1656	1523	1400	1282	1177	1079	991	911	838	773
			5.1	2030	1890	1749	1614	1483	1360	1247	1144	1049	963	886	815	753
			5.4	1985	1845	1704	1568	1440	1322	1212	1112	1021	938	863	795	735
			5.7	1937	1797	1659	1526	1400	1285	1177	1081	991	913	840	775	715
			6.0	1892	1752	1614	1483	1363	1250	1144	1051	966	888	818	755	697
			6.3	1845	1704	1571	1443	1322	1214	1112	1021	938	863	795	735	680
			6.6	1799	1659	1528	1403	1285	1179	1081	994	913	840	775	715	662
			6.9	1752	1616	1486	1363	1250	1147	1051	966	888	818	755	697	647
			7.2	1707	1571	1443	1325	1214	1114	1021	938	863	795	735	680	630
			7.5	1661	1528	1403	1287	1179	1084	994	913	840	775	717	662	615
620	484	750	4.5	2174	2036	1893	1751	1613	1483	1360	1248	1143	1049	964	888	816
			4.8	2131	1990	1848	1707	1569	1442	1322	1212	1112	1021	939	865	796
			5.1	2087	1945	1802	1661	1528	1403	1286	1179	1082	992	913	842	775
			5.4	2042	1899	1756	1618	1488	1365	1250	1148	1054	967	890	819	758
			5.7	1996	1853	1712	1574	1447	1327	1217	1115	1026	941	867	798	737
			6.0	1950	1807	1666	1534	1409	1291	1184	1087	998	916	844	778	719
			6.3	1904	1761	1623	1493	1370	1255	1151	1056	969	893	821	760	701
			6.6	1858	1717	1580	1452	1332	1222	1120	1028	944	870	801	740	684
			6.9	1812	1671	1539	1411	1296	1186	1089	1000	921	847	781	722	668
			7.2	1768	1628	1498	1373	1260	1156	1059	975	895	824	760	704	653
			7.5	1722	1585	1457	1337	1225	1123	1031	949	872	804	742	686	635
750	537	490	4.5	2234	2101	1961	1816	1675	1543	1415	1298	1191	1091	1002	923	849
			4.8	2189	2061	1918	1775	1637	1505	1380	1267	1160	1066	979	900	829
			5.1	2160	2020	1877	1734	1599	1469	1346	1234	1132	1040	956	880	811
			5.4	2119	1979	1836	1696	1561	1433	1313	1204	1104	1015	933	859	790
			5.7	2081	1938	1795	1655	1522	1397	1280	1175	1097	989	910	839	772
			6.0	2040	1897	1754	1617	1484	1362	1249	1145	1050	966	890	818	755
			6.3	1999	1854	1714	1578	1448	1328	1219	1117	1025	943	867	800	739
			6.6	1956	1813	1673	1540	1413	1295	1188	1091	1002	920	846	783	721
			6.9	1915	1772	1635	1502	1380	1265	1160	1063	976	897	829	765	706
			7.2	1874	1732	1596	1466	1344	1232	1130	1038	954	877	808	747	691
			7.5	1834	1693	1558	1431	1311	1204	1104	1012	931	857	790	729	675

续表

柱厚 h /mm	折算厚度 h_T /mm	柱宽 b /mm	计算高度 H_0 /m	e/h_T												
				0	0.025	0.05	0.075	0.10	0.125	0.15	0.175	0.20	0.225	0.25	0.275	0.30
750	565	620	4.5	2319	2186	2042	1893	1749	1610	1477	1357	1244	1140	1046	962	886
			4.8	2282	2146	2000	1854	1710	1574	1443	1323	1213	1114	1022	941	865
			5.1	2246	2107	1961	1814	1671	1537	1409	1294	1187	1087	998	920	847
			5.4	2209	2065	1919	1775	1634	1501	1378	1263	1158	1064	978	899	828
			5.7	2170	2026	1880	1736	1597	1467	1344	1234	1132	1038	954	878	810
			6.0	2131	1987	1841	1697	1561	1433	1312	1205	1106	1014	933	860	792
			6.3	2092	1945	1799	1657	1524	1399	1281	1176	1080	991	912	839	776
			6.6	2052	1906	1759	1621	1487	1365	1252	1148	1053	970	891	821	758
			6.9	2013	1867	1720	1584	1453	1333	1223	1121	1030	946	870	805	742
			7.2	1971	1825	1684	1548	1419	1302	1195	1095	1006	925	852	787	726
			7.5	1932	1786	1644	1511	1385	1270	1166	1069	983	904	834	768	711
750	588	750	4.5	2397	2261	2116	1963	1816	1671	1535	1409	1291	1184	1087	999	918
			4.8	2363	2223	2076	1926	1776	1634	1500	1377	1261	1157	1063	977	900
			5.1	2328	2186	2036	1886	1738	1599	1468	1345	1235	1133	1039	956	881
			5.4	2290	2146	1996	1846	1701	1564	1436	1315	1205	1106	1018	935	862
			5.7	2253	2108	1955	1808	1663	1529	1401	1286	1178	1082	994	916	843
			6.0	2215	2068	1918	1768	1629	1495	1371	1256	1152	1058	972	894	825
			6.3	2178	2028	1878	1730	1591	1460	1339	1229	1127	1034	951	876	809
			6.6	2138	1988	1837	1693	1556	1428	1310	1200	1101	1012	932	857	793
			6.9	2100	1947	1800	1655	1521	1395	1280	1173	1077	991	910	841	776
			7.2	2060	1910	1762	1620	1487	1363	1251	1146	1052	969	892	822	760
			7.5	2020	1870	1722	1583	1454	1334	1221	1122	1031	948	873	806	744
750	607	870	4.5	2464	2330	2179	2026	1875	1728	1585	1456	1333	1224	1122	1032	950
			4.8	2431	2292	2141	1988	1837	1689	1552	1424	1306	1196	1098	1010	931
			5.1	2398	2253	2103	1949	1799	1654	1519	1393	1276	1172	1076	988	911
			5.4	2363	2215	2064	1911	1760	1618	1484	1361	1248	1147	1054	969	892
			5.7	2327	2177	2023	1870	1722	1582	1454	1333	1221	1122	1029	947	873
			6.0	2289	2138	1985	1832	1686	1550	1421	1303	1196	1098	1007	928	857
			6.3	2251	2100	1947	1796	1651	1517	1391	1276	1169	1073	988	909	838
			6.6	2212	2059	1906	1758	1615	1481	1361	1246	1144	1051	966	890	821
			6.9	2174	2021	1867	1719	1580	1451	1330	1218	1120	1029	947	873	805
			7.2	2136	1982	1829	1684	1547	1418	1300	1194	1095	1007	925	854	788
			7.5	2097	1941	1791	1648	1514	1388	1273	1166	1073	985	906	838	772

2.2.63 T形截面普通砖墙柱承载力 N 值选用表（一）（b_f = 5000mm 砖强度 MU10 砂浆强度 M2.5）

表 2-63　　T形截面普通砖墙柱承载力 N 值（kN）选用表（一）

（b_f = 5000mm　砖强度 MU10　砂浆强度 M2.5）

柱厚 h /mm	折算厚度 h_T /mm	柱宽 b /mm	计算高度 H_0 /m	e/h_T												
				0	0.025	0.05	0.075	0.10	0.125	0.15	0.175	0.20	0.225	0.25	0.275	0.30
370	263	240	4.2	1059	974	894	821	752	689	633	582	536	494	456	422	392
			4.5	1008	926	849	779	715	656	503	555	510	472	436	404	374
			4.8	960	880	808	741	680	624	574	528	488	451	417	387	360
			5.1	912	837	768	704	646	593	547	504	465	430	398	369	344
			5.4	867	795	729	669	614	564	521	480	444	411	382	355	329
			5.7	824	755	693	637	585	539	496	459	424	393	364	340	316
370	270	370	4.2	1091	1005	923	846	777	712	653	601	553	509	470	436	404
			4.5	1041	957	879	806	739	678	623	572	527	486	451	416	386
			4.8	992	911	837	767	704	645	593	546	504	465	431	399	371
			5.1	945	868	796	730	670	614	566	522	481	444	412	382	355
			5.4	900	825	757	694	637	587	540	498	460	426	394	366	342
			5.7	856	785	720	661	608	559	515	475	439	407	378	352	337
370	277	490	4.2	1125	1036	951	873	800	734	673	619	570	525	484	448	415
			4.5	1074	987	906	831	762	699	642	591	543	502	463	428	397
			4.8	1025	941	864	791	726	666	612	563	520	479	443	410	382
			5.1	977	898	823	755	693	635	584	538	497	459	425	394	366
			5.4	933	855	783	719	660	607	558	515	476	440	407	379	351
			5.7	888	814	747	685	629	579	533	492	455	422	390	363	338
			6.0	846	777	712	653	601	553	510	471	435	404	376	349	325
490	305	240	4.2	1188	1095	1009	927	850	779	714	656	602	555	511	473	437
			4.5	1170	1051	966	886	812	745	684	628	578	532	491	453	420
			4.8	1094	1007	925	848	778	714	655	602	553	511	471	437	404
			5.1	1049	964	886	812	745	683	627	576	532	491	453	419	389
			5.4	1005	923	846	776	712	653	601	553	511	471	435	404	375
			5.7	963	884	810	743	683	627	576	530	489	453	419	389	361
			6.0	922	846	776	712	653	601	553	609	470	435	404	375	348
			6.3	882	809	742	681	625	576	530	489	452	419	388	361	337
			6.6	845	774	710	651	599	552	509	470	435	402	375	348	324

续表

柱厚 h /mm	折算厚度 h_T /mm	柱宽 b /mm	计算高度 H_0 /m	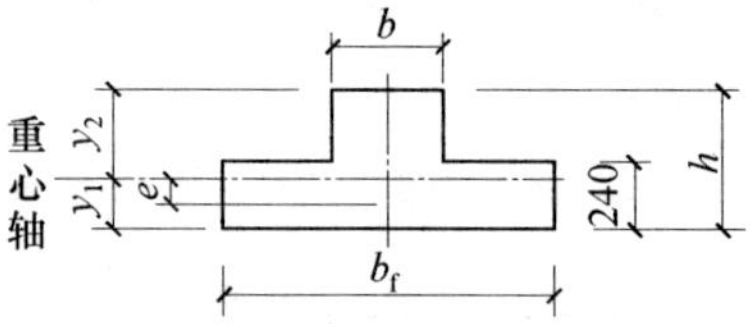 e/h_T												
				0	0.025	0.05	0.075	0.10	0.125	0.15	0.175	0.20	0.225	0.25	0.275	0.30
490	329	370	4.2	1266	1172	1080	993	912	836	766	704	646	594	547	505	467
			4.5	1221	1129	1038	954	875	803	735	675	621	571	527	487	450
			5.1	1134	1043	959	880	806	739	678	623	574	529	488	451	418
			5.4	1090	1003	920	825	774	710	651	599	552	509	470	436	404
			5.7	1048	964	883	809	744	682	626	576	532	490	453	421	391
			6.0	1008	925	848	777	714	655	603	554	512	473	438	406	378
			6.3	967	888	814	747	685	630	579	534	493	457	423	393	364
			6.6	930	853	782	717	658	606	557	514	475	440	408	379	352
			6.9	892	818	751	688	633	583	537	495	458	425	394	366	341
			7.2	856	786	720	662	608	561	517	477	441	409	381	354	331
490	347	490	4.2	1328	1232	1138	1047	961	881	808	740	680	625	575	531	489
			4.5	1285	1189	1189	1096	1007	924	847	777	713	655	603	555	512
			4.8	1243	1146	1055	969	888	814	747	685	630	581	536	495	457
			5.1	1200	1105	1016	933	856	783	720	661	608	560	517	477	441
			5.4	1157	1065	978	897	823	754	692	636	586	539	498	460	428
			5.7	1115	1026	942	863	792	727	667	613	565	520	481	445	414
			6.0	1074	986	906	830	761	699	642	591	545	503	465	431	400
			6.3	1034	950	871	799	734	673	618	570	526	486	450	417	386
			6.6	997	914	838	768	706	648	596	550	507	469	434	404	374
			6.9	959	880	806	739	679	624	575	529	489	453	421	390	362
			7.2	923	845	775	711	655	601	555	512	472	438	407	378	352
490	368	620	4.2	1396	1298	1199	1104	1014	931	854	783	718	660	607	560	516
			4.5	1354	1255	1159	1065	979	898	822	755	694	637	586	540	500
			4.8	1314	1215	1118	1028	944	864	794	729	669	616	567	523	484
			5.1	1271	1174	1079	991	910	834	766	702	646	595	547	505	468
			5.4	1229	1134	1042	956	877	805	738	678	623	574	530	489	454
			5.7	1189	1095	1005	923	845	776	711	656	602	554	512	473	440
			6.0	1148	1056	970	889	815	748	686	632	581	537	496	459	426
			6.3	1109	1019	935	857	787	722	664	609	561	519	480	445	412
			6.6	1070	982	901	827	759	695	641	590	544	502	465	431	399
			6.9	1034	947	870	797	731	672	618	568	524	486	450	417	387
			7.2	997	914	838	769	706	648	597	551	509	470	436	405	376

续表

柱厚 h /mm	折算厚度 h_T /mm	柱宽 b /mm	计算高度 H_0 /m	e/h_T												
				0	0.025	0.05	0.075	0.10	0.125	0.15	0.175	0.20	0.225	0.25	0.275	0.30
620	424	370	4.2	1455	1359	1261	1165	1073	984	904	827	759	697	641	590	543
			4.5	1422	1324	1226	1131	1040	955	874	803	737	676	622	573	528
			4.8	1385	1287	1192	1097	1009	925	848	777	714	655	603	555	514
			5.1	1350	1253	1157	1064	977	895	822	754	691	636	585	540	498
			5.4	1315	1218	1122	1031	946	867	796	730	670	616	568	524	484
			5.7	1279	1181	1089	1000	916	841	772	707	650	599	552	508	470
			6.0	1244	1146	1056	968	888	815	747	686	630	580	536	494	458
			6.3	1207	1113	1023	939	860	789	724	665	611	564	521	481	446
			6.6	1172	1080	991	909	834	765	702	644	594	547	505	467	433
			6.9	1138	1047	960	881	808	740	681	625	576	531	491	454	421
			7.2	1104	1014	930	853	782	718	660	608	559	515	477	442	411
620	455	490	4.2	1538	1441	1340	1239	1142	1048	962	883	809	742	682	628	578
			4.5	1506	1407	1306	1205	1110	1019	935	857	785	722	663	610	562
			4.8	1472	1373	1272	1173	1079	989	908	832	764	701	645	594	547
			5.1	1439	1338	1238	1140	1046	960	881	809	742	681	627	578	533
			5.4	1405	1304	1203	1108	1018	933	855	785	720	663	609	562	518
			5.7	1371	1270	1171	1075	987	906	830	762	701	643	592	547	506
			6.0	1335	1236	1138	1045	958	879	807	740	681	625	576	531	491
			6.3	1301	1201	1106	1016	931	854	783	719	661	609	560	518	479
			6.6	1266	1169	1074	985	904	828	760	699	643	591	546	504	466
			6.9	1232	1135	1043	956	877	805	738	679	625	576	531	491	455
			7.2	1200	1104	1014	929	852	782	719	659	607	560	517	479	443
620	487	620	4.2	1623	1524	1420	1315	1214	1116	1024	940	862	791	725	668	614
			4.5	1593	1493	1388	1284	1183	1086	996	914	837	768	707	649	599
			4.8	1562	1459	1354	1250	1151	1058	970	890	815	748	688	632	584
			5.1	1530	1425	1321	1218	1121	1028	944	865	793	729	669	617	569
			5.4	1496	1392	1287	1186	1089	1000	918	841	772	709	653	600	554
			5.7	1463	1358	1256	1155	1061	974	892	819	752	690	636	586	541
			6.0	1431	1325	1222	1125	1032	948	867	796	731	673	619	571	528
			6.3	1397	1293	1190	1095	1004	921	845	776	712	655	602	558	515
			6.6	1364	1259	1160	1065	977	895	823	753	694	638	587	543	502
			6.9	1330	1228	1129	1037	951	871	800	735	675	621	572	530	490
			7.2	1297	1196	1099	1009	925	849	778	714	656	606	559	516	477

续表

柱厚 h /mm	折算厚度 h_T /mm	柱宽 b /mm	计算高度 H_0 /m	e/h_T												
				0	0.025	0.05	0.075	0.10	0.125	0.15	0.175	0.20	0.225	0.25	0.275	0.30
740	574	490	4.2	1696	1602	1500	1395	1290	1189	1093	1003	920	843	773	711	653
			4.5	1671	1576	1472	1367	1264	1162	1068	980	897	824	755	695	640
			4.8	1647	1547	1444	1339	1236	1136	1044	958	877	805	740	680	625
			5.1	1621	1521	1416	1311	1207	1110	1020	935	856	787	723	664	612
			5.4	1597	1493	1388	1283	1181	1085	995	912	837	768	706	649	599
			5.7	1568	1465	1360	1254	1155	1061	973	892	819	751	691	634	586
			6.0	1540	1437	1329	1228	1128	1036	950	871	800	734	674	621	572
			6.3	1512	1406	1301	1200	1102	1012	927	850	781	717	659	608	561
			6.6	1484	1378	1275	1174	1078	989	907	832	764	702	646	595	548
			6.9	1455	1350	1247	1147	1053	965	886	813	745	685	631	582	537
			7.2	1427	1322	1219	1121	1029	944	865	794	728	670	618	569	525
740	609	620	4.2	1792	1697	1591	1482	1372	1266	1164	1067	979	897	824	757	696
			4.5	1768	1670	1564	1454	1344	1238	1138	1044	957	879	806	740	681
			4.8	1745	1644	1537	1427	1317	1213	1114	1022	936	859	789	724	667
			5.1	1719	1617	1509	1399	1291	1187	1089	999	916	840	771	710	653
			5.4	1696	1590	1480	1370	1264	1162	1065	977	897	822	755	694	639
			5.7	1668	1562	1452	1342	1236	1136	1042	955	877	804	740	681	626
			6.0	1643	1535	1425	1315	1211	1113	1020	936	857	787	724	667	614
			6.3	1615	1507	1397	1289	1185	1087	997	914	840	771	708	653	602
			6.6	1588	1478	1368	1262	1160	1063	975	895	822	753	694	639	590
			6.9	1560	1450	1340	1234	1134	1042	955	875	804	738	679	626	577
			7.2	1533	1423	1313	1209	1111	1018	934	857	787	722	665	614	567

2.2.64 T形截面普通砖墙柱承载力 N 值选用表（二）（b_f＝5000mm 砖强度 MU10 砂浆强度 M2.5）

表 2-64 T形截面普通砖墙柱承载力 N 值（kN）选用表（二）

（b_f＝5000mm 砖强度 MU10 砂浆强度 M2.5）

柱厚 h /mm	折算厚度 h_T /mm	柱宽 b /mm	计算高度 H_0 /m	e/h_T												
				0	0.025	0.05	0.075	0.10	0.125	0.15	0.175	0.20	0.225	0.25	0.275	0.30
490	392	370	4.5	1948	1810	1672	1539	1413	1297	1189	1090	1002	921	847	780	721
			4.8	1893	1755	1620	1489	1366	1253	1150	1054	967	891	820	756	699
			5.1	1839	1701	1566	1440	1322	1211	1110	1019	935	861	792	733	677
			5.4	1783	1647	1517	1391	1278	1172	1073	895	906	834	768	709	657
			5.7	1728	1595	1465	1344	1233	1132	1039	953	876	807	746	689	637
			6.0	1674	1544	1418	1300	1191	1093	1004	923	849	783	721	667	618
			6.3	1622	1492	1369	1255	1152	1056	970	891	822	758	699	647	600
			6.6	1571	1443	1324	1214	1113	1022	938	864	795	733	679	627	583
			6.9	1519	1396	1280	1174	1076	987	908	834	770	711	657	610	566
			7.2	1470	1349	1236	1135	1041	955	879	810	746	689	637	593	551
			7.5	1420	1302	1194	1095	1007	923	849	783	724	669	620	576	534
490	397	490	4.5	1972	1833	1694	1560	1434	1315	1205	1106	1014	933	858	791	729
			4.8	1918	1779	1642	1511	1387	1272	1166	1069	982	903	831	766	709
			5.1	1863	1724	1590	1461	1342	1230	1129	1034	950	873	806	744	687
			5.4	1808	1672	1538	1414	1297	1188	1091	1002	920	846	781	719	667
			5.7	1756	1620	1488	1367	1253	1148	1054	967	890	821	756	699	647
			6.0	1702	1568	1441	1322	1210	1111	1019	937	863	794	734	677	627
			6.3	1650	1516	1392	1277	1171	1074	987	908	936	769	712	657	610
			6.6	1598	1469	1347	1235	1134	1039	955	878	808	746	689	637	593
			6.9	1545	1419	1302	1193	1094	1004	923	851	784	724	669	620	575
			7.2	1496	1372	1258	1153	1059	972	893	823	759	702	650	602	560
			7.5	1446	1327	1218	1116	1024	940	866	796	739	679	630	585	543

续表

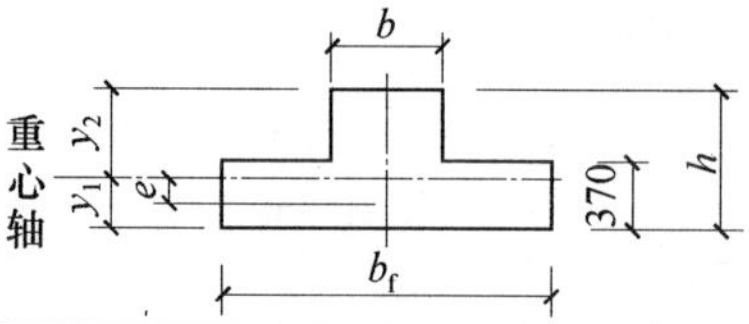

柱厚 h /mm	折算厚度 h_T /mm	柱宽 b /mm	计算高度 H_0 /m	e/h_T												
				0	0.025	0.05	0.075	0.10	0.125	0.15	0.175	0.20	0.225	0.25	0.275	0.30
620	435	370	4.5	2078	1939	1797	1659	1525	1398	1282	1176	1080	992	911	840	775
			4.8	2030	1888	1747	1608	1479	1358	1244	1141	1047	962	886	815	752
			5.1	1979	1838	1696	1563	1434	1315	1207	1106	1015	934	858	792	732
			5.4	1929	1787	1648	1515	1391	1275	1171	1073	987	906	835	770	712
			5.7	1878	1737	1601	1469	1348	1237	1133	1040	957	881	810	747	691
			6.0	1828	1686	1553	1426	1308	1199	1101	1010	929	856	787	727	674
			6.3	1777	1638	1507	1383	1267	1164	1068	979	901	830	765	707	656
			6.6	1727	1590	1462	1340	1229	1128	1035	952	876	805	744	689	638
			6.9	1679	1545	1419	1300	1191	1093	1005	924	851	782	724	669	621
			7.2	1631	1497	1376	1260	1156	1060	974	896	825	762	704	651	606
			7.5	1583	1454	1333	1222	1121	1030	946	871	803	739	684	633	588
620	451	490	4.5	2136	1994	1851	1710	1574	1443	1325	1215	1115	1023	941	866	797
			4.8	2089	1946	1802	1661	1528	1402	1287	1179	1082	994	915	841	776
			5.1	2041	1897	1753	1615	1484	1361	1248	1146	1051	966	889	817	756
			5.4	1992	1846	1705	1569	1441	1323	1212	1112	1020	938	864	797	735
			5.7	1941	1797	1659	1525	1400	1282	1176	1079	992	912	841	774	715
			6.0	1892	1748	1610	1479	1359	1246	1141	1048	964	887	817	753	697
			6.3	1843	1702	1564	1438	1318	1207	1107	1018	935	861	794	733	679
			6.6	1794	1653	1520	1394	1279	1174	1076	989	910	838	771	715	661
			6.9	1746	1607	1477	1353	1241	1138	1046	961	884	815	751	694	643
			7.2	1697	1561	1433	1315	1205	1105	1015	933	859	792	733	676	628
			7.5	1648	1515	1392	1276	1169	1074	987	907	835	771	712	659	612
620	467	620	4.5	2197	2053	1907	1761	1623	1490	1368	1253	1149	1055	969	894	823
			4.8	2150	2007	1861	1715	1579	1449	1329	1219	1118	1026	943	867	802
			5.1	2103	1957	1811	1670	1535	1407	1292	1183	1086	998	917	847	779
			5.4	2056	1907	1764	1623	1490	1368	1253	1152	1055	969	894	823	761
			5.7	2007	1861	1717	1579	1449	1329	1219	1118	1026	943	870	802	740
			6.0	1957	1811	1670	1535	1410	1292	1185	1086	998	917	847	781	722
			6.3	1910	1764	1623	1493	1368	1256	1152	1058	972	894	823	761	703
			6.6	1861	1717	1579	1449	1329	1219	1118	1026	943	870	802	740	685
			6.9	1814	1670	1535	1410	1292	1185	1096	998	920	847	781	722	669
			7.2	1764	1626	1493	1368	1256	1152	1058	972	894	823	761	703	651
			7.5	1717	1579	1451	1331	1219	1120	1026	946	870	802	740	685	635

续表

柱厚 h /mm	折算厚度 h_T /mm	柱宽 b /mm	计算高度 H_0 /m	e/h_T												
				0	0.025	0.05	0.075	0.10	0.125	0.15	0.175	0.20	0.225	0.25	0.275	0.30
620	481	750	4.5	2254	2108	1960	1811	1668	1533	1406	1289	1183	1085	998	919	847
			4.8	2206	2060	1012	1766	1626	1491	1369	1255	1152	1056	972	895	823
			5.1	2161	2013	1864	1719	1581	1451	1332	1221	1120	1027	945	871	802
			5.4	2113	1965	1817	1674	1538	1411	1295	1186	1088	1001	921	847	784
			5.7	2066	1917	1772	1628	1496	1372	1258	1154	1059	974	897	826	762
			6.0	2018	1870	1724	1586	1456	1334	1223	1123	1030	948	874	805	744
			6.3	1970	1822	1679	1544	1417	1297	1191	1093	1003	924	850	786	725
			6.6	1922	1774	1634	1501	1377	1263	1157	1062	977	900	829	765	707
			6.9	1875	1729	1591	1459	1340	1229	1125	1035	950	876	807	746	691
			7.2	1827	1684	1546	1419	1303	1194	1096	1006	927	852	786	728	675
			7.5	1779	1639	1504	1379	1266	1162	1067	980	903	831	768	709	659
750	533	490	4.5	2316	2175	2030	1882	1736	1596	1466	1344	1233	1130	1037	955	878
			4.8	2276	2133	1985	1837	1694	1556	1429	1310	1201	1103	1013	931	857
			5.1	2236	2091	1942	1794	1654	1519	1392	1278	1172	1074	987	910	839
			5.4	2194	2048	1900	1755	1614	1482	1357	1246	1143	1048	963	889	817
			5.7	2152	2006	1858	1712	1575	1445	1326	1215	1114	1024	942	868	799
			6.0	2109	1961	1813	1670	1535	1408	1291	1185	1087	997	918	847	780
			6.3	2067	1919	1773	1630	1498	1373	1260	1156	1061	974	897	828	765
			6.6	2025	1876	1731	1590	1461	1339	1228	1127	1035	952	876	807	746
			6.9	1980	1834	1688	1553	1424	1307	1199	1098	1011	929	855	788	730
			7.2	1937	1792	1649	1514	1389	1273	1167	1072	984	907	836	772	714
			7.5	1895	1749	1609	1477	1355	1241	1140	1045	960	886	817	754	698
750	560	620	4.5	2399	2261	2112	1957	1808	1664	1529	1401	1285	1179	1081	995	916
			4.8	2361	2220	2068	1916	1767	1626	1491	1369	1255	1152	1057	973	894
			5.1	2323	2177	2025	2876	1727	1588	1455	1336	1225	1125	1032	948	875
			5.4	2285	2136	1984	1832	1689	1550	1423	1304	1195	1098	1008	929	856
			5.7	2244	2095	1941	1792	1648	1512	1388	1274	1168	1073	986	908	837
			6.0	2204	2052	1900	1751	1610	1477	1355	1244	1141	1046	962	886	818
			6.3	2163	2009	1859	1713	1572	1442	1323	1214	1114	1024	940	867	799
			6.6	2120	1968	1816	1672	1537	1409	1293	1184	1087	1000	921	898	783
			6.9	2079	1925	1775	1634	1499	1377	1260	1157	1062	976	900	829	767
			7.2	2036	1884	1737	1596	1464	1344	1230	1130	1038	954	881	810	751
			7.5	1992	1843	1697	1558	1431	1312	1203	1103	1014	932	859	794	734

续表

柱厚 h /mm	折算厚度 h_T /mm	柱宽 b /mm	计算高度 H_0 /m	e/h_T												
				0	0.025	0.05	0.075	0.10	0.125	0.15	0.175	0.20	0.225	0.25	0.275	0.30
			4.5	2478	2336	2187	2031	1876	1726	1587	1454	1335	1223	1124	1032	949
			4.8	2442	2298	2145	1990	1834	1690	1551	1421	1304	1196	1099	1010	929
			5.1	2406	2259	2103	1948	1795	1651	1515	1390	1273	1168	1074	988	910
			5.4	2367	2217	2062	1906	1756	1615	1482	1357	1246	1143	1049	965	890
			5.7	2328	2175	2020	1867	1718	1579	1448	1326	1218	1118	1026	946	871
750	583	750	6.0	2289	2134	1978	1826	1679	1543	1415	1296	1190	1093	1004	924	852
			6.3	2248	2092	1937	1787	1643	1507	1382	1268	1162	1068	982	904	835
			6.6	2206	2051	1898	1748	1607	1473	1351	1237	1137	1043	960	885	818
			6.9	2167	2009	1856	1709	1568	1440	1321	1210	1112	1021	940	865	799
			7.2	2126	1970	1817	1670	1534	1407	1290	1182	1087	999	921	849	785
			7.5	2084	1928	1776	1634	1498	1373	1260	1157	1063	976	899	829	768
			4.5	2548	2406	2253	2094	1936	1783	1638	1502	1377	1264	1159	1065	980
			4.8	2514	2367	2211	2052	1896	1743	1601	1468	1346	1235	1133	1043	960
			5.1	2477	2327	2171	2012	1856	1706	1567	1437	1318	1210	1111	1020	941
			5.4	2440	2287	2128	1970	1817	1669	1533	1406	1289	1182	1085	1000	921
			5.7	2401	2247	2089	1930	1777	1632	1499	1374	1261	1156	1063	977	901
750	602	870	6.0	2364	2208	2049	1890	1740	1598	1465	1343	1233	1131	1040	958	884
			6.3	2324	2165	2007	1851	1703	1561	1434	1315	1204	1108	1017	938	864
			6.6	2284	2126	1967	1811	1666	1527	1403	1286	1179	1082	997	918	847
			6.9	2242	2083	1927	1774	1629	1493	1372	1258	1153	1060	975	898	830
			7.2	2202	2043	1887	1734	1593	1462	1340	1230	1128	1037	955	881	813
			7.5	2162	2001	1848	1698	1559	1428	1312	1201	1105	1014	935	861	796

2.2.65 T形截面普通砖墙柱承载力 N 值选用表（b_f＝5200mm 砖强度 MU10 砂浆强度 M2.5）

表 2-65　　T形截面普通砖墙柱承载力 N 值（kN）选用表

（b_f＝5200mm　砖强度 MU10　砂浆强度 M2.5）

柱厚 h /mm	折算厚度 h_T /mm	柱宽 b /mm	计算高度 H_0 /m	e/h_T												
				0	0.025	0.05	0.075	0.10	0.125	0.15	0.175	0.20	0.225	0.25	0.275	0.30
490	391	370	4.5	2021	1878	1734	1599	1468	1345	1235	1133	1038	954	880	811	747
			4.8	1965	1821	1681	1545	1420	1302	1192	1095	1005	923	852	785	724
			5.1	1908	1765	1624	1494	1371	1256	1154	1059	972	895	823	759	703
			5.4	1850	1709	1573	1445	1325	1215	1115	1023	941	864	798	736	683
			5.7	1793	1655	1519	1397	1279	1174	1077	990	910	836	772	713	662
			6.0	1737	1601	1471	1348	1235	1133	1041	957	880	811	749	693	642
			6.3	1683	1548	1420	1302	1195	1097	1008	926	852	785	726	672	624
			6.6	1630	1496	1374	1258	1154	1059	974	895	826	762	703	652	606
			6.9	1576	1445	1328	1218	1115	1023	941	867	798	736	683	632	588
			7.2	1522	1397	1282	1177	1079	990	910	839	775	716	662	614	570
			7.5	1473	1351	1238	1136	1044	959	882	813	749	693	642	596	555
490	396	490	4.5	2046	1902	1757	1618	1487	1366	1252	1149	1054	969	891	822	757
			4.8	1989	1845	1703	1567	1438	1319	1211	1110	1020	938	863	796	734
			5.1	1933	1788	1649	1515	1391	1275	1170	1074	987	907	835	770	714
			5.4	1876	1734	1595	1466	1345	1234	1130	1038	953	878	809	747	690
			5.7	1822	1680	1544	1417	1299	1293	1092	1005	922	850	783	724	670
			6.0	1765	1626	1495	1371	1257	1152	1056	971	894	824	760	703	652
			6.3	1708	1572	1443	1324	1214	1113	1023	940	866	799	737	683	634
			6.6	1654	1520	1397	1281	1175	1077	989	909	837	773	716	662	613
			6.9	1603	1471	1350	1237	1136	1041	958	881	811	750	693	644	589
			7.2	1549	1422	1304	1196	1098	1007	927	853	788	726	672	623	579
			7.5	1500	1376	1263	1157	1061	976	897	827	762	706	654	605	564

柱厚 h /mm	折算厚度 h_T /mm	柱宽 b /mm	计算高度 H_0 /m	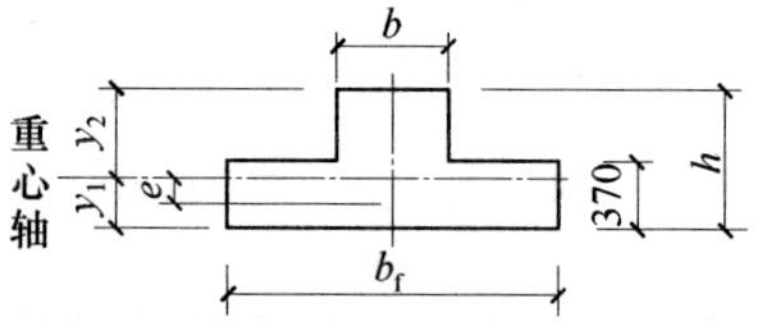												
				e/h_T												
				0	0.025	0.05	0.075	0.10	0.125	0.15	0.175	0.20	0.225	0.25	0.275	0.30
			4.5	2154	2008	1861	1717	1580	1449	1329	1218	1119	1027	943	870	802
			4.8	2102	1955	1808	1667	1533	1405	1289	1182	1085	996	917	844	778
			5.1	2049	1903	1758	1617	1486	1363	1250	1145	1053	967	891	820	757
			5.4	1997	1850	1706	1570	1441	1321	1211	1111	1022	938	865	796	736
			5.7	1945	1798	1656	1523	1397	1281	1174	1077	990	912	838	775	715
620	433	370	6.0	1892	1748	1606	1475	1355	1242	1140	1045	962	886	815	754	697
			6.3	1840	1696	1559	1431	1310	1203	1106	1014	933	869	791	734	678
			6.6	1787	1646	1512	1389	1274	1166	1072	985	907	836	770	713	660
			6.9	1738	1599	1468	1344	1234	1132	1040	956	880	810	749	694	642
			7.2	1685	1549	1423	1305	1195	1098	1009	927	854	789	728	673	626
			7.5	1635	1504	1378	1266	1161	1064	977	901	830	765	707	657	610
			4.5	2213	2067	1918	1771	1628	1495	1372	1258	1154	1058	973	896	827
			4.8	2162	2016	1867	1721	1582	1452	1332	1221	1120	1029	947	872	803
			5.1	2112	1963	1817	1673	1537	1410	1292	1186	1088	1000	920	848	782
			5.4	2061	1912	1766	1625	1492	1367	1255	1151	1056	971	893	824	760
			5.7	2011	1862	1715	1577	1447	1327	1218	1117	1026	944	829	800	742
620	449	490	6.0	1958	1811	1668	1532	1404	1287	1181	1085	997	917	846	779	720
			6.3	1907	1761	1620	1487	1364	1250	1146	1053	968	891	822	758	702
			6.6	1856	1710	1572	1444	1324	1213	1114	1024	941	867	800	739	683
			6.9	1806	1662	1527	1402	1284	1178	1082	995	915	843	779	720	667
			7.2	1755	1614	1481	1359	1247	1143	1050	965	888	819	758	699	649
			7.5	1705	1567	1439	1319	1210	1109	1018	939	864	798	736	683	633
			4.5	2272	2124	1972	1824	1678	1543	1413	1297	1189	1091	1002	924	851
			4.8	2224	2075	1924	1775	1632	1497	1372	1259	1156	1062	975	899	829
			5.1	2175	2024	1872	1727	1586	1456	1335	1224	1124	1032	948	875	808
			5.4	2124	1972	1824	1678	1540	1413	1297	1189	1091	1002	924	851	786
			5.7	2075	1924	1772	1632	1497	1372	1259	1156	1062	975	897	829	764
620	464	620	6.0	2024	1872	1727	1586	1456	1335	1224	1124	1032	948	875	808	745
			6.3	1972	1824	1678	1540	1413	1297	1189	1091	1002	924	851	786	727
			6.6	1921	1772	1632	1497	1372	1259	1156	1062	975	897	829	764	708
			6.9	1872	1724	1586	1454	1335	1224	1124	1032	948	872	808	745	691
			7.2	1821	1678	1540	1413	1297	1189	1091	1002	924	851	786	727	672
			7.5	1772	1632	1497	1372	1259	1156	1062	975	897	829	764	708	656

柱厚 h /mm	折算厚度 h_T /mm	柱宽 b /mm	计算高度 H_0 /m	e/h_T												
				0	0.025	0.05	0.075	0.10	0.125	0.15	0.175	0.20	0.225	0.25	0.275	0.30
620	478	750	4.5	2330	2182	2028	1874	1726	1586	1454	1334	1224	1122	1032	949	875
			4.8	2283	2132	1976	1825	1679	1542	1413	1298	1191	1092	1004	925	853
			5.1	2234	2080	1926	1778	1633	1498	1375	1262	1158	1062	977	900	831
			5.4	2184	2031	1877	1729	1589	1457	1336	1226	1125	1034	952	875	809
			5.7	2135	1981	1830	1682	1545	1419	1301	1194	1095	1007	927	853	787
			6.0	2086	1932	1781	1638	1504	1377	1265	1161	1065	979	903	831	768
			6.3	2036	1883	1734	1592	1463	1339	1229	1128	1037	952	878	812	749
			6.6	1984	1833	1688	1550	1421	1303	1196	1097	1010	927	856	790	732
			6.9	1935	1786	1641	1506	1383	1268	1163	1067	982	903	834	771	713
			7.2	1885	1737	1597	1465	1345	1232	1130	1040	955	881	812	752	697
			7.5	1839	1690	1553	1424	1306	1199	1100	1010	930	859	793	732	680
750	528	490	4.5	2394	2249	2095	1942	1791	1648	1514	1388	1272	1168	1072	984	908
			4.8	2353	2205	2051	1898	1750	1607	1475	1352	1239	1138	1045	962	886
			5.1	2309	2161	2005	1854	1706	1569	1437	1319	1209	1111	1020	938	866
			5.4	2265	2115	1961	1810	1665	1527	1401	1286	1179	1083	995	916	844
			5.7	2222	2071	1917	1776	1624	1489	1366	1253	1149	1056	971	894	825
			6.0	2178	2024	1870	1722	1582	1453	1333	1223	1121	1031	949	875	806
			6.3	2134	1980	1827	1681	1544	1415	1300	1190	1094	1006	924	853	787
			6.6	2087	1933	1783	1640	1506	1382	1267	1163	1067	982	902	833	770
			6.9	2043	1890	1741	1599	1467	1346	1234	1132	1042	957	883	814	754
			7.2	1997	1846	1698	1560	1431	1314	1204	1105	1015	935	861	795	735
			7.5	1953	1802	1656	1522	1396	1281	1174	1078	990	913	842	776	718
750	557	620	4.5	2481	2335	2181	2024	1869	1720	1580	1448	1327	1218	1117	1027	946
			4.8	2442	2293	2139	1982	1827	1678	1541	1414	1297	1190	1092	1005	926
			5.1	2403	2251	2094	1937	1785	1639	1504	1381	1266	1162	1066	982	904
			5.4	2361	2209	2049	1895	1743	1603	1468	1347	1235	1134	1041	960	884
			5.7	2318	2164	2007	1852	1704	1563	1434	1316	1207	1109	1019	937	864
			6.0	2276	2119	1962	1810	1664	1527	1400	1283	1179	1083	996	918	845
			6.3	2234	2077	1920	1768	1625	1490	1367	1254	1151	1058	971	895	828
			6.6	2189	2032	1878	1726	1586	1454	1333	1224	1122	1033	951	875	808
			6.9	2147	1990	1836	1687	1549	1420	1302	1195	1097	1007	929	856	791
			7.2	2102	1945	1793	1647	1513	1386	1271	1167	1072	985	909	839	774
			7.5	2057	1903	1751	1608	1476	1353	1240	1139	1047	962	887	819	758

续表

柱厚 h /mm	折算厚度 h_T /mm	柱宽 b /mm	计算高度 H_0 /m	e/h_T												
				0	0.025	0.05	0.075	0.10	0.125	0.15	0.175	0.20	0.225	0.25	0.275	0.30
750	578	750	4.5	2558	2415	2257	2096	1935	1783	1636	1501	1375	1263	1160	1065	979
			4.8	2521	2372	2214	2053	1892	1743	1599	1467	1343	1234	1134	1042	959
			5.1	2484	2328	2171	2010	1852	1702	1562	1432	1315	1206	1108	1019	939
			5.4	2443	2288	2127	1967	1812	1665	1527	1401	1283	1177	1082	996	918
			5.7	2403	2245	2084	1924	1771	1625	1493	1366	1254	1151	1059	973	898
			6.0	2360	2202	2041	1883	1731	1588	1458	1338	1226	1125	1036	953	878
			6.3	2320	2159	1998	1840	1691	1553	1424	1306	1197	1099	1013	933	861
			6.6	2277	2116	1955	1800	1654	1516	1392	1275	1171	1076	990	913	841
			6.9	2234	2073	1912	1760	1616	1481	1358	1246	1145	1053	967	893	824
			7.2	2191	2030	1872	1720	1579	1447	1329	1217	1119	1028	947	872	806
			7.5	2148	1987	1829	1682	1542	1415	1298	1191	1094	1007	927	855	792
750	597	870	4.5	2629	2482	2324	2160	1995	1837	1688	1550	1421	1304	1195	1099	1011
			4.8	2593	2441	2280	2116	1954	1799	1653	1515	1389	1274	1169	1075	990
			5.1	2555	2400	2239	2075	1913	1758	1614	1480	1357	1245	1143	1052	970
			5.4	2517	2359	2195	2031	1872	1720	1579	1447	1327	1219	1119	1020	949
			5.7	2476	2318	2154	1990	1831	1682	1544	1415	1298	1192	1096	1008	929
			6.0	2435	2274	2110	1949	1793	1647	1509	1383	1269	1166	1072	987	908
			6.3	2394	2233	2069	1908	1752	1609	1477	1354	1242	1140	1049	967	891
			6.6	2353	2189	2025	1867	1714	1573	1444	1324	1216	1116	1025	946	873
			6.9	2312	2148	1984	1826	1676	1538	1412	1295	1187	1093	1005	926	855
			7.2	2268	2104	1943	1787	1641	1506	1380	1266	1163	1069	984	905	838
			7.5	2227	2060	1902	1746	1603	1471	1348	1236	1137	1046	964	888	820

2.2.66 T形截面普通砖墙柱承载力 N 值选用表（b_f＝5400mm　砖强度MU10　砂浆强度M2.5）

表 2－66　　T形截面普通砖墙柱承载力 N 值（kN）选用表

（b_f＝5400mm　砖强度MU10　砂浆强度M2.5）

柱厚 h /mm	折算厚度 h_T /mm	柱宽 b /mm	计算高度 H_0 /m	e/h_T												
				0	0.025	0.05	0.075	0.10	0.125	0.15	0.175	0.20	0.225	0.25	0.275	0.30
490	391	370	4.5	2097	1948	1800	1659	1524	1396	1282	1176	1077	990	913	841	775
			4.8	2039	1890	1744	1603	1473	1351	1237	1136	1043	958	884	815	751
			5.1	1980	1832	1686	1550	1423	1303	1197	1099	1008	929	854	788	730
			5.4	1919	1773	1632	1500	1375	1261	1157	1062	977	897	828	764	708
			5.7	1861	1717	1577	1449	1327	1218	1117	1027	945	868	801	740	687
			6.0	1802	1662	1526	1399	1282	1176	1080	993	913	841	777	719	666
			6.3	1747	1606	1473	1351	1239	1139	1046	961	884	815	754	698	647
			6.6	1691	1553	1425	1306	1197	1099	1011	929	857	791	730	677	629
			6.9	1635	1500	1378	1263	1157	1062	977	900	828	764	708	655	610
			7.2	1579	1449	1330	1221	1120	1027	945	870	804	743	687	637	592
			7.5	1529	1401	1285	1178	1083	995	916	844	777	719	666	618	576
490	396	490	4.5	2123	1973	1823	1679	1542	1417	1299	1192	1093	1005	925	852	786
			4.8	2064	1914	1767	1625	1492	1369	1256	1152	1058	973	895	826	762
			5.1	2005	1855	1711	1572	1443	1323	1213	1114	1024	941	866	799	740
			5.4	1946	1799	1655	1521	1395	1280	1173	1077	989	911	839	775	716
			5.7	1890	1743	1601	1470	1347	1237	1133	1042	957	882	812	751	695
			6.0	1831	1687	1550	1422	1304	1195	1096	1008	927	855	788	729	676
			6.3	1772	1631	1497	1374	1259	1155	1061	975	898	828	764	708	657
			6.6	1716	1577	1449	1328	1219	1117	1026	943	868	802	743	687	636
			6.9	1663	1526	1401	1283	1179	1040	994	914	842	778	719	668	620
			7.2	1606	1475	1352	1240	1139	1045	962	885	818	754	697	647	601
			7.5	1556	1427	1310	1200	1101	1013	930	858	791	732	679	628	585

柱厚 h /mm	折算厚度 h_T /mm	柱宽 b /mm	计算高度 H_0 /m	e/h_T												
				0	0.025	0.05	0.075	0.10	0.125	0.15	0.175	0.20	0.225	0.25	0.275	0.30
620	431	370	4.5	2231	2079	1926	1777	1633	1500	1375	1260	1157	1062	978	978	899
			4.8	2176	2024	1872	1725	1584	1453	1334	1222	1122	1029	948	875	807
			5.1	2122	1970	1818	1674	1538	1410	1293	1184	1089	1000	921	847	785
			5.4	2068	1913	1766	1622	1489	1366	1252	1149	1057	970	894	826	763
			5.7	2011	1861	1714	1573	1445	1323	1214	1114	1024	943	869	801	741
			6.0	1956	1807	1663	1527	1399	1282	1176	1081	994	915	842	779	720
			6.3	1902	1752	1611	1481	1356	1244	1141	1049	964	888	820	758	701
			6.6	1848	1701	1562	1434	1315	1206	1108	1016	937	864	796	736	682
			6.9	1796	1652	1516	1391	1274	1171	1073	986	910	839	774	717	665
			7.2	1742	1600	1470	1347	1236	1133	1040	959	883	815	752	698	646
			7.5	1690	1554	1424	1307	1198	1100	1010	929	858	790	733	679	630
620	447	490	4.5	2290	2139	1984	1830	1684	1546	1419	1301	1193	1097	1006	926	854
			4.8	2238	2084	1929	1780	1637	1502	1378	1262	1157	1064	978	901	832
			5.1	2186	2031	1877	1728	1587	1458	1336	1226	1124	1033	951	876	810
			5.4	2133	1976	1824	1678	1540	1414	1295	1190	1091	1003	923	851	788
			5.7	2078	1924	1775	1631	1496	1372	1259	1155	1061	975	898	829	766
			6.0	2026	1871	1722	1582	1452	1331	1221	1121	1030	948	873	807	747
			6.3	1971	1819	1673	1535	1408	1292	1185	1088	1000	920	849	785	727
			6.6	1918	1767	1626	1491	1367	1254	1152	1058	973	895	826	763	708
			6.9	1866	1717	1576	1447	1325	1218	1116	1025	945	871	804	744	689
			7.2	1813	1667	1532	1405	1287	1182	1086	997	917	846	782	724	672
			7.5	1761	1620	1485	1361	1248	1146	1053	970	893	824	760	705	653
620	461	620	4.5	2348	2197	2037	1883	1732	1592	1461	1340	1228	1127	1035	954	878
			4.8	2297	2143	1987	1833	1684	1547	1419	1301	1192	1097	1007	929	856
			5.1	2247	2090	1934	1782	1637	1503	1377	1265	1158	1066	979	904	834
			5.4	2194	2037	1880	1732	1592	1461	1337	1228	1127	1038	954	878	811
			5.7	2141	1984	1830	1684	1544	1419	1301	1192	1094	1007	926	856	789
			6.0	2087	1934	1780	1637	1503	1377	1262	1158	1063	979	901	834	769
			6.3	2037	1880	1732	1589	1458	1337	1225	1125	1035	951	878	811	750
			6.6	1984	1830	1682	1544	1416	1298	1192	1094	1007	926	853	789	730
			6.9	1931	1780	1634	1500	1377	1262	1158	1063	979	901	831	769	713
			7.2	1880	1729	1589	1458	1337	1225	1125	1035	951	878	811	750	694
			7.5	1827	1682	1544	1416	1298	1192	1094	1004	926	853	789	730	677

续表

柱厚 h /mm	折算厚度 h_T /mm	柱宽 b /mm	计算高度 H_0 /m	e/h_T												
				重心轴 y_1 y_2 e b b_f 370 h												
				0	0.025	0.05	0.075	0.10	0.125	0.15	0.175	0.20	0.225	0.25	0.275	0.30
620	475	750	4.5	2406	2253	2093	1934	1781	1636	1502	1377	1264	1159	1065	980	903
			4.8	2358	2201	2042	1883	1733	1591	1460	1338	1227	1127	1037	954	880
			5.1	2307	2147	1988	1835	1687	1548	1420	1301	1193	1096	1008	929	858
			5.4	2255	2096	1937	1784	1639	1505	1380	1264	1162	1068	983	906	835
			5.7	2204	2045	1886	1735	1593	1463	1341	1230	1130	1039	954	880	815
			6.0	2153	1994	1838	1690	1551	1423	1304	1196	1099	1011	931	858	792
			6.3	2099	1940	1789	1642	1508	1383	1267	1164	1068	983	906	838	772
			6.6	2048	1892	1738	1596	1466	1343	1233	1130	1039	957	883	815	755
			6.9	1997	1841	1693	1554	1423	1306	1198	1102	1011	931	860	795	735
			7.2	1946	1792	1645	1511	1386	1269	1164	1071	985	909	838	775	718
			7.5	1895	1744	1599	1468	1346	1235	1133	1042	960	883	818	755	701
750	524	490	4.5	2473	2322	2166	2004	1851	1700	1561	1431	1314	1203	1107	1016	937
			4.8	2430	2277	2118	1959	1805	1658	1521	1397	1280	1175	1078	993	914
			5.1	2385	2228	2069	1913	1760	1618	1485	1360	1249	1144	1053	968	894
			5.4	2339	2183	2024	1868	1717	1575	1445	1326	1218	1115	1027	945	871
			5.7	2294	2135	1976	1822	1675	1536	1408	1291	1186	1090	1002	922	851
			6.0	2248	2089	1930	1777	1633	1499	1374	1260	1155	1061	976	900	831
			6.3	2200	2041	1885	1734	1592	1459	1340	1229	1127	1036	954	880	812
			6.6	2155	1996	1839	1692	1553	1422	1306	1198	1098	1010	931	860	795
			6.9	2106	1947	1794	1649	1513	1388	1272	1167	1073	988	908	840	775
			7.2	2058	1902	1751	1607	1473	1351	1240	1138	1047	962	888	820	758
			7.5	2013	1857	1706	1567	1436	1317	1209	1110	1022	939	866	800	741
750	551	620	4.5	2561	2410	2250	2087	1925	1771	1626	1492	1367	1254	1152	1059	975
			4.8	2520	2366	2203	2041	1881	1730	1588	1457	1335	1225	1126	1039	952
			5.1	2476	2320	2157	1994	1838	1689	1550	1422	1303	1196	1100	1010	932
			5.4	2433	2276	2110	1951	1794	1649	1512	1387	1271	1167	1074	987	911
			5.7	2389	2230	2067	1907	1753	1608	1475	1353	1242	1141	1048	966	891
			6.0	2346	2183	2020	1861	1713	1570	1440	1321	1213	1115	1024	943	871
			6.3	2299	2137	1974	1820	1672	1533	1405	1289	1184	1088	1001	923	850
			6.6	2256	2090	1930	1777	1631	1495	1373	1260	1155	1062	978	903	833
			6.9	2209	2047	1887	1736	1591	1460	1338	1228	1129	1036	955	882	815
			7.2	2163	2000	1843	1692	1553	1425	1306	1199	1103	1013	934	862	798
			7.5	2116	1957	1800	1655	1515	1390	1274	1170	1077	990	911	842	781

续表

柱厚 h /mm	折算厚度 h_T /mm	柱宽 b /mm	计算高度 H_0 /m	e/h_T												
				0	0.025	0.05	0.075	0.10	0.125	0.15	0.175	0.20	0.225	0.25	0.275	0.30
750	574	750	4.5	2641	2490	2326	2160	1997	1837	1688	1549	1418	1302	1196	1098	1012
			4.8	2602	2445	2282	2116	1952	1795	1650	1513	1386	1273	1169	1074	988
			5.1	2561	2403	2237	2071	1908	1754	1611	1478	1353	1243	1142	1050	967
			5.4	2519	2359	2193	2027	1866	1715	1572	1442	1323	1213	1115	1026	946
			5.7	2478	2314	2148	1982	1825	1676	1537	1409	1294	1187	1092	1003	925
			6.0	2433	2270	2101	1941	1783	1638	1501	1377	1264	1160	1065	982	905
			6.3	2389	2222	2056	1896	1742	1599	1466	1344	1234	1133	1041	961	887
			6.6	2344	2178	2015	1854	1703	1564	1433	1314	1207	1109	1020	940	866
			6.9	2300	2133	1970	1813	1664	1525	1400	1285	1178	1083	997	920	848
			7.2	2255	2089	1926	1771	1626	1492	1368	1255	1151	1059	976	899	831
			7.5	2211	2044	1884	1730	1587	1457	1335	1225	1127	1035	955	881	816
750	592	870	4.5	2712	2560	2394	2224	2055	1891	1740	1595	1462	1341	1232	1132	1041
			4.8	2672	2518	2349	2179	2013	1852	1701	1558	1431	1310	1204	1107	1020
			5.1	2633	2473	2306	2137	1970	1810	1661	1525	1398	1283	1177	1083	998
			5.4	2594	2430	2261	2091	1928	1770	1625	1489	1368	1253	1153	1059	977
			5.7	2551	2385	2215	2049	1885	1731	1589	1456	1338	1226	1126	1038	956
			6.0	2509	2343	2173	2003	1843	1695	1552	1425	1307	1198	1101	1014	935
			6.3	2467	2297	2128	1961	1804	1655	1519	1392	1277	1174	1080	992	917
			6.6	2421	2252	2085	1919	1764	1619	1483	1362	1250	1147	1056	971	899
			6.9	2379	2209	2040	1879	1725	1583	1450	1331	1222	1123	1032	953	880
			7.2	2333	2164	1997	1837	1686	1546	1419	1301	1195	1098	1011	932	862
			7.5	2291	2119	1955	1798	1649	1513	1386	1271	1168	1074	989	914	844

2.2.67 T形截面普通砖墙柱承载力 N 值选用表（b_f＝5600mm 砖强度 MU10 砂浆强度 M2.5）

表 2－67　　T形截面普通砖墙柱承载力 N 值（kN）选用表

（b_f＝5600mm　砖强度 MU10　砂浆强度 M2.5）

柱厚 h /mm	折算厚度 h_T /mm	柱宽 b /mm	计算高度 H_0 /m	e/h_T												
				0	0.025	0.05	0.075	0.10	0.125	0.15	0.175	0.20	0.225	0.25	0.275	0.30
490	390	370	4.5	2170	2016	1862	1716	1576	1447	1326	1216	1117	1026	943	869	803
			4.8	2110	1956	1804	1659	1524	1397	1282	1174	1078	993	913	841	778
			5.1	2049	1895	1747	1604	1471	1350	1238	1136	1042	960	885	817	753
			5.4	1986	1835	1689	1551	1422	1304	1196	1097	1009	929	855	792	731
			5.7	1925	1777	1631	1499	1372	1260	1155	1062	976	899	830	767	709
			6.0	1865	1716	1579	1447	1328	1218	1117	1026	946	872	803	742	690
			6.3	1807	1661	1524	1397	1282	1177	1081	993	916	844	778	720	668
			6.6	1747	1606	1474	1350	1240	1136	1045	960	885	817	756	698	649
			6.9	1689	1551	1425	1306	1196	1100	1009	929	858	792	731	679	630
			7.2	1634	1499	1375	1262	1158	1062	976	899	830	767	709	660	613
			7.5	1579	1449	1328	1218	1119	1028	946	872	806	745	690	641	597
490	395	490	4.5	2196	2041	1889	1735	1598	1465	1343	1232	1130	1038	955	880	814
			4.8	2135	1980	1828	1681	1545	1415	1299	1191	1094	1005	925	853	789
			5.1	2074	1922	1770	1626	1493	1368	1254	1152	1058	972	897	828	764
			5.4	2013	1861	1711	1573	1443	1324	1213	1113	1024	941	869	803	742
			5.7	1952	1803	1656	1520	1396	1279	1174	1077	991	914	842	778	720
			6.0	1894	1745	1603	1470	1349	1235	1135	1041	958	883	817	753	698
			6.3	1833	1686	1548	1421	1304	1196	1096	1008	927	855	792	731	678
			6.6	1775	1631	1498	1373	1260	1155	1060	977	900	831	767	711	659
			6.9	1720	1578	1448	1326	1218	1119	1027	944	872	806	745	689	639
			7.2	1662	1526	1398	1282	1177	1080	994	916	844	781	722	670	623
			7.5	1609	1476	1351	1240	1138	1047	963	886	819	756	700	650	606
620	430	370	4.5	2302	2149	1992	1837	1691	1550	1423	1305	1195	1100	1010	931	858
			4.8	2251	2093	1935	1783	1646	1505	1378	1266	1162	1066	982	903	835
			5.1	2194	2037	1879	1730	1589	1457	1336	1226	1125	1035	951	877	810
			5.4	2138	1980	1826	1679	1541	1412	1297	1190	1091	1004	925	852	787
			5.7	2079	1924	1772	1629	1494	1370	1254	1153	1058	973	897	830	765
			6.0	2023	1868	1719	1578	1449	1328	1218	1117	1027	945	872	804	745
			6.3	1966	1814	1668	1530	1404	1285	1181	1083	996	917	846	782	725
			6.6	1910	1758	1617	1482	1359	1246	1145	1052	967	891	824	762	706
			6.9	1857	1708	1567	1437	1319	1209	1111	1021	939	866	801	740	686
			7.2	1800	1654	1519	1392	1277	1173	1077	990	911	841	779	720	669
			7.5	1747	1606	1471	1350	1238	1136	1043	962	886	818	756	700	652

续表

柱厚 h /mm	折算厚度 h_T /mm	柱宽 b /mm	计算高度 H_0 /m	e/h_T												
				0	0.025	0.05	0.075	0.10	0.125	0.15	0.175	0.20	0.225	0.25	0.275	0.30
			4.5	2365	2208	2048	1888	1737	1597	1463	1343	1232	1129	1038	955	881
			4.8	2310	2151	1991	1837	1688	1549	1420	1303	1195	1098	1009	930	858
			5.1	2256	2096	1937	1783	1637	1503	1377	1263	1161	1066	981	904	835
			5.4	2199	2039	1882	1731	1589	1457	1337	1226	1126	1035	952	878	813
			5.7	2145	1985	1828	1680	1543	1415	1298	1189	1092	1007	927	855	790
620	444	490	6.0	2088	1928	1777	1631	1497	1372	1258	1155	1061	978	901	833	770
			6.3	2031	1874	1725	1583	1452	1332	1221	1121	1032	949	875	810	750
			6.6	1977	1822	1674	1537	1409	1292	1186	1089	1001	924	853	787	730
			6.9	1922	1768	1626	1492	1366	1255	1149	1058	972	898	827	767	710
			7.2	1868	1717	1577	1446	1326	1218	1118	1027	947	872	807	747	693
			7.5	1814	1668	1529	1403	1286	1181	1084	998	918	847	784	727	673
			4.5	2426	2266	2104	1945	1789	1644	1508	1383	1268	1163	1071	984	909
			4.8	2373	2211	2049	1890	1739	1598	1464	1343	1233	1131	1039	958	883
			5.1	2318	2159	1997	1838	1690	1551	1421	1305	1198	1100	1010	932	859
			5.4	2266	2104	1942	1789	1641	1505	1380	1268	1163	1068	984	906	836
			5.7	2211	2049	1890	1737	1595	1462	1340	1230	1129	1039	958	883	816
620	459	620	6.0	2156	1994	1838	1687	1548	1421	1302	1195	1097	1010	932	859	793
			6.3	2102	1939	1786	1641	1505	1380	1265	1160	1068	984	960	836	772
			6.6	2046	1887	1737	1592	1462	1340	1230	1129	1039	955	883	813	755
			6.9	1991	1835	1687	1548	1418	1302	1195	1097	1010	929	859	793	735
			7.2	1939	1783	1638	1502	1378	1265	1160	1065	981	906	836	772	717
			7.5	1884	1734	1592	1459	1337	1227	1129	1036	955	880	813	752	697
			4.5	2484	2323	2158	1994	1838	1688	1547	1418	1301	1195	1098	1010	931
			4.8	2432	2270	2106	1941	1788	1641	1503	1380	1265	1163	1069	984	907
			5.1	2379	2214	2050	1891	1738	1594	1462	1342	1230	1130	1039	957	884
			5.4	2326	2161	1997	1838	1688	1550	1421	1304	1198	1098	1013	934	860
			5.7	2273	2109	1944	1788	1641	1506	1383	1268	1163	1069	984	907	840
620	472	750	6.0	2217	2053	1894	1741	1597	1465	1342	1233	1130	1042	960	884	816
			6.3	2164	2000	1841	1691	1553	1424	1307	1198	1101	1013	934	863	796
			6.6	2109	1947	1791	1644	1509	1383	1268	1166	1072	986	910	840	778
			6.9	2056	1894	1741	1600	1465	1345	1233	1133	1042	960	887	819	757
			7.2	2003	1844	1694	1553	1424	1307	1201	1101	1013	934	863	798	740
			7.5	1950	1794	1647	1512	1386	1271	1166	1072	986	910	840	778	722

续表

柱厚 h /mm	折算厚度 h_T /mm	柱宽 b /mm	计算高度 H_0 /m	e/h_T												
				0	0.025	0.05	0.075	0.10	0.125	0.15	0.175	0.20	0.225	0.25	0.275	0.30
750	520	490	4.5	2551	2395	2234	2069	1908	1752	1608	1476	1353	1241	1141	1048	965
			4.8	2507	2348	2184	2019	1861	1708	1567	1438	1318	1209	1112	1024	942
			5.1	2460	2298	2134	1972	1814	1667	1529	1403	1285	1180	1086	998	921
			5.4	2413	2251	2084	1922	1770	1623	1491	1365	1253	1150	1059	974	898
			5.7	2366	2201	2037	1875	1726	1582	1453	1332	1221	1121	1033	951	877
			6.0	2316	2151	1987	1831	1682	1544	1414	1297	1191	1095	1066	927	857
			6.3	2269	2101	1940	1784	1638	1503	1379	1265	1162	1068	983	807	836
			6.6	2219	2054	1893	1740	1596	1464	1344	1232	1133	1042	959	886	819
			6.9	2169	2005	1846	1696	1555	1426	1309	1200	1103	1015	936	863	798
			7.2	2119	1958	1802	1655	1517	1391	1277	1171	1077	992	912	845	780
			7.5	2072	1911	1755	1611	1479	1356	1244	1141	1050	968	892	824	763
750	546	620	4.5	2639	2483	2318	2147	1982	1823	1676	1535	1409	1292	1187	1091	1004
			4.8	2597	2435	2270	2102	1937	1781	1634	1499	1373	1262	1157	1064	980
			5.1	2552	2390	2222	2054	1892	1739	1595	1463	1340	1229	1130	1040	959
			5.4	2507	2342	2174	2006	1847	1697	1556	1427	1307	1202	1103	1016	935
			5.7	2462	2294	2126	1961	1802	1655	1517	1391	1277	1172	1079	992	914
			6.0	2414	2246	2078	1916	1760	1616	1481	1358	1247	1145	1052	971	896
			6.3	2366	2198	2030	1871	1718	1577	1445	1325	1217	1118	1028	947	875
			6.6	2318	2150	1985	1826	1676	1538	1409	1292	1187	1091	1004	926	857
			6.9	2270	2102	1940	1784	1637	1499	1376	1262	1160	1067	983	905	836
			7.2	2222	2057	1895	1739	1595	1463	1343	1232	1133	1040	959	884	818
			7.5	2177	2009	1850	1697	1559	1427	1310	1202	1160	1016	938	866	800
750	569	750	4.5	2720	2564	2396	2224	2056	1890	1737	1593	1461	1339	1228	1130	1041
			4.8	2681	2518	2350	2178	2010	1847	1697	1556	1427	1308	1201	1106	1017
			5.1	2638	2475	2304	2132	1964	1804	1657	1519	1394	1277	1173	1081	995
			5.4	2595	2426	2255	2086	1921	1764	1617	1483	1360	1250	1149	1057	974
			5.7	2549	2380	2209	2040	1878	1725	1581	1449	1329	1219	1121	1032	952
			6.0	2506	2334	2163	1994	1835	1682	1544	1415	1299	1191	1096	1011	931
			6.3	2460	2288	2117	1948	1792	1645	1507	1380	1268	1167	1072	986	913
			6.6	2411	2239	2071	1905	1749	1605	1473	1351	1240	1139	1047	965	891
			6.9	2365	2193	2025	1862	1709	1568	1437	1320	1210	1115	1026	946	873
			7.2	2319	2147	1979	1820	1669	1532	1406	1289	1182	1087	1001	925	854
			7.5	2273	2101	1936	1777	1633	1495	1372	1259	1158	1063	980	906	836

续表

柱厚 h /mm	折算厚度 h_T /mm	柱宽 b /mm	计算高度 H_0 /m	e/h_T												
				0	0.025	0.05	0.075	0.10	0.125	0.15	0.175	0.20	0.225	0.25	0.275	0.30
			4.5	2795	2636	2467	2289	2117	1948	1789	1642	1505	1380	1268	1165	1071
			4.8	2754	2592	2420	2245	2070	1905	1749	1605	1471	1349	1239	1140	1049
			5.1	2714	2548	2373	2198	2027	1864	1711	1567	1439	1321	1211	1115	1027
			5.4	2670	2501	2326	2152	1983	1824	1674	1533	1405	1289	1186	1090	1005
			5.7	2626	2458	2280	2108	1939	1783	1633	1499	1374	1261	1158	1068	983
750	588	870	6.0	2583	2411	2236	2061	1899	1742	1599	1464	1343	1233	1133	1043	962
			6.3	2539	2364	2189	2017	1855	1702	1561	1433	1314	1205	1108	1021	943
			6.6	2492	2317	2142	1975	1814	1664	1527	1399	1283	1180	1086	999	924
			6.9	2448	2270	2098	1930	1774	1627	1492	1368	1255	1155	1061	980	905
			7.2	2401	2226	2055	1889	1733	1589	1458	1336	1227	1130	1040	958	887
			7.5	2355	2180	2008	1845	1695	1555	1424	1308	1202	1105	1018	940	868

2.2.68 T形截面普通砖墙柱承载力 *N* 值选用表（b_f＝5800mm　砖强度 MU10　砂浆强度 M2.5）

表 2－68　　T形截面普通砖墙柱承载力 *N* 值选用表

（b_f＝5800mm　砖强度 MU10　砂浆强度 M2.5）

柱厚 h /mm	折算厚度 h_T /mm	柱宽 b /mm	计算高度 H_0 /m	e/h_T												
				0	0.025	0.05	0.075	0.10	0.125	0.15	0.175	0.20	0.225	0.25	0.275	0.30
			4.5	2246	2087	1927	1776	1631	1497	1372	1258	1156	1062	976	899	831
			4.8	2184	2024	1867	1717	1577	1446	1326	1215	1116	1027	945	871	805
			5.1	2121	1961	1808	1660	1523	1398	1281	1176	1079	993	916	845	780
			5.4	2055	1899	1748	1606	1472	1349	1238	1136	1045	962	885	820	757
			5.7	1993	1839	1688	1551	1420	1304	1195	1099	1010	931	859	794	734
490	390	370	6.0	1930	1776	1634	1497	1375	1261	1156	1062	979	902	831	768	714
			6.3	1870	1719	1577	1446	1326	1218	1119	1027	948	874	805	746	691
			6.6	1808	1662	1526	1398	1284	1176	1082	993	916	845	783	723	672
			6.9	1748	1606	1475	1352	1238	1139	1045	962	888	820	757	703	652
			7.2	1691	1551	1423	1307	1198	1099	1010	931	859	794	734	683	634
			7.5	1634	1500	1375	1261	1158	1064	979	902	834	771	714	663	617

续表

柱厚 h /mm	折算厚度 h_T /mm	柱宽 b /mm	计算高度 H_0 /m	e/h_T 0	0.025	0.05	0.075	0.10	0.125	0.15	0.175	0.20	0.225	0.25	0.275	0.30
490	394	490	4.5	2272	2109	1951	1791	1650	1513	1390	1272	1169	1074	988	911	839
			4.8	2209	2046	1888	1739	1596	1464	1341	1232	1129	1040	957	982	814
			5.1	2146	1986	1828	1682	1542	1415	1298	1189	1094	1006	925	854	791
			5.4	2080	1923	1771	1625	1490	1367	1255	1152	1057	974	897	828	768
			5.7	2017	1863	1711	1570	1441	1321	1212	1114	1023	942	871	802	745
			6.0	1957	1802	1656	1519	1392	1278	1172	1077	991	914	842	799	722
			6.3	1894	1742	1599	1467	1347	1235	1135	1043	960	885	816	756	702
			6.6	1834	1685	1547	1418	1301	1195	1097	1008	928	857	793	733	682
			6.9	1774	1630	1496	1370	1258	1155	1060	977	899	831	768	713	662
			7.2	1716	1576	1444	1324	1215	1117	1026	945	871	805	745	690	642
			7.5	1659	1524	1395	1281	1175	1080	994	917	845	782	725	673	624
620	428	370	4.5	2380	2220	2057	1897	1743	1600	1469	1347	1236	1134	1044	960	887
			4.8	2325	2159	1999	1842	1690	1551	1423	1306	1198	1099	1012	934	861
			5.1	2264	2101	1941	1786	1638	1504	1379	1265	1161	1067	983	905	838
			5.4	2205	2042	1882	1731	1588	1457	1335	1225	1126	1035	954	878	814
			5.7	2147	1984	1827	1679	1539	1411	1294	1190	1091	1003	925	855	791
			6.0	2086	1926	1772	1626	1492	1367	1257	1152	1059	974	899	832	768
			6.3	2028	1871	1719	1577	1446	1326	1216	1117	1027	948	873	808	747
			6.6	1970	1815	1667	1527	1402	1286	1181	1085	998	919	849	785	727
			6.9	1911	1760	1615	1481	1358	1245	1143	1053	969	893	826	765	710
			7.2	1856	1705	1565	1434	1318	1207	1108	1021	939	867	803	742	689
			7.5	1801	1655	1519	1391	1277	1172	1076	992	913	843	779	724	672
620	442	490	4.5	2441	2276	2111	1949	1793	1645	1509	1386	1271	1167	1073	987	911
			4.8	2385	2220	2055	1893	1739	1598	1465	1344	1232	1132	1041	958	884
			5.1	2326	2161	1996	1840	1689	1551	1421	1303	1197	1099	1011	931	861
			5.4	2270	2102	1940	1787	1639	1504	1380	1265	1161	1067	982	905	837
			5.7	2211	2046	1887	1734	1589	1459	1338	1226	1126	1038	955	881	813
			6.0	2152	1990	1831	1680	1542	1415	1297	1191	1094	1008	928	858	793
			6.3	2096	1934	1778	1633	1498	1374	1259	1156	1064	979	902	834	772
			6.6	2037	1878	1725	1583	1450	1332	1220	1123	1032	952	878	810	752
			6.9	1981	1822	1675	1536	1409	1291	1185	1091	1002	926	955	790	731
			7.2	1925	1769	1624	1489	1365	1253	1150	1058	976	899	831	769	713
			7.5	1869	1719	1577	1445	1327	1217	1117	1029	946	875	808	749	695

续表

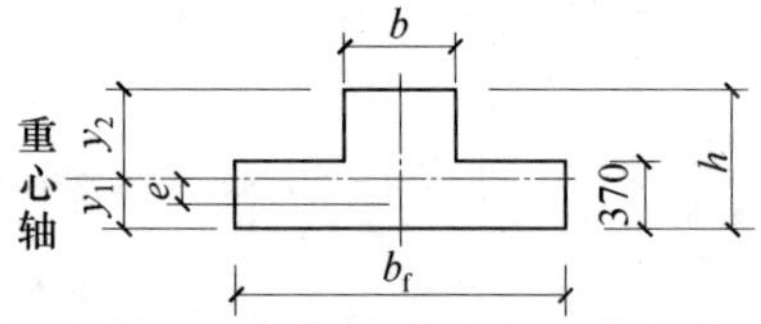

柱厚 h /mm	折算厚度 h_T /mm	柱宽 b /mm	计算高度 H_0 /m	e/h_T												
				0	0.025	0.05	0.075	0.10	0.125	0.15	0.175	0.20	0.225	0.25	0.275	0.30
			4.5	2502	2339	2171	2007	1845	1696	1555	1426	1307	1199	1103	1017	936
			4.8	2447	2282	2114	1950	1794	1645	1510	1384	1271	1166	1073	987	912
			5.1	2393	2225	2058	1896	1743	1600	1465	1346	1235	1133	1043	960	888
			5.4	2336	2168	2004	1842	1693	1552	1423	1307	1199	1100	1014	936	864
			5.7	2279	2111	1947	1791	1645	1507	1381	1268	1166	1070	987	909	840
620	457	620	6.0	2222	2055	1893	1740	1597	1465	1343	1232	1133	1040	960	885	819
			6.3	2165	2001	1839	1690	1549	1420	1304	1196	1100	1014	933	861	798
			6.6	2108	1944	1788	1642	1504	1381	1268	1163	1070	984	909	840	777
			6.9	2052	1890	1737	1594	1462	1340	1229	1130	1040	957	885	816	756
			7.2	1998	1839	1687	1549	1420	1301	1196	1097	1011	933	861	795	738
			7.5	1941	1785	1639	1504	1378	1265	1160	1067	984	906	837	777	720
			4.5	2563	2396	2226	2056	1895	1741	1595	1465	1343	1231	1131	1043	961
			4.8	2508	2341	2168	2002	1841	1692	1550	1422	1304	1198	1101	1013	934
			5.1	2454	2284	2114	1950	1792	1644	1507	1383	1268	1164	1070	985	910
			5.4	2399	2229	2059	1895	1741	1598	1465	1343	1234	1134	1043	961	888
			5.7	2341	2172	2005	1844	1692	1553	1422	1307	1198	1104	1016	937	864
620	470	750	6.0	2287	2117	1950	1792	1647	1510	1383	1271	1167	1073	988	913	843
			6.3	2229	2059	1899	1744	1598	1468	1343	1234	1134	1043	961	888	822
			6.6	2175	2005	1847	1695	1553	1425	1307	1201	1104	1016	937	864	800
			6.9	2117	1953	1795	1647	1510	1386	1271	1167	1073	988	913	843	782
			7.2	2062	1899	1744	1601	1468	1346	1234	1134	1043	961	888	822	761
			7.5	2008	1847	1695	1556	1425	1310	1201	1104	1016	937	867	800	743
			4.5	2631	2470	2301	2131	1964	1806	1658	1521	1394	1279	1176	1082	997
			4.8	2583	2419	2249	2079	1916	1761	1615	1482	1358	1249	1146	1055	970
			5.1	2537	2370	2198	2031	1870	1716	1573	1443	1324	1215	1118	1027	948
			5.4	2486	2319	2149	1982	1822	1673	1534	1406	1291	1185	1091	1003	924
			5.7	2487	2267	2098	1934	1776	1631	1494	1370	1258	1155	1064	979	903
750	517	490	6.0	2386	2216	2049	1885	1731	1588	1458	1337	1227	1127	1036	955	882
			6.3	2337	2104	1997	1837	1688	1549	1418	1303	1194	1100	1012	933	861
			6.6	2286	2116	1949	1791	1646	1509	1382	1270	1167	1073	988	912	842
			6.9	2234	2064	1900	1746	1603	1470	1349	1236	1136	1045	964	891	821
			7.2	2182	2016	1855	1703	1561	1431	1312	1206	1109	1021	939	870	803
			7.5	2131	1967	1806	1658	1521	1394	1279	1176	1082	994	918	848	785

续表

柱厚 h /mm	折算厚度 h_T /mm	柱宽 b /mm	计算高度 H_0 /m	e/h_T												
				0	0.025	0.05	0.075	0.10	0.125	0.15	0.175	0.20	0.225	0.25	0.275	0.30
750	542	620	4.5	2718	2557	2387	2213	2049	1879	1724	1582	1448	1331	1222	1123	1034
			4.8	2675	2510	2337	2164	1993	1832	1681	1541	1414	1297	1191	1096	1009
			5.1	2628	2461	2288	2114	1947	1789	1640	1504	1380	1266	1164	1071	987
			5.4	2582	2411	2238	2065	1900	1746	1600	1467	1346	1235	1136	1046	965
			5.7	2532	2362	2188	2018	1854	1702	1563	1433	1315	1207	1108	1021	941
			6.0	2486	2312	2139	1972	1811	1662	1523	1396	1281	1179	1083	1000	922
			6.3	2436	2263	2089	1922	1767	1622	1486	1362	1250	1151	1058	975	900
			6.6	2387	2213	2040	1879	1724	1582	1448	1331	1222	1123	1034	953	882
			6.9	2337	2164	1993	1832	1681	1541	1414	1297	1191	1096	1009	931	860
			7.2	2288	2114	1947	1789	1640	1504	1380	1266	1164	1071	987	910	842
			7.5	2238	2065	1900	1746	1600	1467	1346	1235	1136	1046	965	891	823
750	565	750	4.5	2803	2642	2468	2288	2114	1946	1785	1640	1504	1377	1264	1162	1071
			4.8	2758	2594	2417	2240	2066	1902	1744	1599	1466	1346	1235	1137	1046
			5.1	2714	2547	2370	2193	2019	1858	1703	1564	1434	1314	1207	1112	1023
			5.4	2670	2496	2319	2145	1975	1814	1665	1526	1400	1286	1181	1087	1001
			5.7	2623	2449	2272	2098	1930	1772	1624	1491	1368	1254	1153	1061	979
			6.0	2575	2401	2224	2051	1886	1731	1586	1456	1336	1226	1128	1039	957
			6.3	2528	2351	2174	2003	1842	1690	1548	1422	1305	1197	1102	1014	938
			6.6	2480	2303	2126	1959	1798	1649	1513	1387	1273	1172	1077	992	916
			6.9	2433	2256	2079	1915	1757	1611	1479	1355	1245	1144	1052	973	897
			7.2	2382	2205	2035	1870	1716	1573	1444	1324	1216	1118	1030	951	878
			7.5	2335	2158	1987	1826	1674	1535	1409	1292	1188	1093	1008	929	859
750	583	870	4.5	2875	2710	2537	2356	2176	2002	1841	1687	1548	1419	1303	1197	1101
			4.8	2833	2665	2488	2308	2128	1960	1799	1648	1513	1387	1274	1171	1078
			5.1	2791	2620	2440	2260	2083	1915	1757	1613	1477	1355	1245	1146	1056
			5.4	2746	2572	2392	2211	2037	1873	1719	1574	1445	1326	1217	1120	1033
			5.7	2701	2524	2343	2166	1992	1831	1680	1538	1413	1297	1191	1097	1010
			6.0	2656	2475	2295	2118	1947	1790	1641	1503	1381	1268	1165	1072	988
			6.3	2607	2427	2247	2073	1905	1748	1603	1471	1349	1239	1139	1049	969
			6.6	2559	2379	2202	2028	1864	1709	1567	1435	1320	1210	1113	1027	949
			6.9	2514	2330	2153	1983	1819	1670	1532	1403	1291	1184	1091	1004	927
			7.2	2466	2285	2108	1938	1780	1632	1497	1371	1262	1159	1068	985	911
			7.5	2417	2237	2060	1896	1738	1593	1461	1342	1233	1133	1043	962	891

2.2.69 T形截面普通砖墙柱承载力 N 值选用表（b_f＝6000mm 砖强度 MU10 砂浆强度 M2.5）

表 2-69　　T形截面普通砖墙柱承载力 N 值（kN）选用表

（b_f＝6000mm　砖强度 MU10　砂浆强度 M2.5）

柱厚 h /mm	折算厚度 h_T /mm	柱宽 b /mm	计算高度 H_0 /m	e/h_T 0	0.025	0.05	0.075	0.10	0.125	0.15	0.175	0.20	0.225	0.25	0.275	0.30
490	389	370	4.5	2319	2154	1992	1833	1683	1545	1415	1301	1192	1095	1009	930	859
			4.8	2254	2090	1928	1772	1627	1492	1368	1256	1153	1059	977	900	833
			5.1	2190	2025	1866	1713	1571	1442	1321	1212	1115	1027	944	871	806
			5.4	2122	1960	1804	1657	1518	1392	1277	1174	1077	992	915	844	783
			5.7	2057	1895	1742	1601	1468	1345	1236	1133	1042	959	886	818	759
			6.0	1992	1833	1686	1545	1418	1301	1195	1098	1009	930	859	794	735
			6.3	1928	1775	1627	1495	1368	1256	1153	1059	977	900	833	771	715
			6.6	1866	1716	1574	1442	1324	1215	1115	1027	944	874	806	747	694
			6.9	1804	1657	1521	1395	1280	1174	1080	994	915	844	783	727	674
			7.2	1745	1601	1468	1348	1236	1136	1045	962	886	821	759	703	653
			7.5	1686	1548	1418	1301	1195	1098	1009	930	859	794	735	682	635
490	394	490	4.5	2349	2180	2017	1857	1706	1564	1436	1315	1208	1110	1022	942	867
			4.8	2284	2115	1952	1798	1650	1513	1386	1273	1167	1075	989	912	841
			5.1	2218	2052	1890	1738	1593	1463	1341	1229	1131	1039	956	882	817
			5.4	2150	1987	1830	1679	1540	1413	1297	1190	1093	1007	927	856	793
			5.7	2085	1925	1768	1623	1490	1365	1253	1152	1057	974	900	829	770
			6.0	2023	1863	1712	1570	1439	1321	1211	1113	1025	945	870	805	746
			6.3	1958	1801	1653	1516	1392	1276	1173	1078	992	915	844	782	725
			6.6	1895	1741	1599	1466	1344	1235	1134	1042	959	885	820	758	705
			6.9	1833	1685	1546	1416	1300	1193	1096	1010	930	859	793	737	684
			7.2	1774	1629	1493	1368	1256	1155	1060	977	900	832	770	713	663
			7.5	1715	1576	1442	1324	1214	1116	1027	947	873	808	749	696	645
620	427	370	4.5	2459	2290	2122	1957	1800	1653	1515	1388	1274	1169	1076	992	913
			4.8	2398	2230	2062	1899	1746	1602	1467	1346	1235	1136	1046	962	889
			5.1	2338	2167	2002	1842	1692	1551	1421	1304	1199	1100	1013	934	862
			5.4	2275	2107	1942	1785	1638	1503	1379	1265	1163	1070	983	907	838
			5.7	2215	2047	1884	1731	1590	1458	1337	1226	1127	1037	955	883	814
			6.0	2152	1987	1827	1677	1539	1412	1295	1190	1094	1007	928	856	793
			6.3	2092	1930	1773	1626	1491	1367	1256	1154	1061	977	901	832	772
			6.6	2032	1872	1719	1578	1446	1325	1217	1118	1028	949	874	811	751
			6.9	1972	1815	1665	1527	1400	1286	1181	1085	998	922	850	787	730
			7.2	1914	1758	1614	1482	1358	1247	1145	1052	971	895	826	766	712
			9.5	1857	1704	1566	1433	1316	1208	1109	1022	940	868	805	745	691

续表

柱厚 h /mm	折算厚度 h_T /mm	柱宽 b /mm	计算高度 H_0 /m	e/h_T												
				0	0.025	0.05	0.075	0.10	0.125	0.15	0.175	0.20	0.225	0.25	0.275	0.30
620	441	490	4.5	2518	2350	2180	2009	1851	1699	1559	1428	1309	1202	1105	1017	937
			4.8	2460	2290	2119	1955	1796	1647	1510	1385	1272	1169	1074	989	913
			5.1	2399	2229	2061	1897	1741	1598	1464	1346	1233	1132	1044	962	889
			5.4	2341	2171	2003	1842	1690	1550	1422	1303	1196	1102	1014	934	864
			5.7	2280	2110	1945	1787	1641	1504	1379	1266	1163	1068	986	910	840
			6.0	2219	2052	1888	1735	1592	1458	1339	1227	1129	1038	959	883	819
			6.3	2162	1994	1833	1684	1543	1416	1297	1193	1096	1011	931	861	797
			6.6	2101	1936	1778	1632	1498	1373	1260	1157	1065	980	904	837	776
			6.9	2043	1878	1726	1583	1452	1333	1224	1123	1035	953	880	816	755
			7.2	1985	1824	1674	1537	1409	1294	1187	1090	1004	925	855	791	736
			7.5	1927	1772	1626	1489	1367	1254	1151	1059	977	901	834	773	715
620	455	620	4.5	2581	2411	2238	2065	1901	1747	1602	1469	1346	1238	1136	1046	963
			4.8	2522	2352	2179	2009	1849	1695	1556	1426	1309	1201	1105	1018	938
			5.1	2466	2294	2121	1954	1793	1645	1509	1386	1272	1167	1074	991	913
			5.4	2408	2235	2062	1898	1744	1599	1466	1346	1235	1136	1043	963	889
			5.7	2349	2176	2006	1843	1691	1553	1423	1306	1201	1102	1015	938	867
			6.0	2287	2118	1951	1790	1642	1506	1383	1268	1167	1071	988	910	842
			6.3	2229	2059	1895	1741	1596	1463	1343	1231	1133	1043	960	889	821
			6.6	2170	2003	1840	1688	1549	1420	1302	1197	1102	1012	935	864	799
			6.9	2111	1945	1787	1639	1503	1380	1265	1163	1071	988	910	842	781
			7.2	2056	1892	1738	1593	1460	1339	1231	1130	1040	960	886	821	759
			7.5	1997	1837	1685	1546	1417	1302	1194	1099	1012	935	864	799	741
620	467	750	4.5	2638	2466	2290	2115	1949	1790	1643	1505	1380	1267	1164	1073	989
			4.8	2582	2409	2234	2059	1896	1740	1596	1464	1342	1233	1132	1042	963
			5.1	2525	2350	2175	2006	1843	1690	1552	1420	1305	1198	1101	1017	935
			5.4	2469	2290	2118	1949	1790	1643	1505	1383	1267	1164	1073	989	913
			5.7	2409	2234	2062	1896	1740	1596	1464	1342	1233	1132	1045	963	888
			6.0	2350	2175	2006	1843	1693	1552	1424	1305	1198	1101	1017	938	866
			6.3	2294	2118	1949	1793	1643	1508	1383	1270	1167	1073	989	913	845
			6.6	2234	2062	1896	1740	1596	1464	1342	1233	1132	1045	963	888	823
			6.9	2178	2006	1843	1693	1552	1424	1305	1198	1104	1017	938	866	804
			7.2	2118	1952	1793	1643	1508	1383	1270	1167	1073	989	913	845	782
			7.5	2062	1896	1743	1599	1464	1345	1233	1136	1045	963	888	823	763

续表

柱厚 h /mm	折算厚度 h_T /mm	柱宽 b /mm	计算高度 H_0 /m	e/h_T (截面：重心轴，b，b_f，y_1，y_2，e，370，h)												
				0	0.025	0.05	0.075	0.10	0.125	0.15	0.175	0.20	0.225	0.25	0.275	0.30
750	513	490	4.5	2708	2543	2367	2192	2020	1858	1704	1564	1435	1316	1210	1113	1022
			4.8	2658	2489	2314	2139	1970	1811	1660	1523	1398	1282	1179	1085	1000
			5.1	2608	2436	2261	2089	1923	1764	1620	1485	1360	1251	1147	1057	975
			5.4	2558	2383	2208	2039	1873	1720	1576	1445	1326	1219	1119	1032	950
			5.7	2505	2333	2158	1986	1826	1676	1535	1410	1295	1188	1091	1007	929
			6.0	2455	2280	2105	1939	1779	1632	1498	1373	1260	1157	1066	982	907
			6.3	2402	2227	2055	1889	1732	1589	1457	1338	1229	1129	1041	960	885
			6.6	2349	2174	2001	1842	1689	1548	1420	1304	1198	1101	1013	935	866
			6.9	2295	2120	1951	1795	1645	1510	1385	1269	1166	1072	991	913	844
			7.2	2242	2070	1904	1748	1604	1470	1348	1238	1138	1047	966	891	825
			7.5	2189	2017	1854	1704	1560	1432	1313	1207	1114	1022	944	872	807
750	538	620	4.5	2799	2630	2454	2276	2100	1931	1771	1624	1490	1369	1257	1155	1063
			4.8	2751	2582	2403	2225	2049	1883	1730	1586	1455	1334	1225	1126	1037
			5.1	2703	2531	2352	2173	2001	1838	1688	1548	1420	1302	1197	1101	1015
			5.4	2655	2480	2298	2122	1953	1794	1647	1509	1385	1270	1168	1075	992
			5.7	2604	2426	2247	2074	1905	1749	1605	1471	1360	1241	1139	1050	970
			6.0	2553	2375	2196	2023	1861	1707	1564	1436	1318	1209	1114	1024	948
			6.3	2502	2323	2148	1976	1816	1666	1525	1401	1286	1181	1088	1002	925
			6.6	2451	2272	2097	1928	1771	1624	1490	1366	1254	1152	1063	980	903
			6.9	2400	2221	2046	1883	1727	1583	1452	1334	1225	1136	1037	957	884
			7.2	2349	2170	1998	1835	1685	1545	1417	1299	1193	1098	1011	935	865
			7.5	2298	2119	1950	1790	1644	1506	1382	1270	1165	1072	989	916	845
750	561	750	4.5	2882	2715	2536	2354	2172	1999	1836	1683	1543	1416	1299	1195	1100
			4.8	2839	2667	2484	2302	2123	1953	1794	1644	1507	1384	1270	1169	1075
			5.1	2794	2618	2435	2253	2077	1908	1751	1605	1471	1351	1240	1143	1051
			5.4	2745	2569	2383	2204	2028	1862	1709	1566	1439	1318	1214	1116	1029
			5.7	2696	2517	2334	2155	1983	1820	1670	1530	1403	1289	1185	1090	1006
			6.0	2647	2468	2286	2106	1937	1778	1631	1494	1370	1260	1159	1068	983
			6.3	2598	2416	2233	2058	1892	1735	1592	1458	1338	1230	1133	1042	962
			6.6	2549	2367	2185	2012	1846	1693	1553	1426	1309	1201	1107	1019	941
			6.9	2497	2315	2136	1963	1804	1654	1517	1390	1276	1175	1081	966	921
			7.2	2448	2266	2087	1918	1761	1615	1481	1357	1247	1149	1058	976	902
			7.5	2396	2214	2041	1875	1719	1576	1445	1328	1221	1123	1035	954	882

柱厚 h /mm	折算厚度 h_T /mm	柱宽 b /mm	计算高度 H_0 /m	e/h_T = 0	0.025	0.05	0.075	0.10	0.125	0.15	0.175	0.20	0.225	0.25	0.275	0.30
750	579	870	4.5	2957	2788	2606	2420	2234	2059	1889	1734	1591	1458	1339	1230	1133
			4.8	2914	2742	2556	2370	2188	2012	1846	1694	1555	1425	1309	1203	1107
			5.1	2868	2692	2506	2321	2138	1966	1807	1654	1518	1392	1279	1117	1084
			5.4	2821	2642	2456	2271	2092	1923	1763	1618	1485	1362	1250	1150	1061
			5.7	2775	2592	2407	2224	2045	1880	1724	1581	1448	1329	1223	1127	1037
			6.0	2728	2543	2357	2175	1999	1836	1684	1545	1415	1299	1196	1100	1014
			6.3	2679	2493	2307	2128	1956	1793	1644	1508	1385	1273	1170	1077	994
			6.6	2629	2443	2258	2082	1913	1754	1608	1475	1352	1243	1143	1054	974
			6.9	2579	2393	2211	2035	1866	1714	1571	1442	1322	1216	1120	1031	954
			7.2	2529	2344	2161	1989	1826	1674	1535	1409	1293	1190	1094	1011	935
			7.5	2480	2294	2115	1943	1783	1634	1498	1376	1263	1163	1070	988	915
870	599	490	4.5	2877	2717	2544	2364	2185	2012	1848	1695	1554	1426	1310	1201	1105
			4.8	2839	2672	2496	2316	2140	1967	1807	1659	1522	1393	1281	1176	1083
			5.1	2797	2627	2451	2271	2095	1925	1768	1621	1486	1365	1252	1150	1060
			5.4	2755	2582	2403	2223	2050	1884	1730	1586	1454	1333	1227	1127	1038
			5.7	2711	2537	2358	2179	2006	1842	1691	1550	1422	1304	1198	1102	1015
			6.0	2666	2489	2310	2134	1964	1804	1653	1515	1390	1275	1172	1079	996
			6.3	2621	2445	2265	2089	1919	1762	1618	1483	1358	1249	1146	1057	974
			6.6	2576	2396	2217	2044	1877	1724	1579	1448	1329	1220	1124	1035	954
			6.9	2531	2352	2172	1999	1836	1685	1544	1416	1301	1195	1099	1015	935
			7.2	2483	2304	2127	1957	1797	1647	1512	1387	1272	1169	1076	993	916
			7.5	2438	2259	2082	1916	1759	1611	1477	1355	1246	1144	1054	974	900
870	635	620	4.5	2986	2825	2650	2466	2282	2104	1933	1772	1628	1493	1368	1256	1157
			4.8	2950	2785	2604	2420	2236	2062	1894	1736	1591	1460	1341	1233	1134
			5.1	2910	2743	2562	2374	2193	2019	1854	1700	1558	1430	1312	1207	1111
			5.4	2871	2700	2516	2331	2151	1976	1815	1664	1526	1401	1285	1184	1088
			5.7	2831	2654	2470	2285	2108	1937	1779	1631	1496	1371	1259	1157	1068
			6.0	2789	2611	2427	2243	2065	1897	1739	1595	1463	1345	1233	1134	1045
			6.3	2746	2565	2381	2197	2022	1858	1703	1562	1434	1315	1210	1114	1026
			6.6	2703	2519	2335	2154	1983	1818	1667	1529	1404	1289	1184	1091	1006
			6.9	2657	2476	2292	2111	1940	1782	1634	1499	1374	1262	1161	1068	986
			7.2	2614	2430	2246	2068	1901	1743	1598	1466	1345	1236	1137	1049	966
			7.5	2568	2384	2203	2026	1861	1706	1565	1437	1318	1213	1114	1029	950

续表

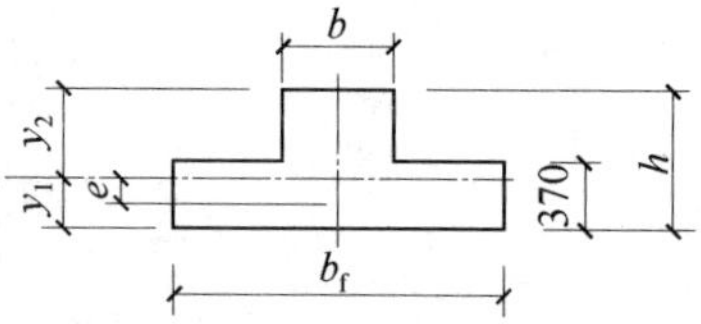

柱厚 h /mm	折算厚度 h_T /mm	柱宽 b /mm	计算高度 H_0 /m	e/h_T												
				0	0.025	0.05	0.075	0.10	0.125	0.15	0.175	0.20	0.225	0.25	0.275	0.30
870	666	750	4.5	3090	2928	2749	2560	2371	2189	2010	1845	1693	1551	1423	1308	1204
			4.8	3053	2887	2705	2516	2327	2145	1973	1811	1659	1521	1396	1281	1180
			5.1	3019	2847	2661	2472	2287	2105	1933	1774	1626	1491	1369	1258	1157
			5.4	2978	2806	2617	2428	2243	2064	1895	1737	1595	1460	1342	1234	1136
			5.7	2941	2762	2573	2385	2199	2024	1858	1703	1561	1433	1315	1211	1113
			6.0	2901	2719	2530	2341	2159	1983	1821	1669	1531	1406	1292	1187	1093
			6.3	2860	2675	2486	2297	2118	1946	1784	1636	1501	1376	1265	1163	1072
			6.6	2816	2631	2442	2256	2074	1906	1747	1602	1470	1349	1241	1143	1052
			6.9	2776	2587	2398	2213	2034	1868	1713	1572	1440	1325	1217	1120	1032
			7.2	2732	2543	2354	2172	1997	1831	1680	1541	1413	1298	1194	1099	1015
			7.5	2688	2499	2310	2128	1956	1794	1646	1511	1386	1271	1170	1079	995
870	690	870	4.5	3178	3016	2837	2643	2450	2260	2081	1908	1749	1604	1473	1352	1242
			4.8	3144	2978	2795	2602	2409	2219	2039	1874	1718	1573	1446	1328	1221
			5.1	3109	2937	2750	2557	2364	2177	2001	1836	1684	1546	1418	1301	1197
			5.4	3071	2895	2709	2512	2322	2136	1963	1801	1653	1515	1390	1277	1176
			5.7	3033	2854	2664	2471	2281	2098	1925	1767	1618	1487	1363	1252	1156
			6.0	2995	2812	2619	2426	2240	2057	1887	1732	1587	1456	1339	1232	1135
			6.3	2957	2771	2578	2384	2198	2019	1853	1698	1556	1428	1315	1208	1114
			6.6	2916	2726	2533	2340	2157	1981	1815	1667	1529	1401	1287	1187	1094
			6.9	2875	2685	2491	2298	2115	1943	1780	1632	1497	1377	1266	1163	1073
			7.2	2833	2640	2447	2257	2077	1905	1746	1601	1470	1349	1242	1142	1056
			7.5	2788	2598	2405	2215	2036	1870	1715	1570	1442	1325	1218	1121	1035
990	745	620	4.5	3152	3003	2827	2640	2451	2265	2082	1912	1753	1628	1476	1354	1245
			4.8	3125	2965	2789	2603	2410	2224	2048	1879	1723	1581	1449	1330	1225
			5.1	3094	2932	2752	2562	2373	2187	2011	1845	1692	1554	1425	1306	1201
			5.4	3060	2894	2711	2522	2332	2149	1977	1814	1662	1523	1398	1286	1181
			5.7	3030	2857	2674	2485	2295	2112	1940	1780	1631	1496	1374	1262	1161
			6.0	2996	2820	2634	2444	2254	2075	1906	1750	1604	1472	1350	1242	1144
			6.3	2959	2783	2593	2403	2217	2041	1872	1716	1574	1445	1327	1218	1124
			6.6	2925	2742	2556	2366	2180	2004	1838	1686	1547	1418	1303	1198	1103
			6.9	2888	2705	2515	2325	2143	1970	1807	1655	1520	1394	1279	1178	1086
			7.2	2850	2664	2474	2288	2105	1933	1774	1628	1493	1371	1259	1157	1066
			7.5	2813	2627	2437	2248	2068	1899	1743	1598	1466	1347	1235	1137	1049

续表

柱厚 h /mm	折算厚度 h_T /mm	柱宽 b /mm	计算高度 H_0 /m	重心轴 y_2 y_1 e b b_f h 370												
				e/h_T												
				0	0.025	0.05	0.075	0.10	0.125	0.15	0.175	0.20	0.225	0.25	0.275	0.30
990	783	750	4.5	3274	3120	2942	2754	2558	2363	2174	2000	1832	1682	1542	1413	1301
			4.8	3246	3085	2907	2715	2516	2324	2139	1965	1801	1651	1514	1382	1277
			5.1	3214	3054	2869	2677	2478	2286	2104	1930	1773	1623	1490	1368	1256
			5.4	3186	3019	2830	2635	2439	2251	2069	1898	1741	1595	1466	1347	1239
			5.7	3155	2980	2792	2596	2401	2212	2034	1867	1710	1570	1441	1322	1218
			6.0	3120	2945	2754	2558	2366	2178	2000	1836	1682	1542	1417	1301	1197
			6.3	3089	2907	2715	2520	2328	2143	1965	1804	1654	1518	1392	1281	1179
			6.6	3054	2872	2677	2481	2289	2104	1933	1773	1626	1490	1368	1260	1158
			6.9	3019	2834	2638	2443	2251	2069	1898	1741	1598	1466	1347	1239	1141
			7.2	2984	2795	2600	2404	2216	2034	1867	1713	1570	1441	1326	1218	1123
			7.5	2945	2757	2562	2366	2178	2003	1836	1685	1546	1417	1301	1197	1106
990	813	870	4.5	3379	3224	3045	2851	2650	2450	2256	2073	1901	1743	1599	1467	1348
			4.8	3350	3192	3009	2812	2611	2412	2220	2041	1872	1714	1574	1445	1327
			5.1	3325	3160	2973	2776	2572	2374	2184	2005	1840	1685	1549	1420	1305
			5.4	3293	3124	2934	2737	2536	2338	2148	1972	1811	1660	1524	1399	1284
			5.7	3264	3088	2898	2697	2496	2302	2116	1940	1779	1632	1499	1377	1266
			6.0	3232	3056	2859	2658	2460	2267	2080	1908	1750	1607	1474	1355	1244
			6.3	3199	3020	2823	2622	2421	2231	2048	1879	1721	1578	1449	1334	1226
			6.6	3167	2980	2783	2582	2385	2195	2016	1847	1693	1553	1427	1312	1208
			6.9	3135	2945	2744	2543	2346	2159	1980	1818	1668	1528	1402	1291	1187
			7.2	3099	2909	2708	2507	2310	2123	1947	1786	1639	1503	1381	1269	1169
			7.5	3063	2869	2668	2468	2274	2091	1919	1757	1614	1481	1559	1251	1151
990	839	990	4.5	3481	3326	3146	2947	2740	2534	2335	2144	1967	1805	1654	1517	1396
			4.8	3455	3297	3109	2906	2700	2497	2298	2110	1937	1775	1628	1495	1374
			5.1	3429	3263	3072	2869	2663	2460	2261	2077	1904	1749	1602	1473	1352
			5.4	3400	3230	3035	2832	2626	2424	2228	2044	1875	1720	1576	1447	1333
			5.7	3370	3193	2998	2792	2586	2387	2191	2011	1845	1694	1554	1425	1311
			6.0	3341	3160	2961	2755	2549	2350	2158	1981	1816	1665	1528	1403	1293
			6.3	3308	3123	2925	2718	2512	2313	2125	1948	1786	1639	1506	1381	1270
			6.6	3275	3087	2884	2678	2475	2276	2092	1919	1760	1613	1480	1363	1252
			6.9	3241	3050	2847	2641	2438	2243	2059	1889	1731	1587	1458	1340	1234
			7.2	3208	3013	2810	2604	2401	2206	2026	1860	1705	1561	1436	1318	1215
			7.5	3175	2976	2770	2564	2365	2173	1993	1830	1676	1539	1414	1300	1197

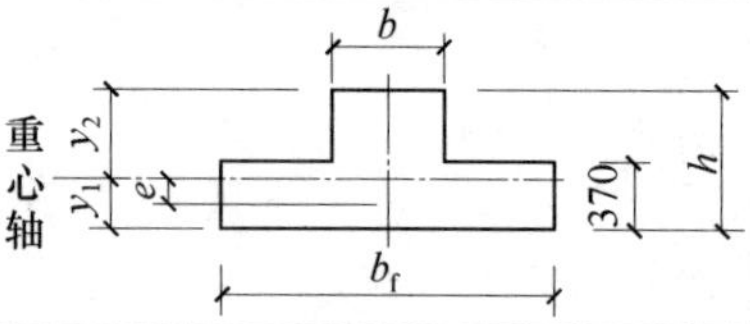

柱厚 h /mm	折算厚度 h_T /mm	柱宽 b /mm	计算高度 H_0 /m	e/h_T												
				0	0.025	0.05	0.075	0.10	0.125	0.15	0.175	0.20	0.225	0.25	0.275	0.30
1120	895	620	4.5	3312	3169	3001	2813	2617	2422	2233	2052	1884	1727	1584	1452	1336
			4.8	3291	3141	2966	2778	2582	2387	2199	2026	1853	1699	1560	1431	1315
			5.1	3267	3113	2935	2743	2548	2356	2167	1989	1825	1675	1535	1410	1294
			5.4	3242	3082	2904	2708	2513	2321	2136	1961	1797	1651	1511	1389	1277
			5.7	3214	3054	2869	2677	2478	2286	2104	1930	1769	1623	1490	1368	1256
			6.0	3190	3022	2834	2642	2446	2254	2073	1902	1745	1598	1469	1347	1239
			6.3	3162	2987	2802	2607	2411	2219	2041	1874	1717	1574	1445	1329	1221
			6.6	3130	2956	2767	2572	2377	2188	2010	1846	1692	1553	1424	1308	1204
			6.9	3103	2925	2733	2537	2342	2157	1979	1815	1664	1528	1403	1287	1186
			7.2	3071	2890	2698	2502	2310	2125	1951	1790	1640	1504	1382	1270	1169
			7.5	3040	2858	2663	2467	2275	2094	1919	1762	1616	1483	1361	1253	1151
1120	920	750	4.5	3450	3306	3132	2940	2738	2535	2340	2152	1975	1808	1660	1522	1399
			4.8	3429	3280	3103	2908	2705	2503	2307	2119	1946	1783	1634	1501	1378
			5.1	3407	3251	3071	2875	2669	2470	2275	2090	1917	1757	1613	1479	1360
			5.4	3382	3222	3038	2839	2636	2434	2242	2058	1888	1732	1587	1457	1341
			5.7	3356	3194	3005	2806	2604	2401	2210	2029	1862	1707	1566	1439	1320
			6.0	3331	3161	2973	2770	2568	2369	2181	2000	1833	1682	1544	1417	1302
			6.3	3306	3132	2940	2738	2535	2336	2148	1971	1808	1656	1522	1396	1284
			6.6	3277	3099	2904	2702	2499	2304	2119	1942	1783	1634	1501	1378	1266
			6.9	3248	3067	2872	2669	2466	2271	2087	1917	1757	1609	1479	1360	1251
			7.2	3219	3034	2839	2633	2434	2239	2058	1888	1732	1587	1457	1338	1233
			7.5	3190	3002	2803	2600	2401	2210	2029	1859	1707	1566	1436	1320	1215
1120	955	870	4.5	3573	3428	3252	3054	3849	2640	2434	2236	2053	1882	1728	1583	1456
			4.8	3551	3401	3222	3021	2851	2602	2401	2206	2023	1855	1702	1564	1433
			5.1	3532	3375	3189	2987	2778	2572	2367	2177	1997	1829	1680	1542	1415
			5.4	3506	3345	3159	2953	2744	2539	2337	2147	1967	1807	1658	1519	1396
			5.7	3484	3316	3125	2920	2711	2505	2304	2117	1941	1781	1631	1501	1377
			6.0	3457	3286	3091	2886	2677	2472	2274	2087	1915	1755	1609	1478	1359
			6.3	3431	3256	3062	2853	2643	2438	2244	2057	1889	1732	1587	1460	1340
			6.6	3405	3226	3028	2819	2610	2404	2210	2031	1863	1706	1568	1437	1321
			6.9	3379	3196	2994	2785	2576	2374	2180	2001	1837	1684	1545	1419	1306
			7.2	3349	3162	2961	2752	2543	2341	2150	1975	1811	1661	1523	1400	1288
			7.5	3323	3133	2927	2718	2509	2311	2121	1945	1784	1635	1501	1381	1269

续表

柱厚 h /mm	折算厚度 h_T /mm	柱宽 b /mm	计算高度 H_0 /m	e/h_T												
				0	0.025	0.05	0.075	0.10	0.125	0.15	0.175	0.20	0.225	0.25	0.275	0.30
1120	985	990	4.5	3693	3547	3369	3165	2953	2738	2526	2322	2133	1956	1794	1644	1509
			4.8	3674	3523	3339	3134	2919	2703	2491	2291	2102	1929	1767	1621	1490
			5.1	3654	3496	3308	3100	2884	2668	2460	2260	2075	1902	1744	1602	1471
			5.4	3631	3466	3277	3065	2849	2634	2426	2229	2045	1875	1720	1579	1451
			5.7	3608	3439	3242	3034	2815	2603	2395	2202	2018	1852	1698	1559	1432
			6.0	3581	3408	3211	3000	2784	2568	2364	2172	1991	1825	1675	1536	1413
			6.3	3558	3381	3177	2965	2749	2537	2333	2141	1964	1802	1652	1517	1394
			6.6	3531	3350	3146	2930	2715	2503	2303	2114	1937	1770	1629	1498	1378
			6.9	3504	3319	3111	2896	2680	2472	2272	2083	1910	1752	1609	1478	1359
			7.2	3477	3285	3077	2861	2649	2437	2241	2056	1887	1729	1586	1459	1340
			7.5	3450	3254	3046	2830	2614	2407	2210	2029	1860	1706	1567	1440	1324

2.2.70 砌体局部抗压强度提高系数 γ 的取值

表 2-70　砌体局部抗压强度提高系数 γ 取值

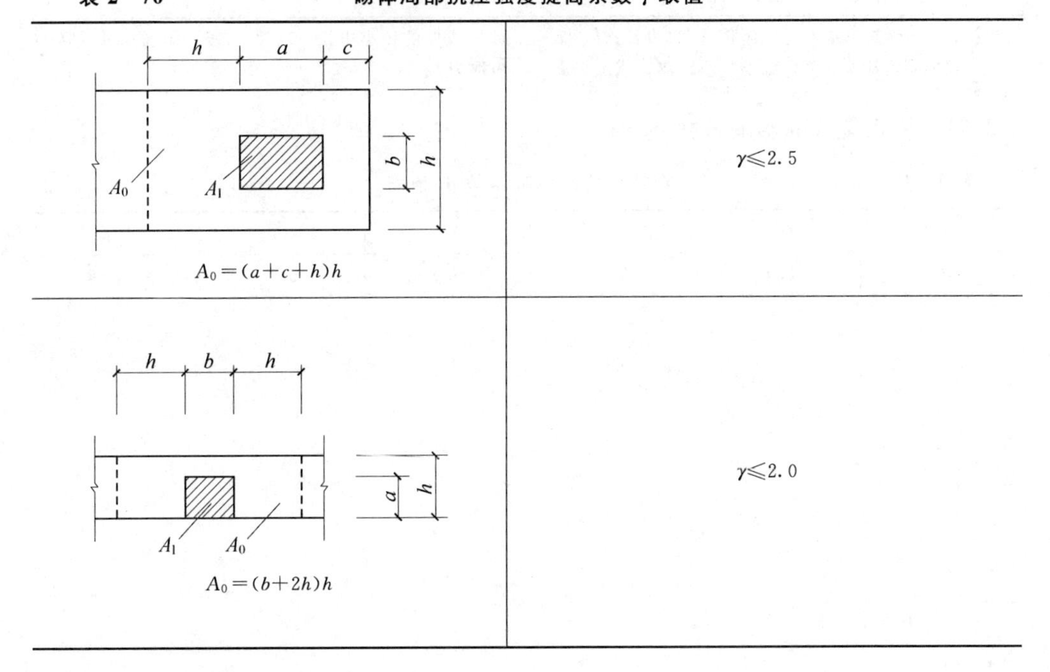

$A_0=(a+c+h)h$	$\gamma \leqslant 2.5$
$A_0=(b+2h)h$	$\gamma \leqslant 2.0$

续表

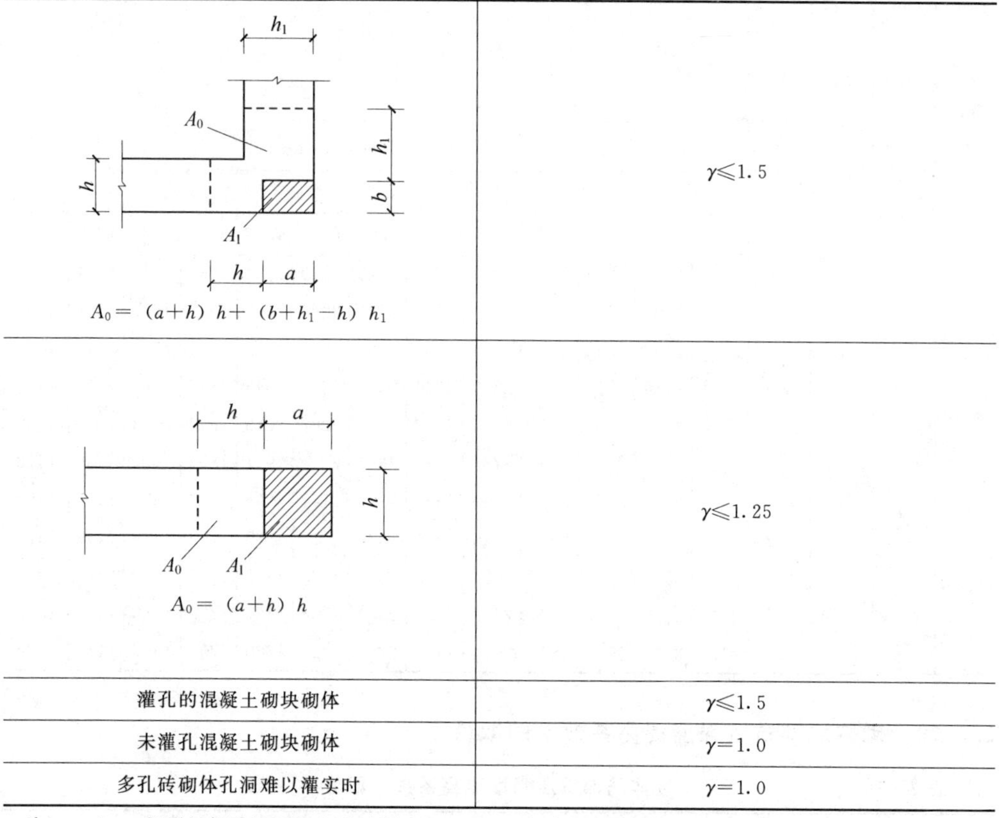

$A_0=(a+h)h+(b+h_1-h)h_1$	$\gamma\leqslant1.5$
$A_0=(a+h)h$	$\gamma\leqslant1.25$
灌孔的混凝土砌块砌体	$\gamma\leqslant1.5$
未灌孔混凝土砌块砌体	$\gamma=1.0$
多孔砖砌体孔洞难以灌实时	$\gamma=1.0$

注：a、b——矩形局部受压面积 A_l 的边长；h、h_1——墙厚或柱的较小边长，墙厚；c——矩形局部受压面积的外边缘至构件边缘的较小距离，当大于 h 时，应取为 h。

2.2.71 刚性垫块的影响系数 δ_1 值

表 2-71　　刚性垫块的影响系数 δ_1 值表

σ_0/f	0	0.2	0.4	0.6	0.8
δ_1	5.4	5.7	6.0	6.9	7.8

3

配筋砖砌体构件承载力计算

3.1 公式速查

3.1.1 网状配筋砖砌体受压构件承载力的计算

网状配筋砖砌体（图 3－1）受压构件的承载力，应按公式 3－1 计算，即

$$N \leqslant \varphi_{n} f_{n} A \tag{3-1}$$

$$f_{n}=f+2\left(1-\frac{2e}{y}\right)\rho f_{y}$$

$$\rho=\frac{(a+b)A_{s}}{abs_{n}}$$

式中 N——轴向力设计值；

φ_{n}——高厚比和配筋率以及轴向力的偏心距对网状配筋砖砌体受压构件承载力的影响系数，可按表 2－4 的规定采用；

f_{n}——网状配筋砖砌体的抗压强度设计值；

A——截面面积；

f——砌体的抗压强度设计值；

e——轴向力的偏心距；

y——自截面重心至轴向力所在偏心方向截面边缘的距离；

ρ——体积配筋率，见表 3－1；

f_{y}——钢筋的抗拉强度设计值，当 f_{y} 大于 320MPa 时，仍采用 320MPa；

a、b——钢筋网的网格尺寸；

A_{s}——钢筋的截面面积；

s_{n}——钢筋网的竖向间距。

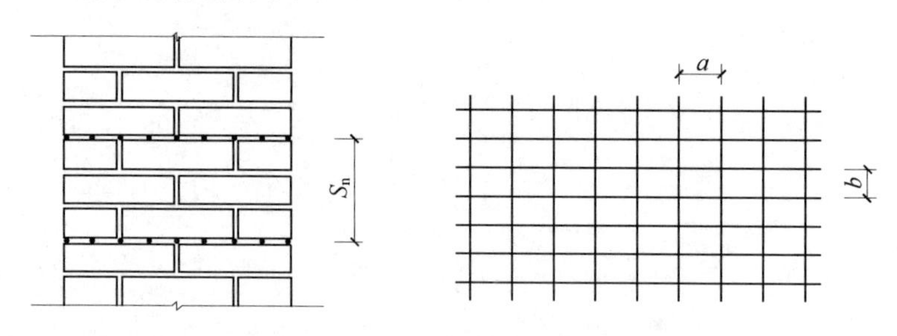

图 3－1 网状配筋砖砌体

3.1.2 组合砖砌体轴心受压构件承载力的计算

组合砖砌体轴心受压构件的承载力，应按式 3－2 计算，即

$$N \leqslant \varphi_{com}(fA+f_{c}A_{c}+\eta_{s}f_{y}'A_{s}') \tag{3-2}$$

式中 φ_{com}——组合砖砌体构件的稳定系数，可按表 3－2 采用；

f——砌体的抗压强度设计值；

A——砖砌体的截面面积；

f_c——混凝土或面层水泥砂浆的轴心抗压强度设计值，砂浆的轴心抗压强度设计值可取为同强度等级混凝土的轴心抗压强度设计值的70%，当砂浆为M15时，取5.0MPa；当砂浆为M10时，取3.4MPa；当砂浆强度为M7.5时，取2.5MPa；

A_c——混凝土或砂浆面层的截面面积；

η_s——受压钢筋的强度系数，当为混凝土面层时，可取1.0；当为砂浆面层时可取0.9；

f'_y——钢筋的抗压强度设计值；

A'_s——受压钢筋的截面面积。

3.1.3 组合砖砌体偏心受压构件承载力的计算

组合砖砌体偏心受压构件的承载力，应按公式3-3计算，即

$$N \leqslant fA' + f_c A'_c + \eta_s f'_y A'_s - \sigma_s A_s \tag{3-3}$$

或

$$Ne_N \leqslant fS_s + f_c S_{c,s} + \eta_s f'_y A'_s (h_0 - a'_s)$$

此时受压区的高度 x 可按下列公式确定，即

$$fS_N + f_c S_{c,N} + \eta_s f'_y A'_s e'_N - \sigma_s A_s e_N = 0$$

$$e_N = e + e_a + (h/2 - a_s)$$

$$e'_N = e + e_a - (\frac{h}{2} - a'_s)$$

$$e_a = \frac{\beta^2 h}{2200}(1 - 0.022\beta)$$

式中 A'——砖砌体受压部分的面积；

f——砌体的抗压强度设计值；

f_c——混凝土或面层水泥砂浆的轴心抗压强度设计值，砂浆的轴心抗压强度设计值可取为同强度等级混凝土的轴心抗压强度设计值的70%，当砂浆为M15时，取5.0MPa；当砂浆为M10时，取3.4MPa；当砂浆强度为M7.5时，取2.5MPa；

A'_c——混凝土或砂浆面层受压部分的面积；

η_s——受压钢筋的强度系数，当为混凝土面层时，可取1.0；当为砂浆面层时可取0.9；

f'_y——钢筋的抗压强度设计值；

A'_s——受压钢筋的截面面积；

σ_s——钢筋 A_s 的应力；

A_s——距轴向力 N 较远侧钢筋的截面面积；

S_s——砖砌体受压部分的面积对钢筋 A_s 重心的面积矩；

$S_{c,s}$——混凝土或砂浆面层受压部分的面积对钢筋 A_s 重心的面积矩；

S_N——砖砌体受压部分的面积对轴向力 N 作用点的面积矩；

$S_{c,N}$——混凝土或砂浆面层受压部分的面积对轴向力 N 作用点的面积矩；

e_N、e'_N——钢筋 A_s 和 A'_s重心至轴向力 N 作用点的距离（图 3－2）；

e——轴向力的初始偏心距，按荷载设计值计算，当 e 小于 0.05h 时，应取 e 等于 0.05h；

e_a——组合砖砌体构件在轴向力作用下的附加偏心距；

h——截面高度；

h_0——组合砖砌体构件截面的有效高度，取 $h_0=h-a_s$；

β——构件的高厚比；

a_s、a'_s——钢筋 A_s 和 A'_s重心至截面较近边的距离。

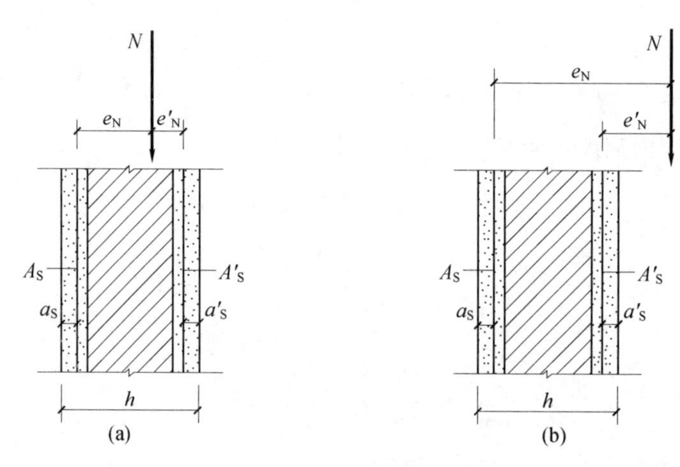

图 3－2　组合砖砌体偏心受压构件

（a）小偏心受压；（b）大偏心受压

3.1.4　组合砖砌体钢筋应力的计算

组合砖砌体钢筋 A_s 的应力 σ_s（单位为 MPa，正值为拉应力，负值为压应力）应按公式 3－5、公式 3－6 计算。

1）当为小偏心受压，即 $\xi>\xi_b$ 时

$$\sigma_s=650-800\xi \tag{3-5}$$

$$\xi=\frac{x}{h_0}$$

式中 σ_s——钢筋的应力，当 $\sigma_s > f_y$ 时，取 $\sigma_s = f_y$；当 $\sigma_s < f'_y$时，取 $\sigma_s = f'_y$；

x——自截面重心至轴向力所在偏心方向截面边缘的距离；

h_0——组合砖砌体构件截面的有效高度，取 $h_0 = h - a_s$；

h——截面高度；

a_s——钢筋 A_s 重心至截面较近边的距离；

ξ——组合砖砌体构件截面的相对受压区高度；

ξ_b——组合砖砌体构件受压区相对高度的界限值，对于 HRB400 级钢筋，应取 0.36；对于 HRB335 级钢筋，应取 0.44；对于 HPB300 级钢筋，应取 0.47；

f'_y——钢筋的抗压强度设计值；

f_y——钢筋的抗拉强度设计值。

2）当为大偏心受压，即 $\xi \leqslant \xi_b$ 时

$$\sigma_s = f_y$$

$$\xi = \frac{x}{h_0} \tag{3-6}$$

式中 σ_s——钢筋的应力，当 $\sigma_s > f_y$ 时，取 $\sigma_s = f_y$；当 $\sigma_s < f'_y$时，取 $\sigma_s = f'_y$；

x——自截面重心至轴向力所在偏心方向截面边缘的距离；

h_0——组合砖砌体构件截面的有效高度，取 $h_0 = h - a_s$；

h——截面高度；

a_s——钢筋 A_s 重心至截面较近边的距离；

ξ——组合砖砌体构件截面的相对受压区高度；

ξ_b——组合砖砌体构件受压区相对高度的界限值，对于 HRB400 级钢筋，应取 0.36；对于 HRB335 级钢筋，应取 0.44；对于 HPB300 级钢筋，应取 0.47；

f'_y——钢筋的抗压强度设计值；

f_y——钢筋的抗拉强度设计值。

3.1.5 砖砌体和钢筋混凝土构造柱组合墙的轴心受压承载力的计算

砖砌体和钢筋混凝土构造柱组合墙（图 3-3）的轴心受压承载力，应按公式 3-7 计算，即

$$N \leqslant \varphi_{com}[fA + \eta(f_c A_c + f'_y A'_s)] \tag{3-7}$$

$$\eta = \left[\frac{1}{\frac{l}{b_c} - 3}\right]^{\frac{1}{4}}$$

式中 φ_{com}——组合砖墙的稳定系数，可按表 3-2 采用；

f——砌体的抗压强度设计值；

f_c——混凝土或面层水泥砂浆的轴心抗压强度设计值，砂浆的轴心抗压强

度设计值可取为同强度等级混凝土的轴心抗压强度设计值的 70%，当砂浆为 M15 时，取 5.0MPa；当砂浆为 M10 时，取 3.4MPa；当砂浆强度为 M7.5 时，取 2.5MPa；

f'_y——钢筋的抗压强度设计值；

η——强度系数，当 l/b_c 小于 4 时，取 l/b_c 等于 4；

l——沿墙长方向构造柱的间距；

b_c——沿墙长方向构造柱的宽度；

A'_s——受压钢筋的截面面积；

A——扣除孔洞和构造柱的砖砌体截面面积；

A_c——构造柱的截面面积。

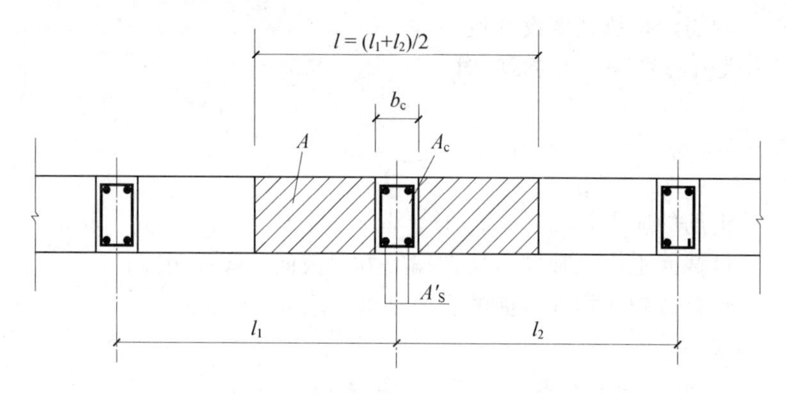

图 3-3　砖砌体和构造柱组合墙截面

3.2　数据速查

3.2.1　网状配筋的体积配筋率

表 3-1　　网状配筋的体积配筋率 ρ 值及 $2\rho f_y/100$ 值

a 网格间距 / s_n 网片间距	$\phi^b 2A_s=12.6mm^2$　$f_y=320MPa$								
	40	45	50	55	60	65	70	75	80
三皮砖 189mm	0.33	0.30	0.27	0.24	0.22	0.21	0.19	0.18	0.17
	2.13	1.90	1.71	1.55	1.42	1.31	1.22	1.14	1.07
四皮砖 252mm	0.25	0.22	0.20	0.18	0.17	0.15	0.14	0.13	0.13
	1.60	1.42	1.285	1.16	1.074	0.98	0.91	0.85	0.80
五皮砖 315mm	0.20	0.18	0.16	0.15	0.13	0.12	0.11	0.11	0.10
	1.28	1.14	1.02	0.93	0.85	0.79	0.73	0.68	0.64

续表

a 网格间距 / s_n 网片间距	$\phi^b 5A_s=19.6mm^2$　$f_y=320MPa$								
	40	45	50	55	60	65	70	75	80
三皮砖 189mm	0.52 3.32	0.46 2.95	0.41 2.65	0.38 2.41	0.35 2.21	0.32 2.04	0.30 1.90	0.28 1.77	0.26 1.66
四皮砖 252mm	0.39 2.49	0.35 2.21	0.31 1.99	0.28 1.81	0.26 1.66	0.24 1.53	0.22 1.42	0.21 1.33	0.19 1.24
五皮砖 315mm	0.31 1.99	0.28 1.77	0.25 1.59	0.23 1.45	0.21 1.33	0.19 1.23	0.18 1.14	0.17 1.06	0.16 1.00

a 网格间距 / s_n 网片间距	$\phi 6A_s=28.3mm^2$　$f_y=210MPa$								
	40	45	50	55	60	65	70	75	80
三皮砖 189mm	0.75 3.14	0.67 2.80	0.60 2.52	0.54 2.29	0.50 2.10	0.46 1.94	0.43 1.80	0.40 1.68	0.37 1.53
四皮砖 252mm	0.56 2.36	0.50 2.10	0.45 1.89	0.41 1.72	0.37 1.57	0.35 1.45	0.32 1.35	0.30 1.26	0.28 1.18
五皮砖 315mm	0.45 1.89	0.40 1.68	0.36 1.51	0.33 1.37	0.30 1.26	0.28 1.16	0.26 1.08	0.24 1.01	0.23 0.94

a 网格间距 / s_n 网片间距	$\phi 8A_s=50.2mm^2$　$f_y=210MPa$								
	40	45	50	55	60	65	70	75	80
三皮砖 189mm	—	—	—	1.00 4.06	0.89 3.72	0.82 3.43	0.76 3.19	0.71 2.97	0.66 2.79
四皮砖 252mm	1.00 4.18	0.89 3.72	0.80 3.35	0.72 3.04	0.66 2.79	0.61 2.57	0.57 2.39	0.53 2.23	0.50 2.09
五皮砖 315mm	0.80 3.35	0.71 2.97	0.64 2.68	0.58 2.43	0.53 2.23	0.49 2.06	0.46 1.91	0.43 1.78	0.40 1.67

3.2.2 组合砖砌体构件的稳定系数

表 3-2　组合砖砌体构件的稳定系数 φ_{com}

高厚比 β	配筋率 ρ（%）					
	0	0.2	0.4	0.6	0.8	≥1.0
8	0.91	0.93	0.95	0.97	0.99	1.00
10	0.87	0.90	0.92	0.94	0.96	0.98
12	0.82	0.85	0.88	0.91	0.93	0.95
14	0.77	0.80	0.83	0.86	0.89	0.92

续表

高厚比 β	配筋率 ρ（%）					
	0	0.2	0.4	0.6	0.8	≥1.0
16	0.72	0.75	0.78	0.81	0.84	0.87
18	0.67	0.70	0.73	0.76	0.79	0.81
20	0.62	0.65	0.68	0.71	0.73	0.75
22	0.58	0.61	0.64	0.66	0.68	0.70
24	0.54	0.57	0.59	0.61	0.63	0.65
26	0.50	0.52	0.54	0.56	0.58	0.60
28	0.46	0.48	0.50	0.52	0.54	0.56

注：组合砖砌体构件截面的配筋率 $\rho=A'_s/bh$。

4

配筋砌块砌体构件承载力计算

4.1 公式速查

4.1.1 轴心受压配筋砌块砌体构件正截面受压承载力计算

轴心受压配筋砌块砌体构件，当配有箍筋或水平分布钢筋时，其正截面受压承载力应按公式 4-1 计算，即

$$N \leqslant \varphi_{0g}(f_g A + 0.8 f'_y A'_s) \tag{4-1}$$

$$\varphi_{0g} = \frac{1}{1+0.001\beta^2}$$

$$f_g = f + 0.6\alpha f_c$$

$$\alpha = \delta\rho$$

式中 N——轴向力设计值；

f_g——灌孔砌体的抗压强度设计值；

f'_y——钢筋的抗压强度设计值；

A——构件的截面面积；

A'_s——全部竖向钢筋的截面面积；

φ_{0g}——轴心受压构件的稳定系数；

β——构件的高厚比；

f——未灌孔混凝土砌块砌体的抗压强度设计值，应按表 1-5 采用；

f_c——灌孔混凝土的轴心抗压强度设计值；

α——混凝土砌块砌体中灌孔混凝土面积与砌体毛面积的比值；

δ——混凝土砌块的孔洞率；

ρ——混凝土砌块砌体的灌孔率，系截面灌孔混凝土面积与截面孔洞面积的比值，灌孔率应根据受力或施工条件确定，且不应小于 33%。

4.1.2 矩形截面大偏心受压配筋砌块砌体构件正截面承载力计算

矩形截面大偏心受压配筋砌块砌体构件正截面承载力计算，应符合下列规定：

1）大偏心受压时应按公式 4-2、公式 4-3 计算（图 4-1），即

$$N \leqslant f_g b x + f'_y A'_s - f_y A_s - \sum f_{si} A_{si} \tag{4-2}$$

$$N e_N \leqslant f_g b x \left(h_0 - \frac{x}{2}\right) + f'_y A'_s (h_0 - a'_s) - \sum f_{si} S_{si}$$

$$e_N = e + e_a + (h/2 - a_s)$$

式中 N——轴向力设计值；

f_g——灌孔砌体的抗压强度设计值；

f_y、f'_y——竖向受拉、压主筋的强度设计值；

b——截面宽度；

x——自截面重心至轴向力所在偏心方向截面边缘的距离；

h_0——组合砖砌体构件截面的有效高度，取 $h_0=h-a_s$；

h——截面高度；

f_{si}——竖向分布钢筋的抗拉强度设计值；

A_s、A'_s——竖向受拉、压主筋的截面面积；

A_{si}——单根竖向分布钢筋的截面面积；

S_{si}——第 i 根竖向分布钢筋对竖向受拉主筋的面积矩；

e_N——轴向力作用点到竖向受拉主筋合力点之间的距离；

e——轴向力的初始偏心距，按荷载设计值计算，当 e 小于 $0.05h$ 时，应取 e 等于 $0.05h$；

e_a——组合砖砌体构件在轴向力作用下的附加偏心距；

a'_s——受压区纵向钢筋合力点至截面受压区边缘的距离，对 T 形、L 形、工形截面，当翼缘受压时取 100mm，其他情况取 300mm；

a_s——受拉区纵向钢筋合力点至截面受拉区边缘的距离，对 T 形、L 形、工形截面，当翼缘受压时取 300mm，其他情况取 100mm。

2）当大偏心受压计算的受压区高度 x 小于 $2a'_s$时，其正截面承载力可按公式 4－3 进行计算：

$$Ne'_N \leqslant f_y A_s (h_0 - a'_s) \tag{4-3}$$

$$e'_N = e + e_a - (h/2 - a'_s)$$

式中 N——轴向力设计值；

e'_N——轴向力作用点至竖向受压主筋合力点之间的距离；

e——轴向力的初始偏心距，按荷载设计值计算，当 e 小于 $0.05h$ 时，应取 e 等于 $0.05h$；

e_a——组合砖砌体构件在轴向力作用下的附加偏心距；

f_y——竖向受拉主筋的强度设计值；

A_s——竖向受拉主筋的截面面积；

h_0——组合砖砌体构件截面的有效高度，取 $h_0=h-a_s$；

h——截面高度；

a'_s——受压区纵向钢筋合力点至截面受压区边缘的距离，对 T 形、L 形、工形截面，当翼缘受压时取 100mm，其他情况取 300mm；

a_s——受拉区纵向钢筋合力点至截面受拉区边缘的距离，对 T 形、L 形、工形截面，当翼缘受压时取 300mm，其他情况取 100mm。

4.1.3 矩形截面小偏心受压配筋砌块砌体构件正截面承载力计算

矩形截面小偏心受压配筋砌块砌体构件正截面承载力计算，应符合下列规定：

1）小偏心受压时，应按公式 4－4、公式 4－5 计算（图 4－1）

$$N \leqslant f_g bx + f'_y A'_s - \sigma_s A_s$$

$$Ne_N \leqslant f_g bx(h_0 - x/2) + f'_y A'_s(h_0 - a'_s) \quad (4-4)$$

$$\sigma_s = \frac{f_y}{\xi_b - 0.8}\left(\frac{x}{h_0} - 0.8\right)$$

$$e_N = e + e_a + (h/2 - a_s)$$

式中 N——轴向力设计值；

f_g——灌孔砌体的抗压强度设计值；

f_y、f'_y——竖向受拉、压主筋的强度设计值；

b——截面宽度；

x——自截面重心至轴向力所在偏心方向截面边缘的距离；

h_0——组合砖砌体构件截面的有效高度，取 $h_0 = h - a_s$；

h——截面高度；

A_s、A'_s——竖向受拉、受压主筋的截面面积；

e_N——轴向力作用点到竖向受拉主筋合力点之间的距离；

e——轴向力的初始偏心距，按荷载设计值计算，当 e 小于 $0.05h$ 时，应取 e 等于 $0.05h$；

e_a——组合砖砌体构件在轴向力作用下的附加偏心距；

a'_s——受压区纵向钢筋合力点至截面受压区边缘的距离，对 T 形、L 形、工形截面，当翼缘受压时取 100mm，其他情况取 300mm；

a_s——受拉区纵向钢筋合力点至截面受拉区边缘的距离，对 T 形、L 形、工形截面，当翼缘受压时取 300mm，其他情况取 100mm；

σ_s——钢筋的应力，当 $\sigma_s > f_y$ 时，取 $\sigma_s = f_y$；当 $\sigma_s < f'_y$ 时，取 $\sigma_s = f'_y$；

ξ_b——组合界限受压区高度的取值，对 HPB300 级钢筋取 ξ_b 等于 0.57，对 HRB335 级钢筋取 ξ_b 等于 0.55，对 HRB400 级钢筋取 ξ_b 等于 0.52；当截面受压区高度 x 小于等于 $\xi_b h_0$ 时，按大偏心受压计算；当 x 大于 $\xi_b h_0$ 时，按为小偏心受压计算；

注：当受压区竖向受压主筋无箍筋或无水平钢筋约束时，可不考虑竖向受压主筋的作用，即取 $f'_y A'_s = 0$。

2）矩形截面对称配筋砌块砌体小偏心受压时，也可近似按公式 4－5 计算钢筋截面面积，即

$$A_s = A'_s = \frac{Ne_N - \xi(1 - 0.5\xi) f_g bh_0^2}{f'_y(h_0 - a'_s)} \quad (4-5)$$

$$\xi = \frac{x}{h_0} = \frac{N - \xi_b f_g bh_0}{\dfrac{Ne_N - 0.43 f_g bh_0^2}{(0.8 - \xi_b)(h_0 - a'_s)} + f_g bh_0} + \xi_b$$

$$e_N = e + e_a + (h/2 - a_s)$$

式中 N——轴向力设计值；

e_N——轴向力作用点到竖向受拉主筋合力点之间的距离；

A_s、A_s'——竖向受拉、压主筋的截面面积；

ξ——组合砖砌体构件截面的相对受压区高度；

f_g——灌孔砌体的抗压强度设计值；

b——截面宽度；

x——自截面重心至轴向力所在偏心方向截面边缘的距离；

h_0——组合砖砌体构件截面的有效高度，取 $h_0=h-a_s$；

h——截面高度；

f_y'——竖向受压主筋的强度设计值；

a_s'——受压区纵向钢筋合力点至截面受压区边缘的距离，对 T 形、L 形、工形截面，当翼缘受压时取 100mm，其他情况取 300mm；

a_s——受拉区纵向钢筋合力点至截面受拉区边缘的距离，对 T 形、L 形、工形截面，当翼缘受压时取 300mm，其他情况取 100mm；

ξ_b——组合界限受压区高度的取值，对 HPB300 级钢筋取 ξ_b 等于 0.57，对 HRB335 级钢筋取 ξ_b 等于 0.55，对 HRB400 级钢筋取 ξ_b 等于 0.52；当截面受压区高度 x 小于等于 $\xi_b h_0$ 时，按大偏心受压计算；当 x 大于 $\xi_b h_0$ 时，按为小偏心受压计算；

e——轴向力的初始偏心距，按荷载设计值计算，当 e 小于 $0.05h$ 时，应取 e 等于 $0.05h$；

e_a——组合砖砌体构件在轴向力作用下的附加偏心距。

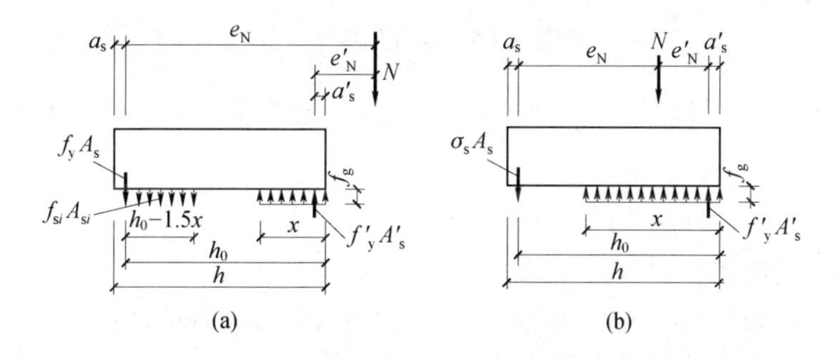

图 4－1 矩形截面偏心受压正截面承载力计算简图

（a）大偏心受压；（b）小偏心受压

4.1.4 T 形、L 形、工形截面大偏心受压构件正截面受压承载力计算

T 形、L 形、工形截面大偏心受压构件正截面受压承载力，应按公式 4－6、公式 4－7 计算：

$$N\leqslant f_g[bx+(b_f'-b)h_f']+f_y'A_s'-f_yA_s-\sum f_{si}A_{si} \qquad (4-6)$$

$$N \leqslant f_g \left[bx(h_0 - \frac{x}{2}) + (b_f' - b)h_f'(h_0 - \frac{h_f'}{2}) \right] + f_y' A_s'(h_0 - a_s') - \sum f_{si} S_{si} \quad (4-7)$$

式中 N——轴向力设计值；

f_g——灌孔砌体的抗压强度设计值；

b——截面宽度；

x——自截面重心至轴向力所在偏心方向截面边缘的距离；

h_0——组合砖砌体构件截面的有效高度，取 $h_0 = h - a_s$；

h——截面高度；

a_s'——受压区纵向钢筋合力点至截面受压区边缘的距离，对T形、L形、工形截面，当翼缘受压时取100mm，其他情况取300mm；

a_s——受拉区纵向钢筋合力点至截面受拉区边缘的距离，对T形、L形、工形截面，当翼缘受压时取300mm，其他情况取100mm；

b_f'——T形、L形、工形截面受压区的翼缘计算宽度，见表4－1；

h_f'——T形、L形、工形截面受压区的翼缘厚度；

f_y、f_y'——竖向受拉、压主筋的强度设计值；

A_s、A_s'——竖向受拉、压主筋的截面面积；

f_{si}——竖向分布钢筋的抗拉强度设计值；

A_{si}——单根竖向分布钢筋的截面面积。

4.1.5 T形、L形、工形截面小偏心受压构件正截面受压承载力计算

T形、L形、工形截面小偏心受压构件正截面受压承载力，应按公式4－8、公式4－9计算，即

$$N \leqslant f_g[bx + (b_f' - b)h_f'] + f_y' A_s' - \sigma_s A_s \quad (4-8)$$

$$N \leqslant f_g[bx(h_0 - \frac{x}{2}) + (b_f' - b)h_f'(h_0 - \frac{h_f'}{2})] + f_y' A_s'(h_0 - a_s') \quad (4-9)$$

式中 N——轴向力设计值；

f_g——灌孔砌体的抗压强度设计值；

b——截面宽度；

x——自截面重心至轴向力所在偏心方向截面边缘的距离；

h_0——组合砖砌体构件截面的有效高度，取 $h_0 = h - a_s$；

h——截面高度；

a_s'——受压区纵向钢筋合力点至截面受压区边缘的距离，对T形、L形、工形截面，当翼缘受压时取100mm，其他情况取300mm；

a_s——受拉区纵向钢筋合力点至截面受拉区边缘的距离，对T形、L形、工形截面，当翼缘受压时取300mm，其他情况取100mm；

b_f'——T形、L形、工形截面受压区的翼缘计算宽度，见表4－1；

h_f'——T 形、L 形、工形截面受压区的翼缘厚度；

f_y'——竖向受压主筋的强度设计值；

A_s'——竖向受压主筋的截面面积。

4.1.6 剪力墙在偏心受压时的斜截面受剪承载力的计算

剪力墙在偏心受压时的斜截面受剪承载力，应按公式 4－10 计算，即

$$V\leqslant\frac{1}{\lambda-0.5}\left(0.6f_{vg}bh_0+0.12N\frac{A_w}{A}\right)+0.9f_{yh}\frac{A_{sh}}{s}h_0 \tag{4-10}$$

$$\lambda-\frac{M}{Vh_0}$$

$$f_{vg}=0.2f_g^{0.55}$$

式中 f_{vg}——灌孔砌体的抗剪强度设计值；

M、N、V——计算截面的弯矩、轴向力和剪力设计值，当 N 大于 $0.25f_gbh$ 时取 $N=0.25f_gbh$；

f_g——灌孔砌体的抗压强度设计值；

b——截面宽度；

h——截面高度；

A——剪力墙的截面面积，其中翼缘的有效面积，可按表 4－1 的规定确定；

A_w——T 形或倒 L 形截面腹板的截面面积，对矩形截面取 A_w 等于 A；

λ——计算截面的剪跨比，当 λ 小于 1.5 时取 1.5，当 λ 大于或等于 2.2 时取 2.2；

h_0——剪力墙截面的有效高度；

A_{sh}——配置在同一截面内的水平分布钢筋或网片的全部截面面积；

s——水平分布钢筋的竖向间距；

f_{yh}——水平钢筋的抗拉强度设计值。

4.1.7 剪力墙在偏心受拉时的斜截面受剪承载力的计算

剪力墙在偏心受拉时的斜截面受剪承载力应按公式 4－11 计算，即

$$V\leqslant\frac{1}{\lambda-0.5}(0.6f_{vg}bh_0-0.22N\frac{A_w}{A})+0.9f_{yh}\frac{A_{sh}}{s}h_0 \tag{4-11}$$

$$f_{vg}=0.2f_g^{0.55}$$

式中 f_{vg}——灌孔砌体的抗剪强度设计值；

N、V——计算截面的轴向力和剪力设计值，当 N 大于 $0.25f_gbh$ 时取 $N=0.25f_gbh$；

f_g——灌孔砌体的抗压强度设计值；

b——截面宽度；

h——截面高度；

A——剪力墙的截面面积，其中翼缘的有效面积，可按表 4－1 的规定确定；

A_w——T 形或倒 L 形截面腹板的截面面积，对矩形截面取 A_w 等于 A；

λ——计算截面的剪跨比，当 λ 小于 1.5 时取 1.5，当 λ 大于或等于 2.2 时取 2.2；

h_0——剪力墙截面的有效高度；

A_{sh}——配置在同一截面内的水平分布钢筋或网片的全部截面面积；

s——水平分布钢筋的竖向间距；

f_{yh}——水平钢筋的抗拉强度设计值。

4.1.8 配筋砌块砌体剪力墙连梁的斜截面受剪承载力的计算

配筋砌块砌体剪力墙连梁的斜截面受剪承载力，应符合公式 4－12、公式 4－13 规定。

1）连梁的截面，应符合下列规定，即

$$V_b \leqslant 0.25 f_g b h_0 \tag{4-12}$$

式中 V_b——连梁的剪力设计值；

f_g——灌孔砌体的抗压强度设计值；

b——连梁的截面宽度；

h_0——连梁的截面有效高度。

2）连梁的斜截面受剪承载力应按公式（4－13）计算，即

$$V_b \leqslant 0.8 f_{vg} b h_0 + f_{yv} \frac{A_{sv}}{s} h_0 \tag{4-13}$$

式中 V_b——连梁的剪力设计值；

f_{vg}——灌孔砌体的抗剪强度设计值；

b——连梁的截面宽度；

h_0——连梁的截面有效高度；

A_{sv}——配置在同一截面内箍筋各肢的全部截面面积；

f_{yv}——箍筋的抗拉强度设计值；

s——沿构件长度方向箍筋的间距。

4.2 数据速查

4.2.1 T 形、L 形、工形截面偏心受压构件翼缘计算宽度

表 4－1 T 形、L 形、工形截面偏心受压构件翼缘计算宽度 b_f'

考 虑 情 况	T 形、I 形截面	L 形截面
按构件计算高度 H_0 考虑	$H_0/3$	$H_0/6$
按腹板间距 L 考虑	L	$L/2$
按翼缘厚度 h_f' 考虑	$b+12h_f'$	$b+6h_f'$
按翼缘的实际宽度 b_f' 考虑	b_f'	b_f'

5

砌体中的构件承载力计算

5.1 公式速查

5.1.1 钢筋砖过梁的受弯承载力计算

钢筋砖过梁的受弯承载力可按式 5－1 计算，即

$$M \leqslant 0.85 h_0 f_y A_s \tag{5-1}$$

式中 M——按简支梁计算的跨中弯矩设计值；

h_0——过梁截面的有效高度，$h_0 = h - a_s$；

a_s——受拉钢筋重心至截面下边缘的距离；

h——过梁的截面计算高度，取过梁底面以上的墙体高度，但不大于 $l_n/3$；当考虑梁、板传来的荷载时，则按梁、板下的高度采用；

f_y——钢筋的抗拉强度设计值；

A_s——受拉钢筋的截面面积。

5.1.2 墙梁的托梁正截面承载力计算

墙梁的托梁正截面承载力，应按下列规定计算：

1）托梁跨中截面应按混凝土偏心受拉构件计算，第 i 跨跨中最大弯矩设计值 M_{bi} 及轴心拉力设计值 N_{bti} 可按式 5－2 计算，即

$$M_{bi} = M_{1i} + \alpha_M M_{2i} \tag{5-2}$$

$$N_{bti} = \eta_N \frac{M_{2i}}{H_0}$$

式中 M_{1i}——荷载设计值 Q_1、F_1 作用下的简支梁跨中弯矩或按连续梁、框架分析的托梁第 i 跨跨中最大弯矩；

M_{2i}——荷载设计值 Q_2 作用下的简支梁跨中弯矩或按连续梁、框架分析的托梁第 i 跨跨中最大弯矩；

H_0——墙梁跨中截面计算高度；

α_M——考虑墙梁组合作用的托梁跨中截面弯矩系数，对自承重简支墙梁应乘以折减系数 0.8；当 $h_b/l_0 > 1/6$ 时，取 $h_b/l_0 = 1/6$；当 $h_b/l_{0i} > 1/7$ 时，取 $h_b/l_{0i} = 1/7$；当 $\alpha_M > 1.0$ 时，取 $\alpha_M = 1.0$ {▲当为简支墙梁时；■当为连续墙梁和框支墙梁时}；

η_N——考虑墙梁组合作用的托梁跨中截面轴力系数，对自承重简支墙梁应乘以折减系数 0.8；当 $h_w/l_{0i} > 1$ 时，取 $h_w/l_{0i} = 1$ {▲当为简支墙梁时；■当为连续墙梁和框支墙梁时}；

▲ 当为简支墙梁时

$$\alpha_M = \psi_M \left(1.7 \frac{h_b}{l_0} - 0.03\right)$$

$$\psi_M = 4.5 - 10\frac{a}{l_0}$$

$$\eta_N = 0.44 + 2.1\frac{h_w}{l_0}$$

式中 ψ_M——洞口对托梁跨中截面弯矩的影响系数，对无洞口墙梁取1.0，对有洞口墙梁可按公式计算；

h_b——托梁高度；

l_0——墙梁计算跨度；

a——梁端实际支承长度距离；

h_w——墙体计算高度。

■ 当为连续墙梁和框支墙梁时

$$\alpha_M = \psi_M\left(2.7\frac{h_b}{l_{0i}} - 0.08\right)$$

$$\psi_M = 3.8 - 8.0\frac{a_i}{l_{0i}}$$

$$\eta_N = 0.8 + 2.6\frac{h_w}{l_{0i}}$$

式中 ψ_M——洞口对托梁跨中截面弯矩的影响系数，对无洞口墙梁取1.0，对有洞口墙梁可按公式计算；

h_b——托梁高度；

l_{0i}——墙梁计算跨度；

h_w——墙体计算高度；

a_i——洞口边缘至墙梁最近支座中心的距离，当 $a_i > 0.35l_{0i}$ 时，取 $a_i = 0.35l_{0i}$。

2）托梁支座截面应按混凝土受弯构件计算，第 j 支座的弯矩设计值 M_{bj} 可按式5-3计算，即

$$M_{bj} = M_{1j} + \alpha_M M_{2j}$$

$$\alpha_M = 0.75 - \frac{a_i}{l_{0i}} \qquad (5-3)$$

式中 M_{1j}——荷载设计值 Q_1、F_1 作用下按连续梁或框架分析的托梁第 j 支座截面的弯矩设计值；

M_{2j}——荷载设计值 Q_2 作用下按连续梁或框架分析的托梁第 j 支座截面的弯矩设计值；

α_M——考虑墙梁组合作用的托梁支座截面弯矩系数，无洞口墙梁取0.4，有洞口墙梁可按公式计算；

l_{0i}——墙梁计算跨度；

a_i——洞口边缘至墙梁最近支座中心的距离，当 $a_i > 0.35l_{0i}$ 时，取 $a_i = 0.35l_{0i}$。

5.1.3 墙梁的托梁斜截面受剪承载力计算

墙梁的托梁斜截面受剪承载力应按混凝土受弯构件计算，第 j 支座边缘截面的剪力设计值 V_{bj} 可按式 5－4 计算，即

$$V_{bj}=V_{1}j+\beta_{v}V_{2j} \tag{5-4}$$

式中 V_{1j}——荷载设计值 Q_1、F_1 作用下按简支梁、连续梁或框架分析的托梁第 j 支座截面剪力设计值；

V_{2j}——荷载设计值 Q_2 作用下按简支梁、连续梁或框架分析的托梁第 j 支座截面剪力设计值；

β_v——考虑墙梁组合作用的托梁剪力系数，无洞口墙梁边支座截面取 0.6，中间支座截面取 0.7；有洞口墙梁边支座截面取 0.7，中间支座截面取 0.8；对自承重墙梁，无洞口时取 0.45，有洞口时取 0.5。

5.1.4 墙梁的墙体受剪承载力计算

墙梁的墙体受剪承载力，应按式 5－5 验算，即

$$V_2\leqslant\xi_1\xi_2\left(0.2+\frac{h_b}{l_{0i}}+\frac{h_t}{l_{0i}}\right)fhh_w \tag{5-5}$$

式中 V_2——在荷载设计值 Q_2 作用下墙梁支座边缘截面剪力的最大值；

ξ_1——翼墙影响系数，对单层墙梁取 1.0，对多层墙梁，当 $b_f/h=3$ 时取 1.3，当 $b_f/h=7$ 时取 1.5，当 $3<b_f/h<7$ 时，按线性插入取值；

ξ_2——洞口影响系数，无洞口墙梁取 1.0，多层有洞口墙梁取 0.9，单层有洞口墙梁取 0.6；

h_t——墙梁顶面圈梁截面高度；

h_b——托梁高度；

l_{0i}——墙梁计算跨度；

f——未灌孔混凝土砌块砌体的抗压强度设计值，应按表 1－5 采用；

h——过梁的截面计算高度，取过梁底面以上的墙体高度，但不大于 $l_n/3$；当考虑梁、板传来的荷载时，则按梁、板下的高度采用；

h_w——墙体计算高度。

5.1.5 托梁支座上部砌体局部受压承载力计算

托梁支座上部砌体局部受压承载力，应按式 5－6 验算，当墙梁的墙体中设置上、下贯通的落地混凝土构造柱，且其截面不小于 240mm×240mm 时，或当 b_f/h 大于等于 5 时，可不验算托梁支座上部砌体局部受压承载力。

$$Q_2\leqslant\zeta fh \tag{5-6}$$

$$\zeta=0.25+0.08\frac{b_f}{h}$$

式中 ζ——局压系数；

f——未灌孔混凝土砌块砌体的抗压强度设计值，应按表 1－5 采用；

h——过梁的截面计算高度，取过梁底面以上的墙体高度，但不大于 $l_n/3$；当考虑梁、板传来的荷载时，则按梁、板下的高度采用；

b_f——翼墙计算宽度。

5.1.6 砌体墙中混凝土挑梁的抗倾覆验算

砌体墙中混凝土挑梁的抗倾覆，应按式 5－7 进行验算，即

$$M_{ov} \leqslant M_r \tag{5-7}$$

式中 M_{ov}——挑梁的荷载设计值对计算倾覆点产生的倾覆力矩；

M_r——挑梁的抗倾覆力矩设计值。

5.1.7 倾覆点至墙外边缘距离的计算

挑梁计算倾覆点至墙外边缘的距离可按下列规定采用：

1）当 l_1 不小于 $2.2h_b$ 时（l_1 为挑梁埋入砌体墙中的长度，h_b 为挑梁的截面高度），梁计算倾覆点到墙外边缘的距离可按式 5－8 计算，且其结果不应大于 $0.13l_1$。

$$x_0 = 0.3h_b \tag{5-8}$$

式中 x_0——计算倾覆点至墙外边缘的距离（mm）；

h_b——挑梁的截面高度（mm）。

2）当 l_1 小于 $2.2h_b$ 时，梁计算倾覆点到墙外边缘的距离可按式 5－9 计算，即

$$x_0 = 0.13l_1 \tag{5-9}$$

式中 x_0——计算倾覆点至墙外边缘的距离（mm）；

l_1——挑梁埋入砌体墙中的长度（mm）。

5.1.8 挑梁抗倾覆力矩设计值的计算

挑梁的抗倾覆力矩设计值，可按式 5－10 计算，即

$$M_r = 0.8G_r(l_2 - x_0) \tag{5-10}$$

式中 G_r——挑梁的抗倾覆荷载，为挑梁尾端上部 45°扩展角的阴影范围（其水平长度为 l_3）内本层的砌体与楼面恒荷载标准值之和（图 5－1）；当上部楼层无挑梁时，抗倾覆荷载中可计及上部楼层的楼面永久荷载；

x_0——计算倾覆点至墙外边缘的距离；

l_2——G_r 作用点至墙外边缘的距离。

5.1.9 挑梁下砌体局部受压承载力的计算

挑梁下砌体的局部受压承载力，可按式 5－11 验算（图 5－2），即

$$N_l \leqslant \eta\gamma f A_l \tag{5-11}$$

式中 N_l——挑梁下的支承压力，可取 $N_l = 2R$，R 为挑梁的倾覆荷载设计值；

η——梁端底面压应力图形的完整系数，可取 0.7；

γ——砌体局部抗压强度提高系数，对图 5－2（a）可取 1.25；对图 5－2（b）

可取 1.5；

f——未灌孔混凝土砌块砌体的抗压强度设计值，应按表 1－5 采用；

A_l——挑梁下砌体局部受压面积，可取 $A_l=1.2bh_b$，b 为挑梁的截面宽度，h_b 为挑梁的截面高度。

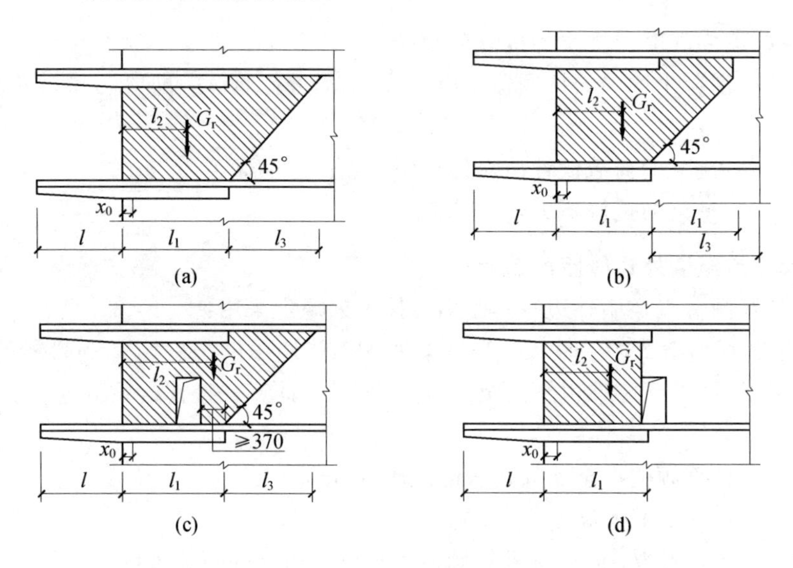

图 5－1　挑梁的抗倾覆荷载

（a）$l_3 \leqslant l_1$ 时；（b）$l_3 > l_1$ 时；（c）洞在 l_1 之内；（d）洞在 l_1 之外

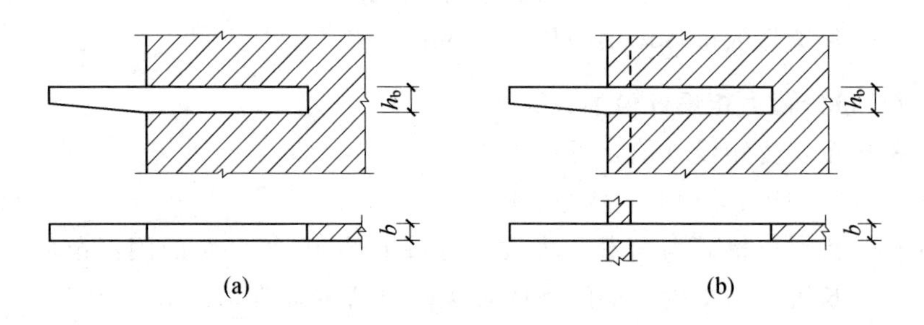

图 5－2　挑梁下砌体局部受压

（a）挑梁支承在一字墙上；（b）挑梁支承在丁字墙上

5.1.10　挑梁最大弯矩设计值和最大剪力设计值的计算

挑梁的最大弯矩设计值 M_{max} 与最大剪力设计值 V_{max}，可按式 5－12 计算，即

$$M_{max}=M_0 \tag{5-12}$$

$$V_{max}=V_0$$

式中　M_0——挑梁的荷载设计值对计算倾覆点截面产生的弯矩；

V_0——挑梁的荷载设计值在挑梁墙外边缘处截面产生的剪力。

5.2 数据速查

5.2.1 圈梁设置要求

表 5-1 圈梁设置要求

情况	设置要求			
厂房、仓库、食堂等空旷单层房屋	砖砌体结构房屋		砌块及料石砌体结构房屋	
	檐口标高		檐口标高	
	5～8m	＞8m	4～5m	＞5m
	檐口标高处设置圈梁一道	增加设置数量	檐口标高处设置圈梁一道	增加设置数量
住宅、办公楼等多层砌体结构民用房屋	层数为3～4层		层数超过4层	
	底层和檐口标高处各设置一道圈梁		除在底层和檐口标高处各设置一道圈梁外，至少应在所有纵、横墙上隔层设置	
多层砌体工业厂房	每层设置现浇混凝土圈梁			
设置墙梁的多层砌体结构房屋	在托梁、墙梁顶面和檐口标高处设置现浇钢筋混凝土圈梁			

5.2.2 过梁荷载

表 5-2 过梁荷载

	砖砌体		混凝土砌块砌体	
梁、板荷载	$h_w<l_n$	$h_w\geqslant l_n$	$h_w<l_n$	$h_w\geqslant l_n$
	应计入梁、板荷载	不考虑	应计入梁、板荷载	不考虑
墙体荷载	$h_w<l_n/3$	$h_w\geqslant l_n/3$	$h_w<l_n/2$	$h_w\geqslant l_n/2$
	墙体均布自重	$\frac{l_n}{3}$高度墙体均布自重	墙体均布自重	$\frac{l_n}{2}$高度墙体均布自重

5.2.3 墙梁的一般规定

表 5-3 墙梁的一般规定

墙梁类别	墙体总高度/m	跨度/m	墙体高跨比 h_w/l_{0i}	托梁高跨比 h_b/l_{0i}	洞宽比 b_h/l_{0i}	洞高 h_h
承重墙梁	≤18	≤9	≥0.4	≥1/10	≤0.3	$\leqslant 5h_w/6$ 且 $h_w-h_h\geqslant 0.4$m
自承重墙梁	≤18	≤12	≥1/3	≥1/15	≤0.8	—

注：墙体总高度指托梁顶面到檐口的高度，带阁楼的坡屋面应算到山尖墙1/2高度处。

5.2.4 墙梁计算荷载

表 5-4 墙梁计算荷载

情况	墙体类别	荷载	荷载作用位置	荷载内容
使用阶段	承重墙梁	Q_1，F_1	托梁顶面	托梁自重
				本层楼盖的恒荷载和活荷载
		Q_2	墙梁顶面	托梁以上各层墙体自重
				墙梁顶面以上各层楼（屋）盖的恒荷载和活荷载
		Q_2	墙梁顶面	沿作用的跨度近似化为均布荷载
	自承重墙梁			托梁自重
				托梁以上墙体自重
施工阶段	Q_2		托梁顶面	托梁自重及本层楼盖的恒荷载
				本层楼盖的施工荷载
				墙体自重，可取高度为 $l_{0max}/3$ 的墙体自重，开洞时尚应按洞顶以下实际分布的墙体自重复核；l_{0max} 为各计算跨度的最大值

6

砌体结构房屋的抗震设计及验算

6.1 公式速查

6.1.1 砌体沿阶梯形截面破坏的抗震抗剪强度设计值

各类砌体沿阶梯形截面破坏的抗震抗剪强度设计值，应按式 6－1 确定，即

$$f_{vE}=\zeta_N f_v \tag{6-1}$$

式中 f_{vE}——砌体沿阶梯形截面破坏的抗震抗剪强度设计值；

f_v——非抗震设计的砌体抗剪强度设计值；

ζ_N——砌体抗震抗剪强度的正应力影响系数，应按表 6－5 采用。

6.1.2 普通砖、多孔砖墙体的截面抗震受剪承载力计算

普通砖、多孔砖墙体的截面抗震受剪承载力，应按下列规定验算。

1）一般情况下，应按式 6－2 验算，即

$$V\leqslant f_{vE}A/\gamma_{RE} \tag{6-2}$$

式中 V——墙体剪力设计值；

f_{vE}——砖砌体沿阶梯形截面破坏的抗震抗剪强度设计值；

A——墙体横截面面积，多孔砖取毛截面面积；

γ_{RE}——承载力抗震调整系数，应按表 6－3 采用。

2）采用水平配筋的墙体，应按式 6－3 验算，即

$$V\leqslant\frac{1}{\gamma_{RE}}(f_{vE}A+\zeta_s f_{yh}A_{sh}) \tag{6-3}$$

式中 V——墙体剪力设计值；

f_{vE}——砖砌体沿阶梯形截面破坏的抗震抗剪强度设计值；

A——墙体横截面面积，多孔砖取毛截面面积；

γ_{RE}——承载力抗震调整系数，应按表 6－3 采用；

f_{yh}——水平钢筋抗拉强度设计值；

A_{sh}——层间墙体竖向截面的总水平钢筋面积，其配筋率应不小于 0.07％且不大于 0.17％；

ζ_s——钢筋参与工作系数，可按表 6－6 采用。

3）当按 1）、2）中公式验算不满足要求时，可计入基本均匀设置于墙段中部、截面不小于 240mm×240mm（墙厚 190mm 时为 240mm×190mm）且间距不大于 4m 的构造柱对受剪承载力的提高作用，按式 6－4 验算，即

$$V\leqslant\frac{1}{\gamma_{RE}}[\eta_c f_{vE}(A-A_c)+\zeta_c f_t A_c+0.08f_{yc}A_{sc}+\zeta_s f_{yh}A_{sh}] \tag{6-4}$$

式中 A_c——中部构造柱的横截面总面积（对横墙和内纵墙，$A_c>0.15A$ 时，取 $0.15A$；对外纵墙，$A_c>0.25A$ 时，取 $0.25A$）；

f_t——中部构造柱的混凝土轴心抗拉强度设计值；

A_{sc}——中部构造柱的纵向钢筋截面总面积（配筋率不小于0.6%，大于1.4%时取1.4%）；

f_{yh}、f_{yc}——墙体水平钢筋、构造柱钢筋抗拉强度设计值；

ζ_c——中部构造柱参与工作系数；居中设一根时取0.5，多于一根时取0.4；

η_c——墙体约束修正系数；一般情况取1.0，构造柱间距不大于3.0m时取1.1；

A_{sh}——层间墙体竖向截面的总水平钢筋面积，无水平钢筋时取0.0；

f_{vE}——砖砌体沿阶梯形截面破坏的抗震抗剪强度设计值；

A——墙体横截面面积，多孔砖取毛截面面积；

γ_{RE}——承载力抗震调整系数，应按表6-3采用；

ζ_s——钢筋参与工作系数，可按表6-6采用。

6.1.3 混凝土砌块墙体的截面抗震受剪承载力计算

设置构造柱和芯柱的混凝土砌块墙体的截面抗震受剪承载力，应按式6-5验算，即

$$V \leqslant \frac{1}{\gamma_{RE}}[f_{vE}A+(0.3f_{t1}A_{c1}+0.3f_{t2}A_{c2}+0.05f_{y1}A_{s1}+0.05f_{y2}A_{s2})\zeta_c] \quad (6-5)$$

式中 f_{t1}——芯柱混凝土轴心抗拉强度设计值；

f_{t2}——构造柱混凝土轴心抗拉强度设计值；

A_{c1}——墙中部芯柱截面总面积；

A_{c2}——墙中部构造柱截面总面积，$A_{c2}=bh$；

A_{s1}——芯柱钢筋截面总面积；

A_{s2}——构造柱钢筋截面总面积；

f_{y1}——芯柱钢筋抗拉强度设计值；

γ_{RE}——承载力抗震调整系数，应按表6-3采用；

f_{vE}——砌体沿阶梯形截面破坏的抗震抗剪强度设计值；

A——墙体横截面面积，多孔砖取毛截面面积；

f_{y2}——构造柱钢筋抗拉强度设计值；

ζ_c——芯柱和构造柱参与工作系数，可按表6-9采用。

6.1.4 底层框架-抗震墙砌体房屋中嵌砌于框架之间的普通砖或小砌块砌体墙的抗震验算

底层框架-抗震墙砌体房屋中嵌砌于框架之间的普通砖或小砌块的砌体墙，当符合《建筑抗震设计规范》（GB 50011—2010）第7.5.4条、第7.5.5条的构造要求时，其抗震验算应符合下列规定：

1）底层框架柱的轴向力和剪力，应计入砖墙或小砌块墙引起的附加轴向力和附

加剪力，其值可按式 6－6 确定，即

$$N_f = V_w H_f / l \tag{6-6}$$

$$V_f = V_w$$

式中 V_w——墙体承担的剪力设计值，柱两侧有墙时可取二者的较大值；

N_f——框架柱的附加轴压力设计值；

V_f——框架柱的附加剪力设计值；

H_f、l——框架的层高和跨度。

2）嵌砌于框架之间的普通砖墙或小砌块墙及两端框架柱，其抗震受剪承载力应按式 6－7 验算，即

$$V \leqslant \frac{1}{\gamma_{REc}} \sum (M_{yc}^{u} + M_{yc}^{l}) / H_0 + \frac{1}{\gamma_{REw}} \sum f_{vE} A_{w0} \tag{6-7}$$

式中 V——嵌砌普通砖墙或小砌块墙及两端框架柱剪力设计值；

A_{w0}——砖墙或小砌块墙水平截面的计算面积，无洞口时取实际截面的 1.25 倍，有洞口时取截面净面积，但不计入宽度小于洞口高度 1/4 的墙肢截面面积；

M_{yc}^{u}、M_{yc}^{l}——底层框架柱上下端的正截面受弯承载力设计值，可按现行国家标准《混凝土结构设计规范》（GB 50010—2010）非抗震设计的有关公式取等号计算；

f_{vE}——砖砌体沿阶梯形截面破坏的抗震抗剪强度设计值；

H_0——底层框架柱的计算高度，两侧均有砌体墙时取柱净高的 2/3，其余情况取柱净高；

γ_{REc}——底层框架柱承载力抗震调整系数，可采用 0.8；

γ_{REw}——嵌砌普通砖墙或小砌块墙承载力抗震调整系数，可采用 0.9。

6.1.5 底部加强部位截面的组合剪力设计值

配筋混凝土小砌块抗震墙承载力计算时，底部加强部位截面的组合剪力设计值应按式 6－8 调整，即

$$V = \eta_{vw} V_w \tag{6-8}$$

式中 V——抗震墙底部加强部位截面组合的剪力设计值；

V_w——抗震墙底部加强部位截面组合的剪力计算值；

η_{vw}——剪力增大系数，一级取 1.6，二级取 1.4，三级取 1.2，四级取 1.0。

6.1.6 配筋砌块砌体抗震墙截面组合的剪力设计值

配筋砌块砌体抗震墙截面组合的剪力设计值，应符合式 6－9 要求：

剪跨比大于 2 时

$$V \leqslant \frac{1}{\gamma_{RE}} (0.2 f_g b h) \tag{6-9}$$

式中　f_g——灌孔砌体抗压强度设计值；

b——抗震墙截面宽度；

h——抗震墙截面高度；

γ_{RE}——承载力抗震调整系数，应按表 6－3 采用。

剪跨比不大于 2 时

$$V \leqslant \frac{1}{\gamma_{RE}}(0.15 f_g bh)$$

式中　f_g——灌孔砌体抗压强度设计值；

b——抗震墙截面宽度；

h——抗震墙截面高度；

γ_{RE}——承载力抗震调整系数，应按表 6－3 采用。

6.1.7　偏心受压配筋砌块砌体抗震墙截面受剪承载力计算

偏心受压配筋砌块砌体抗震墙截面受剪承载力，应按式 6－10 验算，即

$$V \leqslant \frac{1}{\gamma_{RE}}\left[\frac{1}{\lambda-0.5}(0.48 f_{vg} bh_0 + 0.1N) + 0.72 f_{yh}\frac{A_{sh}}{s}h_0\right] \tag{6-10}$$

$$0.5V \leqslant \frac{1}{\gamma_{RE}}\left(0.72 f_{yh}\frac{A_{sh}}{s}h_0\right)$$

式中　N——抗震墙组合的轴向压力设计值；当 $N>0.2f_g bh$ 时，取 $N=0.2f_g bh$；

λ——计算截面处的剪跨比，取 $\lambda=M/Vh_0$；小于 1.5 时取 1.5，大于 2.2 时取 2.2；

f_{vg}——灌孔砌块砌体抗剪强度设计值，$f_{vg}=0.2f_g^{0.55}$；

A_{sh}——同一截面的水平钢筋截面面积；

s——水平分布筋间距；

f_{yh}——水平分布筋抗拉强度设计值；

b——抗震墙截面宽度；

h_0——抗震墙截面有效高度；

γ_{RE}——承载力抗震调整系数，应按表 6－3 采用。

6.1.8　偏心受拉配筋砌块砌体抗震墙斜截面受剪承载力计算

偏心受拉配筋砌块砌体抗震墙，其斜截面受剪承载力应按式 6－11 计算，即

$$V \leqslant \frac{1}{\gamma_{RE}}\left[\frac{1}{\lambda-0.5}(0.48 f_{vg} bh_0 - 0.17N) + 0.72 f_{yh}\frac{A_{sh}}{s}h_0\right] \tag{6-11}$$

$$0.5V \leqslant \frac{1}{\gamma_{RE}}\left(0.72 f_{yh}\frac{A_{sh}}{s}h_0\right)$$

式中　N——抗震墙组合的轴向拉力设计值；

λ——计算截面处的剪跨比，取 $\lambda=M/Vh_0$；小于 1.5 时取 1.5，大于 2.2 时取 2.2；

f_{vg}——灌孔砌块砌体抗剪强度设计值，$f_{vg}=0.2f_g^{0.55}$；

A_{sh}——同一截面的水平钢筋截面面积；

s——水平分布筋间距；

f_{yh}——水平分布筋抗拉强度设计值；

b——抗震墙截面宽度；

h_0——抗震墙截面有效高度；

γ_{RE}——承载力抗震调整系数，应按表 6-3 采用。

6.1.9 配筋砌块砌体抗震墙连梁剪力设计值的计算

配筋砌块砌体抗震墙连梁的剪力设计值在抗震等级一、二、三级时应按式6-12调整，四级时可不调整，即

$$V_b=\eta_v\frac{M_b^l+M_b^r}{l_n}+V_{Gb} \tag{6-12}$$

式中 V_b——连梁的剪力设计值；

η_v——剪力增大系数，一级时取 1.3；二级时取 1.2；三级时取 1.1；

M_b^l、M_b^r——分别为梁左、右端考虑地震作用组合的弯矩设计值；

V_{Gb}——在重力荷载代表值作用下，按简支梁计算的截面剪力设计值；

l_n——连梁净跨。

6.1.10 配筋混凝土砌块砌体连梁斜截面受剪承载力计算

抗震墙采用配筋混凝土小型空心砌块砌体连梁时，应符合下列要求。

1）连梁的截面应满足式 6-13 的要求，即

$$V\leqslant\frac{1}{\gamma_{RE}}(0.15f_gbh_0) \tag{6-13}$$

式中 f_g——灌孔砌体抗压强度设计值；

b——抗震墙截面宽度；

h_0——抗震墙截面有效高度；

γ_{RE}——承载力抗震调整系数，应按表 6-3 采用。

2）连梁的斜截面受剪承载力应按式 6-14 计算，即

$$V\leqslant\frac{1}{\gamma_{RE}}\left(0.56f_{gv}bh_0+0.7f_{yv}\frac{A_{sv}}{s}h_0\right) \tag{6-14}$$

式中 f_g——灌孔砌体抗压强度设计值；

b——抗震墙截面宽度；

h_0——抗震墙截面有效高度；

γ_{RE}——承载力抗震调整系数，应按表 6-3 采用；

A_{sv}——配置在同一截面内的箍筋各肢的全部截面面积；

s——水平分布筋间距；

f_{yv}——箍筋的抗拉强度设计值。

6.2 数据速查

6.2.1 多层砌体房屋的层数和总高度限值

表 6-1　　多层砌体房屋的层数和总高度（m）限值

房屋类型		最小墙厚度/mm	设防烈度和设计基本地震加速度											
			6		7				8				9	
			0.05g		0.10g		0.15g		0.20g		0.30g		0.40g	
			高度	层数	高度	层数	高度	层数	高度	层数	高度	层数	高度	层数
多层砌体房屋	普通砖	240	21	7	21	7	21	7	18	6	15	5	12	4
	多孔砖	240	21	7	21	7	18	6	18	6	15	5	9	3
	多孔砖	190	21	7	18	6	15	5	15	5	12	4	—	—
	混凝土砌块	190	21	7	21	7	18	6	18	6	15	5	9	3
底部框架-抗震墙砌体房屋	普通砖、多孔砖	240	22	7	22	7	19	6	16	5	—	—	—	—
	多孔砖	190	22	7	19	6	16	5	13	4	—	—	—	—
	混凝土砌块	190	22	7	22	7	19	6	16	5	—	—	—	—

注：1. 房屋的总高度指室外地面到主要屋面板板顶或檐口的高度，半地下室从地下室室内地面算起，全地下室和嵌固条件好的半地下室应允许从室外地面算起；对带阁楼的坡屋面应算到山尖墙的1/2高度处。

2. 室内外高差大于0.6m时，房屋总高度应允许比表中的数据适当增加，但增加量应少于1.0m。

3. 乙类的多层砌体房屋仍按本地区抗震设防烈度查表，其层数应减少一层且总高度应降低3m；不应采用底部框架-抗震墙砌体房屋。

6.2.2 配筋砌块砌体抗震墙房屋适用的最大高度

表 6-2　　配筋砌块砌体抗震墙房屋适用的最大高度（m）

结构类型最小墙厚/mm		设防烈度和设计基本地震加速度					
		6度	7度		8度		9度
		0.05*g*	0.10*g*	0.15*g*	0.20*g*	0.30*g*	0.40*g*
配筋砌块砌体抗震墙	190	60	55	45	40	30	24
部分框支抗震墙		55	49	40	31	24	—

注：1. 房屋高度指室外地面到主要屋面板板顶的高度（不包括局部突出屋顶部分）。

2. 某层或几层开间大于6.0m以上的房间建筑面积占相应层建筑面积40%以上时，表中数据相应减少6m。

3. 部分框支抗震墙结构指首层或底部两层为框支层的结构，不包括仅个别框支墙的情况。

4. 房屋高度超过表内高度时，应进行专门研究和论证，采取有效的加强措施。

6.2.3 承载力抗震调整系数

表 6-3　　承载力抗震调整系数

结构构件	受力状态	γ_{RE}
两端均设有构造柱、芯柱的砌体抗震墙	受剪	0.9
组合砖墙	偏压、大偏拉和受剪	0.9
配筋砌块砌体抗震墙	偏压、大偏拉和受剪	0.85
自承重墙	受剪	1.0
其他砌体	受剪和受压	1.0

6.2.4 配筋砌块砌体抗震墙结构房屋的抗震等级

表 6-4　　配筋砌块砌体抗震墙结构房屋的抗震等级

结构类型		抗震设防烈度						
		6		7		8		9
配筋砌块砌体抗震墙	高度/m	≤24	>24	≤24	>24	≤24	>24	≤24
	抗震墙	四	三	三	二	二	一	一
部分框支抗震墙	非底部加强部位抗震墙	四	三	三	二	二	不应采用	
	底部加强部位抗震墙	三	二	二	一	一		
	框支框架	二		二	一	一		

注：1. 对于四级抗震等级，除本章有规定外，均按非抗震设计采用。
　　2. 接近或等于高度分界时，可结合房屋不规则程度及场地、地基条件确定抗震等级。

6.2.5 砌体强度的正应力影响系数

表 6-5　　砌体强度的正应力影响系数

砌体类别	σ_0/f_V							
	0.0	1.0	3.0	5.0	7.0	10.0	12.0	≥16.0
普通砖，多孔砖	0.80	0.99	1.25	1.47	1.65	1.90	2.05	—
混凝土砌块	—	1.23	1.69	2.15	2.57	3.02	3.32	3.92

注：σ_0 为对应于重力荷载代表值的砌体截面平均压应力。

6.2.6 钢筋参与工作系数 ξ_s

表 6-6　　钢筋参与工作系数 ξ_s

墙体高厚比	0.4	0.6	0.8	1.0	1.2
ζ_s	0.10	0.12	0.14	0.15	0.12

6.2.7 砖砌体房屋构造柱设置要求

表 6-7　　砖砌体房屋构造柱设置要求

<table>
<tr><th colspan="4">抗震房屋层数</th><th colspan="2" rowspan="2">设置部位</th></tr>
<tr><th>6度</th><th>7度</th><th>8度</th><th>9度</th></tr>
<tr><td>≤五</td><td>≤四</td><td>≤三</td><td></td><td rowspan="3">楼、电梯间四角，楼梯斜梯段上下端对应的墙体处
外墙四角和对应转角
错层部位横墙与外纵墙交接处
大房间内外墙交接处
较大洞口两侧</td><td>隔12m或单元横墙与外纵墙交接处
楼梯间对应的另一侧内横墙与外纵墙交接处</td></tr>
<tr><td>六</td><td>五</td><td>四</td><td>二</td><td>隔开间横墙（轴线）与外墙交接处
山墙与内纵墙交接处</td></tr>
<tr><td>七</td><td>六、七</td><td>五、六</td><td>三、四</td><td>内墙（轴线）与外墙交接处
内墙的局部较小墙垛处
内纵墙与横墙（轴线）交接处</td></tr>
</table>

注：1. 较大洞口，内墙指不小于2.1m的洞口；外墙在内外墙交接处已设置构造柱时应允许适当放宽，但洞侧墙体应加强。

2. 当按《砌体结构设计规范》（GB 50003—2011）第10.2.4条中2～5款规定确定的层数超出本表范围，构造柱设计要求不应低于表中相应烈度的最高要求且宜适当提高。

6.2.8 构造柱的纵筋和箍筋设置要求

表 6-8　　构造柱的纵筋和箍筋设置要求

<table>
<tr><th rowspan="2">位置</th><th colspan="3">纵向钢筋</th><th colspan="3">箍筋</th></tr>
<tr><th>最大配筋率（%）</th><th>最小配筋率（%）</th><th>最小直径/mm</th><th>加密区范围/mm</th><th>加密区间距/mm</th><th>最小直径/mm</th></tr>
<tr><td>角柱</td><td rowspan="2">1.8</td><td rowspan="2">0.8</td><td>14</td><td>全高</td><td rowspan="3">100</td><td rowspan="3">6</td></tr>
<tr><td>边柱</td><td>14</td><td>上端700</td></tr>
<tr><td>中柱</td><td>1.4</td><td>0.6</td><td>12</td><td>下端500</td></tr>
</table>

6.2.9 芯柱和构造柱参与工作系数 ξ_c

表 6-9　　芯柱和构造柱参与工作系数

填孔率 ρ	$\rho<0.15$	$0.15\leqslant\rho<0.25$	$0.25\leqslant\rho<0.5$	$\rho\geqslant0.5$
ξ_c	0	1.0	1.10	1.15

注：填孔率指芯柱根数（含构造柱和填实孔洞数量）与孔洞总数之比。

6.2.10 混凝土砌块房屋芯柱设置要求

表 6-10　　　　混凝土砌块房屋芯柱设置要求

<table>
<tr><th colspan="4">抗震房屋层数</th><th rowspan="2">设置部位</th><th rowspan="2">设置数量</th></tr>
<tr><th>6度</th><th>7度</th><th>8度</th><th>9度</th></tr>
<tr><td>≤五</td><td>≤四</td><td>≤三</td><td></td><td>外墙四角和对应转角
楼、电梯间四角；楼梯斜梯段上下端对应的墙体处
大房间内外墙交接处
错层部位横墙与外纵墙交接处
隔12m或单元横墙与外纵墙交接处</td><td rowspan="2">外墙转角，灌实3个孔
内外墙交接处，灌实4个孔
楼梯斜梯段上下端对应的墙体处，灌实2个孔</td></tr>
<tr><td>六</td><td>五</td><td>四</td><td>一</td><td>同上
隔开间横墙（轴线）与外纵墙交接处</td></tr>
<tr><td>七</td><td>六</td><td>五</td><td>二</td><td>同上
各内墙（轴线）与外纵墙交接处
内纵墙与横墙（轴线）交接处和洞口两侧</td><td>外墙转角，灌实5个孔
内外墙交接处，灌实4个孔
内墙交接处，灌实4～5个孔
洞口两侧各灌实1个孔</td></tr>
<tr><td></td><td>七</td><td>六</td><td>三</td><td>同上
横墙内芯柱间距不大于2m</td><td>外墙转角，灌实7个孔
内外墙交接处，灌实5个孔
内墙交接处，灌实4～5个孔
洞口两侧各灌实1个孔</td></tr>
</table>

注：1. 外墙转角、内外墙交接处、楼电梯间四角等部位，应允许采用钢筋混凝土构造柱替代部分芯柱。
2. 当按《砌体结构设计规范》（GB 50003—2011）第10.2.4条中2～4款规定确定的层数超出本表范围，芯柱设计要求不应低于表中相应抗震烈度的最高要求且宜适当提高。

6.2.11 混凝土砌块砌体房屋圈梁配筋要求

表 6-11　　　　混凝土砌块砌体房屋圈梁配筋要求

配筋	抗震烈度		
	6、7	8	9
最小纵筋	4ϕ10	4ϕ12	4ϕ14
箍筋最大间距/mm	250	200	150

6.2.12 配筋砌块砌体抗震墙水平分布钢筋的配筋构造

表 6-12 配筋砌块砌体抗震墙水平分布钢筋的配筋构造

抗震等级	最小配筋率（%）		最大间距/mm	最小直径/mm
	一般部位	加强部位		
一级	0.13	0.15	400	ϕ8
二级	0.13	0.13	600	ϕ8
三级	0.11	0.13	600	ϕ6
四级	0.10	0.10	600	ϕ6

注：1. 水平分布钢筋宜双排布置，在顶层和底部加强部位，最大间距不应大于 400mm。
2. 双排水平分布钢筋应设不小于 ϕ6 拉结筋，水平间距不应大于 400mm。

6.2.13 配筋砌块砌体抗震墙竖向分布钢筋的配筋构造

表 6-13 配筋砌块砌体抗震墙竖向分布钢筋的配筋构造

抗震等级	最小配筋率（%）		最大间距/mm	最小直径/mm
	一般部位	加强部位		
一级	0.15	0.15	400	ϕ12
二级	0.13	0.13	600	ϕ12
三级	0.11	0.13	600	ϕ12
四级	0.10	0.10	600	ϕ12

注：竖向分布钢筋宜采用单排布置，直径不应大于 25mm，9 度时配筋率不应小于 0.2%。在顶层和底部加强部位，最大间距应适当减小。

6.2.14 配筋砌块砌体抗震墙边缘构件的配筋要求

表 6-14 配筋砌块砌体抗震墙边缘构件的配筋要求

抗震等级	每孔竖向钢筋最小配筋量		水平箍筋最小直径	水平箍筋最大间距/mm
	底部加强部位	一般部位		
一级	1ϕ20(4ϕ16)	1ϕ18(4ϕ16)	ϕ8	200
二级	1ϕ18(4ϕ16)	1ϕ16(4ϕ14)	ϕ6	200
三级	1ϕ16(4ϕ12)	1ϕ14(4ϕ12)	ϕ6	200
四级	1ϕ14(4ϕ12)	1ϕ12(4ϕ12)	ϕ6	200

注：1. 边缘构件水平箍筋宜采用横筋为双筋的搭接点焊网片形式。
2. 当抗震等级为二、三级时，边缘构件箍筋应采用 HRB400 级或 RRB400 级钢筋。
3. 表中括号中数字为边缘构件采用混凝土边框柱时的配筋。

6.2.15 连梁箍筋的构造要求

表 6-15　　连梁箍筋的构造要求

抗震等级	箍筋加密区			箍筋非加密区	
	长度	箍筋最大间距	直径	间距/mm	直径
一级	$2h$	100mm，$6d$，$1/4h$ 中的最小值	$\phi10$	200	$\phi10$
二级	$1.5h$	100mm，$8d$，$1/4h$ 中的最小值	$\phi8$	200	$\phi8$
三级	$1.5h$	150mm，$8d$，$1/4h$ 中的最小值	$\phi8$	200	$\phi8$
四级	$1.5h$	150mm，$8d$，$1/4h$ 中的最小值	$\phi8$	200	$\phi8$

注： h 为连梁截面高度；加密区长度不小于 600mm。

主要参考文献

[1] GB 50011—2010 建筑抗震设计规范[S]. 北京：中国建筑工业出版社，2010.

[2] GB 50003—2011 砌体结构设计规范[S]. 北京：中国建筑工业出版社，2011.

[3] 王刚. 砌体结构简易计算[M]. 北京：机械工业出版社，2007.

[4] 胡俊. 砌体结构常用数据速查手册[M]. 北京：机械工业出版社，2007.

[5] 王志云. 砌体结构常用图表手册[M]. 北京：机械工业出版社，2013.

[6] 苑振芳. 砌体结构设计手册[M]. 北京：中国建筑工业出版社，2013.

图书在版编目（CIP）数据

砌体结构常用公式与数据速查手册/李守巨主编.
—北京：知识产权出版社，2015.1
（建筑工程常用公式与数据速查手册系列丛书）
ISBN 978-7-5130-3054-0

Ⅰ.①砌… Ⅱ.①李… Ⅲ.①砌体结构—技术手册
Ⅳ.①TU36-62

中国版本图书馆CIP数据核字（2014）第229581号

内容提要

本书依据国家最新颁布的《砌体结构设计规范》（GB 50003—2011）等规范和标准进行编写，主要介绍了砌体结构中常用公式及数据，内容包括材料及基本设计规定、无筋砌体构件承载力计算、配筋砖砌体构件承载力计算、配筋砌块砌体构件承载力计算、砌体中的构件承载力计算、砌体结构房屋的抗震设计及验算。

本书内容丰富，通俗易懂，实用性较强，可供砌体结构工程设计人员、施工人员及相关专业大中专院校的师生学习查阅。

责任编辑：刘　爽　祝元志　　**责任校对**：谷　洋
封面设计：杨晓霞　　**责任出版**：刘译文

砌体结构常用公式与数据速查手册
李守巨　主编

出版发行：知识产权出版社有限责任公司　　**网　址**：http：//www.ipph.cn
社　址：北京市海淀区马甸南村1号　　**邮　编**：100088
责编电话：010－82000860转8125　　**责编邮箱**：39919393@qq.com
发行电话：010－82000860转8101/8102　　**发行传真**：010—82000893/82005070/82000270
印　刷：保定市中画美凯印刷有限公司　　**经　销**：各大网络书店、新华书店及相关专业书店
开　本：787mm×1092mm　1/16　　**印　张**：18.5
版　次：2015年1月第1版　　**印　次**：2015年1月第1次印刷
字　数：366千字　　**定　价**：48.00元

ISBN 978-7-5130-3054-0

建筑工程常用公式与数据速查手册系列丛书

1 钢结构常用公式与数据速查手册	定价：38.00 元
2 建筑抗震常用公式与数据速查手册	定价：38.00 元
3 高层建筑常用公式与数据速查手册	定价：35.00 元
4 砌体结构常用公式与数据速查手册	定价：48.00 元
5 地基基础常用公式与数据速查手册	定价：45.00 元
6 电气工程常用公式与数据速查手册	定价：38.00 元
7 工程造价常用公式与数据速查手册	定价：45.00 元
8 水暖工程常用公式与数据速查手册	定价：45.00 元
9 混凝土结构常用公式与数据速查手册	定价：38.00 元